面向新工科的电工电子信息基础课程系列教材

教育部高等学校电工电子基础课程教学指导分委员会推荐教材

数字图像处理

——原理与实现

黄进　李剑波　编著

清華大学出版社

北　京

内容简介

本书介绍数字图像处理的基础知识和基本理论，以MATLAB为实验平台，立足原理阐释，强调编程验证，实现知识点、图例、示例与实现代码的完全对应。本书共分7章，主要介绍了图像与视觉系统、像素空间关系、空域变换增强、空域滤波增强、图像变换和频域图像增强等内容。同时，介绍了数字图像处理技术实现方法和技巧，为原理渗透和工程实践奠定坚实的基础。

本书以原理阐释为基础，以图例示例为引导，以代码实现为手段，以实践应用为目标，逻辑严谨、深入浅出、内容翔实、示例丰富，适合作为理工科高等院校数字图像处理领域的教学用书，也可作为数字图像处理、计算机视觉、人工智能等领域广大科研人员、工程技术人员的参考用书。

图书在版编目(CIP)数据

数字图像处理：原理与实现/黄进，李剑波编著. —北京：清华大学出版社，2020.1
面向新工科的电工电子信息基础课程系列教材
ISBN 978-7-302-53886-8

Ⅰ. ①数…　Ⅱ. ①黄…　②李…　Ⅲ. ①数字图象处理　Ⅳ. ①TN911.73

中国版本图书馆CIP数据核字(2019)第214176号

责任编辑：文　怡
封面设计：王昭红
责任校对：梁　毅
责任印制：刘海龙

出版发行：清华大学出版社
网　　址：http://www.tup.com.cn，http://www.wqbook.com
地　　址：北京清华大学学研大厦A座　　**邮　　编**：100084
社 总 机：010-62770175　　**邮　　购**：010-62786544
投稿与读者服务：010-62776969，c-service@tup.tsinghua.edu.cn
质量反馈：010-62772015，zhiliang@tup.tsinghua.edu.cn
课件下载：http://www.tup.com.cn,010-83470236
印 装 者：北京密云胶印厂
经　　销：全国新华书店
开　　本：185mm×260mm　　**印　　张**：17.75　　**字　　数**：429千字
版　　次：2020年1月第1版　　**印　　次**：2020年1月第1次印刷
定　　价：59.00元

产品编号：082559-01

序言

PREFACE

高速铁路是我国一张亮丽的名片，已成为国人出行必不可少的交通工具。我国高铁运行速度高、路网规模大，运营安全备受重视。中国铁路总公司先后颁布实施的《高速铁路供电安全检测监测(6C 系统)系统总体技术规范》和《高速铁路接触网运行检修暂行规程》，明确把图像和视频检查作为接触网状态监测的重要手段。只有对现场采集的图像与视频进行处理后，才能及时发现故障隐患，直接指导接触网的养护维修，由此可见，数字图像处理对确保高速铁路安全具有重要意义！

数字图像处理是人工智能的基石。简单来说，人工智能就是要实现计算机对人的视觉、听觉、嗅觉、味觉、触觉的模拟感知、思维决策和行为控制，视觉信息的智能化是最重要的方面，而数字图像处理是视觉信息分析处理和智能理解的基本技术。

数字图像处理理论性强，涉及大量的数学知识，内容抽象，不易理解。初览本书，发现不是想象中的公式罗列和理论推导，而是大量图片对知识点的可视化呈现。遂不禁深入细读，发现每个知识点均设计有演示示例，且提供代码重现，顿觉耳目一新！把复杂深邃的理论以浅显易懂的方式传递，正是人工智能时代知识普及传道的必要和有效方式。

作者 2003 年留校任教，长期从事图像处理和计算机视觉的科研和教学工作，把图像处理应用于高速铁路 6C 系统以解决接触网零部件图像识别问题，取得了良好成果。作者结合科研实践与教学经验，凝练成本书，以达到理论性与实践性有机融合、抽象性与可视性完美衔接，是一本难得的优秀书籍。

高仕斌[①]

2019 年 11 月

---

① 高仕斌，西南交通大学教授、博士生导师，“国家百千万人才工程”入选者，何梁何利科技奖、詹天佑成就奖和全国创新争先奖牌获得者，享受国务院特殊津贴，天府杰出科学家、四川省学术与技术带头人，川藏铁路工程建设咨询委员会委员和“十二五”国家科技重点专项(高速列车专项)专家组专家。获得国家科学技术进步二等奖 4 次，国家级教学成果奖二等奖 3 次。

前言

FOREWORD

人类改造世界需要经历感知世界、认识世界、分析世界和理解世界的过程，其中，感知世界是基础。人类的五感指形、声、闻、味、触，也就是人类的五种感觉，即视觉、听觉、嗅觉、味觉、触觉，靠人类的眼睛、耳朵、嘴巴、鼻子、舌头、手脚、皮肤等感觉器官来获取。据统计，在人类感知世界的所有信息中，视觉信息占60%，俗话说"百闻不如一见"。由此可见，视觉信息在人类生命存在中的重要意义毋庸置疑。

近年来，随着人工智能技术的兴起，人工智能比历史上任何一个时期都更加接近于人类智能。其中，视觉信息的采集、处理、分析和理解技术的进步功不可没。对计算机来说，视觉信息本质上就是图像信息，更具体来说就是数字化后的图像信息，即数字图像信息。因此，研究数字图像信息处理的理论、方法和技术对成功实现人工智能的终极目标具有重大意义。

让我们走入数字图像处理的世界，去探索人工智能的奥秘！

一、编写原因

本人本科、硕士和博士的研究方向均为计算机科学与技术，博士阶段聚焦于数字图像处理方向的研究。2007年，接到"数字图像处理"课程的教学任务，本以为得心应手、轻车熟路，能够轻松驾驭，孰料事与愿违。由于课程理论性较强，原理较抽象，并且涉及大量的数学推演，某些自认为比较简单的原理，学生却不易理解，接受困难。经过与学生多次、反复地沟通与交流，发现实属正常，一方面，学生作为需要引进门的初学者，没有基础知识的铺垫；另一方面，数字图像处理又属于实践性较强的技术。遂想到是否可以将每一个知识点都与图例、示例、代码等对应起来，做到知识点的实例化和可视化，并且是逐一地、完全地、一个不漏地实例化和可视化，于是走上了痛苦并快乐着的图例分析、示例设计和代码编写，以及书籍编著的不归路。

二、本书特色

本书的特色在于知识点的"实例化"和"可视化"。一方面，重构结构体系，更新知识内容，做到每一个知识点对应一个实例（包括图例和/或示例），实现知识点的实例化，用实例阐释理论，加深读者对知识点的理解；另一方面，所有实例用代码实现，把"看不见摸不着的原理"变成"可视可触可控的实体"，实现知识点的可视化，促进读者对知识点的应用。期待本书的品读是一个寓学于趣、寓趣于乐的过程。

三、读者对象

本书以原理阐释为基础，以图例示例为引导，以代码实现为手段，以实践应用为目标，逻辑严谨、深入浅出、内容翔实、示例丰富，适合作为理工科高等院校数字图像处理领域的教学用书，也可作为数字图像处理、计算机视觉、人工智能等领域广大科研人员、工程技术人员的参考用书。

四、本书结构

本书包含11个一级标题、28个二级标题和96个三级标题。11个一级标题为内容简介、前言、目录、七章正文和参考文献。七章正文分别是绪论、图像与视觉系统、像素空间关系、空域变换增强、空域滤波增强、图像变换和频域图像增强。每一章均由正文和习题两部分构成，正文包含文字、图例、示例和代码，习题解答可通过书中二维码获取。

本书包含181个知识点。其中，第1章有14个知识点，第2章有22个知识点，第3章有54个知识点，第4章有33个知识点，第5章有27个知识点，第6章有16个知识点，第7章有15个知识点。

五、本书素材

本书素材丰富，包含图表、公式、例题、代码、习题和课件，力求让知识点的阐释更加形象生动和浅显易懂，所有素材均可通过书中二维码获取。

1. 229个图表

本书包含229个图表，其中，图有219个、表有10个，涉及111个知识点。第1章有14个图、1个表，涉及4个知识点；第2章有21个图、3个表，涉及16个知识点；第3章有37个图，涉及23个知识点；第4章有52个图、6个表，涉及23个知识点；第5章有44个图，涉及21个知识点；第6章有22个图，涉及12个知识点；第7章有29个图，涉及12个知识点。所有图表原始文件可通过书中二维码获取。

2. 318个公式

本书包含318个公式，涉及107个知识点。其中，第1章有1个公式，涉及1个知识点；第2章有13个公式，涉及7个知识点；第3章有87个公式，涉及33个知识点；第4章有38个公式，涉及19个知识点；第5章有65个公式，涉及20个知识点；第6章有88个公式，涉及13个知识点；第7章有26个公式，涉及14个知识点。

3. 102个例题

本书包含102个例题，涉及70个知识点。其中，第1章有1个例题，涉及1个知识点；第2章有5个例题，涉及5个知识点；第3章有6个例题，涉及4个知识点；第4章有33个例题，涉及18个知识点；第5章有27个例题，涉及19个知识点；第6章有12个例题，涉及11个知识点；第7章有18个例题，涉及12个知识点。

4. 165段代码

本书包含165段代码，约5191行语句，涉及75个知识点。其中，第1章有1段代码，涉及1个知识点；第2章有6段代码，涉及5个知识点；第3章有9段代码，涉及8个知识点；第4章有80段代码，涉及21个知识点；第5章有24段代码，涉及16个知识点；第6章有

21段代码，涉及12个知识点；第7章有24段代码，涉及12个知识点。所有代码原始文件可通过书中二维码获取。

5. 64个习题

本书包含64个习题。其中，第1章有6个习题，第2章有10个习题，第3章有17个习题，第4章有9个习题，第5章有9个习题，第6章有10个习题，第7章有3个习题。习题解答可通过书中二维码获取。

6. 1套课件

本书包含1套课件，可作为教师教学或读者自学参考所用。课件可通过书中二维码获取。

六、致谢

经过12年教学工作的积累，终于完成素材整编和知识梳理，即将编著成册。一路走来，既有繁杂素材精练整编的抓狂，也有散乱知识体系梳理的烧脑，当然，还有经验心血编著成册的喜悦。感谢李剑波老师、王敏老师、刘怡老师在书稿编著中的辛勤付出，使得本书能够顺利出版！感谢李啸天、李继秀、秦泽宇、杨旭、郑思宇、付国栋等研究生在书稿校对中的一丝不苟，使得本书能够精益求精！感谢赵舵老师、马磊老师、黄德青老师在工作中的理解与支持，使我能够专注于书稿的编著！感谢父母、家人在生活中的细心照顾和家庭温暖，使我能够潜心于教学和科研！感谢两个女儿带给我的欢声笑语和童真乐趣，使我得以享受人生的天伦之乐！你们是我最宝贵的财富和最坚强的后盾，也是激励我不断前行的动力！

黄　进

2019年10月

配套教学资源下载

目录

CONTENTS

第1章

绪　论

1.1 图像处理的起源

据统计，在人类感知世界的所有信息中，视觉信息占 60%，听觉信息占 20%，其他信息（如味觉、触觉、嗅觉信息）总计占 20%。俗话"百闻不如一见""一目了然"都反映了图像信息在人类信息感知中的重要作用。

图像处理技术最早应用于遥感和医学领域。1839 年世界上出现的第一张照片和 1909 年意大利人乘飞机拍摄的第一张照片通常被认为是遥感技术的起源，标志着图像处理技术的兴起。在医学领域中，利用图像进行直观诊断可以追溯到 1895 年 X 射线的发现。1895 年，德国维尔茨堡大学校长兼物理研究所所长威尔霍姆·康瑞德·伦琴教授（1845—1923 年）在从事阴极射线研究时，偶然发现了 X 射线，他发现 X 射线可以穿透肌肉照出手骨轮廓。伦琴教授（图 1-1(a)）为其夫人拍摄的手部图像如图 1-1(b) 所示，这是第一张具有历史意义的图像，由于这一发现，伦琴教授获得了 1901 年诺贝尔物理学奖。

(a) 德国科学家伦琴

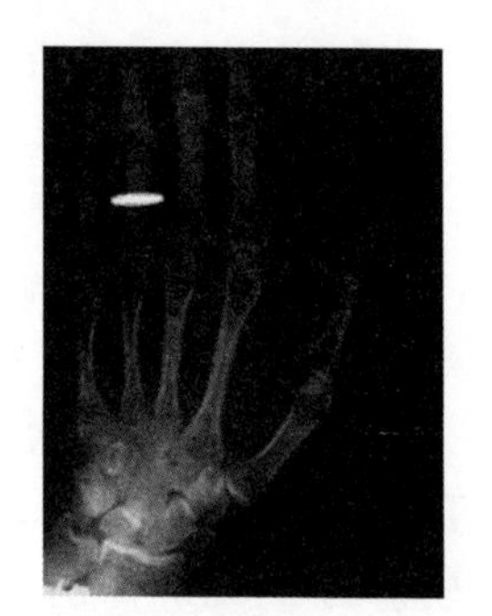
(b) 伦琴教授夫人的手部X光图像

图 1-1　伦琴教授和世界上第一张 X 光图像

数字图像处理的历史可追溯至 20 世纪 20 年代。1921 年，巴特兰（Bartlane）电缆图像传输系统把横跨大西洋传送一张图像所需要的时间从一个多星期减少到 3h。为了用电缆传输图像，首先要进行编码，然后在接收端用特殊的打印设备重现该图像，图 1-2(a) 就是采用这种方法传送并利用电报打印机通过字符模拟中间色调还原出来的图像。1921年年底，这种打印方法被淘汰，取而代之的是一种基于光学还原的技术，该技术在电报接收端用穿孔纸带打印图像。图1-2(b)是1922年在信号两次穿越大西洋后，从穿孔纸带打印得到的数字图像，它在色调质量和分辨率方面都有明显改进。早期的巴特兰系统可以用5个灰度等级对图像编码，到1929年已增加到15个等级。图1-2(c)就是1929年从伦敦到纽约用15级色调设备通过海底电缆传送的Generals Pershing和Foch的未经修饰的图像。

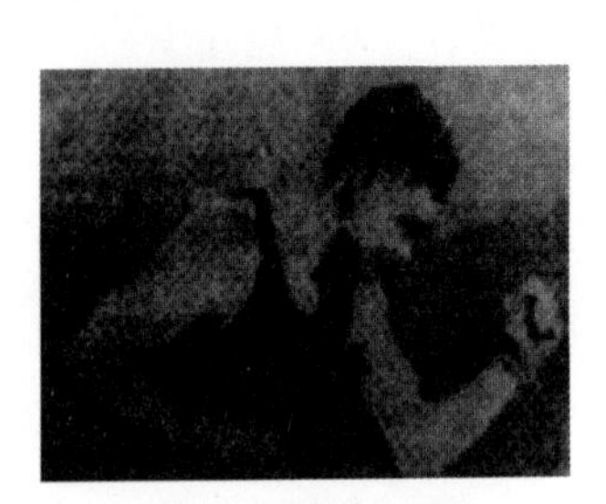

(a) 1921年经编码后用电报打印机打印的图像

(b) 1922年两次通过大西洋后打印的数字图像

(c) 1929年通过海底电缆从伦敦到纽约传输的一张图像

图1-2 巴特兰电缆图片传输系统

第一台能够进行图像处理的大型计算机出现在20世纪60年代，大型计算机和空间研究项目是数字图像处理技术发展的原动力。1964年，美国加利福尼亚的喷气推进实验室利用计算机对"徘徊者7号"太空飞行器传送的月球图像进行了处理，以校正飞行器上电视摄像机中各种类型的图像畸变，图1-3(a)就是"徘徊者7号"在1964年7月31日上午(东部白天时间)9点09分在光线影响月球表面前约17min时摄取的第一张月球图像，这也是美国航天器取得的第一张月球图像。

2007年11月26日9时40分许，中国国家航天局正式公布"嫦娥一号"卫星传回并制作完成的第一张月面图像，如图1-3(b)所示，该图像位于月表东经83°～57°，南纬70°～54°，图幅宽约280km，长约460km，图中右侧60km宽的条带，是"嫦娥一号""睁开眼睛"后获得的第一轨景象。该图由"嫦娥一号"卫星搭载的CCD立体相机采用线阵推扫的方式获取，轨道高度约200km，每一轨的月面幅宽60km，像元分辨率120m。从11月20日开始，随着CCD立体相机开机工作，地面应用系统获得第一批原始图像数据，经过对接收的图像数据进行技术处理，并对19轨图像进行拼接，完成了第一张月面图像制作。

2008年11月12日下午，中国正式发布中国首颗月球探测卫星"嫦娥一号"拍摄制作的月球全图，如图1-3(c)所示，这是中国首次月球探测工程全月球影像图，是由"嫦娥一号"卫星CCD立体相机拍摄的589轨影像数据，经辐射校正、几何校正和光度校正后镶嵌而成。"嫦娥一号"卫星飞行轨道为200km高的极轨圆轨道，CCD相机采用线阵推扫方式获取月面图像，图像幅宽60km，空间分辨率120m。图像数据获取于2007年11月20日至2008年7月1日，覆盖西经180°～东经180°，南、北纬90°之间的范围。图幅左边的影像图为正轴等角割35°墨卡托投影，包括南、北纬70°之间的区域，约占全月球表面的94%；图幅右边为月球南北极区影像图，包括南、北纬60°～90°区域，采用等角割70°方位投影。

在空间应用的同时，数字图像处理技术在20世纪60年代末和70年代初开始应用于医

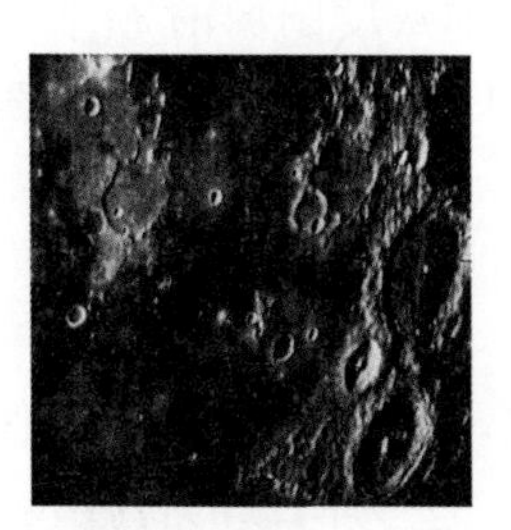
(a) 1964年美国航天器取得的第一张月球图像

(b) 中国“嫦娥一号”卫星传回的第一张月面图像

(c) 中国首次月球探测工程全月球影像图

图 1-3 用计算机进行图像处理

学图像、地球遥感监测和天文学领域。20 世纪 70 年代,计算机轴向断层(CAT,简称计算机断层(CT))是图像处理在医学诊断领域最重要的应用之一。计算机断层是一种处理方法,在这种处理中,一个检测器环围绕着病人(或物体),一个带有 X 射线源和检测器的同心圆绕着病人旋转,X 射线通过病人并由位于环上对面的相应检测器收集起来,然后用特定的重建算法重建通过物体“切片”的图像,这些切片组成了物体内部的再现图像,其技术原理如图 1-4 所示。计算机断层技术是 Godfrey N. Hounsfiela 和 Allan M. Cormack 教授分别发明的,他们共同获得 1979 年度诺贝尔医学奖。

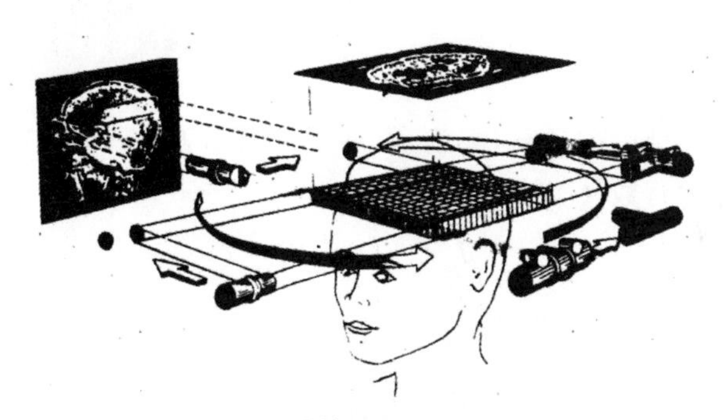

图 1-4 计算机断层技术原理

从 20 世纪 60 年代至今,尤其是近年来随着大数据、人工智能、互联网+技术的飞速发展,数字图像处理技术已成为信息科学、工程学、统计学、生物学、医学、甚至社会科学等领域中各学科的热门研究对象,是大数据、人工智能、互联网+等新一代信息技术领域中图像、视频、视觉信息处理的基础技术手段,具有重要的研究意义和应用价值。

1.2 图像的基本概念

1.2.1 图像的概念

在字典的定义中,图像是对物体的表达、表象、模仿,是一个生动的视觉描述,是为了表达其他事物而引入的。严格地说,图像是用各种观测系统以不同形式和手段观测客观世界而获得的,可以直接或间接作用于人眼并进而产生视知觉的实体。

一张图像可以定义为一个二维函数 $f(x,y)$，其中，x 和 y 为 2D 空间 XY 中一个坐标点的位置；函数值 f 为图像在点(x,y)处具有的某种性质 F 的值，如灰度图像的 F 表示灰度值，它通常对应客观景物被观察到的亮度；二值图像的 F 仅取两个灰度值等。f、x 和 y 的值都是连续的，即可以是任意实数。

1.2.2 数字图像的概念

把连续的图像 $f(x,y)$在 2D 空间 XY 和性质空间 F 都离散化，这种离散化了的图像称为数字图像，可以用 $I(r,c)$来表示，其中，(r,c)为离散化后的(x,y)，r 为图像的行(row)，c 为图像的列(column)；函数值 I 表示离散化后的函数值 f；I、r 和 c 的值都是整数。一般地，用 $f(x,y)$表示数字图像，f、x 和 y 都在整数集合中取值。例如，对于数字图像来说，车辆的反光镜只是一个数值矩阵，如图 1-5 所示。

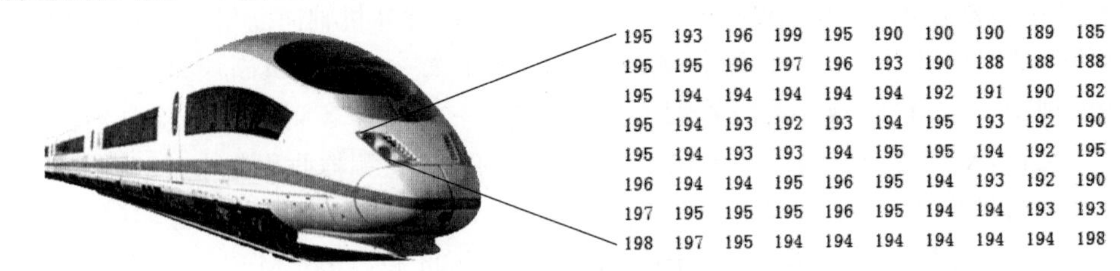

图 1-5 数字图像的本质

1.2.3 图像的表达

数字图像一般用二维函数 $f(x,y)$表示，通常可表示为如式(1-1)所示的 $R\times C$ 矩阵的形式，其中，R 为图像的行数，C 为图像的列数。

$$\boldsymbol{F}=\begin{bmatrix} f_{11} & f_{12} & \cdots & f_{1C} \\ f_{21} & f_{22} & \cdots & f_{2C} \\ \vdots & \vdots & \ddots & \vdots \\ f_{R1} & f_{R2} & \cdots & f_{RC} \end{bmatrix} \tag{1-1}$$

数字图像的表示方式包括点方式、块方式和值方式，如图 1-6 所示。其中，图 1-6(a)为点方式，指用像素点表示像素，得到图像平面上的离散点，该方式的优点是简单清晰，缺点是仅能表示像素的有无，不能表示像素的灰度值。图 1-6(b)为块方式，指用颜色深浅不同的像素区域块表示像素，该方式的优点是可视性好，缺点是仅能表示灰度值不同的少量像素。图 1-6(c)为值方式，指用像素灰度值表示像素，该方式的优点是可以准确表示任意灰度值的像素，缺点是可视性稍差。

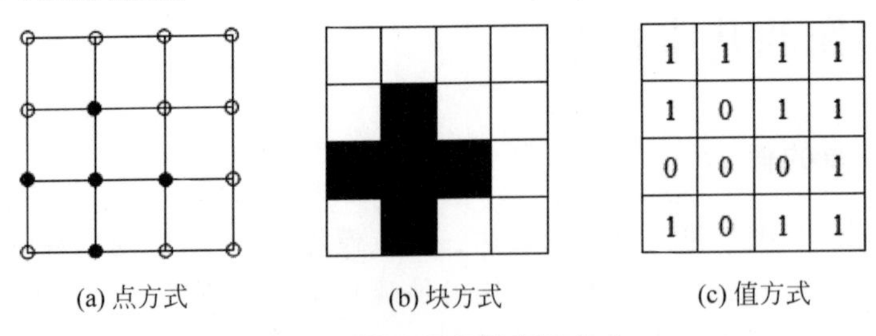

图 1-6 数字图像的表示方式

例 1.1　由纯黑和纯白两种颜色构成的 5×5 分辨率的 256 色灰度图像如图 1-7(a)所示，试求图像的值方式表达矩阵。

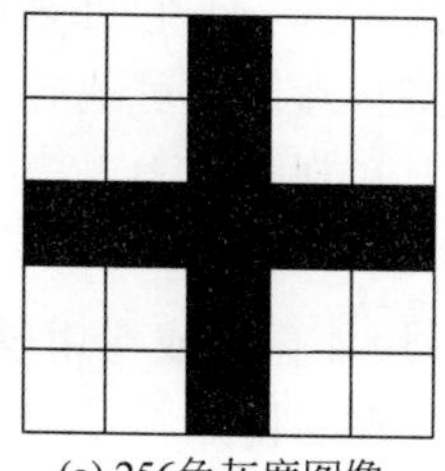

(a) 256色灰度图像

255	255	0	255	255
255	255	0	255	255
0	0	0	0	0
255	255	0	255	255
255	255	0	255	255

(b) 值方式表达矩阵

图 1-7　数字图像的表示方式

解：由于图像为 256 色灰度图像，因此，纯黑的灰度值为 0，纯白的灰度值为 255，图像的值方式表达矩阵如图 1-7(b)所示。

```
% F1_7.m

I1 = imread('F1_7_256.bmp');
subplot(1,2,1),imshow(I1),xlabel('(a) 256 色灰度图像');
```

数字图像在显示时，坐标系统包括屏幕显示方式和图像计算方式两种，如图 1-8 所示。图 1-8(a)为屏幕显示方式，所用的坐标系通常在屏幕显示中采用(屏幕扫描是从左到右、从上到下进行的)，它的坐标原点在图像的左上角，纵轴表示图像的行，横轴表示图像的列。$I(r,c)$既可表示整幅图像，也可表示在 r 行和 c 列交点处的图像值。图 1-8(b)为图像计算方式，所用的坐标系通常在图像计算中采用(与常用的笛卡儿坐标系相同)，它的坐标原点在图像的右下角，横轴表示 X 轴，纵轴表示 Y 轴。$f(x,y)$既可表示整幅图像，也可表示在(x,y)坐标处的像素值。

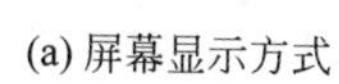

(a) 屏幕显示方式

(b) 图像计算方式

图 1-8　数字图像坐标系统的选择

1.3　图像处理技术分类

按照图像类型的不同，图像处理技术可以分为模拟图像处理和数字图像处理两大类。

1. 模拟图像处理

模拟图像处理包括光学处理(通常利用透镜实现)和电子处理,例如,照相、遥感图像处理、电视信号处理等。电视图像是模拟信号处理的典型例子,它处理的是活动图像,每秒25帧。模拟图像处理的优点是速度快,一般为实时处理,理论上可达到光速,可实现并行处理;缺点是精度较差,灵活性差,很难有非线性处理能力和判断能力。

2. 数字图像处理

数字图像处理(Digital Image Processing)一般采用计算机或专用硬件进行,也称为计算机图像处理(Computer Image Processing)。数字图像处理的优点是处理精度高,处理内容丰富,可进行复杂的非线性处理;缺点是处理速度较慢,尤其针对大数据量的复杂处理更是如此。

1.4 数字图像处理

1.4.1 数字图像处理的特点

数字图像处理的特点如下:

(1) 数据量大。

在数字图像处理中,图像由图像矩阵中的像素(pixel)组成,灰度图像每个像素的灰度级一般采用1Byte(B)的空间来存储,真彩色图像每个像素的灰度级一般采用3B的空间来存储。例如,一张256×256像素的灰度图像大小为64KB(256×256×1B),一张256×256像素的真彩色图像大小为192KB(256×256×3B);一张512×512像素的灰度图像大小为256KB(512×512×1B),一张512×512像素的真彩色图像大小为768KB(512×512×3B);一张1024×1024像素的灰度图像大小为1MB(1024×1024×1B),一张1024×1024像素的真彩色图像大小为3MB(1024×1024×3B)。因此,大数据量给存储、传输和处理都带来巨大的困难。

(2) 处理技术综合性强。

图像处理技术涉及的基础知识和专业技术相当广泛,一般来说,涉及通信技术、计算机技术、电子技术、电视技术,涉及的数学、物理等方面的基础知识更多。图像处理技术与通信技术密切相关,当今的图像处理理论大多是通信理论的推广,只是把通信中的一维问题推广到二维以便于分析,在此基础上,逐步发展自己的理论体系。图像处理工程中的信息获取和显示技术主要源于电视技术,其中,摄像、显示、同步等各项技术是必不可少的。计算机已是图像处理的常规工具,在图像处理中,涉及软件、硬件、网络、接口等多项技术,特别是并行处理技术在实时图像处理中显得十分重要。图像处理技术的发展涉及越来越多的基础理论知识,雄厚的数理基础及相关的边缘学科知识对图像处理科学的发展具有重要影响。

(3) 图像信息理论与通信理论密切相关。

图像信息论属于信息论科学中的一个分支。1948年,香农(Shannon)发表的*A Mathematical Theory of Communication*(《通信中的数学理论》)一文,奠定了信息论的基础。此后,信息理论已经渗透到了各个领域。图像理论是把通信中的一维时间问题推广到二维空间上来研究,具体来说,通信研究的是一维时间信息,图像研究的是二维空间信息;通信理论研究的是时间域和频率域的问题,图像理论研究的是空间域和空间频率域之间的关系；通信理论认为任何一个随时间变化的波形都是由许多频率不同、振幅不同的正弦波组合而成，图像理论认为任何一张平面图像都是由许多频率不同、振幅不同的 x-y 方向的空间频率波相叠加而成，高空间频率波决定图像的细节，低空间频率波决定图像的背景和动态范围。

1.4.2　数字图像处理的方法

数字图像处理方法大致可以分为空域法和频域法两大类。

1. 空域法

空域法把图像看作空间域平面中各个像素组成的集合，用二维函数来表示，直接对二维函数进行相应处理。空域法主要包括点处理法和邻域处理法。点处理法包括灰度处理(gray processing)，面积、周长、体积、重心运算等。邻域处理法包括梯度运算(gradient algorithm)、拉普拉斯算子运算(Laplacian operator)、平滑算子运算(smoothing operator)、卷积运算(convolution algorithm)等。

2. 频域法

频域法首先采用图像变换的正变换方法，将图像从空域变换到频域，然后利用频域的特殊性质对图像进行处理，最后采用图像变换的反变换方法，将图像从频域变换回空域。频域法包括低通滤波、高通滤波等。

1.4.3　数字图像处理系统

数字图像处理系统包括采集、处理和分析、显示、存储、通信五大模块，其构成示意图如图 1-9 所示。需要指出的是，并不是每一个实际的图像处理系统都包含所有这些模块；另外，对一些特殊的图像处理系统，还可能包含其他模块。

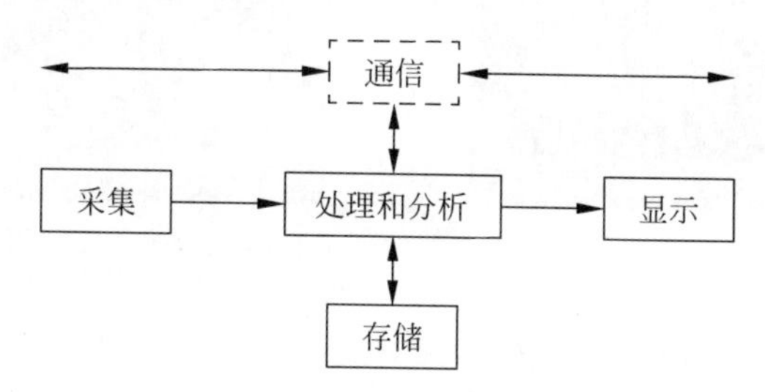

图 1-9　数字图像处理系统的构成示意图

采集模块主要是把一张图像转换成适合计算机或数字设备处理的数字信号，该过程主要包括拍摄图像、光/电转换及数字化等几个步骤。

处理和分析模块主要用于图像的处理和分析。常用的图像处理和分析技术包括几何处理、算术处理、图像增强、图像复原、图像重建、图像编码、图像识别和图像理解。

(1) 几何处理(Geometrical Processing)主要包括几何变换、图像的移动、旋转、放大、缩小、镜像、多个图像配准、全景畸变校正、扭曲校正、周长计算、面积计算、体积计算等。几何处理效果示例如图 1-10 所示。

(2) 算术处理(Arithmetic Processing)主要对图像进行加、减、乘、除、与、或、异或等运算。算术处理效果示例如图 1-11 所示。

(a) 原始图像

(b) 水平镜像处理后图像

图 1-10　几何处理效果示例(图像水平镜像)

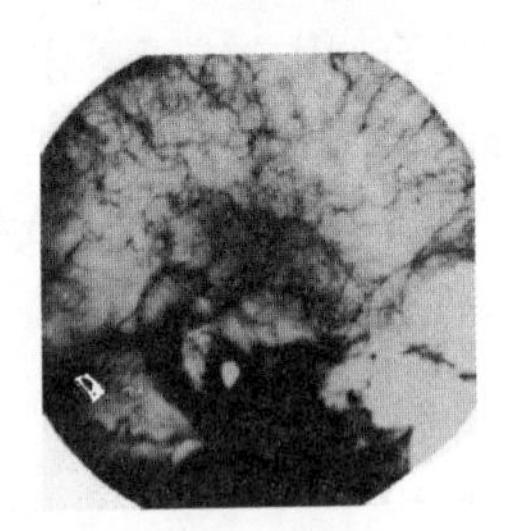

(a) 掩模图像

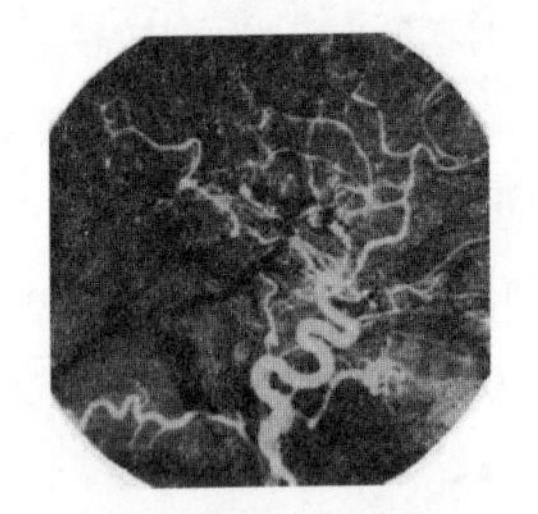

(b) 减除掩模图像后的图像(把对比介质注入血管后拍摄的图像)

图 1-11　算术处理效果示例(图像减影处理)

(3) 图像增强(Image Enhancement)主要是突出图像中感兴趣的信息,减弱或消除不需要的信息,从而使有用信息得到加强,以便于区分或解释。图像增强效果示例如图 1-12 所示。

(a) 原始图像

(b) 同态滤波处理后的图像(注意掩体内的细节)

图 1-12　图像增强效果示例(同态滤波增强)

(4) 图像复原(Image Restoration)的主要目的是消除干扰和模糊,恢复图像的原始状态。图像复原、图像增强、算术处理、几何处理都是从图像到图像的处理,即输入的原始数据是图像,输出的处理后结果也是图像。图像复原效果示例如图 1-13 所示。

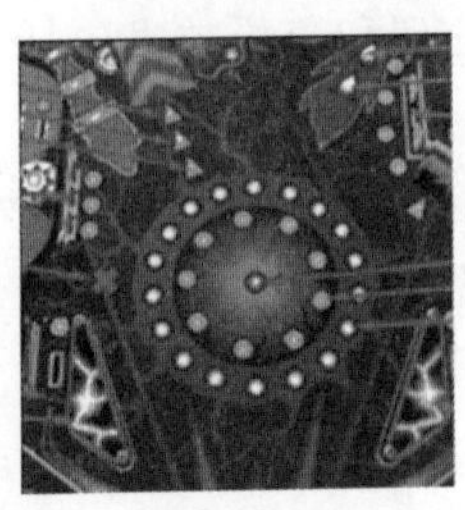

(a) 原始图像

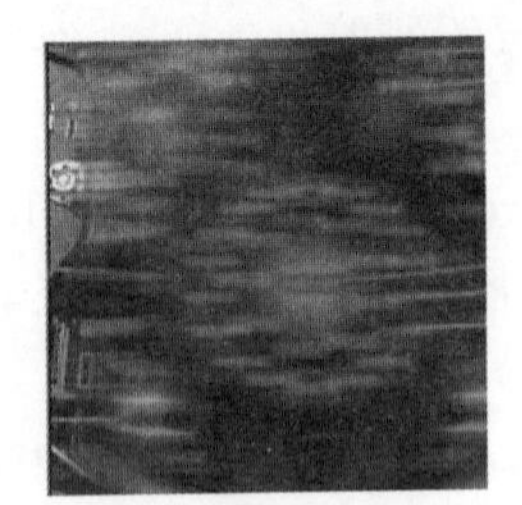

(b) 干扰图像

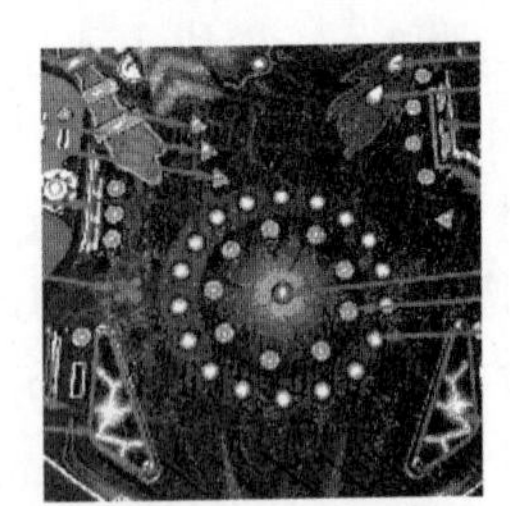

(c) 复原处理后的图像

图 1-13　图像复原效果示例

(5) 图像重建(Image Reconstruction)是从数据到图像的处理,即输入的是某种数据,输出是处理之后的图像。该处理的典型应用是发明于1972年的CT技术,早期为X光CT,后来发展为ECT、超声CT、核磁共振(NMR)等。

(6) 图像编码(Image Encoding)技术的研究属于信息论中的信源编码范畴,主要目的是利用图像信号的统计特性、人类视觉的生理学与心理学特性对图像信号进行高效编码,研究数据压缩技术,解决图像数据量与存储空间消耗之间的矛盾。

(7) 图像识别(Image Recognition)基于模式识别技术,方法大致包括统计识别法、句法结构识别法和模糊识别法三种。统计识别法侧重于特征,句法结构识别法侧重于结构和基元,模糊识别法把模糊数学的概念和理论应用于识别处理。图像识别是当前图像大数据、人工智能、深度学习等技术的重要应用领域,它面临许多挑战性的问题,人脸识别就是其中一个典型的例子,如图1-14所示。

(a) 姐妹

(b) 父子

图1-14 图像识别示例(人脸识别)

(8) 图像理解(Image Understanding)是在图像识别基础上的智力表现,是实现人工智能的重要方面。图像理解方法输入为图像,输出为一种描述,这种描述并不仅是单纯地用符号做出详细的描绘,而是要利用客观世界的知识使计算机进行联想、思考及推论,从而理解图像所表达的内容。

显示模块主要用于显示图像,目的是为人或机器提供一张更便于解译和识别的图像。图像分辨率从早期的640×480、1024×768等,发展到今天的3648×2736、7296×5472等,单张图像可达4000万像素,文件大小可达40MB。常用的图像显示技术包括软拷贝和硬拷贝。软拷贝包括CRT显示、液晶显示器(LCD)、彩色等离子显示技术(Plasma Display Panel,PDP)、场致发光显示器(Field Effect Display,FED)、E-Paper(电子纸、数码纸)等。硬拷贝包括照相、激光拷贝、彩色喷墨打印等。图像打印一般用于输出较低分辨率的图像,近年来也可采用各种热敏、热升华、喷墨和激光打印机等设备输出较高分辨率的图像。常用的图像打印技术包括半调输出技术、抖动输出技术等。

存储模块主要解决数据的海量存储问题,研究数据压缩、图像格式及图像数据库、图像检索技术等,常用的图像格式包括BMP、JPEG、GIF、TIFF等,常用的存储设备包括磁带、光盘、硬盘、专用存储系统等。

通信模块包括系统内部通信和系统外部通信两类。系统内部通信多采用DMA(Direct Memory Access)技术以解决速度问题。系统外部通信主要研究图像传输和视频编码问题,主要解决占用带宽问题,例如,彩色电视制式NTSC、PAL、SECAM等,会议电视传输协议H.320、H.323、RTP/RTCP、UDP等,编码标准JPEG系列、MPEG系列、H.26X系列、JVT、AVS等。

1.4.4 数字图像处理的应用领域

伴随着人工智能技术的蓬勃发展，数字图像处理技术几乎可以应用到需要人工参与的任何领域，以代替通过人类眼睛感知世界和认知世界的功能，常用应用领域如表 1-1 所示。

表 1-1 数字图像处理的常用应用领域

学　科	应用内容	学　科	应用内容
物理化学	结晶分析、色谱分析、质谱分析、波谱分析、热谱分析等	生物医学	远程医疗、细胞分析、X 光图像分析、CT 图像分析、内窥镜图像分析等
环境保护	水体保护、污染防治、森林防护、植物植被养护等	遥感测绘	国土调查、自然资源确权、资源勘探、地图绘制、遥感影像、三维重建等
农林水利	植被分布调查、农作物估产、两区划定、河流分布、水害调查等	海洋气象	鱼群渔业探查、海洋污染监测、卫星云图分析、龙卷风暴分析等
工业经济	工业探伤、缺陷检测、立体视觉、三维重建、遥操作、机器人等	交通运输	无人驾驶、交通监控、车牌识别、智能收费、流量监测、交通规划等
电子商务	身份认证、扫码识别、产品防伪、无人分拣、智能客服等	信息安全	数字水印、信息隐藏、人脸识别、指纹识别、掌纹识别、虹膜识别等
智慧城市	事故预警、应急指挥、犯罪追逃、行为识别、无人超市、虚拟现实等	军事科技	军事侦察、情报分析、导弹制导、无人机、单兵装备、精确作战等

1.4.5 数字图像处理的发展方向

数字图像处理领域尚有许多问题需要进一步研究，包括：

(1) 提高精度的同时还要解决处理速度的问题，庞大的数据量和处理速度不相匹配。

(2) 加强软件研究，创造新的处理方法，特别要注意移植和借鉴其他学科的技术和研究成果。

(3) 加强边缘学科的研究工作，促进图像处理技术的发展。例如，人的视觉特性、心理学特性等的研究如果有所突破，将对图像处理技术的发展有极大的促进作用。

(4) 加强理论研究，逐步形成图像处理科学自身的理论体系。

(5) 建立图像信息库和标准子程序，统一存放格式和检索，方便不同领域的图像交流和使用，实现资源共享。

数字图像处理技术的未来发展方向包括：

(1) 围绕高清晰度电视(HDTV)的研制。

(2) 开展实时图像处理的理论及技术研究，向着高速化、高分辨率、立体化、多媒体化、智能化和标准化方向发展。在高速化方面，提高硬件速度，不仅提高计算机的速度，而且要实现 A/D 和 D/A 转换的实时化；在高分辨率方面，提高采集分辨率和显示分辨率，主要困难在于显像管的制造和图像图形刷新存取的速度；在立体化方面，图像是二维信息，信息量更大的三维图像将随着计算图形学及虚拟现实技术的发展得到更广泛的应用；在多媒体化方面，关键技术在于图像数据的压缩，当前数据压缩的国际标准有多个，而且还在发展，它将朝着人类接收和处理信息最自然的方式发展；在智能化方面，使计算机识别和理解能够按照人的认识和思维方式工作，能够考虑主观概率和非逻辑思维；在标准化方面，图像处理技术目前还没有国际标准。

(3) 图像与图形相结合,朝着三维成像或多维成像的方向发展。

(4) 硬件芯片研究,把图像处理的众多功能固化在芯片上,更便于应用,例如,Thomson公司的ST13220采用Systolic结构设计运动预测器等。

(5) 新理论和新算法研究。例如,深度学习(Deep Learning)、人工神经网络(Artificial Neural Networks)、小波分析(Wavelet)、分析几何(Fractal)、形态学(Morphology)、遗传算法(Genetic Algorithms,GA)等。其中,分析几何广泛应用图像处理、图形处理、纹理分析,同时还用于物理、数学、生物、神经和音乐等方面。

习题

1-1 试简述数字图像的显示方式及其优缺点。

1-2 试简述数字图像处理的特点。

1-3 试简述数字图像处理的方法分类。

1-4 试简述数字图像处理系统的构成及其功能。

1-5 试简述数字图像处理技术存在的问题及未来的发展方向。

1-6 波特率(baud rate)是一种常用的离散数据传输度量。当采用二进制时,它等于每秒所传输的比特数。若传输时,需先传输1个起始比特,再传输8个比特的信息,最后传输1个终止比特。试求:

(1) 以9600波特传输一张256×256的256灰度级图像所需的时间;

(2) 以38400波特传输一张1024×1024的真彩色图像所需的时间。

第2章

图像与视觉系统

2.1 视觉过程

视觉过程包括“视”过程和“觉”过程。“视”过程是一个图像采集的过程，“觉”过程是一个图像感知的过程。视觉过程由光学过程、化学过程和神经处理过程顺序构成，视觉过程示意图如图 2-1 所示。

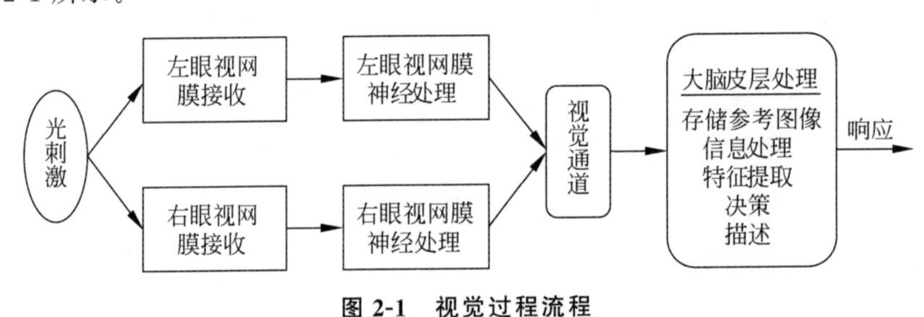

图 2-1 视觉过程流程

(1) 光学过程。视觉过程从光源发光开始，光线被场景中的物体反射并进入人的视觉感受器官——左右眼睛，并在视网膜成像。

(2) 化学过程。物体在视网膜上成像并引起视感觉，视感觉本质上是从分子的观点来体现光反应的基本性质(如亮度、颜色)。

(3) 神经处理过程。光刺激在视网膜上经神经处理产生神经冲动，神经冲动沿视神经纤维传出眼睛，通过视觉通道传到大脑皮层，并引起视知觉，视知觉本质上体现了神经系统接受视觉刺激后如何反应及其反应的方式。

2.1.1 光学过程

人的眼睛是人类视觉系统的重要组成部分，是实现光学过程的物理基础。眼睛是一个平均直径约为 20mm 的球体，其中，晶状体(lens)对应于照相机的镜头，晶状体前的瞳孔(pupil)对应于照相机的光圈，视网膜(retina)对应于照相机的胶片，是含有光感受器和神经组织网络的薄膜。人眼球的断面图如图 2-2 所示。

例 2.1 物体在视网膜上成像尺寸的计算。

解：光学系统的光路图原理如图 2-3 所示，据此可以很容易地计算出物体在视网膜上成像尺寸的大小。

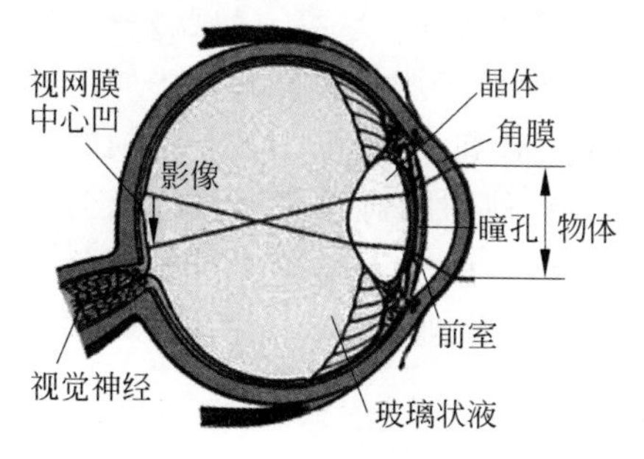

图 2-2 人眼球的断面图

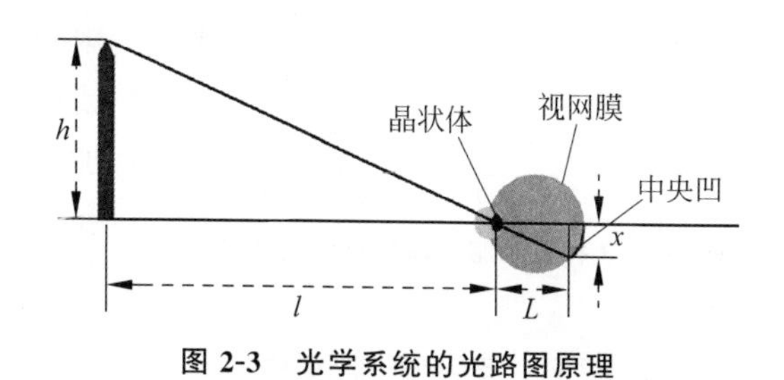

图 2-3 光学系统的光路图原理

由几何学原理可知式(2-1)成立：

$$\frac{h}{l}=\frac{x}{L} \tag{2-1}$$

式中，h 为物体的高度；l 为物体距离观察者的距离；L 为晶状体聚焦中心和视网膜间的距离；x 为物体在视网膜上的成像尺寸。

由眼睛晶状体的生物学特性可知，晶状体的屈光能力从最小变到最大时，晶状体聚焦中心和视网膜间的距离从约 17mm 变为约 14mm，故 L 的取值范围为

$$14\text{mm} \leqslant L \leqslant 17\text{mm} \tag{2-2}$$

当眼睛聚焦在一个 3m 以外的物体时，晶状体具有最小的屈光能力，即晶状体聚焦中心和视网膜间的距离 L 约为 17mm；当眼睛聚焦在一个 3m 以内的物体时，晶状体具有最大的屈光能力，即晶状体聚焦中心和视网膜间的距离 L 约为 14mm。

如果观察者看一个相距 50m、高 10m 的柱状物体，则物体在视网膜上的成像尺寸为

$$x=\frac{h}{l}\times L=\frac{10\text{m}}{50\text{m}}\times 17\text{mm}=3.4\text{mm}$$

如果观察者看一个相距 2m、高 1m 的柱状物体，则物体在视网膜上的成像尺寸为

$$x=\frac{h}{l}\times L=\frac{1\text{m}}{2\text{m}}\times 14\text{mm}=7.0\text{mm}$$

2.1.2 化学过程

化学过程基本确定了成像的亮度和颜色。视网膜表面分布有光接受细胞，它们可分为两类：锥细胞(cone cell)和柱细胞(rod cell)。锥细胞主要集中在视网膜的中央，数量少(约 650 万/单眼)，光敏感度低，强光刺激才能引起兴奋。每个锥细胞包含一种感光色素，分别对红、绿、蓝三种光敏感，能够在较明亮的环境中提供辨别颜色和形成精细视觉的功能。柱细胞分散分布在视网膜上，数量多(约 1.25 亿/单眼)，对弱光敏感，敏感度是锥细胞的 100 多倍。一个光量子可引起一个细胞兴奋，5 个光量子就可使人眼感觉到一个闪光。柱细胞不能感受颜色、分辨精细空间，但在较弱光线下具有对环境的分辨能力(如夜里看到物体的黑白轮廓)。例如，猫头鹰一般在夜晚活动就是因为猫头鹰视网膜中只有柱细胞；日光下鲜

艳的彩色物体在月光下变得无色就是因为日光下锥细胞工作并感受到了颜色，而月光下锥细胞不工作、柱细胞工作，而柱细胞不感受颜色。

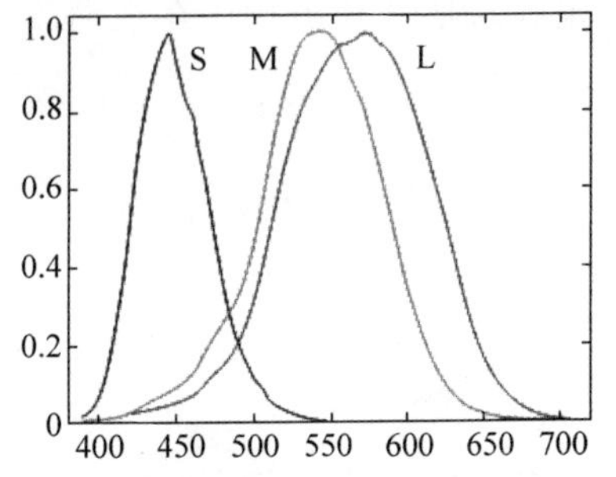

图 2-4 3 种锥细胞对单色光谱刺激的反应

当一束光线进入人眼后，视细胞会产生 4 种不同强度的信号：3 种锥细胞信号（红、绿、蓝）和一种柱细胞信号，其中，只有锥细胞信号能转化为颜色的感觉。3 种锥细胞（S、M 和 L 类型）对波长不同的光线产生不同的反应，每种细胞对某段波长的光会更加敏感，这些信号的组合就是人眼能分辨的颜色总和，如图 2-4 所示，其中，横坐标表示光的波长，纵坐标表示产生信号的强度。

2.1.3 神经处理过程

神经处理过程是光刺激在大脑神经系统里进行转换和解释的过程。每个视网膜接收单元都与一个神经元细胞借助突触（synapse）相连，每个神经元细胞借助其他的突触再与其他细胞相连，从而构成光神经网络。光神经进一步与大脑中的侧区域（side region of the brain）连接，并到达大脑中的纹状皮层（striated cortex）。在纹状皮层处，对光刺激产生的响应经过一系列处理最终形成关于场景的表象，从而将对光的感觉转化为对景物的知觉。视网膜结构模型如图 2-5 所示。

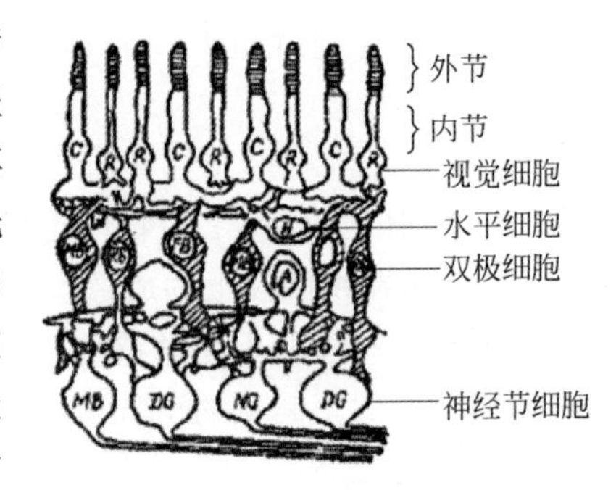

图 2-5 视网膜结构模型

2.2 光度学基本原理

光是一种电磁辐射，研究光的强弱的学科称为光度学。在光度学中，衡量光辐射的功率或光辐射量大小的物理量称为光通量（luminous flux），记为 Φ，单位是 lm（流明）。

2.2.1 点光源

当光源的强度足够小，或者距离观察者足够远，以至于眼睛无法分辨其形状时，可称为点光源。为了衡量光源的强度，首先需要知道立体角的概念。立体角是指从一点（称为立体角的顶点）出发通过一条闭合曲线上所有点的射线围成的空间部分，表示由顶点看闭合曲线时的视角。立体角的度量可由平面角的度量推广到三维空间得到，平面角和立体角度量示意图如图 2-6 所示。

平面角的度量为圆周上的弧长与圆周半径之比，记为 α，单位是 rad（弧度），如式(2-3)：

$$\alpha=\frac{b}{r} \tag{2-3}$$

式中，α 为平面角的弧度；b 为圆周上的弧长；r 为圆周半径。

立体角的度量为以立体角的顶点为球心的球面上截出的部分面积与球面半径的平方之

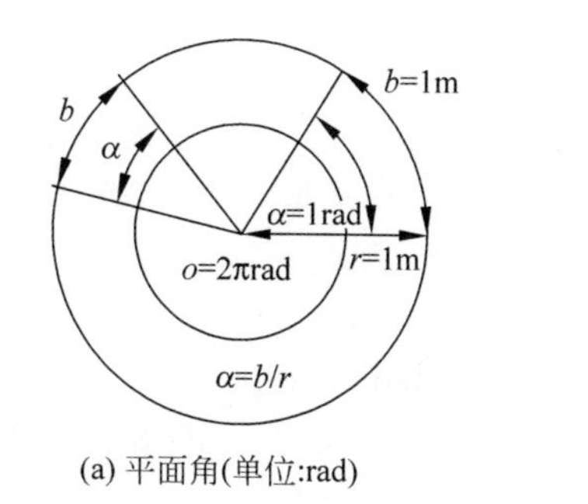

(a) 平面角(单位:rad)

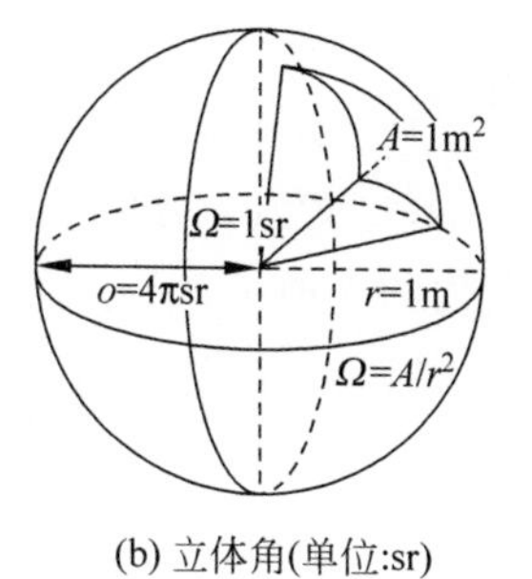

(b) 立体角(单位:sr)

图 2-6　平面角和立体角度量示意图

比,记为 Ω,单位是 sr(球面度),如式(2-4):

$$\Omega=\frac{A}{r^2} \tag{2-4}$$

式中,Ω 为立体角的球面度；A 为以立体角的顶点为球心的球面上截出的部分面积；r 为球面半径。

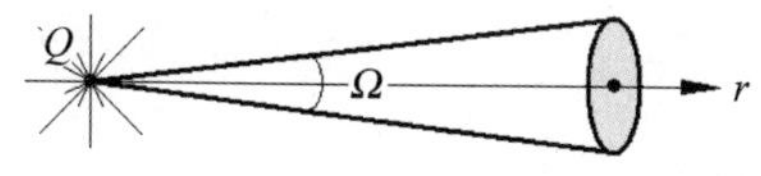

图 2-7　点光源的发光强度示意图

有了立体角的概念后,可以这样衡量光源的强度,如图 2-7 所示。

点光源的发光强度(luminous intensity)定义为点光源 Q 沿某方向 r 上单位立体角内发出的光通量,记为 I,单位是 cd(坎[德拉]),如式(2-5):

$$I=\frac{\Phi}{\Omega} \tag{2-5}$$

式中,I 为发光强度；Φ 为光通量；Ω 为立体角,由此可知,1cd＝1lm/sr。从物理意义上来说,1cd 表示"全辐射体"加温到铂的熔点(2024K)时从 1cm^2 表面面积上发出的光的 1/60。所谓"全辐射体"就是某一物质加热到某一温度时,它发出的能量分布在整个可见光范围内,理论上的"全辐射体"就是一个完全黑体,当冷却后,它将吸收所有入射到它上面的光。由此可知,光通量 Φ 也可以理解为每秒钟内光流量的度量,即 1lm 表示与 1cd 的光源相距单位距离,并与入射光相垂直的单位面积上每秒流经的光流量。

例 2.2　试求光通量为 2000lm 的点光源的发光强度。

解:点光源的发光强度为

$$I=\frac{\Phi}{\Omega}=\frac{\Phi}{\dfrac{4\pi r^2}{r^2}}=\frac{\Phi}{4\pi} \tag{2-6}$$

因此,光通量为 2000lm 的点光源的发光强度为

$$I=\frac{\Phi}{4\pi}=\frac{2000}{4\times 3.14}=159.24(\text{cd})$$

2.2.2　扩展光源

实际生活中,光源总有一定的发光面积,称为扩展光源。扩展光源的发光强度为构成扩展光源表面的每块面元 dS 沿某个方向 r 的发光强度 I 之和,如图 2-8 所示。

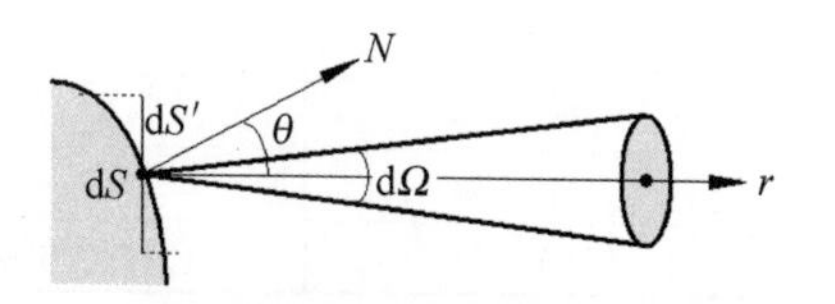

图 2-8　扩展光源的发光强度示意图

2.2.3 亮度

亮度(brightness)定义为 r 方向上单位投影面积的发光强度，或者说 r 方向上单位投影面积在单位立体角内的光通量，记为 B，单位是 $\mathrm{cd/m^2}$(坎[德拉]每平方米)，如式(2-7)：

$$B=\frac{I}{\mathrm{d}S'}=\frac{I}{\mathrm{d}S\cos\theta}=\frac{\Phi}{\Omega\mathrm{d}S\cos\theta} \tag{2-7}$$

式中，B 为亮度；I 为发光强度；$\mathrm{d}S$ 为扩展光源的面元；$\mathrm{d}S'$ 为扩展光源的面元 $\mathrm{d}S$ 在 r 方向的投影面积；θ 为扩展光源的面元 $\mathrm{d}S$ 的法线 N 与方向 r 夹角；Φ 为光通量；Ω 为立体角。

例 2.3 试求在距离光通量为 3000lm 的点光源 50m 处的亮度。

解：由式(2-6)可知，点光源的发光强度为

$$I=\frac{\Phi}{4\pi}$$

设以点光源为球心，r 为半径作一球面，则球面上的亮度为

$$B=\frac{I}{S}=\frac{I}{4\pi r^2}=\frac{\Phi}{4\pi}\cdot\frac{1}{4\pi r^2}=\frac{\Phi}{16\pi^2 r^2} \tag{2-8}$$

因此，在距离光通量为 3000lm 的点光源 50m 处的亮度为

$$B=\frac{\Phi}{16\pi^2 r^2}=\frac{3000}{16\times 3.14\times 3.14\times 50\times 50}=7.607\times 10^{-3}(\mathrm{cd/m^2})$$

为了建立起感官的认识，表 2-1 给出了一些常见光源和景物的亮度数值以及它们所处的视觉区域。

表 2-1 一些日常所见光源和景物的亮度 (单位：$\mathrm{cd/m^2}$)

亮　度	示　例	分　区
10^{10}	通过大气看到的太阳	危险视觉区
10^{9}	电弧光(electric arc light)	
10^{8}	—	
10^{7}	—	—
10^{6}	钨丝白炽灯的灯丝	适亮视觉区(photopical zone)
10^{5}	影院屏幕	
10^{4}	阳光下的白纸	
10^{3}	月光/蜡烛的火焰	
10^{2}	可阅读的打印纸	
10^{1}	—	—
10^{0}	—	—
10^{-1}	—	—
10^{-2}	月光下的白纸	适暗视觉区(scotopical zone)
10^{-3}	—	
10^{-4}	没有月亮的夜空	
10^{-5}	—	
10^{-6}	绝对感知阈值	

2.2.4　主观亮度

人类视觉系统能够适应的总体亮度范围很大，从暗视觉门限到眩目极限之间的范围达 10^{10} 量级。但是在同一时刻，人类视觉系统所能区分的亮度的具体范围比总的适应范围要小得多。人类视觉系统当前的敏感度称为亮度适应级。人眼在某一时刻所能感受到的具体范围是以亮度适应级为中心的一个小范围，一般在 10^2 量级，可以观察到 10～20 个亮度级的变化。人类视觉系统亮度范围示意图如图 2-9 所示。

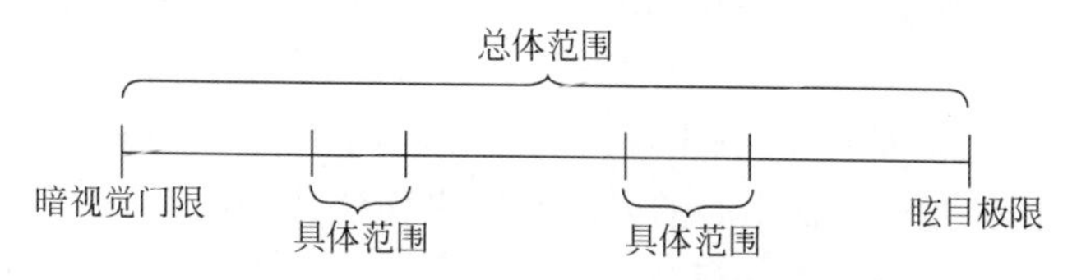

图 2-9　人类视觉系统亮度范围示意图

人类视觉系统感受到的物体亮度称为主观亮度。主观亮度受到物体表面与周围环境亮度之间相对关系的影响。同时对比度表明人眼对某个区域感受到的主观亮度并不仅依赖于该区域本身的亮度，物体(反射相同亮度)置于较暗的背景里会显得比较亮，置于较亮的背景里会显得比较暗。同时对比度示意图如图 2-10 所示，其中，所有位于中心的小正方形都具有完全相同的亮度，但是，当小正方形处在暗背景时看起来要亮些，处在亮背景时看起来要暗些。

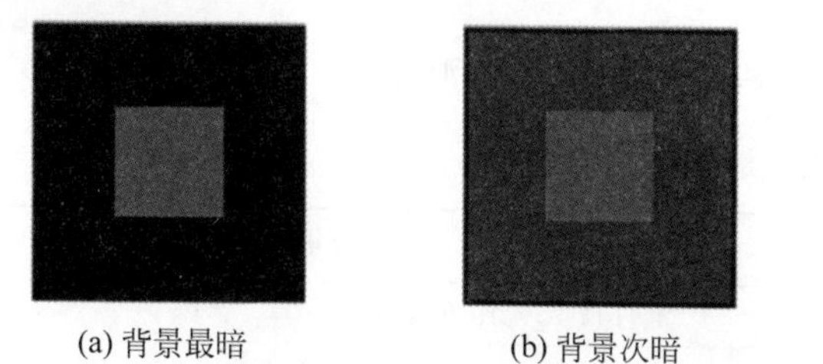
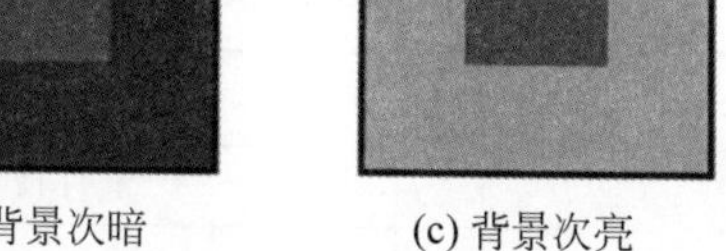
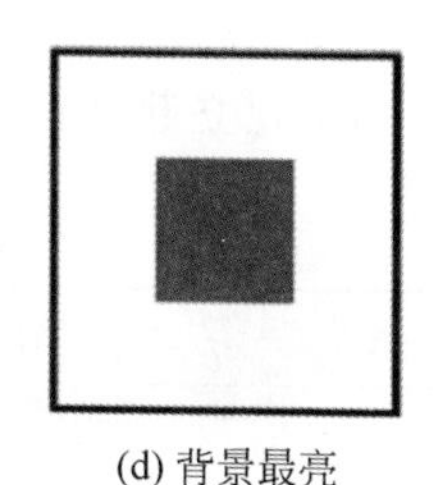

(a) 背景最暗　(b) 背景次暗　(c) 背景次亮　(d) 背景最亮

图 2-10　同时对比度示意图

人类视觉系统有趋向于过高或过低估计不同亮度区域边界值的现象，马赫带效应就是一个典型的例子，如图 2-11 所示，其中，各带条内部的亮度是常数，如“亮度折线”所示；观察到的带条具有强烈的边缘效应，特别是在带条的边界区域，如“主观亮度曲线”所示。

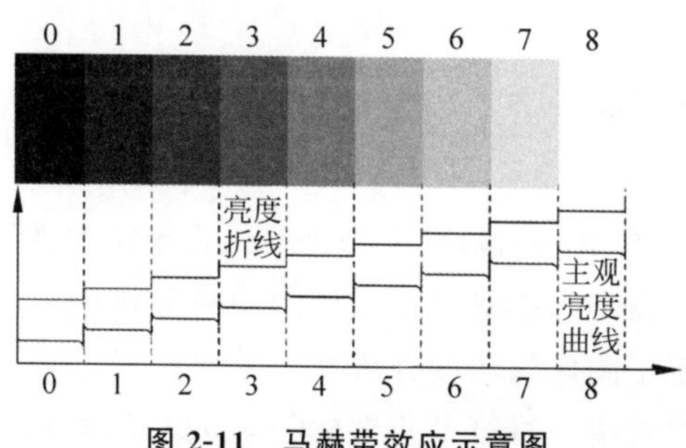

图 2-11　马赫带效应示意图

2.2.5 照度

照度(illumination)定义为照射在物体单位面积上的光通量，从辐射学的角度也称辐照度(irradiance)，表示单位面积的入射功率，记为 E，单位是 lx(勒[克斯])，如式(2-9)：

$$E=\frac{\Phi}{S} \tag{2-9}$$

式中，E 为照度；Φ 为光通量；S 为照射面积。由此可知，$1\text{lx}=1\text{lm}/\text{m}^2$。

例 2.4 试求在距离光通量为 3000lm 的点光源 2m 处一块半径为 5cm 的圆平面表面的平均照度，已知点光源发出的经过圆平面中心的光线与圆平面法线的夹角为 60°。

解：设照度为 E，光通量为 Φ，圆平面面积为 S，圆平面半径为 r，点光源与圆平面的距离为 l，点光源发出的经过圆平面中心的光线与圆平面法线的夹角为 θ，则通过圆平面的光通量为

$$\Phi=\Phi\cos\theta\cdot\frac{\pi r^2}{4\pi l^2}=\frac{\Phi\cos\theta\cdot r^2}{4l^2}$$

平均照度为

$$E=\frac{\Phi}{S}=\frac{\Phi\cos\theta\cdot r^2}{4l^2}\cdot\frac{1}{S}=\frac{\Phi\cos\theta\cdot r^2}{4l^2}\cdot\frac{1}{\pi r^2}=\frac{\Phi\cos\theta}{4\pi l^2}$$

因此，平均照度为

$$E=\frac{\Phi\cos\theta}{4\pi l^2}=\frac{3000\times\cos60^\circ}{4\times3.14\times2^2}=29.86(\text{lx})$$

为了建立起感官的认识，表 2-2 给出了一些实际情况下景物的照度。

表 2-2 一些实际情况下景物的照度

照度/lx	实际情况
约 3×10^{-4}	无月夜天光照在地面上
约 0.2	接近天顶的满月照在地面上
20～100	办公室工作所必需的照度
100～500	晴朗夏日在采光良好的室内
$10^3\sim10^4$	夏天太阳下不直接照到的露天地面上

2.3 采样和量化

连续图像 $f(x,y)$必须在空间和幅度上都离散化后才能被计算机处理。空间坐标的离散化称为空间采样(简称“采样”)，它确定了图像的空间分辨率。灰度值的离散化称为灰度量化(简称“量化”)，它确定了图像的幅度分辨率。采样过程可看作将图像平面划分成规则网格，每个网格中心点的位置由一对笛卡儿坐标(x,y)决定，x 和 y 均取整数。量化过程是给点(x,y)赋予灰度值 f，f 取整数。采样和量化示意图如图 2-12 所示。

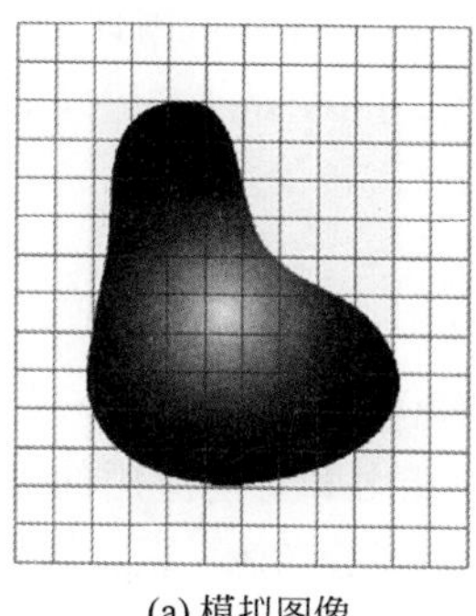
(a) 模拟图像

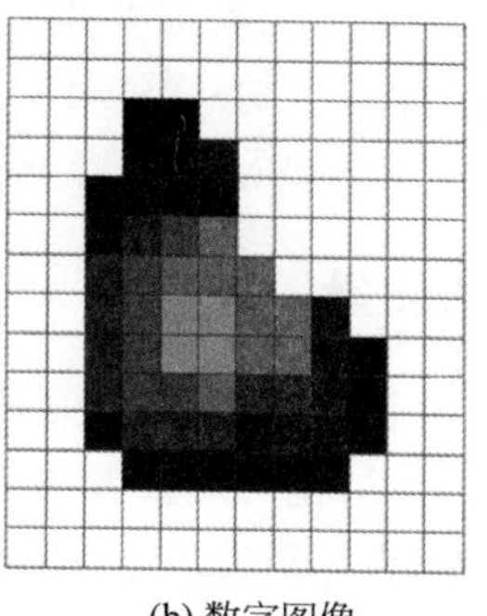
(b) 数字图像

图 2-12 采样和量化示意图

2.3.1 图像的存储

一张图像的空间分辨率为 $M\times N$，表明图像在采样时共采了 $M\times N$ 个样，即图像包含 $M\times N$ 个像素点。一张图像的每个像素都用 K 个灰度值中的一个来赋值，表明图像在量化时共形成了 K 个灰度值，即每个像素的灰度值只可能取这 K 个灰度值中的某一个。一张空间分辨率为 $M\times N$ 图像的存储示意图如图 2-13 所示。

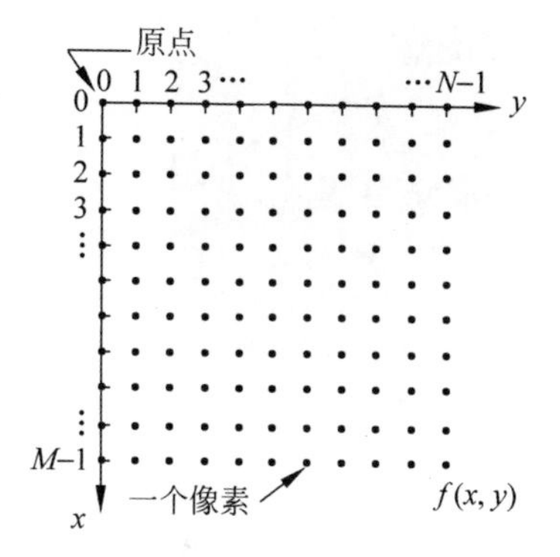

图 2-13 $M\times N$ 的图像的存储示意图

在数字图像处理中，图像的分辨率和灰度级均取整数，且一般均取为 2 的整数次幂，即一张分辨率为 $M\times N$、灰度级为 K 的图像，其 M、N、K 的取值一般如式(2-10)所示：

$$M=2^m,\quad N=2^n,\quad K=2^k \tag{2-10}$$

式中，m、n、k 均取整数。

灰度级为 $K=2^k$ 的图像，存储每个像素点需要 k 个比特，因此，存储一张分辨率为 $M\times N$、灰度级为 $K=2^k$ 的图像需要的比特数为

$$B=M\times N\times k \tag{2-11}$$

图像分辨率(M、N)和灰度级($K=2^k$)对图像大小(比特数)的影响如表 2-3 所示。由此可见，图像的存储往往需要占用大量的存储空间。

表 2-3 图像分辨率和灰度级对图像大小的影响

$k(K)/M\times N$	32×32	64×64	128×128	256×256	512×512	800×600	1024×768	1280×720
1(2)	1024	4096	16384	65536	262144	480000	786432	921600
4(16)	4096	16384	65536	262144	1048576	1920000	3145728	3686400
8(256)	8192	32768	131072	524288	2097152	3840000	6291456	7372800
24(16777216)	24576	98304	393216	1572864	6291456	11520000	18874368	22118400

例 2.5 试求一段采用 PAL 制式、分辨率为 1024×768、长度为 1min 的高清彩色视频所占用的存储空间的大小。

解：PAL 制式为 25 帧/s，即每秒播放 25 幅图像，因此，1min 的视频共需存储 25×60=

1500 幅图像；彩色图像每个像素需要用 3B(Byte,字节)存储,因此,一张分辨率为 1024×768 的图像需要占用 1024×768×3B=2359296B=2303KB=2.25MB；因此,该段视频所占用的存储空间为：1500×2.25MB=3375MB=3.30GB。

2.3.2 图像的质量

图像的质量是一个相当主观的问题,质量的好坏很难有一个统一的评价标准,它不仅与图像质量本身的特性有关,还与观察者的个人鉴赏能力和特定应用的需求有关。总的来说,影响图像质量的主要因素是图像的空间分辨率和幅度分辨率,下面就空间分辨率和幅度分辨率的变化对图像质量的影响加以讨论。

1. 空间分辨率变化、幅度分辨率不变

空间分辨率变化、幅度分辨率不变时图像质量的变化如图 2-14 所示。图 2-14(a)为一张 256×256 分辨率,256 级灰度的图像,图 2-14(b)～图 2-14(d)分辨率依次减半,但灰度级保持不变。

(a) 256×256
256级灰度

(b) 128×128
256级灰度

(c) 64×64
256级灰度

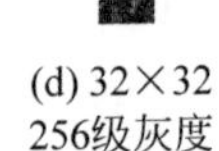
(d) 32×32
256级灰度

图 2-14 空间分辨率变化、幅度分辨率不变

```
% F2_14.m

J = imread('concordorthophoto.png');            % 2215 * 2956
I1 = imresize(J,[256,256]);                     % 256 * 256
subplot(2,2,1),imshow(I1),xlabel('(a) 256 × 256,256 级灰度');

I2 = imresize(I1, 0.5,'nearest');               % 128 * 128
subplot(2,2,2),imshow(I2),xlabel('(b) 128 × 128,256 级灰度');

I3 = imresize(I2, 0.5,'nearest');               % 64 * 64
subplot(2,2,3),imshow(I3),xlabel('(c) 64 × 64,256 级灰度');

I4 = imresize(I3, 0.5,'nearest');               % 32 * 32
subplot(2,2,4),imshow(I4),xlabel('(d) 32 × 32,256 级灰度');
```

由图 2-14 可知,分辨率的变化导致某些图像过小,图像之间的尺寸不一致,图像之间的差别很难被看出。为了比较图像之间的差别,首先对图像的尺寸进行归一化处理,方法是分别对每一张图像进行复制行和复制列的操作,这样可以得到大小相同的图像,如图 2-15 所示。

(a) 256×256
256级灰度

(b) 128×128
256级灰度

(c) 64×64
256级灰度

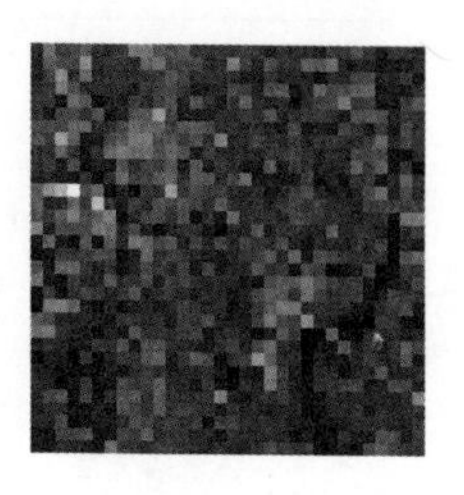
(d) 32×32
256级灰度

图 2-15　空间分辨率变化、幅度分辨率不变(尺寸归一化)

```
% F2_15.m

I1 = imread('F2_14a.png');              % 256 * 256
subplot(2,2,1),imshow(I1),xlabel('(a) 256×256,256 级灰度');

I2 = imread('F2_14b.png');              % 128 * 128
I2 = imresize(I2, 2,'nearest');         % 256 * 256
subplot(2,2,2),imshow(I2),xlabel('(b) 128×128,256 级灰度');

I3 = imread('F2_14c.png');              % 64 * 64
I3 = imresize(I3, 4,'nearest');         % 256 * 256
subplot(2,2,3),imshow(I3),xlabel('(c) 64×64,256 级灰度');

I4 = imread('F2_14d.png');              % 32 * 32
I4 = imresize(I4,8,'nearest');          % 256 * 256
subplot(2,2,4),imshow(I4),xlabel('(d) 32×32,256 级灰度');
```

由图 2-15 可知,空间分辨率减小、幅度分辨率不变时,图像质量由精细变得粗糙,图 2-15(d)中的景物已几乎不能分辨。因此,图像空间分辨率的变化对图像质量有较大影响。

2. 空间分辨率不变、幅度分辨率变化

空间分辨率不变、幅度分辨率变化时图像质量的变化如图 2-16 所示。图 2-16(a)为一张 256×256,256 级灰度的图像,图 2-16(b)～图 2-16(d)分辨率保持不变,但灰度级依次减少。

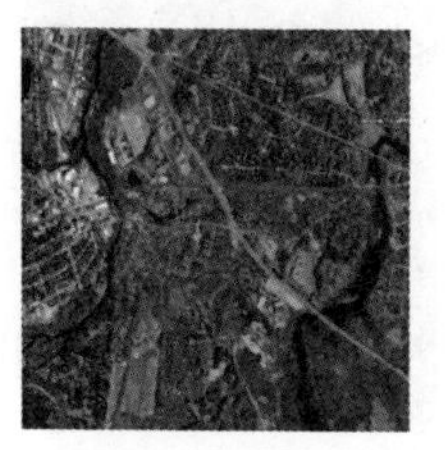
(a) 256×256
256级灰度

(b) 256×256
16级灰度

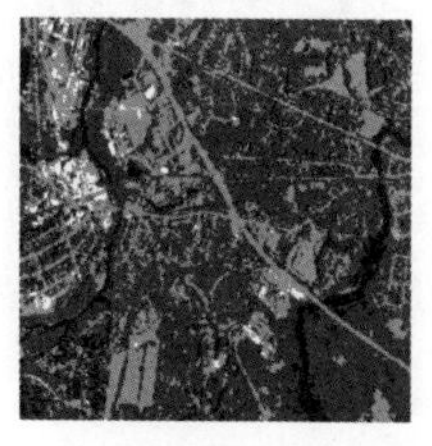
(c) 256×256
4级灰度

(d) 256×256
2级灰度

图 2-16　空间分辨率不变、幅度分辨率变化

```
% F2_16.m

J = imread('concordorthophoto.png');           % 2215 * 2956
I = imresize(J,[256,256]);                      % 256 * 256

imwrite(I, 'F2_16a.png', 'Bitdepth', 8);       % Bitdepth = 8
imwrite(I, 'F2_16b.png', 'Bitdepth', 4);       % Bitdepth = 4
imwrite(I, 'F2_16c.png', 'Bitdepth', 2);       % Bitdepth = 2

Black = find( im2bw(I) == 0 );
White = find( im2bw(I) == 1 );
I(Black) = 0;
I(White) = 170;

imwrite(I, 'F2_16d.png');                       % Bitdepth = 8 ,但看起来 Bitdepth = 1

I1 = imread('F2_16a.png');
I2 = imread('F2_16b.png');
I3 = imread('F2_16c.png');
I4 = imread('F2_16d.png');
subplot(2,2,1),imshow(I1),xlabel('(a) 256×256,256 级灰度');
subplot(2,2,2),imshow(I2),xlabel('(b) 256×256,16 级灰度');
subplot(2,2,3),imshow(I3),xlabel('(c) 256×256,4 级灰度');
subplot(2,2,4),imshow(I4),xlabel('(d) 256×256,2 级灰度');
```

由图 2-16 可知，空间分辨率不变、幅度分辨率减小时，图像质量由精细变得粗糙。图 2-16(c)中只有 4 种不同的灰度，图 2-16(d)中仅有 2 种不同的灰度，且景物已几乎不能分辨。因此，图像幅度分辨率的变化对图像质量有较大影响。

3. 空间分辨率、幅度分辨率同时变化

空间分辨率变化、同时幅度分辨率变化时图像质量的变化如图 2-17 所示。图 2-17(a)为一张 256×256，256 级灰度的图像，图 2-17(b)～图 2-17(d)分辨率依次减半，同时灰度级依次减少。

(a) 256×256
256级灰度

(b) 128×128
16级灰度

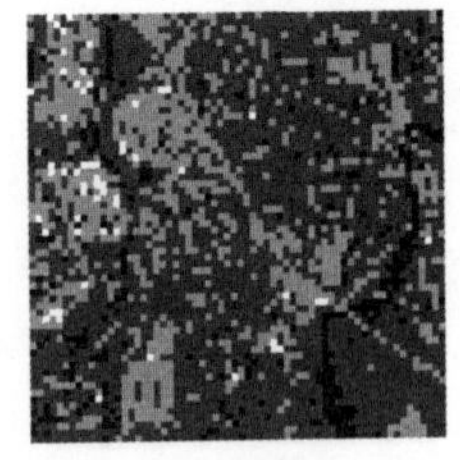

(c) 64×64
4级灰度

(d) 32×32
2级灰度

图 2-17 空间分辨率、幅度分辨率同时变化

```
% F2_17.m

I1 = imread('F2_14a.png');
imwrite(I1, 'F2_17a.png', 'Bitdepth', 8);      % Bitdepth = 8

I2 = imread('F2_14b.png');
imwrite(I2, 'F2_17b.png', 'Bitdepth', 4);      % Bitdepth = 4

I3 = imread('F2_14c.png');
imwrite(I3, 'F2_17c.png', 'Bitdepth', 2);      % Bitdepth = 2

I4 = imread('F2_14d.png');
Black = find( im2bw(I4) == 0 );
White = find( im2bw(I4) == 1 );
I4(Black) = 0;
I4(White) = 170;
imwrite(I4, 'F2_17d.png');                     % Bitdepth = 8 ,但看起来 Bitdepth = 1

% ---- 尺寸归一化 ----------------------------------------

J1 = imread('F2_17a.png');                     % 256 * 256
subplot(2,2,1),imshow(J1),xlabel('(a) 256×256,256 级灰度');

J2 = imread('F2_17b.png');                     % 128 * 128
J2 = imresize(J2, 2,'nearest');                % 256 * 256
subplot(2,2,2),imshow(J2),xlabel('(b) 128×128,16 级灰度');

J3 = imread('F2_17c.png');                     % 64 * 64
J3 = imresize(J3, 4,'nearest');                % 256 * 256
subplot(2,2,3),imshow(J3),xlabel('(c) 64×64,4 级灰度');

J4 = imread('F2_17d.png');                     % 32 * 32
J4 = imresize(J4,8,'nearest');                 % 256 * 256
subplot(2,2,4),imshow(J4),xlabel('(d) 32×32,2 级灰度');

imwrite(J1, 'F2_17a.png');
imwrite(J2, 'F2_17b.png');
imwrite(J3, 'F2_17c.png');
imwrite(J4, 'F2_17d.png');
```

由图 2-17 可知，空间分辨率减小、同时幅度分辨率减小时，图像质量由精细变得粗糙，且变化的速度加快。图 2-17(c)中的景物就已经不能分辨，图 2-17(d)中的景物更是没有意义。

综上所述，图像的空间分辨率和幅度分辨率是影响图像质量的主要因素，空间分辨率的减小或幅度分辨率的减小都会导致图像质量的退化。空间分辨率和幅度分辨率之间联系的经验结论包括：

(1) 图像质量一般随空间分辨率和幅度分辨率的增加而增加；在极少数情况下，对于固定的空间分辨率,减小幅度分辨率能改变质量;通常的情况是,减小幅度分辨率可增加图像的反差。

(2) 对具有大量细节的图像通常只需要很少的灰度级数就可较好地表示。

(3) 幅度分辨率相同的一系列图像主观看起来可以有较大的差异。

2.4 图像类型

图像类型指图像的颜色深度与颜色数之间的关系。颜色深度指图像每一个像素的颜色值所占用的二进制位数。例如,颜色深度为 8,表示每一个像素的颜色值占 8 个二进制位,即 1 字节。颜色数指图像每一个像素所有可能的颜色值的个数,即图像颜色表的表项数,也就是通常所说的幅度分辨率。例如,颜色深度为 8 的图像的颜色数为 $2^8=256$。常见的图像类型主要包括二值图像、灰度图像、真彩色图像和伪彩色图像。

2.4.1 二值图像

二值图像也称单色图像或 1 位图像,即颜色深度为 1 的图像。颜色深度为 1 表示每个像素点仅占 1 个二进制位,每个像素点的颜色只可能取两种颜色之一,通常,这两种颜色取黑色或白色,0 表示黑色,1 表示白色。一张二值图像及其图像数据如图 2-18 所示。

(a) 二值图像

0	1	0	1	0
1	0	1	0	1
0	1	0	1	0
1	0	1	0	1
0	1	0	1	0

(b) 图像数据

图 2-18 二值图像及其图像数据

```
% F2_18b.m

imfinfo('F2_18a.bmp')

I = imread('F2_18a.bmp')
imshow(I);
```

2.4.2 灰度图像

灰度图像是包含灰度级(亮度)的图像。灰度图像的特点包括:

(1) 灰度图像的存储文件包含颜色查找表(Color Look-Up Table,CLUT),该颜色表有 256 项,每一项由红、绿、蓝三个颜色分量组成,且红、绿、蓝颜色分量的值都相等,如式(2-12):

$$f_{R(x,y)}=f_{G(x,y)}=f_{B(x,y)} \tag{2-12}$$

式中，x、y 为像素点的坐标；$R(x,y)$为红色分量；$G(x,y)$为绿色分量；$B(x,y)$为蓝色分量。

（2）灰度图像的颜色深度为 8，即每个像素由 8 个二进制位，即 1 字节组成。

（3）灰度图像的颜色数为 256，即每个像素灰度值的范围为 0～255，表示 256 种不同的灰度级。

（4）每个像素的像素值 $f(x,y)$是颜色查找表的表项入口地址。

一张灰度图像及其图像数据如图 2-19 所示。与图 2-18 不同的是，虽然两幅图像从表面上看起来相同，但两幅图像的图像数据有着本质的不同。图 2-18 的图像是二值图像，其每一个像素点的取值只可能是 0 或 1 中的某一个值，0 表示黑色，1 表示白色。图 2-19 的图像是灰度图像，其每一个像素点的取值可能是 0～255 中的某一个值，0 表示黑色，255 表示白色，介于黑色和白色之间的不同程度的灰色由 0～255 的不同数值来表示。

(a) 灰度图像

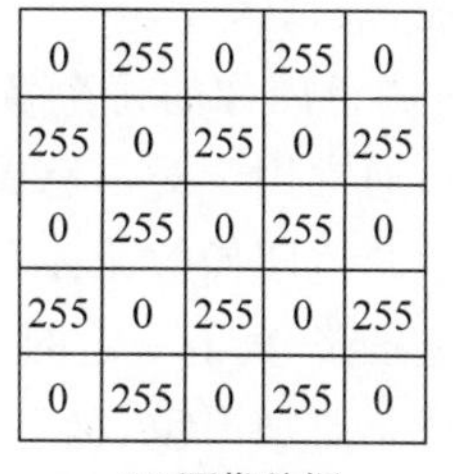

0	255	0	255	0
255	0	255	0	255
0	255	0	255	0
255	0	255	0	255
0	255	0	255	0

(b) 图像数据

图 2-19　灰度图像及其图像数据

2.4.3　真彩色图像

真彩色（true color）图像具有最丰富的颜色数。真彩色图像的特点包括：

（1）真彩色图像的图像文件中不包含颜色查找表。

（2）每个像素由 R、G、B 三个分量组成，每个分量各占 8 个二进制位，每个像素共占 24 位，即 3 字节。

（3）每个像素的每个分量的取值范围为 0～255，如式(2-13)：

$$0 \leqslant f_{R(x,y)} \leqslant 255, \quad 0 \leqslant f_{G(x,y)} \leqslant 255, \quad 0 \leqslant f_{B(x,y)} \leqslant 255 \tag{2-13}$$

一张真彩色图像及其图像数据如图 2-20 所示。与图 2-19 和图 2-18 不同的是，虽然它们从表面上看起来相同，但图像数据有着本质的不同。真彩色图像每一个像素由 R、G、B 三个分量组成，每一个像素点的每一个分量的取值可能是 0～255 中的某一个值，三个分量的值共同构成该像素点的颜色值。因此，真彩色图像具有最丰富的颜色，其颜色数可达 $2^{24}=16777216$ 种。

(a) 灰度图像

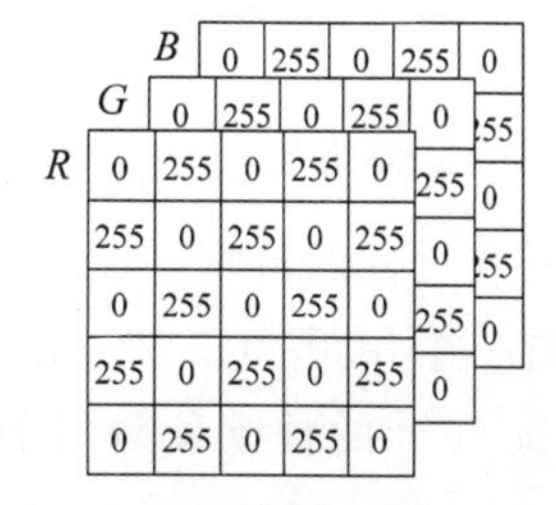

(b) 图像数据

图 2-20　真彩色图像及其图像数据

2.4.4 伪彩色图像

伪彩色(pseudo color)图像的每个像素的颜色不是由每个基色分量的数值直接决定,而是把像素值当作颜色查找表的表项入口地址,去查找一个显示图像时使用的(R,G,B)强度值,用查找出的(R,G,B)强度值产生的彩色作为当前像素点的颜色。伪彩色图像的特点包括:

(1) 存储文件包含颜色查找表,每一项由红、绿、蓝三个颜色分量组成,红、绿、蓝颜色分量的值可以在0~255范围内任意取值。

(2) 每一个像素的像素值$f(x,y)$是颜色查找表的表项入口地址。

伪彩色图像通常包括256色彩色图像和16色彩色图像。256色彩色图像的每个像素由8个二进制位组成,取值范围为0~255,可以表示256种不同的彩色,能够达到照片效果,比较真实。16色彩色图像的每个像素由4个二进制位组成,取值范围为0~15,可以表示16种不同的彩色,通常用于对遥感图像的灰度赋予不同的假色彩以改善视觉效果。

真彩色图像和伪彩色图像效果示例如图2-21所示。由图可知,与24位真彩色图像相比,256色彩色图像已经产生了一定的失真现象,但仍能基本体现原始图像的颜色特性;16色彩色图像的失真现象更加严重,已不能真实反映原始图像的颜色特性。

(a) 24位真彩色图像

(b) 256色彩色图像

(c) 16色彩色图像

图2-21 真彩色图像和伪彩色图像效果示例

```
% F2_21.m

imfinfo('F2_21a.bmp')
imfinfo('F2_21b.bmp')
imfinfo('F2_21c.bmp')
```

习题

2-1 试简述视觉过程的流程。

2-2 若人观看一个相距51m、高6m的柱状物体,试求物体在视网膜上的成像尺寸。

2-3 若一个高6cm的柱状物体在视网膜上的成像尺寸为2mm,试求物体距离人的距离。

2-4 试根据光度学的知识分析解释日常生活中远近不同的路灯在人眼看来发光强度

几乎一样的现象。

2-5 若路灯的输出光通量为2000lm，试分别求距离它50m和100m处的亮度。

2-6 若点光源的光通量为3435lm，试求：

(1) 点光源的发光强度；

(2) 若距离点光源1m的地方有一半径为2cm的圆平面，点光源发出的经过圆平面中心的光线与圆平面法线的夹角为60°，试求圆平面表面的平均照度。

2-7 试简述发光强度、亮度和照度的概念及其联系。

2-8 试简述主观亮度、同时对比度和马赫带效应的概念。

2-9 若图像的长宽比为4∶3。试求：

(1) 30万像素的照相机拍摄图像的分辨率；若图像为二值图像，试求图像的大小。

(2) 100万像素的照相机拍摄图像的分辨率；若图像为灰度图像，试求图像的大小。

(3) 600万像素的照相机拍摄图像的分辨率；若图像为真彩色图像，试求图像的大小。

2-10 在PAL制式电视频道观看电影。试求：

(1) 时长为1h 30min的720P(1280×720)高清电影的大小；

(2) 时长为2h的1080P(1920×1080)高清电影的大小。

第3章

像素空间关系

3.1　像素间的基本关系

图像的基本组成单元是像素，像素在图像空间中按照某种规律排列，有一定的相互联系。常见的像素间的基本关系包括像素的邻域、邻接、连接、通路和连通以及像素集合间的邻接、连接和连通。

3.1.1　像素的邻域

像素的邻域是指一个像素的相邻像素构成的像素集。邻域的类型一般包括 4 邻域、对角邻域和 8 邻域，如图 3-1 所示。

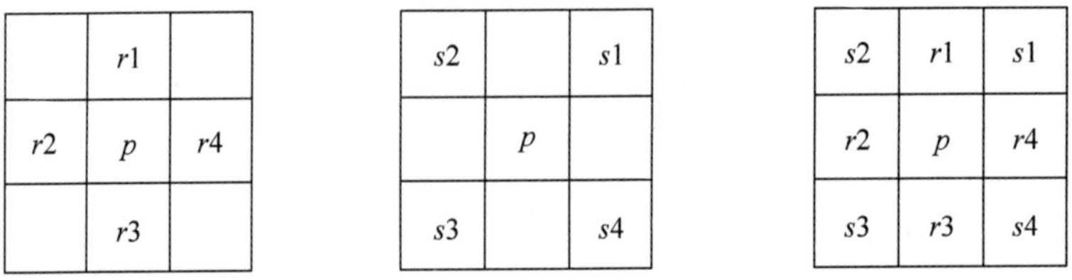

	*r*1	
*r*2	*p*	*r*4
	*r*3	

(a) 4邻域

*s*2		*s*1
	p	
*s*3		*s*4

(b) 对角邻域

*s*2	*r*1	*s*1
*r*2	*p*	*r*4
*s*3	*r*3	*s*4

(c) 8邻域

图 3-1　邻域的类型

1. 4 邻域

像素 p 的 4 邻域是指由像素 p 的水平方向（即左右）和垂直方向（即上下）共 4 个相邻像素所组成的集合，记为 $N_4(p)=\{r1,r2,r3,r4\}$。若像素 p 的坐标为 (x,y)，则像素 p 的 4 邻域像素的坐标分别为 $r1$：$(x-1,y)$、$r2$：$(x,y-1)$、$r3$：$(x+1,y)$和 $r4$：$(x,y+1)$，如图 3-1(a)所示。

2. 对角邻域

像素 p 的对角邻域是指由像素 p 的对角方向（即左上、左下、右上、右下）共 4 个相邻像素所组成的集合，记为 $N_D(p)=\{s1,s2,s3,s4\}$。若像素 p 的坐标为 (x,y)，则像素 p 的对角邻域像素的坐标分别为 $s1$：$(x-1,y+1)$、$s2$：$(x-1,y-1)$、$s3$：$(x+1,y-1)$和 $s4$：$(x+1,

$y+1)$，如图 3-1(b)所示。

3. 8 邻域

像素 p 的 8 邻域是指由像素 p 的水平、垂直和对角方向（即左右、上下、左上、左下、右上、右下）共 8 个相邻像素所组成的集合，记为 $N_8(p)=\{r1,r2,r3,r4,s1,s2,s3,s4\}$。若像素 p 的坐标为(x,y)，则像素 p 的 8 邻域像素的坐标分别为 $r1$：$(x-1,y)$、$r2$：$(x,y-1)$、$r3$：$(x+1,y)$、$r4$：$(x,y+1)$、$s1$：$(x-1,y+1)$、$s2$：$(x-1,y-1)$、$s3$：$(x+1,y-1)$和 $s4$：$(x+1,y+1)$，如图 3-1(c)所示。

需要注意的是，如果像素 p 本身处于图像的边缘，则它的 4 邻域 $N_4(p)$，对角邻域 $N_D(p)$和 8 邻域 $N_8(p)$中的若干个像素将位于图像之外。

3.1.2　像素的邻接

像素的邻接是指一个像素与其邻域中的像素的接触关系。邻接的类型根据邻域的类型的不同一般分为 4 邻接、对角邻接和 8 邻接。

1. 4 邻接

4 邻接是指一个像素与其 4 邻域中的像素的接触关系。若两个像素为 p 和 r，则像素 p 与像素 r 满足 4 邻接可表示为

$$p \in N_4(r) \tag{3-1}$$

注意：像素 p 与像素 r 满足 4 邻接等价于像素 r 与像素 p 满足 4 邻接，即式(3-2)成立。

$$p \in N_4(r) \Leftrightarrow r \in N_4(p) \tag{3-2}$$

2. 对角邻接

对角邻接是指一个像素与其对角邻域中的像素的接触关系。若两个像素为 p 和 r，则像素 p 与像素 r 满足对角邻接可表示为

$$p \in N_D(r) \tag{3-3}$$

注意：像素 p 与像素 r 满足对角邻接等价于像素 r 与像素 p 满足对角邻接，即式(3-4)成立。

$$p \in N_D(r) \Leftrightarrow r \in N_D(p) \tag{3-4}$$

3. 8 邻接

8 邻接是指一个像素与其 8 邻域中的像素的接触关系。若两个像素为 p 和 r，则像素 p 与像素 r 满足 8 邻接可表示为

$$p \in N_8(r) \tag{3-5}$$

注意：像素 p 与像素 r 满足 8 邻接等价于像素 r 与像素 p 满足 8 邻接，即式(3-6)成立。

$$p \in N_8(r) \Leftrightarrow r \in N_8(p) \tag{3-6}$$

需要注意的是，邻接仅考虑了像素间的空间关系，与像素的属性值无关。

3.1.3　像素的连接

两个像素的连接是指两个像素必须邻接（即接触）且它们的属性值必须满足某个特定的相似准则。属性值一般采用像素的灰度值。相似准则可以是灰度值相等，或者同在一个灰

度值集合中取值，记为 V。例如，在一张二值图像中，定义两个灰度值为 1 的像素之间的连接，可以取相似准则为灰度值集合 $V=\{1\}$；在一张 256 色的灰度图像中，定义灰度值为 100～105 的像素之间的连接，可以取相似准则为灰度值集合 $V=\{100,101,102,103,104,105\}$。

连接的类型根据邻域的类型的不同一般分为 4 连接、对角连接、8 连接以及混合连接。

1. 4 连接

4 连接是指两个像素 4 邻接且它们的属性值满足某个特定的相似准则。若两个像素为 p 和 r，像素的属性值函数为 $f()$，相似准则为 V，则 4 连接的条件可表示为

$$(p \in N_4(r)) \wedge (f(p) \in V) \wedge (f(r) \in V) \tag{3-7}$$

2. 对角连接

对角连接是指两个像素对角邻接且它们的属性值满足某个特定的相似准则。若两个像素为 p 和 r，像素的属性值函数为 $f()$，相似准则为 V，则对角连接的条件可表示为

$$(p \in N_D(r)) \wedge (f(p) \in V) \wedge (f(r) \in V) \tag{3-8}$$

3. 8 连接

8 连接是指两个像素 8 邻接且它们的属性值满足某个特定的相似准则。若两个像素为 p 和 r，像素的属性值函数为 $f()$，相似准则为 V，则 8 连接的条件可表示为

$$(p \in N_8(r)) \wedge (f(p) \in V) \wedge (f(r) \in V) \tag{3-9}$$

4. 混合连接

混合连接又称 m 连接，是指两个像素的属性值必须满足某个特定的相似准则且满足下列两个条件之一：①两个像素 4 邻接；②两个像素对角邻接且它们 4 邻域的交集在相似准则的意义下是空集。若两个像素为 p 和 r，像素的属性值函数为 $f()$，相似准则为 V，则混合连接的条件可表示为式(3-10)或式(3-11)：

$$(p \in N_4(r)) \wedge (f(p) \in V) \wedge (f(r) \in V) \tag{3-10}$$

$$(p \in N_D(r)) \wedge (f(N_D(p) \cap N_D(r)) \cap V = \phi) \tag{3-11}$$

例 3.1 混合连接的判定。一张 4×4 的二值图像模板如图 3-2(a)所示，相似准则 $V=\{1\}$，当图像数据如图 3-2(b)和图 3-2(c)取值时，判定像素 p 和 r 是否满足混合连接的条件。

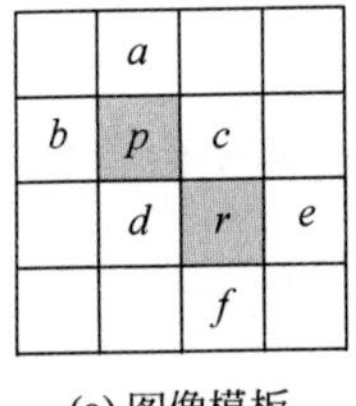

(a) 图像模板

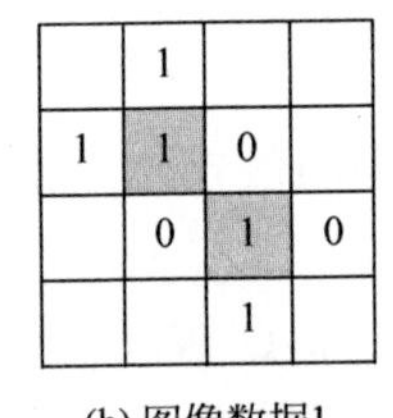

(b) 图像数据1

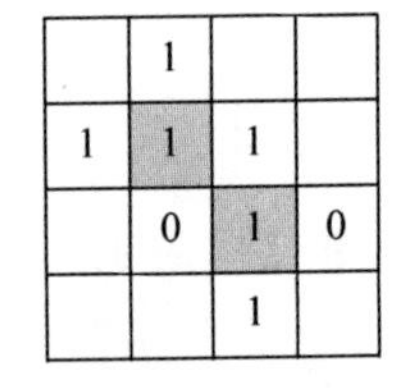

(c) 图像数据2

图 3-2 混合连接的判定

解：由图像模板可知，像素 p 和 r 互为对角邻接，即 $p \in N_D(r)$，且像素 p 和 r 对角邻域的交集为：$N_D(p) \cap N_D(r)=\{c,d\}$。

(1) 当图像数据如图 3-2(b)取值时，有：$f(c)=0, f(d)=0$，则

$$f(N_D(p) \cap N_D(r)) = f(\{c,d\}) = f(c) \cup f(d) = \{0\} \cup \{0\} = \{0\}$$

因此，$f(N_D(p) \cap N_D(r)) \cap V=\{0\} \cap \{1\}=\varnothing$

所以,像素 p 和 r 满足混合连接的条件。

(2) 当图像数据如图 3-2(c)取值时,有:$f(c)=1,f(d)=0$,则

$$f(N_D(p)\cap N_D(r))=f(\{c,d\})=f(c)\cup f(d)=\{1\}\cup\{0\}=\{0,1\}$$

因此,$f(N_D(p)\cap N_D(r))\cap V=\{0,1\}\cap\{1\}=\{1\}\neq\varnothing$

所以,像素 p 和 r 不满足混合连接的条件。

混合连接可以认为是 8 连接的一种变型,引进混合连接是为了消除使用 8 连接时常出现的多路问题。

例 3.2　多路问题示例。一张 3×3 的二值图像模板如图 3-3(a)所示,相似准则 $V=\{1\}$,像素 a、b、c、d 的灰度值均取 1,像素 e 的灰度值取 0。试分析采用 8 连接和混合连接时像素 a、b、c、d 的连接情况。

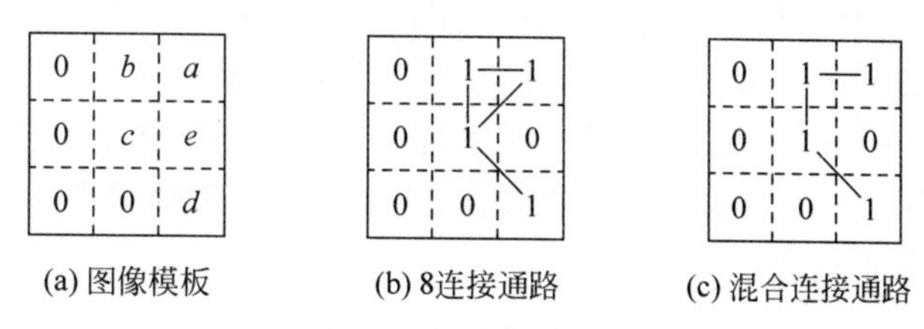

图 3-3　多路问题示例

解:采用 8 连接时,像素 a、b、c、d 的连接情况如图 3-3(b)所示。此时,像素 a 和 c 之间存在两条 8 连接通路,即 a-b-c 和 a-c,导致像素 a 和 c 之间产生多路问题。

采用混合连接时,像素 a、b、c、d 的连接情况如图 3-3(c)所示。此时,像素 a 和 b 之间满足混合连接条件,像素 b 和 c 之间满足混合连接条件,因此,像素 a 和 c 之间存在一条混合连接通路 a-b-c。

另外,$f(N_D(a)\cap N_D(c))=f(\{b,e\})=f(b)\cup f(e)=\{1\}\cup\{0\}=\{0,1\}$

因此,$f(N_D(a)\cap N_D(c))\cap V=\{0,1\}\cap\{1\}=\{1\}\neq\varnothing$

所以,像素 a 和 c 之间不满足混合连接条件,即不存在混合连接通路 a-c。

因此,采用混合连接时,像素 a 和 c 之间不存在多路问题。

3.1.4　像素的通路

从一个具有坐标(x,y)的像素 p 到另一个具有坐标(s,t)的像素 q 的一条通路定义为由一系列具有坐标$(x_0,y_0),(x_1,y_1),\cdots,(x_n,y_n)$的独立像素组成的集合,并且满足以下条件:

(1) $(x_0,y_0)=(x,y),(x_n,y_n)=(s,t)$;

(2) (x_i,y_i)与(x_{i-1},y_{i-1})邻接;

(3) $1\leqslant i\leqslant n$,n 为通路的长度。

根据邻接类型的不同,通路的类型也不同。如果像素间邻接的类型为 4 邻接、对角邻接或 8 邻接,则对应通路的类型为 4 通路、对角通路或 8 通路。

3.1.5　像素的连通

像素的连通是指像素通路上所有像素的属性值均满足某个特定的相似准则。根据连接类型的不同,连通的类型也不同。如果像素间连接的类型为 4 连接、对角连接、8 连接或混

合连接,则对应连通的类型为4连通、对角连通、8连通或混合连通。

像素连接可以看作是像素连通的一种特例。当$n=1$时,两个连通的像素也是连接的。

3.1.6 像素集合的邻接

图像可以看作是像素的集合。像素集合根据一定的规则可以划分成若干个子集,每一个子集就构成了一个子图像。对于两个图像子集S和T来说,如果S中的一个或一些像素与T中的一个或一些像素邻接,则称两个图像子集S和T是邻接的。如果像素间邻接的类型为4邻接、对角邻接或8邻接,则对应图像子集的邻接类型为4邻接、对角邻接或8邻接。

3.1.7 像素集合的连接

两个图像子集S和T是连接的是指两个图像子集必须邻接且邻接像素的属性值必须满足某个特定的相似准则。也就是说,对于两个图像子集S和T来说,如果S中的一个或一些像素与T中的一个或一些像素连接,则称两个图像子集S和T是连接的。如果像素间连接的类型为4连接、对角连接、8连接或混合连接,则对应图像子集的连接类型为4连接、对角连接、8连接或混合连接。

3.1.8 像素集合的连通

对于图像子集S中的两个像素p和q来说,如果存在一条完全由S中的像素组成的从p到q的通路,则称p在S中与q连通。对于S中的任一个像素p,所有与p相连通且又在S中的像素的集合(包括p)称为S中的一个连通组元。图像里同一个连通组元中的任意两个像素相互连通,而不同连通组元中的像素互不连通。

图像中每个连通组元构成图像中的一个区域。图像可以认为是由一系列区域组成。区域的边界也称区域的轮廓,是该区域的一个子集,它将该区域与其他区域分开。组成一个区域边界的像素本身属于该区域而在其邻域中存在不属于该区域的像素。

3.2 像素间的距离

像素间的距离是指像素在空间的接近程度。设3个像素为p、q和r,坐标分别为(x,y)、(s,t)和(u,v),则距离量度函数D必须满足下列三个条件:

(1) $D(p,q)\geqslant 0$;

(2) $D(p,q)=D(q,p)$;

(3) $D(p,r)\leqslant D(p,q)+D(q,r)$。

其中,条件(1)表明两个像素之间的距离总是为正值,若$D(p,q)=0$当且仅当$p=q$;条件(2)表明像素之间的距离与起点和终点的选择无关;条件(3)表明像素之间的最短距离是沿直线的。

常见的距离度量方法包括欧氏距离、城区距离、棋盘距离和混合距离。

3.2.1 欧氏距离

欧氏(Euclidean)距离记为D_E,设像素点p的坐标为(x,y),像素点q的坐标为(s,t),

则像素点 p 和 q 之间的欧氏距离的定义如下式所示：

$$D_E(p,q)=\sqrt{(x-s)^2+(y-t)^2} \tag{3-12}$$

欧氏距离的几何意义为：距离坐标为(x,y)的像素的 D_E 距离小于或等于某个值 d 的像素都包括在以(x,y)为中心以 d 为半径的圆中，如图 3-4 所示。

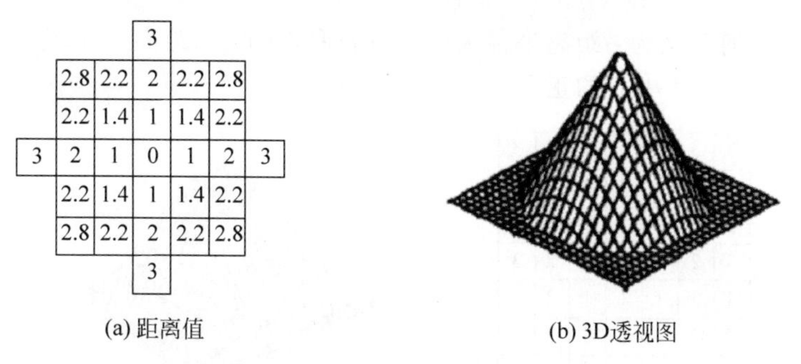

(a) 距离值　　(b) 3D透视图

图 3-4　欧氏距离

其中，图 3-4(a)为距离坐标为(x,y)的像素的 D_E 距离小于或等于 3 的像素所构成的圆形区域，其值为各像素点距离中心像素点的距离值，该值已经过四舍五入处理；图 3-4(b)为距离值对应的 3D 透视图。

3.2.2　城区距离

城区(city-block)距离记为 D_4，设像素点 p 的坐标为(x,y)，像素点 q 的坐标为(s,t)，则像素点 p 和 q 之间的城区距离的定义如下式所示：

$$D_4(p,q)=|x-s|+|y-t| \tag{3-13}$$

城区距离的几何意义为：距离坐标为(x,y)的像素的 D_4 距离小于或等于某个值 d 的像素都包括在以(x,y)为中心的菱形中，如图 3-5 所示。其中，图 3-5(a)为距离坐标为(x,y)的像素的 D_4 距离小于或等于 3 的像素所构成的菱形区域，其值为各像素点距离中心像素点的距离值；图 3-5(b)为距离值对应的 3D 透视图。

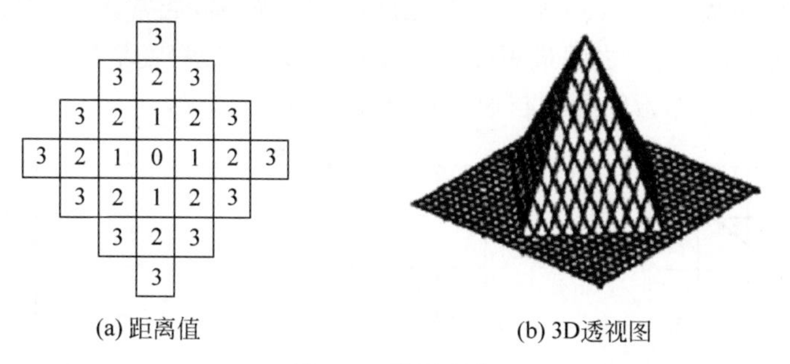

(a) 距离值　　(b) 3D透视图

图 3-5　城区距离

由城区距离的定义可知，距离像素 p 的城区距离为 1 的像素就是像素 p 的 4 邻域像素。因此，像素 p 的 4 邻域可以通过城区距离定义为

$$N_4(p)=\{r \mid D_4(p,r)=1\} \tag{3-14}$$

式中，r 为某个像素。

3.2.3 棋盘距离

棋盘(chessboard)距离记为 D_8，设像素点 p 的坐标为(x,y)，像素点 q 的坐标为(s,t)，则像素点 p 和 q 之间的棋盘距离的定义如下式所示：

$$D_8(p,q)=\max(|x-s|,|y-t|) \tag{3-15}$$

棋盘距离的几何意义为：距离坐标为(x,y)的像素的 D_8 距离小于或等于某个值 d 的像素都包括在以(x,y)为中心的正方形中，如图 3-6 所示。

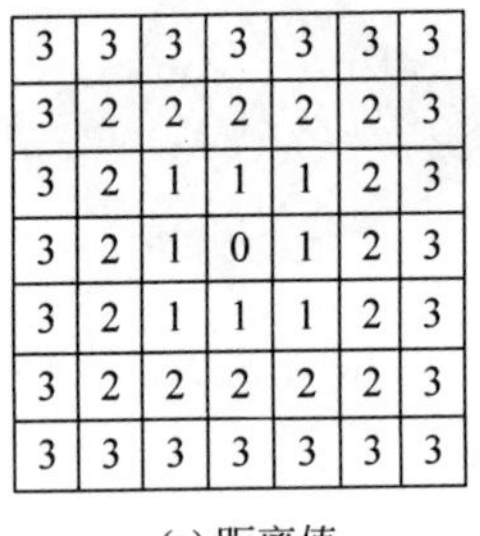

3	3	3	3	3	3	3
3	2	2	2	2	2	3
3	2	1	1	1	2	3
3	2	1	0	1	2	3
3	2	1	1	1	2	3
3	2	2	2	2	2	3
3	3	3	3	3	3	3

(a) 距离值

(b) 3D透视图

图 3-6　棋盘距离

其中，图 3-6(a)为距离坐标为(x,y)的像素的 D_8 距离小于或等于 3 的像素所构成的正方形区域，其值为各像素点距离中心像素点的距离值；图 3-6(b)为距离值对应的 3D 透视图。

由棋盘距离的定义可知，距离像素 p 的棋盘距离为 1 的像素就是像素 p 的 8 邻域像素。因此，像素 p 的 8 邻域可以通过棋盘距离定义为式(3-16)。

$$N_8(p)=\{r \mid D_8(p,r)=1\} \tag{3-16}$$

式中，r 为某个像素。

3.2.4 混合距离

像素点之间的欧氏距离(D_E)、城区距离(D_4)和棋盘距离(D_8)刻画了像素在空间的接近程度，其大小仅与像素的坐标有关，与像素本身及其邻近像素的属性值无关。两个像素点 p 和 q 之间的欧氏距离 $D_E(p,q)$等于它们之间的直线距离，通常无法对应某条具体通路。城区距离 $D_4(p,q)$等于它们之间最短的 4 通路的长度。棋盘距离 $D_8(p,q)$等于它们之间最短的 8 通路的长度。像素间距离与通路示意图如图 3-7 所示。

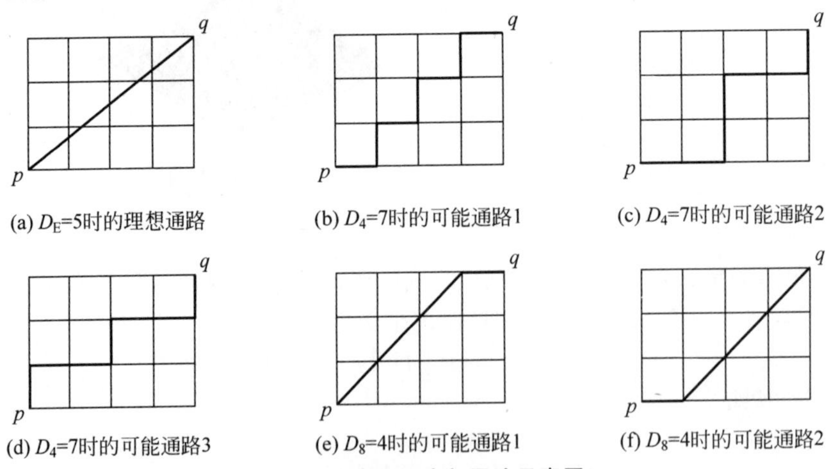

(a) D_E=5时的理想通路　(b) D_4=7时的可能通路1　(c) D_4=7时的可能通路2

(d) D_4=7时的可能通路3　(e) D_8=4时的可能通路1　(f) D_8=4时的可能通路2

图 3-7　像素间距离与通路示意图

像素点之间的混合距离 D_m 同样刻画了像素在空间的接近程度，其大小不仅与像素的坐标有关，还与像素本身及其邻近像素的属性值有关。两个像素点 p 和 q 之间的混合距离 $D_m(p,q)$ 等于它们之间满足混合连通的通路的长度。

例 3.3　混合距离示例。一张 3×3 的二值图像模板如图 3-8(a)所示，相似准则 $V=\{1\}$，像素 p 和 q 的灰度值均取 1。试求：当像素 s 和 t 的灰度值如图 3-8(b)、图 3-8(c)、图 3-8(d)和图 3-8(e)取值时，像素 p 和 q 之间的混合距离 $D_m(p,q)$。

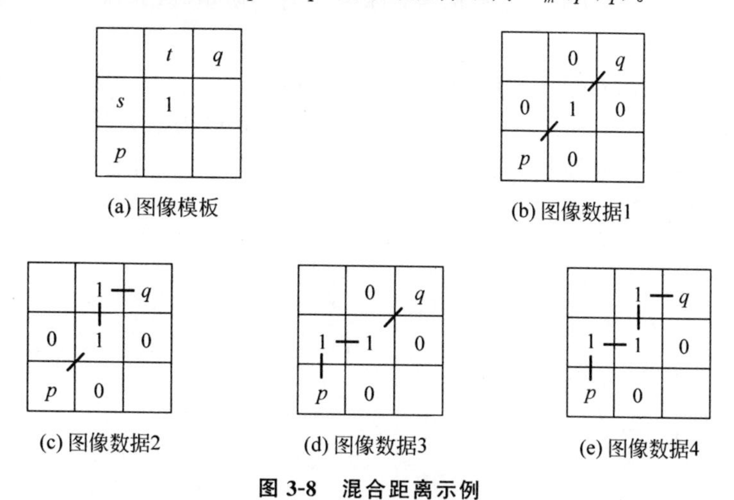

图 3-8　混合距离示例

解：当像素 s 和 t 的灰度值如图 3-8(b)取值时，满足混合连通的通路如图所示，$D_m(p,q)=2$。

当像素 s 和 t 的灰度值如图 3-8(c)取值时，满足混合连通的通路如图所示，$D_m(p,q)=3$。

当像素 s 和 t 的灰度值如图 3-8(d)取值时，满足混合连通的通路如图所示，$D_m(p,q)=3$。

当像素 s 和 t 的灰度值如图 3-8(e)取值时，满足混合连通的通路如图所示，$D_m(p,q)=4$。

3.3　几何变换

几何变换指将图像的几何信息进行变换来获取新图像的变换方法，包括平移变换、放缩变换、旋转变换、镜像变换、剪切变换、透视变换等。二维图像和三维图像的几何变换原理基本相同，本节主要基于三维图像几何变换的原理进行介绍。

首先讨论坐标的齐次表示问题。齐次坐标是指把一个 n 维向量用一个 $n+1$ 维向量来表示。设空间中一个点的笛卡儿坐标为 (x,y,z)，则其对应的齐次坐标为 (Hx,Hy,Hz,H)；当 $H=1$ 时，坐标 $(x,y,z,1)$ 称为坐标 (x,y,z) 对应的规范化齐次坐标。齐次坐标的表示方式是不唯一的，引入齐次坐标的主要目的是合并矩阵运算中的乘法和加法，它提供了一种利用矩阵运算把二维、三维甚至高维空间中的一个点集从一个坐标系变换到另一个坐标系的有效方法。

几何变换的本质是矩阵运算。设空间中一个点的笛卡儿坐标为 (x,y,z)，基于某个条件将其变换到新的坐标 (x',y',z')，则几何变换公式可表示为如式(3-17)所示的矩阵形式：

$$P' = \begin{bmatrix} x' \\ y' \\ z' \\ 1 \end{bmatrix} = \begin{bmatrix} a_{11} & a_{12} & a_{13} & a_{14} \\ a_{21} & a_{22} & a_{23} & a_{24} \\ a_{31} & a_{32} & a_{33} & a_{34} \\ a_{41} & a_{42} & a_{43} & a_{44} \end{bmatrix} \begin{bmatrix} x \\ y \\ z \\ 1 \end{bmatrix} = AP \tag{3-17}$$

式中，$\boldsymbol{P}=(x,y,z,1)^{\mathrm{T}}$ 为点(x,y,z)对应的规范化齐次坐标；$\boldsymbol{P}'=(x',y',z',1)^{\mathrm{T}}$ 为变换后点(x',y',z')对应的规范化齐次坐标；$\boldsymbol{A}$ 称为几何变换矩阵，它唯一地确定了几何变换的结果。

图像由像素点构成，对单个点的变换可以推广到对 m 个点的变换，从而实现对图像的几何变换。设 m 个点的笛卡儿坐标如式(3-18)所示，该式可表示为如式(3-19)所示的矩阵形式，基于某个条件将其变换到如式(3-20)所示的新的坐标，则几何变换公式可表示为如式(3-21)所示的矩阵形式：

$$P_1 = \begin{bmatrix} x_1 \\ y_1 \\ z_1 \\ 1 \end{bmatrix}, \quad P_2 = \begin{bmatrix} x_2 \\ y_2 \\ z_2 \\ 1 \end{bmatrix}, \quad \cdots, \quad P_m = \begin{bmatrix} x_m \\ y_m \\ z_m \\ 1 \end{bmatrix} \tag{3-18}$$

$$P = \begin{bmatrix} x_1 & x_2 & \cdots & x_m \\ y_1 & y_2 & \cdots & y_m \\ z_1 & z_2 & \cdots & z_m \\ 1 & 1 & \cdots & 1 \end{bmatrix} \tag{3-19}$$

$$P' = \begin{bmatrix} x'_1 & x'_2 & \cdots & x'_m \\ y'_1 & y'_2 & \cdots & y'_m \\ z'_1 & z'_2 & \cdots & z'_m \\ 1 & 1 & \cdots & 1 \end{bmatrix} \tag{3-20}$$

$$P' = \begin{bmatrix} x'_1 & x'_2 & \cdots & x'_m \\ y'_1 & y'_2 & \cdots & y'_m \\ z'_1 & z'_2 & \cdots & z'_m \\ 1 & 1 & \cdots & 1 \end{bmatrix} = \begin{bmatrix} a_{11} & a_{12} & a_{13} & a_{14} \\ a_{21} & a_{22} & a_{23} & a_{24} \\ a_{31} & a_{32} & a_{33} & a_{34} \\ a_{41} & a_{42} & a_{43} & a_{44} \end{bmatrix} \begin{bmatrix} x_1 & x_2 & \cdots & x_m \\ y_1 & y_2 & \cdots & y_m \\ z_1 & z_2 & \cdots & z_m \\ 1 & 1 & \cdots & 1 \end{bmatrix} = AP \tag{3-21}$$

式中，$\boldsymbol{A}$ 称为几何变换矩阵，它唯一地确定了几何变换的结果。

3.3.1 平移变换

平移变换(Translation Transformation)是一种刚体变换(Rigid-Body Transformation)，指将图像沿某方向平移来获取新图像的变换方法。设空间中一个点的笛卡儿坐标为(x,y,z)，基于平移向量(a,b,c)将其平移到新的坐标(x',y',z')，则平移变换公式可表示为如式(3-22)所示的矩阵形式：

$$P' = \begin{bmatrix} x' \\ y' \\ z' \\ 1 \end{bmatrix} = \begin{bmatrix} 1 & 0 & 0 & a \\ 0 & 1 & 0 & b \\ 0 & 0 & 1 & c \\ 0 & 0 & 0 & 1 \end{bmatrix} \begin{bmatrix} x \\ y \\ z \\ 1 \end{bmatrix} = TP = \begin{bmatrix} x+a \\ y+b \\ z+c \\ 1 \end{bmatrix} \tag{3-22}$$

式中，$\boldsymbol{P}=(x,y,z,1)^{\mathrm{T}}$ 为点(x,y,z)对应的规范化齐次坐标；$\boldsymbol{P}'=(x',y',z',1)^{\mathrm{T}}$ 为变换后点(x',y',z')对应的规范化齐次坐标；a、b、c 称为平移系数，它们共同构成了平移向量(a,b,c)；$\boldsymbol{T}$ 称为平移变换矩阵。

平移变换的效果图如图 3-9 所示。

(a) 原始图像

(b) 向左平移

(c) 向右平移

(d) 向上平移

(e) 向下平移

图 3-9　平移变换

3.3.2　放缩变换

放缩变换(Scale Transformation)也称为尺度变换，指将图像在某方向按比例放缩来获取新图像的变换方法。放缩变换改变了图像的尺寸，即改变了图像像素点间的距离。放缩变换一般沿坐标轴方向进行，也可分解为沿坐标轴方向进行。

设空间中一个点的笛卡儿坐标为(x,y,z)，基于放缩向量(a,b,c)将其放缩到新的坐标(x',y',z')，则放缩变换公式可表示为如式(3-23)所示的矩阵形式：

$$\boldsymbol{P}'=\begin{bmatrix}x'\\y'\\z'\\1\end{bmatrix}=\begin{bmatrix}a&0&0&0\\0&b&0&0\\0&0&c&0\\0&0&0&1\end{bmatrix}\begin{bmatrix}x\\y\\z\\1\end{bmatrix}=\boldsymbol{SP}=\begin{bmatrix}ax\\by\\cz\\1\end{bmatrix}\tag{3-23}$$

式中，$\boldsymbol{P}=(x,y,z,1)^{\mathrm{T}}$ 为点(x,y,z)对应的规范化齐次坐标；$\boldsymbol{P}'=(x',y',z',1)^{\mathrm{T}}$ 为变换后点(x',y',z')对应的规范化齐次坐标；a、b、c 称为放缩系数，它们共同构成了放缩向量(a,b,c)；当 $a=b=c$ 时，称为尺度放缩，否则，称为拉伸放缩；$\boldsymbol{S}$ 称为放缩变换矩阵。

需要注意的是，当放缩系数 a、b、c 不为整数时，原始图像中某些像素放缩后的坐标可能不为整数，导致变换后的图像中出现“孔洞”现象，此时，需要经过取整或插值等操作来进行失真校正。未经失真校正的放缩变换效果图如图 3-10 所示，经过失真校正的放缩变换效果图如图 3-11 所示。

(a) 原始图像

(b) 缩小后的图像

(c) 放大后的图像

图 3-10 未经失真校正的放缩变换

(a) 原始图像

(b) 缩小后的图像

(c) 放大后的图像

图 3-11 经过失真校正的放缩变换

```
% F3_11.m

I1 = imread('lena.bmp');
I2 = imresize(I1,0.5);
I3 = imresize(I1,1.5);

figure,imshow(I1),xlabel('(a) 原图像');
figure,imshow(I2),xlabel('(b) 缩小后的图像');
figure,imshow(I3),xlabel('(c) 放大后的图像');
```

3.3.3 旋转变换

旋转变换(Rotation Transformation)是一种刚体变换(Rigid-Body Transformation),指将图像以某点为轴进行旋转来获取新图像的变换方法。首先考虑 2D 平面上一个点绕原点的旋转。设平面上一个点的笛卡儿坐标为(x_0,y_0),将该点绕原点 O 顺时针旋转角度 a 后到达新的坐标(x_1,y_1),则旋转变换示意图如图 3-12 所示。其中,r 为该点到原点 O 的距离;b 为旋转前 r 与 x 轴之间的夹角。

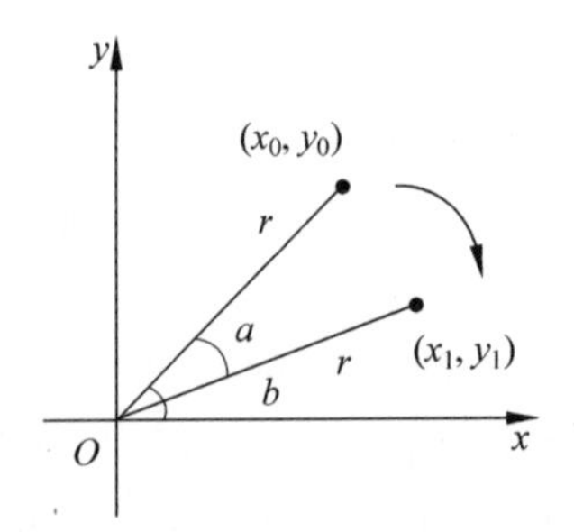

图 3-12 2D 旋转变换示意图

旋转前,式(3-24)成立:

$$
\begin{aligned}
x_0 &= r\cos b \\
y_0 &= r\sin b
\end{aligned}
\tag{3-24}
$$

旋转后,式(3-25)成立:

$$
\begin{cases}
x_1 = r\cos(b-a) = r\cos b\cos a + r\sin b\sin a = x_0\cos a + y_0\sin a \\
y_1 = r\sin(b-a) = r\sin b\cos a - r\cos b\sin a = -x_0\sin a + y_0\cos a
\end{cases}
\tag{3-25}
$$

式(3-25)可表示为如式(3-26)所示的矩阵形式：

$$
\begin{bmatrix} x_1 \\ y_1 \end{bmatrix} = \begin{bmatrix} \cos a & \sin a \\ -\sin a & \cos a \end{bmatrix} \begin{bmatrix} x_0 \\ y_0 \end{bmatrix}
\tag{3-26}
$$

最简单的 3D 旋转变换是一个点绕坐标轴的旋转，包括分别绕 Z、Y、X 坐标轴旋转。

1. 一个点绕 Z 坐标轴旋转

设空间中一个点的笛卡儿坐标为(x,y,z)，将该点绕 Z 坐标轴旋转 γ 角度到达新的坐标(x',y',z')，则旋转变换公式可表示为如式(3-27)所示的矩阵形式：

$$
\boldsymbol{P}' = \begin{bmatrix} x' \\ y' \\ z' \\ 1 \end{bmatrix} = \begin{bmatrix} \cos\gamma & \sin\gamma & 0 & 0 \\ -\sin\gamma & \cos\gamma & 0 & 0 \\ 0 & 0 & 1 & 0 \\ 0 & 0 & 0 & 1 \end{bmatrix} \begin{bmatrix} x \\ y \\ z \\ 1 \end{bmatrix} = \boldsymbol{R}_\gamma \boldsymbol{P} = \begin{bmatrix} x\cos\gamma + y\sin\gamma \\ -x\sin\gamma + y\cos\gamma \\ z \\ 1 \end{bmatrix}
\tag{3-27}
$$

式中，$\boldsymbol{P}=(x,y,z,1)^{\mathrm{T}}$ 为点(x,y,z)对应的规范化齐次坐标；$\boldsymbol{P}'=(x',y',z',1)^{\mathrm{T}}$ 为变换后点(x',y',z')对应的规范化齐次坐标；γ 为该点绕 Z 坐标轴旋转的角度，定义为在右手坐标系下从旋转轴正向看原点是顺时针的；$\boldsymbol{R}_\gamma$ 称为旋转变换矩阵。

2. 一个点绕 Y 坐标轴旋转

设空间中一个点的笛卡儿坐标为(x,y,z)，将该点绕 Y 坐标轴旋转 β 角度到达新的坐标(x',y',z')，则旋转变换公式可表示为如式(3-28)所示的矩阵形式：

$$
\boldsymbol{P}' = \begin{bmatrix} x' \\ y' \\ z' \\ 1 \end{bmatrix} = \begin{bmatrix} \cos\beta & 0 & \sin\beta & 0 \\ 0 & 1 & 0 & 0 \\ -\sin\beta & 0 & \cos\beta & 0 \\ 0 & 0 & 0 & 1 \end{bmatrix} \begin{bmatrix} x \\ y \\ z \\ 1 \end{bmatrix} = \boldsymbol{R}_\beta \boldsymbol{P} = \begin{bmatrix} x\cos\beta + z\sin\beta \\ y \\ -x\sin\beta + z\cos\beta \\ 1 \end{bmatrix}
\tag{3-28}
$$

式中，$\boldsymbol{P}=(x,y,z,1)^{\mathrm{T}}$ 为点(x,y,z)对应的规范化齐次坐标；$\boldsymbol{P}'=(x',y',z',1)^{\mathrm{T}}$ 为变换后点(x',y',z')对应的规范化齐次坐标；β 为该点绕 Y 坐标轴旋转的角度，定义为在右手坐标系下从旋转轴正向看原点是顺时针的；$\boldsymbol{R}_\beta$ 称为旋转变换矩阵。

3. 一个点绕 X 坐标轴旋转

设空间中一个点的笛卡儿坐标为(x,y,z)，将该点绕 X 坐标轴旋转 α 角度到达新的坐标(x',y',z')，则旋转变换公式可表示为如式(3-29)所示的矩阵形式：

$$
\boldsymbol{P}' = \begin{bmatrix} x' \\ y' \\ z' \\ 1 \end{bmatrix} = \begin{bmatrix} 1 & 0 & 0 & 0 \\ 0 & \cos\alpha & \sin\alpha & 0 \\ 0 & -\sin\alpha & \cos\alpha & 0 \\ 0 & 0 & 0 & 1 \end{bmatrix} \begin{bmatrix} x \\ y \\ z \\ 1 \end{bmatrix} = \boldsymbol{R}_\alpha \boldsymbol{P} = \begin{bmatrix} x \\ y\cos\alpha + z\sin\alpha \\ -y\sin\alpha + z\cos\alpha \\ 1 \end{bmatrix}
\tag{3-29}
$$

式中，$\boldsymbol{P}=(x,y,z,1)^{\mathrm{T}}$ 为点(x,y,z)对应的规范化齐次坐标；$\boldsymbol{P}'=(x',y',z',1)^{\mathrm{T}}$ 为变换后点(x',y',z')对应的规范化齐次坐标；α 为该点绕 X 坐标轴旋转的角度，定义为在右手坐标系下从旋转轴正向看原点是顺时针的；$\boldsymbol{R}_\alpha$ 称为旋转变换矩阵。

需要注意的是，原始图像中某些像素旋转后的坐标可能不为整数，导致变换后的图像中出现“孔洞”现象，此时，需要经过取整或插值等操作来进行失真校正。未经失真校正的旋转变换效果图如图 3-13 所示，经过失真校正的旋转变换效果图如图 3-14 所示。

(a) 原始图像

(b) 顺时针旋转

(c) 逆时针旋转

图 3-13　未经失真校正的旋转变换

(a) 原始图像

(b) 顺时针旋转

(c) 逆时针旋转

图 3-14　经过失真校正的旋转变换

```
% F3_14.m

I1 = imread('lena.bmp');
I2 = imrotate(I1, - 30);
I3 = imrotate(I1,30);

subplot(1,3,1),imshow(I1),xlabel('(a) 原始图像');
subplot(1,3,2),imshow(I2),xlabel('(b) 顺时针旋转');
subplot(1,3,3),imshow(I3),xlabel('(c) 逆时针旋转');
```

一般的 3D 旋转变换是一个点绕任意一个中心点旋转，此时的情况相对复杂。设空间中一个点 P 绕一个中心点 C 旋转可由三个变换的级联来实现：第一个变换将中心点 C 平移到坐标原点，第二个变换将点 P 绕坐标原点旋转，第三个变换将中心点 C 平移回原来的初始位置。

3.3.4　镜像变换

镜像变换(Mirror Transformation)是一种刚体变换(Rigid-Body Transformation)，包括水平镜像和垂直镜像。

1. 水平镜像

水平镜像指将图像左半部分和右半部分以图像垂直中轴线为中心进行镜像对换来获取新图像的变换方法。设空间中一个点的笛卡儿坐标为(x,y,z)，将其水平镜像到新的坐标(x',y',z')，则水平镜像变换公式可表示为如式(3-30)所示的矩阵形式：

$$P' = \begin{bmatrix} x' \\ y' \\ z' \\ 1 \end{bmatrix} = \begin{bmatrix} -1 & 0 & 0 & w \\ 0 & 1 & 0 & 0 \\ 0 & 0 & 1 & 0 \\ 0 & 0 & 0 & 1 \end{bmatrix} \begin{bmatrix} x \\ y \\ z \\ 1 \end{bmatrix} = M_x P = \begin{bmatrix} -x+w \\ y \\ z \\ 1 \end{bmatrix} \tag{3-30}$$

式中，$P=(x,y,z,1)^T$ 为点(x,y,z)对应的规范化齐次坐标；$P'=(x',y',z',1)^T$ 为变换后点(x',y',z')对应的规范化齐次坐标；w 为图像的宽度；M_x 称为水平镜像变换矩阵。

2. 垂直镜像

垂直镜像指将图像上半部分和下半部分以图像水平中轴线为中心进行镜像对换来获取新图像的变换方法。设空间中一个点的笛卡儿坐标为(x,y,z)，将其垂直镜像到新的坐标(x',y',z')，则垂直镜像变换公式可表示为如式(3-31)所示的矩阵形式：

$$P' = \begin{bmatrix} x' \\ y' \\ z' \\ 1 \end{bmatrix} = \begin{bmatrix} 1 & 0 & 0 & 0 \\ 0 & -1 & 0 & h \\ 0 & 0 & 1 & 0 \\ 0 & 0 & 0 & 1 \end{bmatrix} \begin{bmatrix} x \\ y \\ z \\ 1 \end{bmatrix} = M_y P = \begin{bmatrix} x \\ -y+h \\ z \\ 1 \end{bmatrix} \tag{3-31}$$

式中，$P=(x,y,z,1)^T$ 为点(x,y,z)对应的规范化齐次坐标；$P'=(x',y',z',1)^T$ 为变换后点(x',y',z')对应的规范化齐次坐标；h 为图像的高度；M_y 称为垂直镜像变换矩阵。

镜像变换的效果图如图 3-15 所示。

(a) 原始图像

(b) 水平镜像

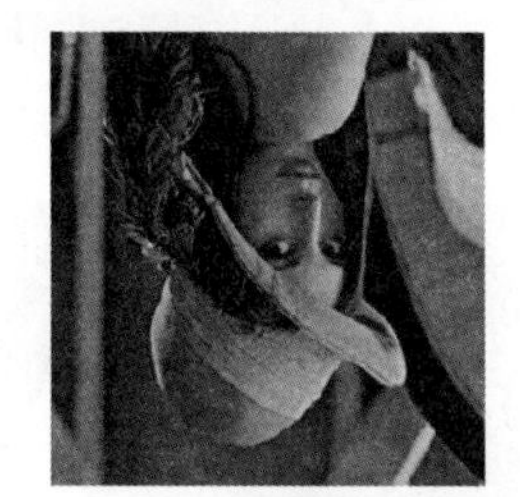
(c) 垂直镜像

图 3-15　镜像变换

```
% F3_15.m

I = imread('lena.bmp');
I1 = flipdim(I,2);
I2 = flipdim(I,1);

subplot(1,3,1),imshow(I),xlabel('(a) 原始图像');
subplot(1,3,2),imshow(I1),xlabel('(b) 水平镜像图像');
subplot(1,3,3),imshow(I2),xlabel('(c) 垂直镜像图像');
```

3.3.5　剪切变换

剪切变换(Shear Transformation)也称为错切变换，刻画了类似四边形不稳定性的性质，包括水平剪切和垂直剪切。

1. 水平剪切

水平剪切指将图像一条水平边固定，并沿水平方向拉长图像来获取新图像的变换方法。

设空间中一个点的笛卡儿坐标为(x,y,z),将其水平剪切到新的坐标(x',y',z'),则水平剪切变换公式可表示为如式(3-32)所示的矩阵形式:

$$\boldsymbol{P}'=\begin{bmatrix}x'\\y'\\z'\\1\end{bmatrix}=\begin{bmatrix}1&0&0&0\\a&1&0&0\\0&0&1&0\\0&0&0&1\end{bmatrix}\begin{bmatrix}x\\y\\z\\1\end{bmatrix}=\boldsymbol{H}_x\boldsymbol{P}=\begin{bmatrix}x\\ax+y\\z\\1\end{bmatrix}\tag{3-32}$$

式中,$\boldsymbol{P}=(x,y,z,1)^{\mathrm{T}}$为点$(x,y,z)$对应的规范化齐次坐标;$\boldsymbol{P}'=(x',y',z',1)^{\mathrm{T}}$为变换后点$(x',y',z')$对应的规范化齐次坐标;$a$为水平剪切系数;$\boldsymbol{H}_x$称为水平剪切变换矩阵。

2. 垂直剪切

垂直剪切指将图像一条垂直边固定,并沿垂直方向拉长图像来获取新图像的变换方法。设空间中一个点的笛卡儿坐标为(x,y,z),将其水平剪切到新的坐标(x',y',z'),则水平剪切变换公式可表示为如式(3-33)所示的矩阵形式:

$$\boldsymbol{P}'=\begin{bmatrix}x'\\y'\\z'\\1\end{bmatrix}=\begin{bmatrix}1&b&0&0\\0&1&0&0\\0&0&1&0\\0&0&0&1\end{bmatrix}\begin{bmatrix}x\\y\\z\\1\end{bmatrix}=\boldsymbol{H}_y\boldsymbol{P}=\begin{bmatrix}x+by\\y\\z\\1\end{bmatrix}\tag{3-33}$$

式中,$\boldsymbol{P}=(x,y,z,1)^{\mathrm{T}}$为点$(x,y,z)$对应的规范化齐次坐标;$\boldsymbol{P}'=(x',y',z',1)^{\mathrm{T}}$为变换后点$(x',y',z')$对应的规范化齐次坐标;$b$为垂直剪切系数;$\boldsymbol{H}_y$称为垂直剪切变换矩阵。

剪切变换的效果图如图3-16所示。

(a) 原始图像

(b) 水平剪切

(c) 垂直剪切

(d) 水平垂直剪切

图 3-16 剪切变换

```
% F3_16.m

I = imread('lena.bmp');

T = [1    0  0
     0.5  1  0
     0    0  1]
tform = maketform('affine',T);
J1 = imtransform(I,tform);

T = [1  0.5  0
     0  1    0
     0  0    1]
tform = maketform('affine',T);
J2 = imtransform(I,tform);
```

```
    T = [1    0.5  0
         0.5  1    0
         0    0    1]
    tform = maketform('affine',T);
    J3 = imtransform(I,tform);

    subplot(2,2,1),imshow(I),xlabel('(a) 原始图像');
    subplot(2,2,2),imshow(J1),xlabel('(b) 水平剪切');
    subplot(2,2,3),imshow(J2),xlabel('(c) 垂直剪切');
    subplot(2,2,4),imshow(J3),xlabel('(d) 水平垂直剪切');
```

3.3.6　透视变换

透视变换(Perspective Transformation)指利用透视中心、像点、目标点三点共线的条件,按透视旋转定律使透视面绕透视轴旋转某一角度,破坏原有的投影光线束,仍能保持透视面上投影几何图形不变的变换方法。透视变换原理如图 3-17 所示。

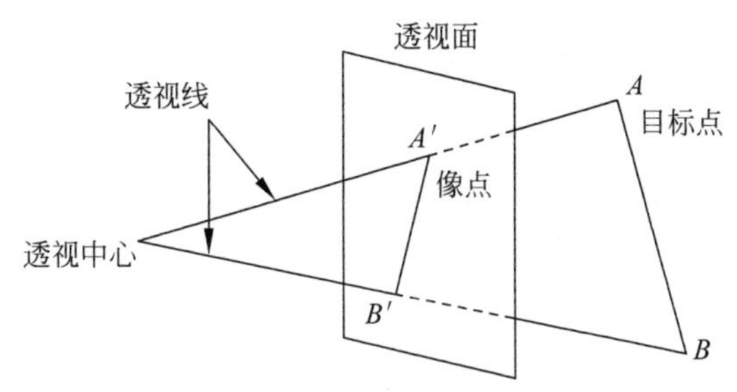

图 3-17　透视变换原理

设空间中一个点的笛卡儿坐标为(x,y,z),将其透视变换到新的坐标(x',y',z'),则透视变换公式可表示为如式(3-34)所示的矩阵形式:

$$\boldsymbol{P}'=\begin{bmatrix}x'\\y'\\z'\\1\end{bmatrix}=\begin{bmatrix}1&0&0&0\\0&1&0&0\\0&0&1&0\\a&b&c&1\end{bmatrix}\begin{bmatrix}x\\y\\z\\1\end{bmatrix}=\boldsymbol{EP}=\begin{bmatrix}x\\y\\z\\ax+by+cz+1\end{bmatrix}\tag{3-34}$$

式中,$\boldsymbol{P}=(x,y,z,1)^{\mathrm{T}}$ 为点(x,y,z)对应的规范化齐次坐标;$\boldsymbol{P}'=(x',y',z',1)^{\mathrm{T}}$ 为变换后点(x',y',z')对应的规范化齐次坐标;a、b、c 为透视变换系数,透视面为 $ax+by+cz=0$;$\boldsymbol{E}$ 称为透视变换矩阵。

透视变换的效果图如图 3-18 所示。

(a) 原始图像

(b) 透视图像1

(c) 透视图像2

图 3-18　透视变换

```
% F3_18.m

I = imread('lena.bmp');
udata = [0  1];
vdata = [0  1]
T = [    0     0
         1     0
         1     1
         0     1]
T1 = [ - 4     2
       - 8   - 3
         1   - 8
         6     6]
T2 = [   6     6
         1   - 8
       - 8   - 3
       - 4     2]
tform = maketform('projective',T,T1);
[B1,xdata,ydata] = imtransform(I,tform,'bicubic','udata',udata,'vdata',vdata,'size',size(I),
'fill',255);

tform = maketform('projective',T,T2);
[B2,xdata,ydata] = imtransform(I,tform,'bicubic','udata',udata,'vdata',vdata,'size',size(I),
'fill',255);

subplot(1,3,1),imshow(I),axis on,xlabel('(a) 原始图像');
subplot(1,3,2),imshow(B1),axis on,xlabel('(b) 透视图像 1');
subplot(1,3,3),imshow(B2),axis on,xlabel('(c) 透视图像 2');
```

3.3.7 反变换

几何变换的反变换是指执行与对应几何变换相反操作的变换。许多几何变换都有对应的反变换，具体描述如下。

1. 平移变换的反变换

设空间中一个点的笛卡儿坐标为(x,y,z)，基于平移向量(a,b,c)已被平移到新的坐标(x',y',z')，则平移变换的反变换公式可表示为如式(3-35)所示的矩阵形式：

$$\boldsymbol{P}=\begin{bmatrix}x\\y\\z\\1\end{bmatrix}=\begin{bmatrix}1&0&0&-a\\0&1&0&-b\\0&0&1&-c\\0&0&0&1\end{bmatrix}\begin{bmatrix}x'\\y'\\z'\\1\end{bmatrix}=\boldsymbol{T}^{-1}\boldsymbol{P}'=\begin{bmatrix}x'-a\\y'-b\\z'-c\\1\end{bmatrix} \tag{3-35}$$

式中，$\boldsymbol{P}=(x,y,z,1)^{\mathrm{T}}$为点$(x,y,z)$对应的规范化齐次坐标；$\boldsymbol{P}'=(x',y',z',1)^{\mathrm{T}}$为变换后点$(x',y',z')$对应的规范化齐次坐标；$-a$、$-b$、$-c$称为反平移系数，它们共同构成了反平移向量$(-a,-b,-c)$；$\boldsymbol{T}^{-1}$称为平移变换的反变换矩阵。

2. 放缩变换的反变换

设空间中一个点的笛卡儿坐标为(x,y,z)，基于放缩向量(a,b,c)已被放缩到新的坐标(x',y',z')，则放缩变换的反变换公式可表示为如式(3-36)所示的矩阵形式：

$$\boldsymbol{P}=\begin{bmatrix}x\\y\\z\\1\end{bmatrix}=\begin{bmatrix}\frac{1}{a}&0&0&0\\0&\frac{1}{b}&0&0\\0&0&\frac{1}{c}&0\\0&0&0&1\end{bmatrix}\begin{bmatrix}x'\\y'\\z'\\1\end{bmatrix}=\boldsymbol{S}^{-1}\boldsymbol{P}'=\begin{bmatrix}\frac{x'}{a}\\\frac{y'}{b}\\\frac{z'}{c}\\1\end{bmatrix}\tag{3-36}$$

式中，$\boldsymbol{P}=(x,y,z,1)^{\mathrm{T}}$ 为点(x,y,z)对应的规范化齐次坐标；$\boldsymbol{P}'=(x',y',z',1)^{\mathrm{T}}$ 为变换后点(x',y',z')对应的规范化齐次坐标；$1/a$、$1/b$、$1/c$ 称为反放缩系数，它们共同构成了反放缩向量$(1/a,1/b,1/c)$；$\boldsymbol{S}^{-1}$ 称为放缩变换的反变换矩阵。

3. 旋转变换的反变换

一个点绕 Z 坐标轴旋转的反变换可定义为：设空间中一个点的笛卡儿坐标为(x,y,z)，该点绕 Z 坐标轴旋转 γ 角度后已被旋转到新的坐标(x',y',z')，则旋转变换的反变换公式可表示为如式(3-37)所示的矩阵形式：

$$\boldsymbol{P}=\begin{bmatrix}x\\y\\z\\1\end{bmatrix}=\begin{bmatrix}\cos(-\gamma)&\sin(-\gamma)&0&0\\-\sin(-\gamma)&\cos(-\gamma)&0&0\\0&0&1&0\\0&0&0&1\end{bmatrix}\begin{bmatrix}x'\\y'\\z'\\1\end{bmatrix}=\boldsymbol{R}_{\gamma}^{-1}\boldsymbol{P}'=\begin{bmatrix}x'\cos\gamma-y'\sin\gamma\\x'\sin\gamma+y'\cos\gamma\\z'\\1\end{bmatrix}\tag{3-37}$$

式中，$\boldsymbol{P}=(x,y,z,1)^{\mathrm{T}}$ 为点(x,y,z)对应的规范化齐次坐标；$\boldsymbol{P}'=(x',y',z',1)^{\mathrm{T}}$ 为变换后点(x',y',z')对应的规范化齐次坐标；$-\gamma$ 为该点绕 Z 坐标轴旋转的角度，定义为在右手坐标系下从旋转轴正向看原点是顺时针的；$\boldsymbol{R}_{\gamma}^{-1}$ 称为旋转变换的反变换矩阵。

一个点绕 Y 坐标轴旋转的反变换可定义为：设空间中一个点的笛卡儿坐标为(x,y,z)，该点绕 Y 坐标轴旋转 β 角度后已被旋转到新的坐标(x',y',z')，则旋转变换的反变换公式可表示为如式(3-38)所示的矩阵形式：

$$\boldsymbol{P}=\begin{bmatrix}x\\y\\z\\1\end{bmatrix}=\begin{bmatrix}\cos(-\beta)&0&\sin(-\beta)&0\\0&1&0&0\\-\sin(-\beta)&0&\cos(-\beta)&0\\0&0&0&1\end{bmatrix}\begin{bmatrix}x'\\y'\\z'\\1\end{bmatrix}=\boldsymbol{R}_{\beta}^{-1}\boldsymbol{P}'=\begin{bmatrix}x'\cos\beta-z'\sin\beta\\y'\\x'\sin\beta+z'\cos\beta\\1\end{bmatrix}\tag{3-38}$$

式中，$\boldsymbol{P}=(x,y,z,1)^{\mathrm{T}}$ 为点(x,y,z)对应的规范化齐次坐标；$\boldsymbol{P}'=(x',y',z',1)^{\mathrm{T}}$ 为变换后点(x',y',z')对应的规范化齐次坐标；$-\beta$ 为该点绕 Y 坐标轴旋转的角度，定义为在右手坐标系下从旋转轴正向看原点是顺时针的；$\boldsymbol{R}_{\beta}^{-1}$ 称为旋转变换的反变换矩阵。

一个点绕 X 坐标轴旋转的反变换可定义为：设空间中一个点的笛卡儿坐标为(x,y,z)，该点绕 X 坐标轴旋转 α 角度后已被旋转到新的坐标(x',y',z')，则旋转变换的反变换公式可表示为如式(3-39)所示的矩阵形式：

$$\boldsymbol{P}=\begin{bmatrix}x\\y\\z\\1\end{bmatrix}=\begin{bmatrix}1&0&0&0\\0&\cos(-\alpha)&\sin(-\alpha)&0\\0&-\sin(-\alpha)&\cos(-\alpha)&0\\0&0&0&1\end{bmatrix}\begin{bmatrix}x'\\y'\\z'\\1\end{bmatrix}=\boldsymbol{R}_{\alpha}^{-1}\boldsymbol{P}'=\begin{bmatrix}x'\\y'\cos\alpha-z'\sin\alpha\\y'\sin\alpha+z'\cos\alpha\\1\end{bmatrix}\tag{3-39}$$

式中，$\boldsymbol{P}=(x,y,z,1)^{\mathrm{T}}$ 为点(x,y,z)对应的规范化齐次坐标；$\boldsymbol{P}'=(x',y',z',1)^{\mathrm{T}}$ 为变换后点(x',y',z')对应的规范化齐次坐标；$-\alpha$ 为该点绕 X 坐标轴旋转的角度，定义为在右手坐标系下从旋转轴正向看原点是顺时针的；$\boldsymbol{R}_{\alpha}^{-1}$ 称为旋转变换的反变换矩阵。

4. 镜像变换的反变换

水平镜像的反变换可定义为：设空间中一个点的笛卡儿坐标为(x,y,z)，已被水平镜像到新的坐标(x',y',z')，则水平镜像变换的反变换公式可表示为如式(3-40)所示的矩阵形式：

$$\boldsymbol{P}=\begin{bmatrix}x\\y\\z\\1\end{bmatrix}=\begin{bmatrix}-1&0&0&w\\0&1&0&0\\0&0&1&0\\0&0&0&1\end{bmatrix}\begin{bmatrix}x'\\y'\\z'\\1\end{bmatrix}=\boldsymbol{M}_x^{-1}\boldsymbol{P}'=\begin{bmatrix}-x'+w\\y'\\z'\\1\end{bmatrix}\tag{3-40}$$

式中，$\boldsymbol{P}=(x,y,z,1)^{\mathrm{T}}$ 为点(x,y,z)对应的规范化齐次坐标；$\boldsymbol{P}'=(x',y',z',1)^{\mathrm{T}}$ 为变换后点(x',y',z')对应的规范化齐次坐标；w 为图像的宽度；$\boldsymbol{M}_x^{-1}$ 称为水平镜像变换的反变换矩阵。由此可知，水平镜像变换矩阵 $\boldsymbol{M}_x$ 与水平镜像变换的反变换矩阵 $\boldsymbol{M}_x^{-1}$ 相同。

垂直镜像的反变换可定义为：设空间中一个点的笛卡儿坐标为(x,y,z)，已被垂直镜像到新的坐标(x',y',z')，则垂直镜像变换的反变换公式可表示为如式(3-41)所示的矩阵形式：

$$\boldsymbol{P}=\begin{bmatrix}x\\y\\z\\1\end{bmatrix}=\begin{bmatrix}1&0&0&0\\0&-1&0&h\\0&0&1&0\\0&0&0&1\end{bmatrix}\begin{bmatrix}x'\\y'\\z'\\1\end{bmatrix}=\boldsymbol{M}_y^{-1}\boldsymbol{P}'=\begin{bmatrix}x'\\-y'+h\\z'\\1\end{bmatrix}\tag{3-41}$$

式中，$\boldsymbol{P}=(x,y,z,1)^{\mathrm{T}}$ 为点(x,y,z)对应的规范化齐次坐标；$\boldsymbol{P}'=(x',y',z',1)^{\mathrm{T}}$ 为变换后点(x',y',z')对应的规范化齐次坐标；h 为图像的高度；$\boldsymbol{M}_y^{-1}$ 称为垂直镜像变换的反变换矩阵。由此可知，垂直镜像变换矩阵 $\boldsymbol{M}_y$ 与垂直镜像变换的反变换矩阵 $\boldsymbol{M}_y^{-1}$ 相同。

5. 剪切变换的反变换

水平剪切的反变换可定义为：设空间中一个点的笛卡儿坐标为(x,y,z)，已被水平剪切到新的坐标(x',y',z')，则水平剪切变换的反变换公式可表示为如式(3-42)所示的矩阵形式：

$$\boldsymbol{P}=\begin{bmatrix}x\\y\\z\\1\end{bmatrix}=\begin{bmatrix}1&0&0&0\\-a&1&0&0\\0&0&1&0\\0&0&0&1\end{bmatrix}\begin{bmatrix}x'\\y'\\z'\\1\end{bmatrix}=\boldsymbol{H}_x^{-1}\boldsymbol{P}'=\begin{bmatrix}x'\\-ax'+y'\\z'\\1\end{bmatrix}\tag{3-42}$$

式中，$\boldsymbol{P}=(x,y,z,1)^{\mathrm{T}}$ 为点(x,y,z)对应的规范化齐次坐标；$\boldsymbol{P}'=(x',y',z',1)^{\mathrm{T}}$ 为变换后点(x',y',z')对应的规范化齐次坐标；$-a$ 为反水平剪切系数；$\boldsymbol{H}_x$ 称为水平剪切变换的反变换矩阵。

垂直剪切的反变换可定义为：设空间中一个点的笛卡儿坐标为(x,y,z)，已被垂直剪切到新的坐标(x',y',z')，则垂直剪切变换的反变换公式可表示为如式(3-43)所示的矩阵形式：

$$\boldsymbol{P}=\begin{bmatrix}x\\y\\z\\1\end{bmatrix}=\begin{bmatrix}1&-b&0&0\\0&1&0&0\\0&0&1&0\\0&0&0&1\end{bmatrix}\begin{bmatrix}x'\\y'\\z'\\1\end{bmatrix}=\boldsymbol{H}_y^{-1}\boldsymbol{P}'=\begin{bmatrix}x'-by'\\y'\\z'\\1\end{bmatrix}\tag{3-43}$$

式中，$\boldsymbol{P}=(x,y,z,1)^{\mathrm{T}}$ 为点(x,y,z)对应的规范化齐次坐标；$\boldsymbol{P}'=(x',y',z',1)^{\mathrm{T}}$ 为变换后点(x',y',z')对应的规范化齐次坐标；$-b$ 为反垂直剪切系数；$\boldsymbol{H}_y$ 称为垂直剪切变换的反变换矩阵。

3.3.8　复合变换

复合变换是指多个几何变换复合而成的变换，其变换矩阵为各个几何变换的变换矩阵相乘，如式(3-44)所示。

$$\boldsymbol{P}'=\boldsymbol{A}_1\boldsymbol{A}_2\cdots\boldsymbol{A}_n\boldsymbol{P}=\boldsymbol{A}\boldsymbol{P}\tag{3-44}$$

式中，$\boldsymbol{P}=(x,y,z,1)^{\mathrm{T}}$ 为点(x,y,z)对应的规范化齐次坐标；$\boldsymbol{P}'=(x',y',z',1)^{\mathrm{T}}$ 为变换后点(x',y',z')对应的规范化齐次坐标；$\boldsymbol{A}_1$、$\boldsymbol{A}_2$，…，$\boldsymbol{A}_n$ 为各个几何变换的变换矩阵；$\boldsymbol{A}$ 称为复合变换矩阵。

例如，设空间中一个点的笛卡儿坐标为(x,y,z)，依次进行平移、放缩、绕 Z 轴旋转将其变换到新的坐标(x',y',z')，则复合变换公式可表示为如式(3-45)所示的矩阵形式：

$$\begin{aligned}\boldsymbol{P}'=\begin{bmatrix}x'\\y'\\z'\\1\end{bmatrix}&=\begin{bmatrix}\cos\gamma&\sin\gamma&0&0\\-\sin\gamma&\cos\gamma&0&0\\0&0&1&0\\0&0&0&1\end{bmatrix}\begin{bmatrix}a_2&0&0&0\\0&b_2&0&0\\0&0&c_2&0\\0&0&0&1\end{bmatrix}\begin{bmatrix}1&0&0&a_1\\0&1&0&b_1\\0&0&1&c_1\\0&0&0&1\end{bmatrix}\begin{bmatrix}x\\y\\z\\1\end{bmatrix}\\&=\boldsymbol{R}_\gamma(\boldsymbol{S}(\boldsymbol{TP}))=\boldsymbol{R}_\gamma\boldsymbol{STP}=\boldsymbol{AP}\end{aligned}\tag{3-45}$$

式中，$\boldsymbol{P}=(x,y,z,1)^{\mathrm{T}}$ 为点(x,y,z)对应的规范化齐次坐标；$\boldsymbol{P}'=(x',y',z',1)^{\mathrm{T}}$ 为变换后点(x',y',z')对应的规范化齐次坐标；a_1、b_1、c_1 称为平移系数，它们共同构成了平移向量(a_1,b_1,c_1)，$\boldsymbol{T}$ 称为平移变换矩阵；a_2、b_2、c_2 称为放缩系数，它们共同构成了放缩向量(a_2,b_2,c_2)，$\boldsymbol{S}$ 称为放缩变换矩阵；γ 为该点绕 Z 坐标轴旋转的角度，定义为在右手坐标系下从旋转轴正向看原点是顺时针的，$\boldsymbol{R}_\gamma$ 称为旋转变换矩阵；$\boldsymbol{A}$ 称为复合变换矩阵。

例 3.4　平面上一个点的坐标为(1,1)，基于平移向量(1,−1)依次进行平移、顺时针旋转 45°和反平移变换，试求该点变换后的坐标。

解：该变换是一个复合变换，求解过程为

$$\boldsymbol{P}'=\begin{bmatrix}x'\\y'\\z'\\1\end{bmatrix}=\boldsymbol{T}^{-1}\boldsymbol{R}_\gamma\boldsymbol{TP}=\begin{bmatrix}1&0&0&-a\\0&1&0&-b\\0&0&1&-c\\0&0&0&1\end{bmatrix}\begin{bmatrix}\cos\gamma&\sin\gamma&0&0\\-\sin\gamma&\cos\gamma&0&0\\0&0&1&0\\0&0&0&1\end{bmatrix}\begin{bmatrix}1&0&0&a\\0&1&0&b\\0&0&1&c\\0&0&0&1\end{bmatrix}\begin{bmatrix}x\\y\\z\\1\end{bmatrix}$$

$$=\begin{bmatrix}\cos\gamma&\sin\gamma&0&-a\\-\sin\gamma&\cos\gamma&0&-b\\0&0&1&-c\\0&0&0&1\end{bmatrix}\begin{bmatrix}1&0&0&a\\0&1&0&b\\0&0&1&c\\0&0&0&1\end{bmatrix}\begin{bmatrix}x\\y\\z\\1\end{bmatrix}=\begin{bmatrix}\cos\gamma&\sin\gamma&0&a\cos\gamma+b\sin\gamma-a\\-\sin\gamma&\cos\gamma&0&-a\sin\gamma+b\cos\gamma-b\\0&0&1&0\\0&0&0&1\end{bmatrix}\begin{bmatrix}x\\y\\z\\1\end{bmatrix}$$

$$=\begin{bmatrix}\cos45 & \sin45 & 0 & \cos45-\sin45-1\\ -\sin45 & \cos45 & 0 & -\sin45-\cos45+1\\ 0 & 0 & 1 & 0\\ 0 & 0 & 0 & 1\end{bmatrix}\begin{bmatrix}1\\1\\0\\1\end{bmatrix}=\begin{bmatrix}\frac{\sqrt{2}}{2} & \frac{\sqrt{2}}{2} & 0 & -1\\ -\frac{\sqrt{2}}{2} & \frac{\sqrt{2}}{2} & 0 & 1-\sqrt{2}\\ 0 & 0 & 1 & 0\\ 0 & 0 & 0 & 1\end{bmatrix}\begin{bmatrix}1\\1\\0\\1\end{bmatrix}$$

$$=\begin{bmatrix}\sqrt{2}-1\\ 1-\sqrt{2}\\ 0\\ 1\end{bmatrix}$$

故坐标为(1,1)的点变换后的坐标为$(\sqrt{2}-1,1-\sqrt{2})$。

3.4 几何失真校正

几何失真是指图像在获取或显示过程中产生的畸变，也称几何畸变。例如，使用长焦镜头或使用变焦镜头的长焦端时容易产生枕形失真(Pincushion Distortion)，使用广角镜头或使用变焦镜头的广角端时容易产生桶形失真(Barrel Distortion)，使用广角镜头还容易产生透视失真(Perspective Distortion)等，如图 3-19 所示。

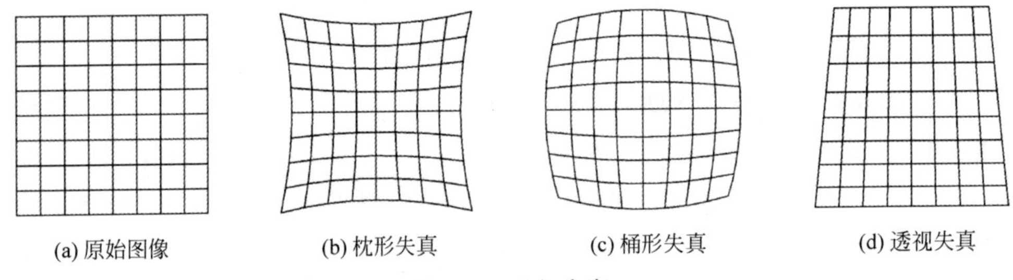

图 3-19 几何失真

几何失真校正是指将存在几何失真的畸变图像校正成为无几何失真的原始图像，通常以一张基准图像或一组基准点为基准去校正畸变图像。基准图像通常由没有畸变或畸变较小的摄像系统获得，畸变图像通常由畸变较大的摄像系统获得。

几何失真校正的校正方法包括直接校正法和间接校正法。校正步骤包括空间变换和灰度插值。

3.4.1 直接校正法

直接校正法也称为向前映射法，它首先由空间变换函数 $h_1(x,y)$、$h_2(x,y)$推导出反变换函数 $h_1'(x',y')$、$h_2'(x',y')$，然后依次计算出每一个畸变图像像素坐标(x',y')对应的校正坐标(x,y)；但(x,y)一般不为整数，无法直接将畸变坐标(x',y')处的灰度值赋值给校正坐标(x,y)，而是将(x',y')处的灰度值分配给校正坐标(x,y)周围的四个像素，据此获得校正图像。直接校正法原理图如图 3-20 所示。

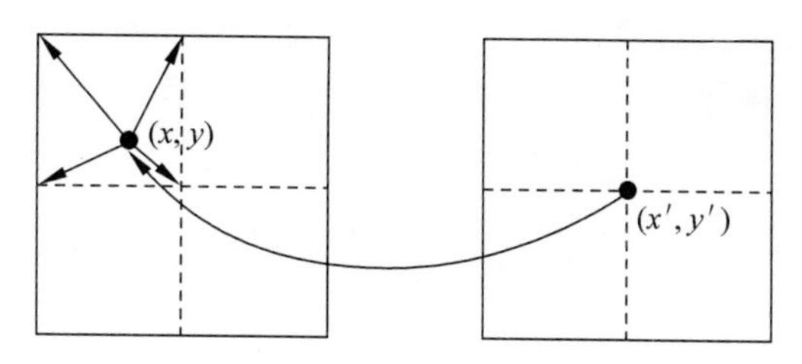

图 3-20 直接校正法原理图

直接校正法存在很多不足：

(1) 畸变图像像素可能会被映射到校正图像之外，因此计算效率不高；

(2) 校正图像像素的灰度值由畸变图像像素的贡献之和决定，导致分配时存在较多的寻址，特别是在高阶插值时；

(3) 生成校正图像的像素分布不规则，容易出现像素挤压、疏密不均等现象，需要通过灰度插值方法生成规则的栅格图像。

3.4.2 间接校正法

间接校正法也称为向后映射法，它假设经过校正的图像像素坐标在基准坐标系统中为等距网格的交叉点，从网格交叉点的坐标(x,y)出发计算出畸变图像上的对应坐标(x',y')；但(x',y')一般不为整数，无法直接将畸变坐标(x',y')处的灰度值赋值给校正坐标(x,y)，而是将(x',y')周围像素的灰度值进行插值以得到校正坐标(x,y)处的灰度值，据此获得校正图像。间接校正法原理图如图 3-21 所示。

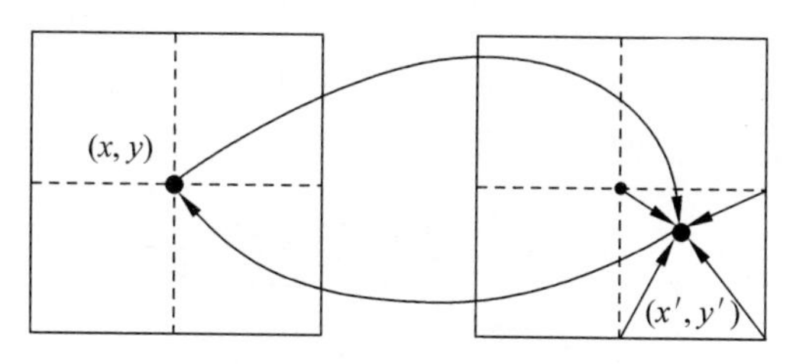

图 3-21 间接校正法原理图

间接校正法生成的校正图像由逐个像素通过一步插值得到，灰度插值效率较高，在实际应用中被广泛使用。间接校正法的步骤包括空间变换和灰度插值，如下式所示：

$$\begin{cases} x' = h_1(x,y) \\ y' = h_2(x,y) \\ f(x,y) = g(x',y') \end{cases} \tag{3-46}$$

式中，(x,y)为无失真坐标系中像素的坐标；(x',y')为失真坐标系中像素的坐标；$h_1(x,y)$、$h_2(x,y)$为无失真坐标系向失真坐标系变换的空间变换函数；$f(x,y)$为无失真的原始图像；$g(x',y')$为存在失真的畸变图像。

3.4.3 空间变换

空间变换是指对畸变图像像素坐标位置进行重新排列以恢复原始图像像素坐标位置的

空间关系。空间变换的关键是确定空间变换函数，该函数可以通过先验知识得到，但实际中往往难以求得，通常需要采用后验校正的方法来确定。后验校正方法的基本思想是通过控制点(即基准图像上的正确像素点和畸变图像上的失真像素点)之间的对应关系来近似空间变换函数，一般采用如下式所示的多项式拟合的形式：

$$\begin{cases} x'=h_1(x,y)=\sum_{i=0}^{N}\sum_{j=0}^{N-i}a_{ij}x^iy^j \\ y'=h_2(x,y)=\sum_{i=0}^{N}\sum_{j=0}^{N-i}b_{ij}x^iy^j \end{cases} \tag{3-47}$$

式中，(x,y)为无失真坐标系中像素的坐标；(x',y')为失真坐标系中像素的坐标；$h_1(x,y)$、$h_2(x,y)$为无失真坐标系向失真坐标系变换的空间变换函数；a_{ij}、b_{ij} 为拟合多项式的各项待定系数；N 为拟合多项式的次数。

当 $N=1$ 时，空间变换函数为线性拟合，可粗略地近似几何畸变，如式(3-48)所示；当 $N=2$ 时，空间变换函数为二次拟合，可较精确地近似几何畸变，如式(3-49)所示；当 $N>3$ 时，空间变换函数为高阶拟合。一般地，二次或高阶拟合被用来补偿由实际图像系统造成的空间失真。

$$\begin{cases} x'=a_0+a_1x+a_2y \\ y'=b_0+b_1x+b_2y \end{cases} \tag{3-48}$$

$$\begin{cases} x'=a_0+a_1x+a_2y+a_3xy+a_4x^2+a_5y^2 \\ y'=b_0+b_1x+b_2y+b_3xy+b_4x^2+b_5y^2 \end{cases} \tag{3-49}$$

为了求解方程组，可根据待定系数的个数确定基准图像和畸变图像上控制点的对数，这些控制点构成了图像中的一个多边形区域；将图像分成一系列覆盖全图的多边形区域的集合，对每个区域都找到足够的控制点，便可计算出待拟合多项式的系数，确定空间变换函数，从而复原原始图像。失真图像和校正图像四边形区域对应点示意图如图 3-22 所示。

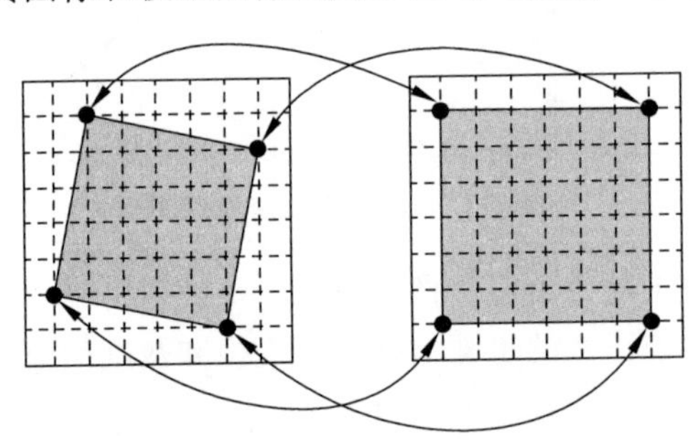

图 3-22 失真图像和校正图像四边形区域对应点示意图

例 3.5 确定线性拟合时的空间变换函数。

解：采用线性拟合时，确定空间变换函数就是要确定 a_0、a_1、a_2、b_0、b_1、b_2 共 6 个多项式系数，因此需要建立 6 个方程联立求解。为此，找出基准图像和畸变图像上相对应的 3 对控制点(x_1,y_1)、(x_2,y_2)、(x_3,y_3)和(x_1',y_1')、(x_2',y_2')、(x_3',y_3')，分别代入式(3-48)后得到式(3-50)～式(3-52)：

$$\begin{cases} x'_1 = a_0 + a_1x_1 + a_2y_1 \\ y'_1 = b_0 + b_1x_1 + b_2y_1 \end{cases} \tag{3-50}$$

$$\begin{cases} x'_2 = a_0 + a_1x_2 + a_2y_2 \\ y'_2 = b_0 + b_1x_2 + b_2y_2 \end{cases} \tag{3-51}$$

$$\begin{cases} x'_3 = a_0 + a_1x_3 + a_2y_3 \\ y'_3 = b_0 + b_1x_3 + b_2y_3 \end{cases} \tag{3-52}$$

写成矩阵形式后得到式(3-53)和式(3-54)：

$$\begin{cases} x'_1 = a_0 + a_1x_1 + a_2y_1 \\ x'_2 = a_0 + a_1x_2 + a_2y_2 \\ x'_3 = a_0 + a_1x_3 + a_2y_3 \end{cases} \Rightarrow \begin{bmatrix} x'_1 \\ x'_2 \\ x'_3 \end{bmatrix} = \begin{bmatrix} 1 & x_1 & y_1 \\ 1 & x_2 & y_2 \\ 1 & x_3 & y_3 \end{bmatrix} \begin{bmatrix} a_0 \\ a_1 \\ a_2 \end{bmatrix} \tag{3-53}$$

$$\begin{cases} y'_1 = b_0 + b_1x_1 + b_2y_1 \\ y'_2 = b_0 + b_1x_2 + b_2y_2 \\ y'_3 = b_0 + b_1x_3 + b_2y_3 \end{cases} \Rightarrow \begin{bmatrix} y'_1 \\ y'_2 \\ y'_3 \end{bmatrix} = \begin{bmatrix} 1 & x_1 & y_1 \\ 1 & x_2 & y_2 \\ 1 & x_3 & y_3 \end{bmatrix} \begin{bmatrix} b_0 \\ b_1 \\ b_2 \end{bmatrix} \tag{3-54}$$

通过联立方程组求解或矩阵求逆运算，解出 a_0、a_1、a_2、b_0、b_1、b_2 共 6 个多项式系数，即可确定空间变换函数 $h_1(x,y)$ 和 $h_2(x,y)$。空间变换函数一旦确定，即可复原原始图像中此三点连线所包围的三角形区域内的各像素点；以此类推，每三对控制点一组重复进行上述操作，即可实现全图像的空间校正。

例 3.6 确定二次拟合时的空间变换函数。

解：采用二次拟合时，确定空间变换函数就是要确定 a_0、a_1、a_2、a_3、a_4、a_5、b_0、b_1、b_2、b_3、b_4、b_5 共 12 个多项式系数，因此需要建立 12 个方程联立求解。为此，找出原始图像和畸变图像上相对应的 6 对控制点 (x_1,y_1)、(x_2,y_2)、(x_3,y_3)、(x_4,y_4)、(x_5,y_5)、(x_6,y_6) 和 (x'_1,y'_1)、(x'_2,y'_2)、(x'_3,y'_3)、(x'_4,y'_4)、(x'_5,y'_5)、(x'_6,y'_6)，分别代入式(3-49)后得到式(3-55)～式(3-60)：

$$\begin{cases} x'_1 = a_0 + a_1x_1 + a_2y_1 + a_3x_1y_1 + a_4x_1^2 + a_5y_1^2 \\ y'_1 = b_0 + b_1x_1 + b_2y_1 + b_3x_1y_1 + b_4x_1^2 + b_5y_1^2 \end{cases} \tag{3-55}$$

$$\begin{cases} x'_2 = a_0 + a_1x_2 + a_2y_2 + a_3x_2y_2 + a_4x_2^2 + a_5y_2^2 \\ y'_2 = b_0 + b_1x_2 + b_2y_2 + b_3x_2y_2 + b_4x_2^2 + b_5y_2^2 \end{cases} \tag{3-56}$$

$$\begin{cases} x'_3 = a_0 + a_1x_3 + a_2y_3 + a_3x_3y_3 + a_4x_3^2 + a_5y_3^2 \\ y'_3 = b_0 + b_1x_3 + b_2y_3 + b_3x_3y_3 + b_4x_3^2 + b_5y_3^2 \end{cases} \tag{3-57}$$

$$\begin{cases} x'_4 = a_0 + a_1x_4 + a_2y_4 + a_3x_4y_4 + a_4x_4^2 + a_5y_4^2 \\ y'_4 = b_0 + b_1x_4 + b_2y_4 + b_3x_4y_4 + b_4x_4^2 + b_5y_4^2 \end{cases} \tag{3-58}$$

$$\begin{cases} x'_5 = a_0 + a_1x_5 + a_2y_5 + a_3x_5y_5 + a_4x_5^2 + a_5y_5^2 \\ y'_5 = b_0 + b_1x_5 + b_2y_5 + b_3x_5y_5 + b_4x_5^2 + b_5y_5^2 \end{cases} \tag{3-59}$$

$$\begin{cases} x'_6=a_0+a_1x_6+a_2y_6+a_3x_6y_6+a_4x_6^2+a_5y_6^2 \\ y'_6=b_0+b_1x_6+b_2y_6+b_3x_6y_6+b_4x_6^2+b_5y_6^2 \end{cases} \tag{3-60}$$

合并坐标方程后得到式(3-61)和式(3-62)：

$$\begin{cases} x'_1=a_0+a_1x_1+a_2y_1+a_3x_1y_1+a_4x_1^2+a_5y_1^2 \\ x'_2=a_0+a_1x_2+a_2y_2+a_3x_2y_2+a_4x_2^2+a_5y_2^2 \\ x'_3=a_0+a_1x_3+a_2y_3+a_3x_3y_3+a_4x_3^2+a_5y_3^2 \\ x'_4=a_0+a_1x_4+a_2y_4+a_3x_4y_4+a_4x_4^2+a_5y_4^2 \\ x'_5=a_0+a_1x_5+a_2y_5+a_3x_5y_5+a_4x_5^2+a_5y_5^2 \\ x'_6=a_0+a_1x_6+a_2y_6+a_3x_6y_6+a_4x_6^2+a_5y_6^2 \end{cases} \tag{3-61}$$

$$\begin{cases} y'_1=b_0+b_1x_1+b_2y_1+b_3x_1y_1+b_4x_1^2+b_5y_1^2 \\ y'_2=b_0+b_1x_2+b_2y_2+b_3x_2y_2+b_4x_2^2+b_5y_2^2 \\ y'_3=b_0+b_1x_3+b_2y_3+b_3x_3y_3+b_4x_3^2+b_5y_3^2 \\ y'_4=b_0+b_1x_4+b_2y_4+b_3x_4y_4+b_4x_4^2+b_5y_4^2 \\ y'_5=b_0+b_1x_5+b_2y_5+b_3x_5y_5+b_4x_5^2+b_5y_5^2 \\ y'_6=b_0+b_1x_6+b_2y_6+b_3x_6y_6+b_4x_6^2+b_5y_6^2 \end{cases} \tag{3-62}$$

写成矩阵形式后得到式(3-63)和式(3-64)：

$$\begin{bmatrix} x'_1 \\ x'_2 \\ x'_3 \\ x'_4 \\ x'_5 \\ x'_6 \end{bmatrix} = \begin{bmatrix} 1 & x_1 & y_1 & x_1y_1 & x_1^2 & y_1^2 \\ 1 & x_2 & y_2 & x_2y_2 & x_2^2 & y_2^2 \\ 1 & x_3 & y_3 & x_3y_3 & x_3^2 & y_3^2 \\ 1 & x_4 & y_4 & x_4y_4 & x_4^2 & y_4^2 \\ 1 & x_5 & y_5 & x_5y_5 & x_5^2 & y_5^2 \\ 1 & x_6 & y_6 & x_6y_6 & x_6^2 & y_6^2 \end{bmatrix} \begin{bmatrix} a_0 \\ a_1 \\ a_2 \\ a_3 \\ a_4 \\ a_5 \end{bmatrix} \tag{3-63}$$

$$\begin{bmatrix} y'_1 \\ y'_2 \\ y'_3 \\ y'_4 \\ y'_5 \\ y'_6 \end{bmatrix} = \begin{bmatrix} 1 & x_1 & y_1 & x_1y_1 & x_1^2 & y_1^2 \\ 1 & x_2 & y_2 & x_2y_2 & x_2^2 & y_2^2 \\ 1 & x_3 & y_3 & x_3y_3 & x_3^2 & y_3^2 \\ 1 & x_4 & y_4 & x_4y_4 & x_4^2 & y_4^2 \\ 1 & x_5 & y_5 & x_5y_5 & x_5^2 & y_5^2 \\ 1 & x_6 & y_6 & x_6y_6 & x_6^2 & y_6^2 \end{bmatrix} \begin{bmatrix} b_0 \\ b_1 \\ b_2 \\ b_3 \\ b_4 \\ b_5 \end{bmatrix} \tag{3-64}$$

通过联立方程组求解或矩阵求逆运算，解出 a_0、a_1、a_2、a_3、a_4、a_5、b_0、b_1、b_2、b_3、b_4、b_5 共 12 个多项式系数，即可确定空间变换函数 $h_1(x,y)$ 和 $h_2(x,y)$。空间变换函数一旦确定，即可复原原始图像中此六点连线所包围的六边形区域内的各像素点；以此类推，每 6 对像素点一组重复进行上述操作，即可实现全图像的空间校正。

3.4.4 灰度插值

灰度插值是指对图像映射位置及其周围像素的灰度值进行插值操作以复原原始图像像素的灰度值。基于间接矫正法复原原始图像时，对原始图像中的每一个像素点(x,y)，计算出畸变图像上的对应坐标(x',y'),基于(x',y')处的灰度值确定原始图像中像素点(x,y)的灰度值。如果计算出的畸变图像上的对应坐标(x',y')为整数,则原始图像对应像素点(x,y)的灰度值与其保持一致;如果不为整数,则需要进行灰度插值操作。常用的灰度插值方法包括最近邻插值法、双线性插值法和双三次插值法等。

1. 最近邻插值法

最近邻插值法(Nearest Neighbor Interpolation)也称为零阶插值,是指将距离映射位置最近的像素点的灰度值作为插值结果的方法,其原理图如图3-23所示。

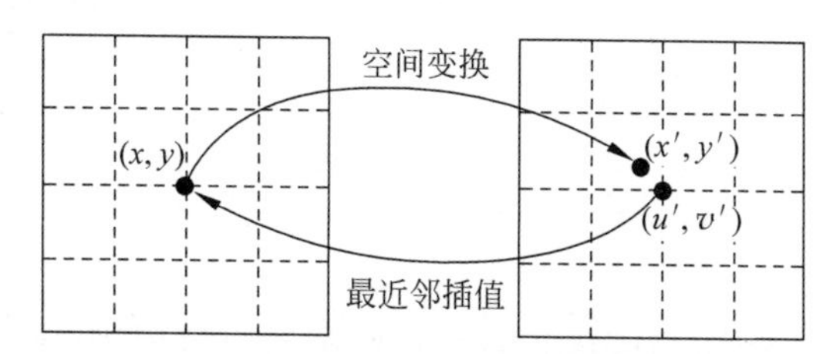

图3-23　最近邻插值法原理图

设原始图像$f(x,y)$中某像素点(x,y)经过变换后在畸变图像$g(x',y')$上的映射位置为(x',y'),则最近邻插值法如下式所示:

$$f(x,y)=g(x',y')=g(u',v') \tag{3-65}$$

式中,像素点(u',v')为距离映射位置(x',y')最近的像素点,即u'、v'满足下式条件:

$$\begin{cases} x'-\dfrac{1}{2}<u'<x'+\dfrac{1}{2} \\ y'-\dfrac{1}{2}<v'<y'+\dfrac{1}{2} \end{cases} \tag{3-66}$$

最近邻插值法简单易行,计算量小,但细微结构粗糙,容易出现块状效应。最近邻插值法的效果图如图3-24所示。

(a) 原始图像

(b) 失真图像

(c) 最近邻插值

图3-24　最近邻插值法效果图

```
% F3_24.m

I = imread('lena.bmp');
subplot(2,2,1),imshow(I),xlabel('(a) 原始图像');

times = 8;
f = imresize(I,1/times);
subplot(2,2,2),imshow(f),xlabel('(b) 失真图像');
```

```
% 方法 1
g1 = interp2(double(f),'nearest');
% g1 = im2uint8(mat2gray(g1));
subplot(2,2,3),imshow(uint8(g1)),xlabel('(c) 最近邻插值(方法 1)');

% 方法 2
[m,n] = size(f);
[x,y] = meshgrid(1:m,1:n);
[xi,yi] = meshgrid(1:m * times,1:n * times);
g2 = interp2(x,y,double(f),xi/times,yi/times,'nearest');
% g2 = im2uint8(mat2gray(g2));
subplot(2,2,4),imshow(uint8(g2)),xlabel('(d) 最近邻插值(方法 2)');
```

2. 双线性插值法

双线性插值法(Bilinear Interpolation)是指将映射位置周围 4 个像素点的灰度值在水平和垂直两个方向上进行插值以获取插值结果的方法,其原理图如图 3-25 所示。

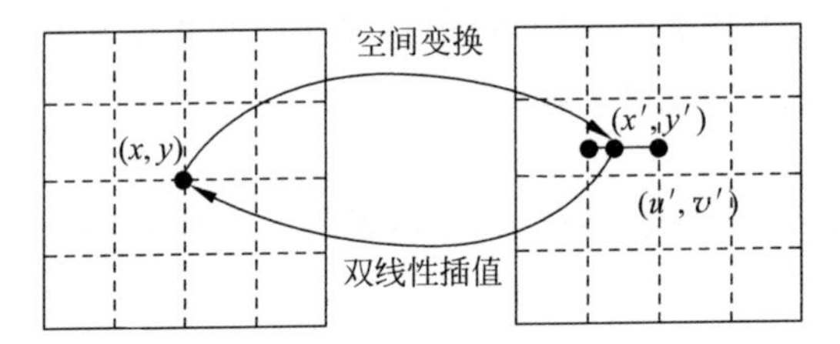

图 3-25 双线性插值法原理图

设原始图像 $f(x,y)$中某像素点(x,y)经过变换后在畸变图像 $g(x',y')$上的映射位置为 $G(x',y')$,该映射位置周围 4 个像素点的坐标为 $A([x'],[y'])$、$B([x'],[y']+1)$、$C([x']+1,[y']+1)$和 $D([x']+1,[y'])$,符号[]表示取整,则双线性插值法计算图如图 3-26 所示。

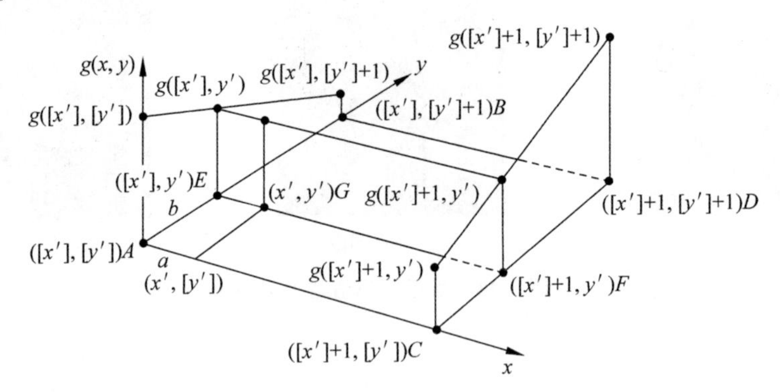

图 3-26 双线性插值法计算图

由图可知下式成立:

$$
\begin{cases} a = x' - [x'] \\ b = y' - [y'] \end{cases} \tag{3-67}
$$

因此,点 E 处的灰度值 $g(E)$可表示为

$$g(E)=g(A)+b(g(B)-g(A))=(1-b)g(A)+bg(B) \tag{3-68}$$

点 F 处的灰度值 $g(F)$ 可表示为

$$g(F)=g(C)+b(g(D)-g(C))=(1-b)g(C)+bg(D) \tag{3-69}$$

点 G 处的灰度值 $g(G)$ 可表示为

$$\begin{aligned} g(G)&=g(E)+a(g(F)-g(E))=(1-a)g(E)+ag(F) \\ &=(1-a)[(1-b)g(A)+bg(B)]+a[(1-b)g(C)+bg(D)] \\ &=(1-a)(1-b)g(A)+(1-a)bg(B)+a(1-b)g(C)+abg(D) \end{aligned} \tag{3-70}$$

因此，双线性插值法可表示为

$$f(x,y)=g(x',y')=g(G) \tag{3-71}$$

当 $x=[x']$ 时，有 $a=0$，此时，双线性插值法可表示为

$$\begin{aligned} f(x,y)&=g(x',y')=g(G)=(1-b)g(A)+bg(B) \\ &=(1-y'+[y'])g([x'],[y'])+(y'-[y'])g([x'],[y']+1) \end{aligned} \tag{3-72}$$

当 $y=[y']$ 时，有 $b=0$，此时，双线性插值法可表示为

$$\begin{aligned} f(x,y)&=g(x',y')=g(G)=(1-a)g(A)+ag(C) \\ &=(1-x'+[x'])g([x'],[y'])+(x'-[x'])g([x']+1,[y']) \end{aligned} \tag{3-73}$$

当 $x=[x']$，$y=[y']$ 时，有 $a=0$，$b=0$，此时，双线性插值法可表示为

$$f(x,y)=g(x',y')=g(G)=g(A)=g([x'],[y']) \tag{3-74}$$

双线性插值法具有低通滤波器的性质，它削弱了高频信息，导致图像轮廓模糊。双线性插值法的效果图如图 3-27 所示。

(a) 原始图像

(b) 失真图像

(c) 双线性插值

图 3-27　双线性插值法效果图

```
% F3_27.m

I = imread('lena.bmp');
subplot(2,2,1),imshow(I),xlabel('(a) 原始图像');

times = 4;
f = imresize(I,1/times);
subplot(2,2,2),imshow(f),xlabel('(b) 失真图像');

% 方法 1
g1 = interp2(double(f),'linear');
% g1 = im2uint8(mat2gray(g1));
subplot(2,2,3),imshow(uint8(g1)),xlabel('(c) 双线性插值(方法 1)');
```

```
% 方法 2
[m,n] = size(f);
[x,y] = meshgrid(1:m,1:n);
[xi,yi] = meshgrid(1:m * times,1:n * times);
g2 = interp2(x,y,double(f),xi/times,yi/times,'linear');
% g2 = im2uint8(mat2gray(g2));
subplot(2,2,4),imshow(uint8(g2)),xlabel('(d) 双线性插值(方法 2)');
```

3. 双三次插值法

双三次插值法(Bicubic Interpolation)是指将映射位置周围16个像素点的灰度值在水平和垂直两个方向上进行插值以获取插值结果的方法,其原理图如图3-28所示:

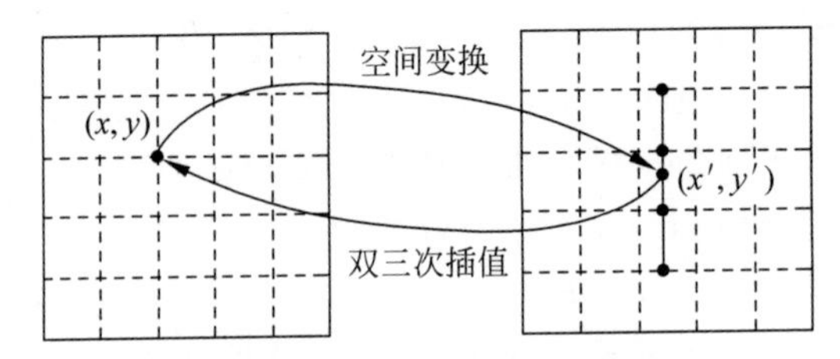

图3-28 双三次插值法原理图

设原始图像 $f(x,y)$ 中某像素点 (x,y) 经过变换后在畸变图像 $g(x',y')$ 上的映射位置为 $G(x',y')$,该映射位置周围16个像素点分别为 $G_0,G_1,\cdots,G_{15}$,符号[]表示取整,则双三次插值法计算图如图3-29所示。

由图可知下式成立:

$$\begin{cases} a = x' - [x'] \\ b = y' - [y'] \end{cases} \tag{3-75}$$

双三次插值法首先基于式(3-76)计算出点 A_0、A_1、A_2、A_3 处的灰度值,再基于式(3-77)计算出最终的插值结果。

$$g(A_i) = \sum_{j=0}^{3} g(G_{4i+j}) s(d_y(G_{4i+j}, G)), \quad i = 0,1,2,3 \tag{3-76}$$

$$g(x',y') = \sum_{i=0}^{3} g(A_i) s(d_x(A_i, G)) \tag{3-77}$$

式中,两点 $P_1(x_1,y_1)$ 和 $P_2(x_2,y_2)$ 之间的距离函数 $d()$ 定义为如式(3-78)所示;理论上为了逼近最佳插值函数 $y=\sin x/x$,三次多项式函数 $s(x)$ 定义如式(3-79)所示,其函数曲线如图3-30所示。

$$\begin{cases} d_x(P_1,P_2) = | x_1 - x_2 | \\ d_y(P_1,P_2) = | y_1 - y_2 | \end{cases} \tag{3-78}$$

$$s(x) = \begin{cases} 1 - 2|x|^2 + |x|^3, & |x| < 1 \\ 4 - 8|x| + 5|x|^2 - |x|^3, & 1 \leqslant |x| < 2 \\ 0, & |x| > 2 \end{cases} \tag{3-79}$$

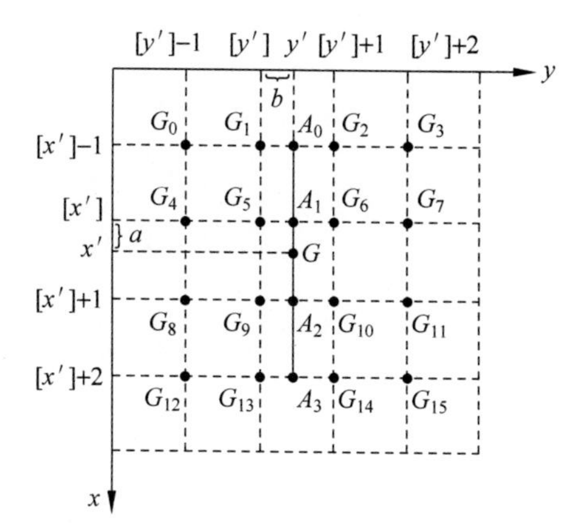

图 3-29 双三次插值法计算图

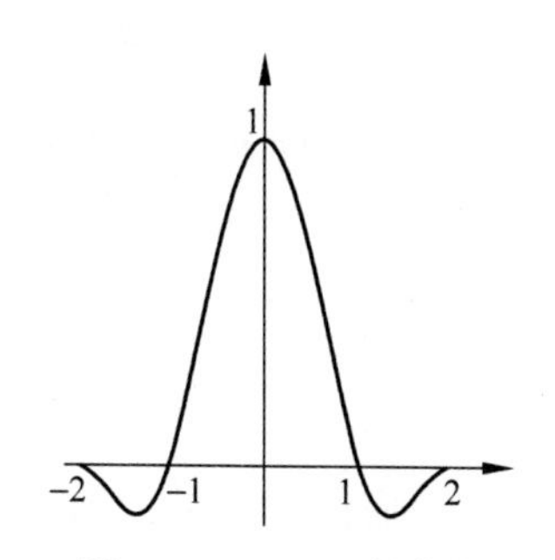

图 3-30 $s(x)$函数曲线

```
% F3_30.m

x = - 6.3:0.01:6.3;
y = sin(x)./x;
subplot(1,2,1),plot(x,y);hold on;
line([ - 8 8],[0 0]);hold on;

x1 = - 1:0.01:1;
s1 = 1 - 2. * abs(x1). * abs(x1) + abs(x1). * abs(x1). * abs(x1);
subplot(1,2,1),plot(x1,s1);hold on;

x2 = - 2:0.01: - 1;
s2 = 4 - 8. * abs(x2) + 5. * abs(x2). * abs(x2) - abs(x2). * abs(x2). * abs(x2);
subplot(1,2,1),plot(x2,s2);hold on;

x3 = 1:0.01:2;
s3 = 4 - 8. * abs(x3) + 5. * abs(x3). * abs(x3) - abs(x3). * abs(x3). * abs(x3);
subplot(1,2,1),plot(x3,s3),xlabel('(a) y = sin(x)/x 与双三次插值函数对比');hold on;

% % % % % % % % % % % % % % % % % % % % % % % % % % % % %

x1 = - 1:0.01:1;
s1 = 1 - 2. * abs(x1). * abs(x1) + abs(x1). * abs(x1). * abs(x1);
subplot(1,2,2),plot(x1,s1,'k');hold on;

x2 = - 2:0.01: - 1;
s2 = 4 - 8. * abs(x2) + 5. * abs(x2). * abs(x2) - abs(x2). * abs(x2). * abs(x2);
subplot(1,2,2),plot(x2,s2,'k');hold on;

x3 = 1:0.01:2;
s3 = 4 - 8. * abs(x3) + 5. * abs(x3). * abs(x3) - abs(x3). * abs(x3). * abs(x3);
subplot(1,2,2),plot(x3,s3,'k'),xlabel('(b) 双三次插值函数');hold on;
plot([ - 2.5 2.5],[0 0],'k');plot([0 0],[ - 0.2 1.1],'k');
```

由此可知，点 A_0、A_1、A_2、A_3 处的灰度值由式(3-80)～式(3-83)计算，它们可表示为如式(3-84)所示的矩阵形式。

$$\begin{aligned} g(A_0) &= \sum_{j=0}^{3} g(G_{0+j})s(d_y(G_{0+j},G)) \\ &= g(G_0)s(d_y(G_0,G)) + g(G_1)s(d_y(G_1,G)) + g(G_2)s(d_y(G_2,G)) + \\ &\quad g(G_3)s(d_y(G_3,G)) \\ &= g(G_0)s(1+b) + g(G_1)s(b) + g(G_2)s(1-b) + g(G_3)s(2-b) \end{aligned} \tag{3-80}$$

$$\begin{aligned} g(A_1) &= \sum_{j=0}^{3} g(G_{4+j})s(d_y(G_{4+j},G)) \\ &= g(G_4)s(d_y(G_4,G)) + g(G_5)s(d_y(G_5,G)) + g(G_6)s(d_y(G_6,G)) + \\ &\quad g(G_7)s(d_y(G_7,G)) \\ &= g(G_4)s(1+b) + g(G_5)s(b) + g(G_6)s(1-b) + g(G_7)s(2-b) \end{aligned} \tag{3-81}$$

$$\begin{aligned} g(A_2) &= \sum_{j=0}^{3} g(G_{8+j})s(d_y(G_{8+j},G)) \\ &= g(G_8)s(d_y(G_8,G)) + g(G_9)s(d_y(G_9,G)) + g(G_{10})s(d_y(G_{10},G)) + \\ &\quad g(G_{11})s(d_y(G_{11},G)) \\ &= g(G_8)s(1+b) + g(G_9)s(b) + g(G_{10})s(1-b) + g(G_{11})s(2-b) \end{aligned} \tag{3-82}$$

$$\begin{aligned} g(A_3) &= \sum_{j=0}^{3} g(G_{12+j})s(d_y(G_{12+j},G)) \\ &= g(G_{12})s(d_y(G_{12},G)) + g(G_{13})s(d_y(G_{13},G)) + g(G_{14})s(d_y(G_{14},G)) + \\ &\quad g(G_{15})s(d_y(G_{15},G)) \\ &= g(G_{12})s(1+b) + g(G_{13})s(b) + g(G_{14})s(1-b) + g(G_{15})s(2-b) \end{aligned} \tag{3-83}$$

$$\begin{bmatrix} g(A_0) \\ g(A_1) \\ g(A_2) \\ g(A_3) \end{bmatrix} = \begin{bmatrix} g(G_0) & g(G_1) & g(G_2) & g(G_3) \\ g(G_4) & g(G_5) & g(G_6) & g(G_7) \\ g(G_8) & g(G_9) & g(G_{10}) & g(G_{11}) \\ g(G_{12}) & g(G_{13}) & g(G_{14}) & g(G_{15}) \end{bmatrix} \begin{bmatrix} s(1+b) \\ s(b) \\ s(1-b) \\ s(2-b) \end{bmatrix} \tag{3-84}$$

最终的插值结果由式(3-85)计算，它们可表示为如式(3-86)所示的矩阵形式。

$$\begin{aligned} g(x',y') &= \sum_{i=0}^{3} g(A_i)s(d_x(A_i,G)) \\ &= g(A_0)s(d_x(A_0,G)) + g(A_1)s(d_x(A_1,G)) + g(A_2)s(d_x(A_2,G)) + \\ &\quad g(A_3)s(d_x(A_3,G)) \\ &= g(A_0)s(1+a) + g(A_1)s(a) + g(A_2)s(1-a) + g(A_3)s(2-a) \end{aligned} \tag{3-85}$$

$$\mathbf{g}(x',y') = \begin{bmatrix} s(1+a) \\ s(a) \\ s(1-a) \\ s(2-a) \end{bmatrix}^{\mathrm{T}} \begin{bmatrix} g(A_0) \\ g(A_1) \\ g(A_2) \\ g(A_3) \end{bmatrix} \tag{3-86}$$

因此，双三次插值法可表示为

$$g(x',y')=\begin{bmatrix}s(1+a)\\s(a)\\s(1-a)\\s(2-a)\end{bmatrix}^{\mathrm{T}}\begin{bmatrix}g(G_0)&g(G_1)&g(G_2)&g(G_3)\\g(G_4)&g(G_5)&g(G_6)&g(G_7)\\g(G_8)&g(G_9)&g(G_{10})&g(G_{11})\\g(G_{12})&g(G_{13})&g(G_{14})&g(G_{15})\end{bmatrix}\begin{bmatrix}s(1+b)\\s(b)\\s(1-b)\\s(2-b)\end{bmatrix}=\boldsymbol{AGB} \tag{3-87}$$

双三次插值法计算精度高，较好地保持了图像的边缘细节，但计算量较大。双三次插值法的效果图如图 3-31 所示。

(a) 原始图像

(b) 失真图像

(c) 双三次插值

图 3-31 双三次插值法效果图

```
% F3_31.m

I = imread('lena.bmp');
subplot(2,2,1),imshow(I),xlabel('(a) 原始图像');

times = 4;
f = imresize(I,1/times);
subplot(2,2,2),imshow(f),xlabel('(b) 失真图像');

% 方法 1
g1 = interp2(double(f),'cubic');
% g1 = im2uint8(mat2gray(g1));
subplot(2,2,3),imshow(uint8(g1)),xlabel('(c) 双三次插值(方法 1)');

% 方法 2
[m,n] = size(f);
[x,y] = meshgrid(1:m,1:n);
[xi,yi] = meshgrid(1:m * times,1:n * times);
g2 = interp2(x,y,double(f),xi/times,yi/times,'cubic');
% g2 = im2uint8(mat2gray(g2));
subplot(2,2,4),imshow(uint8(g2)),xlabel('(d) 双三次插值(方法 2)');
```

习题

3-1 试简述邻域的定义和类型。

3-2 试简述邻接的定义和类型。

3-3 试简述连接的定义和类型。

3-4 两个图像子集 P 和 Q 如图 3-32 所示，相似准则 $V=\{1\}$，试求：

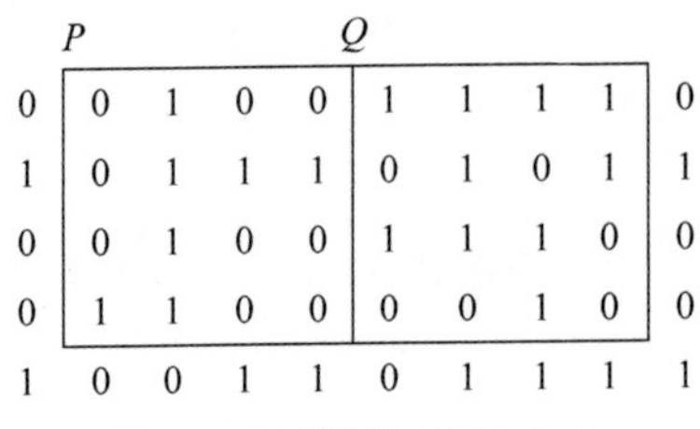

图 3-32 图像子集 P 和 Q

(1) 子集 P 和子集 Q 是否：①4 邻接；②8 邻接。

(2) 子集 P 和子集 Q 是否：①4 连接；②8 连接；③m 连接。

(3) 子集 P 和子集 Q 是否：①4 连通；②8 连通；③m 连通。

(4) 若将子集 P 和子集 Q 以外的所有像素看成另一个子集 R，试指出子集 P 和子集 Q 是否与子集 R：①4 连接；②8 连接；③m 连接。

3-5 图像子集如图 3-33 所示，试求：

(1) 若相似准则 $V=\{0,1\}$，试计算 p 和 q 之间 4 通路、8 通路和 m 通路的长度；

(2) 若相似准则 $V=\{1,2\}$，试计算 p 和 q 之间 4 通路、8 通路和 m 通路的长度。

3-6 试简述欧氏距离、城区距离和棋盘距离的几何意义。

3-7 像素之间的位置关系如图 3-34 所示，试求：

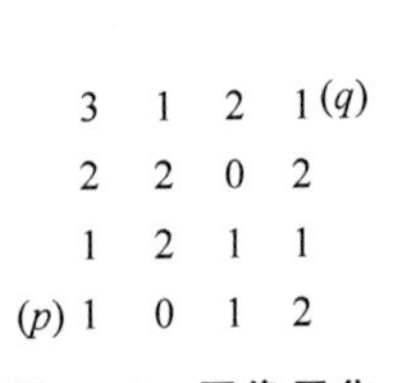

图 3-33 图像子集

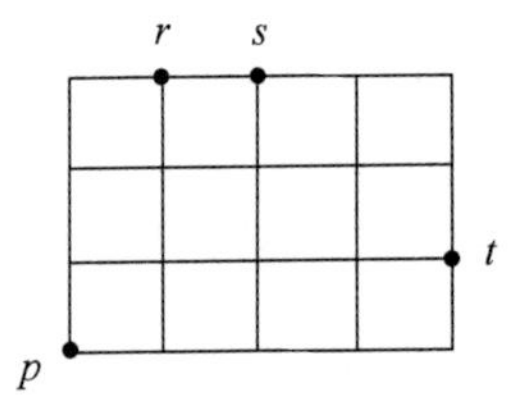

图 3-34 像素位置关系

(1) 像素 p 和像素 r 之间的欧氏距离 D_E、城区距离 D_4 和棋盘距离 D_8；

(2) 像素 p 和像素 s 之间的欧氏距离 D_E、城区距离 D_4 和棋盘距离 D_8；

(3) 像素 p 和像素 t 之间的欧氏距离 D_E、城区距离 D_4 和棋盘距离 D_8。

3-8 像素之间的位置关系如图 3-35 所示，相似准则 $V=\{1\}$，试求：

0	1	0	1 (r)
1	1	1	1
(p) 1	0	1	0

(a) 像素p和像素r

1	1	1	1
0	1	0	1 (s)
(p) 1	0	1	0

(b) 像素p和像素s

1	1	1	1
0	1	0	1
(p) 1	0	0	1 (t)

(c) 像素p和像素t

图 3-35 像素位置关系

(1) 像素 p 和像素 r 之间的混合距离 D_m；

(2) 像素 p 和像素 s 之间的混合距离 D_m；

(3) 像素 p 和像素 t 之间的混合距离 D_m。

3-9　试简述几何变换的分类及含义。

3-10　若平移变换矩阵 $\boldsymbol{T}$ 和尺度变换矩阵 $\boldsymbol{S}$ 如图 3-36 所示，试计算：

$$\boldsymbol{T}=\begin{bmatrix}1&0&0&2\\0&1&0&4\\0&0&1&6\\0&0&0&1\end{bmatrix}\qquad \boldsymbol{S}=\begin{bmatrix}4&0&0&0\\0&3&0&0\\0&0&2&0\\0&0&0&1\end{bmatrix}$$

(a) 平移变换矩阵$\boldsymbol{T}$　　(b) 尺度变换矩阵$\boldsymbol{S}$

图 3-36　矩阵

(1) 对空间点 $P(1,2,3)$先进行平移变换、再进行尺度变换所得到的结果；

(2) 对空间点 $P(1,2,3)$先进行尺度变换、再进行平移变换所得到的结果。

3-11　若平移变换矩阵 $\boldsymbol{T}$ 和尺度变换矩阵 $\boldsymbol{S}$ 如图 3-37 所示，试计算：

$$\boldsymbol{T}=\begin{bmatrix}1&0&0&4\\0&1&0&5\\0&0&1&6\\0&0&0&1\end{bmatrix}\qquad \boldsymbol{S}=\begin{bmatrix}4&0&0&0\\0&5&0&0\\0&0&6&0\\0&0&0&1\end{bmatrix}$$

(a) 平移变换矩阵$\boldsymbol{T}$　　(b) 尺度变换矩阵$\boldsymbol{S}$

图 3-37　矩阵

(1) 对空间点 $P(4,5,6)$先进行平移变换、再进行尺度变换、最后进行反平移变换所得到的结果；

(2) 对空间点 $P(4,5,6)$先进行尺度变换、再进行平移变换、最后进行反尺度变换所得到的结果。

3-12　试求能将图像顺时针旋转 45°的旋转变换矩阵，并计算利用该矩阵对图像点 $P(1,0)$进行旋转变换后所得到的结果。

3-13　试简述几何失真校正的直接校正法的原理及不足。

3-14　试简述几何失真校正的间接校正法的原理及步骤。

3-15　试简述空间变换的概念及原理。

3-16　试简述灰度插值的概念及基于间接校正法进行灰度插值的原理。

3-17　试简述最近邻插值法、双线性插值法和双三次插值法的概念。

第4章

空域变换增强

图像增强(Image Enhancement)是指将不清晰的图像变得清晰,强调某些关注的特征而抑制非关注的特征,以改善图像质量、丰富图像信息量、加强图像判读和识别效果的图像处理方法。图像增强的目标是改善图像的视觉效果。由于视觉效果的判断因人而异,因此图像增强没有通用的标准,是一个相对主观的过程。

图像增强包括空域图像增强和频域图像增强。空域图像增强基于图像的像素空间,对图像的像素直接进行处理。频域图像增强基于图像的频域空间,利用图像变换方法实现空域与频域的正反变换,并利用频域空间的特有性质对图像进行处理。空域和频域相结合的图像增强技术并不常见。

空域图像增强的基本原理如下式所示:

$$g(x,y)=E(f(x,y)) \tag{4-1}$$

式中,$f(x,y)$为原始图像;$g(x,y)$为增强图像;$E()$为增强函数,定义在像素点(x,y)的某个邻域上。

空域图像增强可以按照多种方式进行分类。按照处理图像的类型进行分类,空域图像增强可以分为灰度增强和彩色增强。灰度增强主要针对灰度图像进行增强。彩色增强主要针对彩色图像进行增强。按照处理图像的范围进行分类,空域图像增强可以分为局部增强和全局增强。局部增强是指仅针对图像的某一部分或者针对图像的各部分基于其局部特征进行增强。全局增强是指针对整幅图像进行增强。按照处理像素的多少进行分类,空域图像增强可以分为变换增强和滤波增强。变换增强可以进一步分为灰度操作和几何操作。灰度操作是指根据一个像素的灰度(也可能根据这个像素的位置)来改变该像素的灰度。几何操作是指根据一个像素的位置来改变该像素的位置。从效果上来说,灰度操作和几何操作是互补的。由于两个不同的灰度可能被映射为同一个灰度,两个不同的位置可能被映射为同一个位置,因此一般来说,灰度操作和几何操作是不可逆的。滤波增强也称为模板操作,主要以像素邻域为基础对图像进行增强,增强函数$E()$定义在像素点(x,y)的某个邻域上。模板是指滤波器、核、掩模或窗口。邻域可以是任意形状,通常采用正方形或矩形阵列。空域图像增强分类如图4-1所示。

- 空域图像增强
  - 按照处理图像的类型进行分类
    - 灰度增强
    - 彩色增强
  - 按照处理图像的范围进行分类
    - 局部增强
    - 全局增强
  - 按照处理像素的多少进行分类
    - 变换增强（点操作）
      - 灰度操作
      - 几何操作
    - 滤波增强（模板操作）

图 4-1　空域图像增强分类

本书基于空域变换增强和空域滤波增强的分类方式来介绍空域图像增强技术。本章介绍空域变换增强，第 5 章介绍空域滤波增强。

空域变换增强也称为点操作，主要以单个像素为基础对图像进行增强，增强函数 $E()$ 定义在像素点 (x,y) 上。由于点可以看作是尺度为 1×1 的邻域，因此，点操作可以看作是模板操作的特例。空域变换增强技术通常包括算术运算、逻辑运算、直方图处理和灰度变换。

4.1　算术运算

算术运算一般用于灰度图像，指将两幅原始图像对应位置处两个像素的灰度值通过算术操作得到一个新的灰度值，作为结果图像对应位置处像素的灰度值。因此，参与算术运算的两幅图像必须大小相同。运算得到的灰度值可能超出图像允许的动态范围，因此，通常需要进行灰度映射，将灰度值限制或调整到图像允许的动态范围内。

算术运算主要包括加法运算、减法运算、乘法运算和除法运算。

4.1.1　加法运算

加法运算是指将两幅原始图像对应位置处两个像素的灰度值相加得到一个新的灰度值，作为结果图像对应位置处像素的灰度值。设两个像素为 p 和 q，则加法运算可表示为

$$f(p)+f(q) \tag{4-2}$$

式中，$f(x)$ 为像素 x 的灰度值。

注意：由于图像像素的灰度值范围为[0,255]，因此，相加结果如果大于 255，则取 255。

例 4.1　两幅图像的矩阵数据如下所示，试求 $\boldsymbol{X}+\boldsymbol{Y}$ 的结果。

$$\boldsymbol{X}=\begin{bmatrix}255 & 0 & 75\\ 44 & 255 & 100\end{bmatrix},\quad \boldsymbol{Y}=\begin{bmatrix}50 & 50 & 50\\ 50 & 50 & 50\end{bmatrix}$$

解：两幅图像相加的结果为

$$\boldsymbol{Z}=\boldsymbol{X}+\boldsymbol{Y}=\begin{bmatrix}255 & 50 & 125\\ 94 & 255 & 150\end{bmatrix}$$

```
% E4_1.m

X = uint8([ 255     0    75
            44   255   100])
Y = uint8([  50    50    50
             50    50    50])
Z = imadd(X,Y)
```

例 4.2 两幅图像 A 和 B 如图 4-2 所示，其中，图像 A 的 4 个黑圆的圆心对应图像 B 的黑色正方形的 4 个顶点，试求 $A+B$ 的结果。

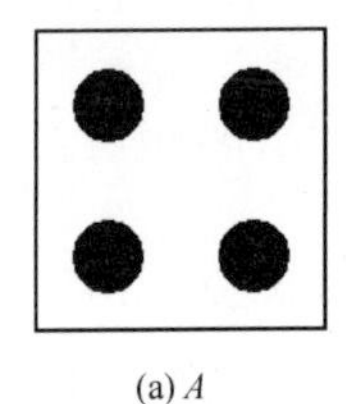

(a) A

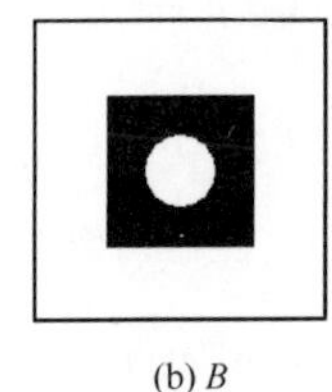

(b) B

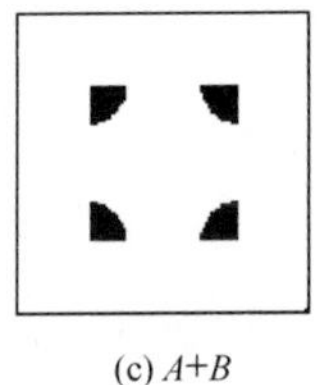

(c) $A+B$

图 4-2 加法运算原理示意

解：$A+B$ 的结果如图 4-2(c)所示。

```
% F4_2.m

I1 = imread('A.bmp');
I2 = imread('B.bmp');
I3 = rgb2gray(I1);
I4 = rgb2gray(I2);
I5 = imadd(I3,I4);

subplot(1,3,1), imshow(I3), xlabel('A');
subplot(1,3,2), imshow(I4), xlabel('B');
subplot(1,3,3), imshow(I5), xlabel('A + B');
```

加法运算的应用领域广泛，可实现图像融合，增强或减弱图像亮度以及消除噪声等。加法运算实现图像融合如图 4-3 所示。加法运算增强或减弱图像亮度如图 4-4 所示。

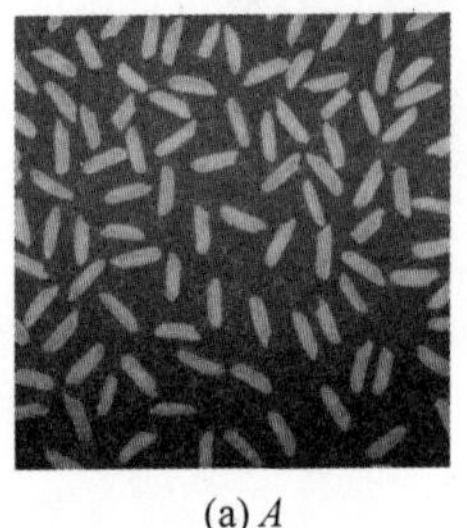

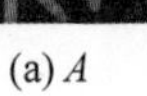

(a) A

(b) B

(c) $A+B$

图 4-3 加法运算实现图像融合

```
% F4_3.m

I1 = imread('rice.png');
I2 = imread('cameraman.tif');
I3 = imadd(I1,I2);

subplot(1,3,1),imshow(I1),xlabel('A');
subplot(1,3,2),imshow(I2),xlabel('B');
subplot(1,3,3),imshow(I3),xlabel('A + B');
```

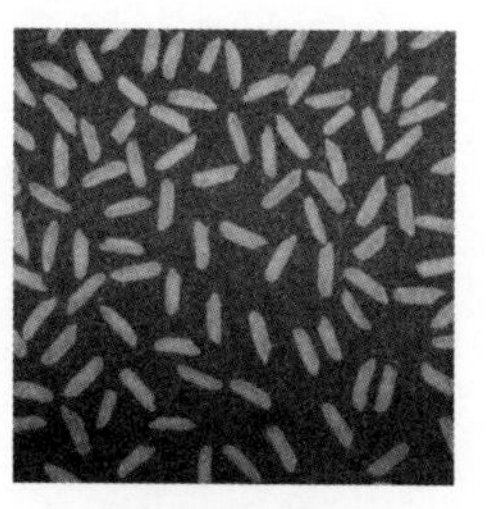
(a) 原始图像

(b) 灰度增加50

(c) 灰度增加-50

图 4-4 加法运算增强或减弱图像亮度

```
% F4_4.m

I = imread('rice.png');
I1 = imadd(I,50);
I2 = imadd(I, - 50);

subplot(1,3,1),imshow(I),xlabel('原图像');
subplot(1,3,2),imshow(I1),xlabel('增加亮度后的图像');
subplot(1,3,3),imshow(I2),xlabel('减弱亮度后的图像');
```

例 4.3 加法运算实现消除噪声。

解：针对图像，尤其经过长距离模拟通信方式传送的图像(如卫星图像)，可采用加法运算来消除噪声。加法运算采用图像平均方式实现图像采集过程中的噪声消除，消噪原理如下所述。

(1) 实际采集的图像 $g(x,y)$ 可以看作是原始图像 $f(x,y)$ 和噪声图像 $e(x,y)$ 的叠加，即

$$g(x,y)=f(x,y)+e(x,y) \tag{4-3}$$

(2) 若图像各点与噪声互不相关(相互独立)，噪声之间互不相关(相互独立)，且噪声具有零均值的统计特性，则可以通过对 M 个采集图像的相加来消除噪声：

$$\bar{g}(x,y)=\frac{1}{M}\sum_{i=1}^{M}g_i(x,y) \tag{4-4}$$

式中，$\bar{g}(x,y)$ 为消噪后的图像。

(3) 新图像的期望值为

$$\begin{aligned}E\{\bar{g}(x,y)\}&=E\left\{\frac{1}{M}\sum_{i=1}^{M}g_i(x,y)\right\}=E\left\{\frac{1}{M}\sum_{i=1}^{M}[f_i(x,y)+e_i(x,y)]\right\}\\&=E\left\{\frac{1}{M}\sum_{i=1}^{M}f_i(x,y)\right\}+E\left\{\frac{1}{M}\sum_{i=1}^{M}e_i(x,y)\right\}\\&=f(x,y)+\frac{1}{M}\sum_{i=1}^{M}E[e_i(x,y)]=f(x,y)\end{aligned} \tag{4-5}$$

(4) 新图像与噪声图像各自的均方差有如下关系：

$$\sigma_{\bar{g}(x,y)}^2=E[\bar{g}(x,y)]^2-E^2[\bar{g}(x,y)]=E\left[\frac{1}{M}\sum_{i=1}^{M}g_i(x,y)\right]^2-f^2(x,y)$$

$$
\begin{aligned}
&=E\left\{\frac{1}{M}\sum_{i=1}^{M}[f_i(x,y)+e_i(x,y)]\right\}^2-f^2(x,y)\\
&=E\left\{\left[\frac{1}{M}\sum_{i=1}^{M}f_i(x,y)\right]+\left[\frac{1}{M}\sum_{i=1}^{M}e_i(x,y)\right]\right\}^2-f^2(x,y)\\
&=E\left\{f(x,y)+\frac{1}{M}\sum_{i=1}^{M}e_i(x,y)\right\}^2-f^2(x,y)\\
&=E\left\{f^2(x,y)+\frac{2}{M}f(x,y)\sum_{i=1}^{M}e_i(x,y)+\frac{1}{M^2}\left[\sum_{i=1}^{M}e_i(x,y)\right]^2\right\}-f^2(x,y)\\
&=E[f^2(x,y)]+\frac{2}{M}E\left[f(x,y)\sum_{i=1}^{M}e_i(x,y)\right]+\frac{1}{M^2}E\left[\sum_{i=1}^{M}e_i(x,y)\right]^2-f^2(x,y)\\
&=f^2(x,y)+\frac{2}{M}E[f(x,y)]E\left[\sum_{i=1}^{M}e_i(x,y)\right]+\frac{1}{M^2}E\left[\sum_{i=1}^{M}e_i(x,y)\right]^2-f^2(x,y)\\
&=\frac{1}{M^2}E\left[\sum_{i=1}^{M}e_i^2(x,y)\right]=\frac{1}{M^2}\left\{E\left[\sum_{i=1}^{M}e_i^2(x,y)\right]-E^2\left[\sum_{i=1}^{M}e_i(x,y)\right]\right\}\\
&=\frac{1}{M}\{E[e^2(x,y)]-E^2[e(x,y)]\}=\frac{1}{M}\sigma_{e(x,y)}^2
\end{aligned}
\tag{4-6}
$$

可见，随着平均数量 M 的增加，噪声在每个像素位置的影响逐步减少。

加法运算实现消除噪声的效果如图 4-5 所示，其中，图 4-5(a)为原始图像，图 4-5(b)为叠加了零均值高斯噪声($\sigma=0.01$)的 8 比特灰度级图像，图 4-5(c)～图 4-5(f)分别为用 2、4、8、16 幅同类图(噪声均值和方差不变，但样本不同)进行相加平均的结果。

(a) 原始图像

(b) 加噪图像

(c) 2图平均

(d) 4图平均

(e) 8图平均

(f) 16图平均

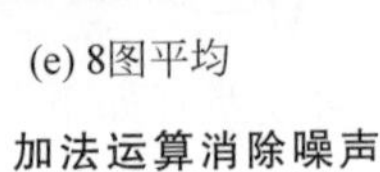

图 4-5 加法运算消除噪声

```
% F4_5.m

% ###原始图像###
I = imread('lena.bmp');
subplot(2,3,1),imshow(I),xlabel('(a) 原始图像');
[m,n] = size(I);

% ###加噪图像###
X = imnoise(I,'gaussian',0,0.01);          %叠加零均值高斯噪声(方差为 0.01)
subplot(2,3,2),imshow(X),xlabel('(b) 加噪图像');

% ###2 幅同类图进行相加平均###
J = zeros(m,n);
J = double(J);
for i = 1:2
    X = imnoise(I,'gaussian');
    Y = double(X);
    J = J + Y/2;
end
subplot(2,3,3),imshow(mat2gray(J)),xlabel('(c) 2 图平均');

% ###4 幅同类图进行相加平均###
J = zeros(m,n);
J = double(J);
for i = 1:4
    X = imnoise(I,'gaussian');
    Y = double(X);
    J = J + Y/4;
end
subplot(2,3,4),imshow(mat2gray(J)),xlabel('(d) 4 图平均');

% ###8 幅同类图进行相加平均###
J = zeros(m,n);
J = double(J);
for i = 1:8
    X = imnoise(I,'gaussian');
    Y = double(X);
    J = J + Y/8;
end
subplot(2,3,5),imshow(mat2gray(J)),xlabel('(e) 8 图平均');

% ###16 幅同类图进行相加平均###
J = zeros(m,n);
J = double(J);
for i = 1:16
    X = imnoise(I,'gaussian');
    Y = double(X);
    J = J + Y/16;
end
subplot(2,3,6),imshow(mat2gray(J)),xlabel('(f) 16 图平均');
```

4.1.2 减法运算

减法运算是指将两幅原始图像对应位置处两个像素的灰度值相减得到一个新的灰度值，作为结果图像对应位置处像素的灰度值。设两个像素为 p 和 q，则减法运算可表示为

$$f(p)-f(q) \tag{4-7}$$

式中，$f(x)$为像素 x 的灰度值。

注意：由于图像像素的灰度值范围为[0,255]，因此，相减结果如果小于0，则取0。

例 4.4 两幅图像的矩阵数据如下所示，试求 $\boldsymbol{X}-\boldsymbol{Y}$ 的结果。

$$\boldsymbol{X}=\begin{bmatrix}255 & 0 & 75\\ 44 & 255 & 100\end{bmatrix},\quad \boldsymbol{Y}=\begin{bmatrix}50 & 50 & 50\\ 50 & 50 & 50\end{bmatrix}$$

解：两幅图像相减的结果为

$$\boldsymbol{Z}=\boldsymbol{X}-\boldsymbol{Y}=\begin{bmatrix}205 & 0 & 25\\ 0 & 205 & 50\end{bmatrix}$$

```
% E4_4.m

X = uint8([ 255    0    75
            44   255   100])
Y = uint8([  50    50    50
             50    50    50])
Z = imsubtract(X,Y)
```

例 4.5 两幅图像 A 和 B 如图 4-6 所示，其中，图像 A 的 4 个黑圆的圆心对应图像 B 的黑色正方形的 4 个顶点，试求 $A-B$ 的结果。

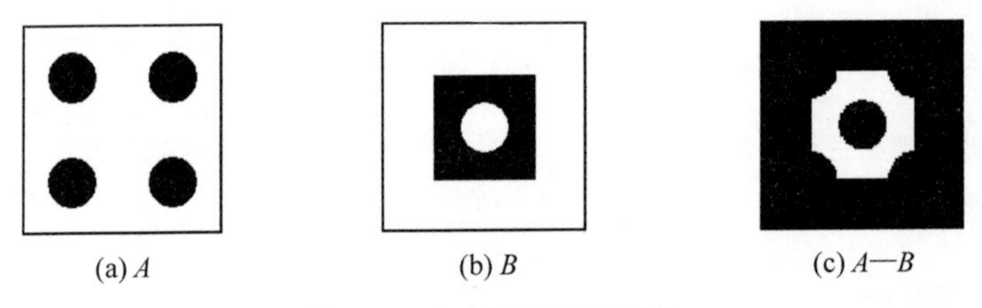

(a) A　　(b) B　　(c) $A—B$

图 4-6　减法运算原理示意

解：$A-B$ 的结果如图 4-6(c)所示。

```
% F4_6.m

I1 = imread('A.bmp');
I2 = imread('B.bmp');
I3 = rgb2gray(I1);
I4 = rgb2gray(I2);
I5 = imsubtract(I3,I4);

subplot(1,3,1),imshow(I3),xlabel('A');
subplot(1,3,2),imshow(I4),xlabel('B');
subplot(1,3,3),imshow(I5),xlabel('A - B');
```

减法运算的应用领域广泛，可实现增强或减弱图像亮度以及运动检测等。减法运算增强或减弱图像亮度如图 4-7 所示。

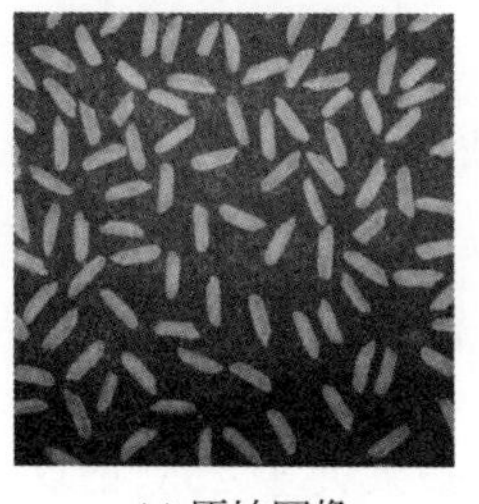
(a) 原始图像

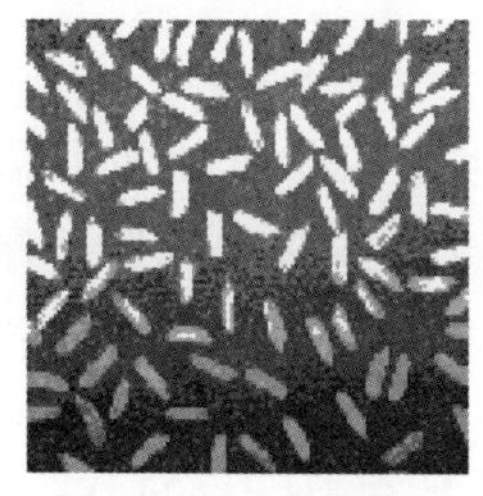
(b) 灰度减小-50

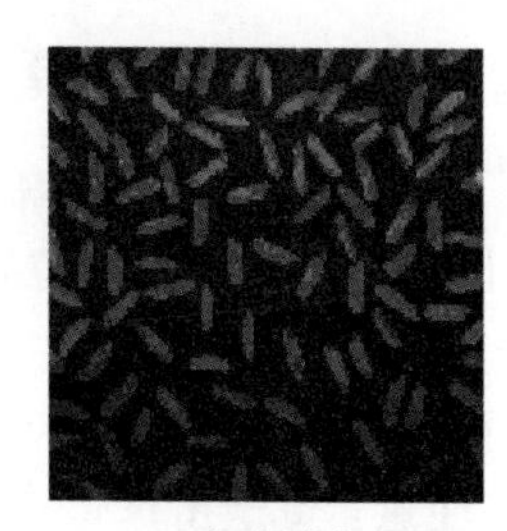
(c) 灰度减小50

图 4-7　减法运算增强或减弱图像亮度

```
% F4_7.m

I = imread('rice.png');
I1 = imsubtract(I, - 50);
I2 = imsubtract(I,50);

subplot(1,3,1),imshow(I),xlabel('(a) 原图像');
subplot(1,3,2),imshow(I1),xlabel('(b) 增强亮度后的图像');
subplot(1,3,3),imshow(I2),xlabel('(c) 减弱亮度后的图像');
```

例 4.6　减法运算实现运动检测。

解：两幅图像的差可以用于检测图像变化及突出图像中目标的位置和形状，常用于运动检测。减法与阈值化处理的综合使用通常是建立机器视觉系统的最有效方法之一。

减法运算实现运动检测的效果如图 4-8 所示，其中，图 4-8(a)～图 4-8(c)为视频序列中连续的三帧图像；图 4-8(d)为第 1 帧和第 2 帧的差，亮边缘即运动物体；图 4-8(e)为第 2 帧

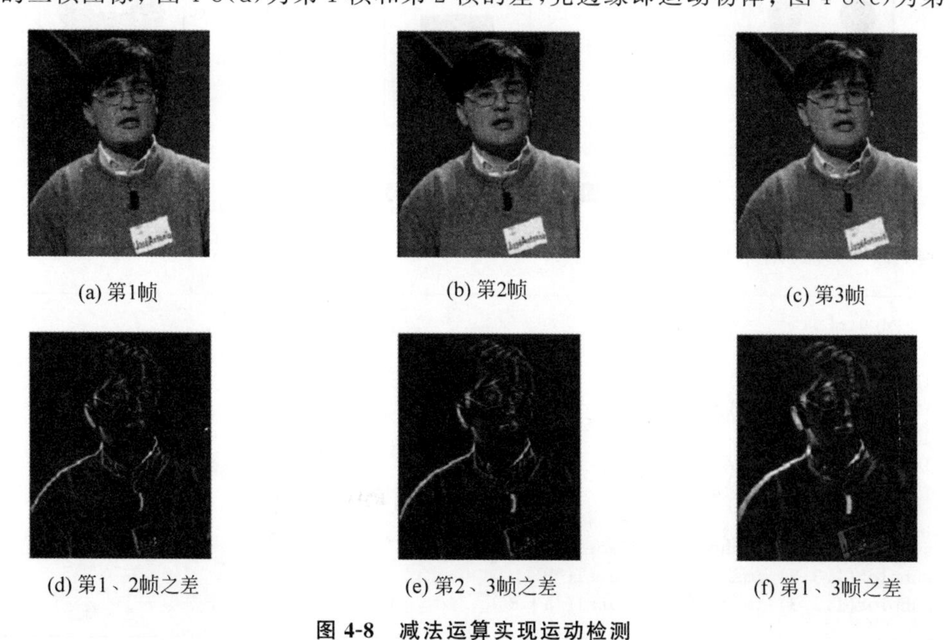
(a) 第1帧　(b) 第2帧　(c) 第3帧

(d) 第1、2帧之差　(e) 第2、3帧之差　(f) 第1、3帧之差

图 4-8　减法运算实现运动检测

和第3帧的差，亮边缘即运动物体；图4-8(f)为第1帧和第3帧的差，亮边缘加粗，可见运动物体从左向右运动。加大视频序列中采样图像的帧间差，可以突出目标的运动信息。

4.1.3 乘法运算

乘法运算是指将两幅原始图像对应位置处两个像素的灰度值相乘得到一个新的灰度值，作为结果图像对应位置处像素的灰度值。设两个像素为 p 和 q，则乘法运算可表示为

$$f(p) \times f(q) \tag{4-8}$$

式中，$f(x)$为像素 x 的灰度值。

注意：由于图像像素的灰度值范围为[0,255]，因此，相乘结果如果大于255，则取255。

例4.7 两幅图像的矩阵数据如下所示，试求 $\boldsymbol{X} \times \boldsymbol{Y}$ 的结果。

$$\boldsymbol{X}=\begin{bmatrix}50 & 50 & 50\\50 & 50 & 50\end{bmatrix},\quad \boldsymbol{Y}=\begin{bmatrix}1 & 2 & 3\\4 & 5 & 6\end{bmatrix}$$

解：两幅图像相乘的结果为

$$\boldsymbol{Z}=\boldsymbol{X}\times\boldsymbol{Y}=\begin{bmatrix}50 & 100 & 150\\200 & 250 & 255\end{bmatrix}$$

```
% E4_7.m

X = uint8([ 50   50   50
            50   50   50])
Y = uint8([  1    2    3
             4    5    6])
Z = immultiply(X,Y)
```

例4.8 两幅图像 A 和 B 如图4-9所示，其中，图像 A 的4个黑圆的圆心对应图像 B 的黑色正方形的4个顶点，试求 $A \times B$ 的结果。

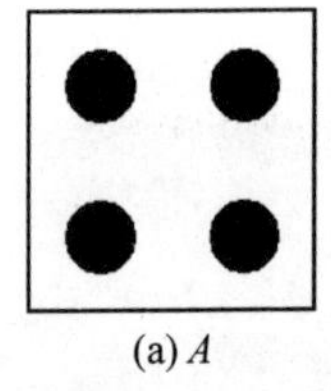
(a) A

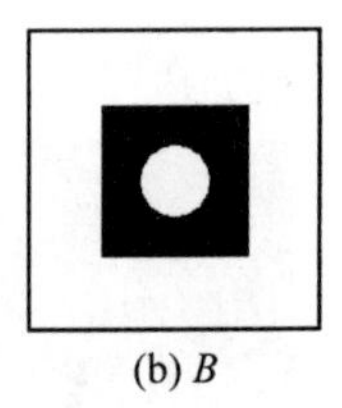
(b) B

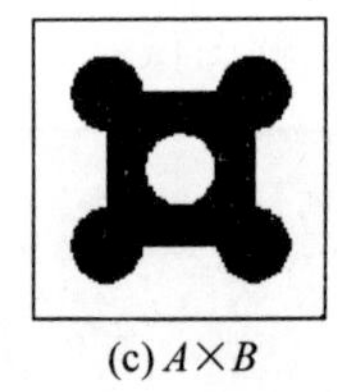
(c) $A\times B$

图4-9 乘法运算原理示意

解：$A \times B$ 的结果如图(c)所示。

```
% F4_9.m

I1 = imread('A.bmp');
I2 = imread('B.bmp');
I3 = rgb2gray(I1);
I4 = rgb2gray(I2);
I5 = immultiply(I3,I4);

subplot(1,3,1),imshow(I3),xlabel('A');
subplot(1,3,2),imshow(I4),xlabel('B');
subplot(1,3,3),imshow(I5),xlabel('A * B');
```

乘法运算的应用领域广泛，可实现增强或减弱图像亮度以及图像掩模等。乘法运算增强或减弱图像亮度如图 4-10 所示。图像与大于 1 的常数相乘可以增强亮度，与小于 1 的常数相乘可以减弱图像的亮度。乘法运算实现图像增强可维持图像的相关对比度。

(a) 原始图像

(b) 灰度乘1.5

(c) 灰度乘0.5

图 4-10　乘法运算增强或减弱图像亮度

```
% F4_10.m

I = imread('rice.png');
I1 = immultiply(I,1.5);
I2 = immultiply(I,0.5);

subplot(1,3,1),imshow(I),xlabel('(a) 原图像');
subplot(1,3,2),imshow(I1),xlabel('(b) 增强亮度后的图像');
subplot(1,3,3),imshow(I2),xlabel('(c) 减弱亮度后的图像');
```

例 4.9　乘法运算实现图像掩模。

解：乘法运算可对两幅图像进行掩模操作，屏蔽掉图像的某些部分。

乘法运算的效果如图 4-11 所示，其中，图 4-11(a)为原始图像；图 4-11(b)为二值掩模图像，4 个白色方块的像素值为 1，其余为 0；图 4-11(c)为掩模结果。

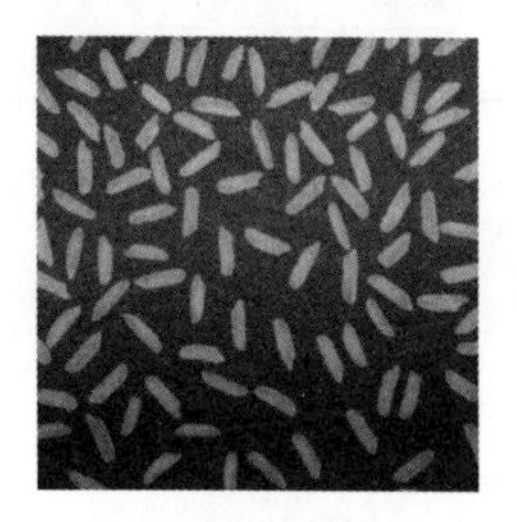

(a) 原始图像

(b) 二值掩模图像

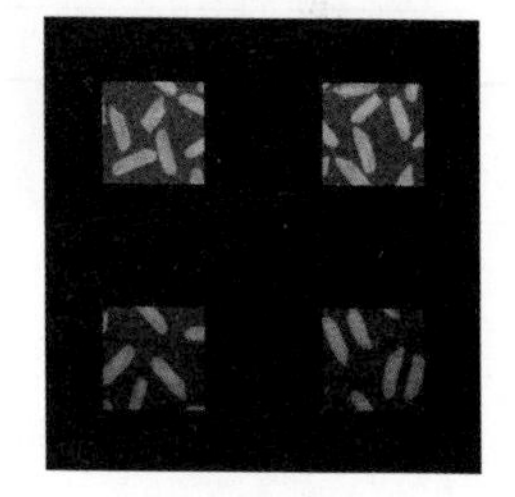

(c) 掩模结果

图 4-11　乘法运算实现图像掩模

```
% F4_11.m

I1 = imread('rice.png');
I2 = imread('F4_11b_MASK.bmp');
I3 = immultiply(I1,I2);

subplot(1,3,1),imshow(I1),xlabel('(a) 原图像');
subplot(1,3,2),imshow(I2),xlabel('(b) 掩模图像');
subplot(1,3,3),imshow(I3),xlabel('(c) 掩模操作后的图像');
```

4.1.4 除法运算

除法运算是指将两幅原始图像对应位置处两个像素的灰度值相除得到一个新的灰度值,作为结果图像对应位置处像素的灰度值。设两个像素为 p 和 q,则除法运算可表示为

$$f(p) \div f(q) \tag{4-9}$$

式中,$f(x)$为像素 x 的灰度值。

注意:由于图像像素的灰度值范围为[0,255]且为整数,因此,相除结果应保持灰度值范围不变;如果结果为小数,则要进行取整操作。特殊地,如果相除时分子、分母均为0,则结果为0;如果仅分母为0,则结果为255。

仅有黑白两种颜色的灰度图像和二值图像相除的结果略有差异,如表4-1和表4-2所示。结果表明:对于灰度图像,白与白相除为黑;对于二值图像,白与白相除为白;对于其他情况,灰度图像与二值图像相除的结果一致。

表4-1 仅有黑白两种颜色的灰度图像相除结果

A	B	$A+B$	$A-B$	$A\times B$	$A\div B$
0(黑)	0(黑)	0(黑)	0(黑)	0(黑)	0(黑)
0(黑)	255(白)	255(白)	0(黑)	0(黑)	0(黑)
255(白)	0(黑)	255(白)	255(白)	0(黑)	255(白)
255(白)	255(白)	255(白)	0(黑)	255(白)	1(偏黑)

表4-2 仅有黑白两种颜色的二值图像相除结果

A	B	$A+B$	$A-B$	$A\times B$	$A\div B$
0(黑)	0(黑)	0(黑)	0(黑)	0(黑)	0(黑)
0(黑)	1(白)	1(白)	0(黑)	0(黑)	0(黑)
1(白)	0(黑)	1(白)	1(白)	0(黑)	1(白)
1(白)	1(白)	1(白)	0(黑)	1(白)	1(白)

例4.10 两幅图像的矩阵数据如下所示,试求 $\boldsymbol{X}\div\boldsymbol{Y}$ 的结果。

$$\boldsymbol{X}=\begin{bmatrix}0 & 0 & 50\\ 50 & 50 & 50\end{bmatrix},\quad \boldsymbol{Y}=\begin{bmatrix}0 & 1 & 0\\ 2 & 3 & 4\end{bmatrix}$$

解:两幅图像相除的结果为

$$\boldsymbol{Z}=\boldsymbol{X}\div\boldsymbol{Y}=\begin{bmatrix}0 & 0 & 255\\ 25 & 17 & 13\end{bmatrix}$$

```
% E4_10.m

X = uint8([ 0    0   50
           50   50   50])
Y = uint8([ 0    1    0
            2    3    4])
Z = imdivide(X,Y)
```

例4.11 两幅图像 A 和 B 如图4-12所示,其中,图像 A 的4个黑圆的圆心对应图像

B 的黑色正方形的 4 个顶点，试求 $A \div B$ 的结果。

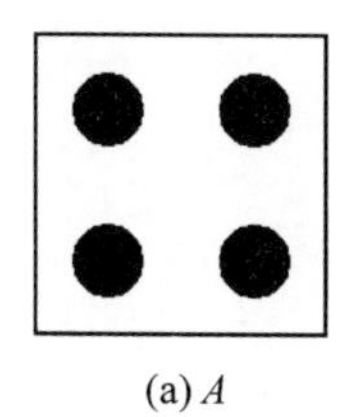

(a) A

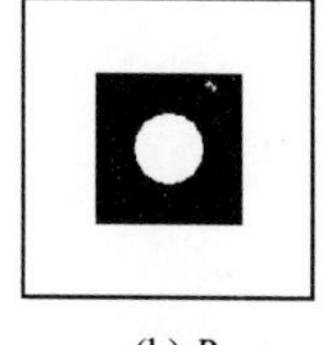

(b) B

(c) $A \div B$(灰度图像)

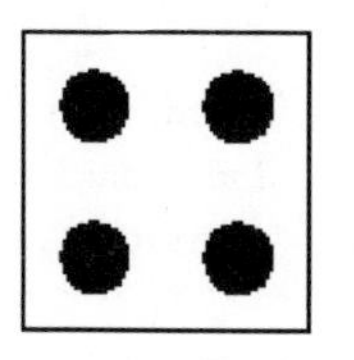

(d) $A \div B$(二值图像)

图 4-12　除法运算原理示意

解：如果图像为灰度图像，则 $A \div B$ 的结果如图 4-12(c)所示；如果图像为二值图像，则 $A \div B$ 的结果如图 4-12(d)所示。

```
% F4_12.m

I1 = imread('A.bmp');
I2 = imread('B.bmp');

I3 = rgb2gray(I1);
I4 = rgb2gray(I2);
I5 = imdivide(I3,I4);

I6 = im2bw(I1);
I7 = im2bw(I2);
I8 = imdivide(I6,I7);

subplot(2,2,1),imshow(I3),xlabel('(a) 图 A');
subplot(2,2,2),imshow(I4),xlabel('(b) 图 B');
subplot(2,2,3),imshow(I5),xlabel('(c) 灰度图像 A/B');
subplot(2,2,4),imshow(I8),xlabel('(d) 二值图像 A/B');
```

除法运算的应用领域广泛，可实现增强或减弱图像亮度；校正成像设备的非线性影响，即由于照明或传感器的非均匀性造成的图像灰度阴影；消除空间可变的量化敏感函数；用于从颜色模型 RGB 转换到 HIS 过程中对饱和度 S 进行归一化；检测两幅图像间的差异，该差异不是相应像素的绝对差异，而是相应像素值的变化比率，因此，除法运算也称为比率变换。

除法运算增强或减弱图像亮度如图 4-13 所示。图像与小于 1 的常数相除可以增强亮度，与大于 1 的常数相除可以减弱图像的亮度。除法运算实现图像增强可维持图像的相关对比度。

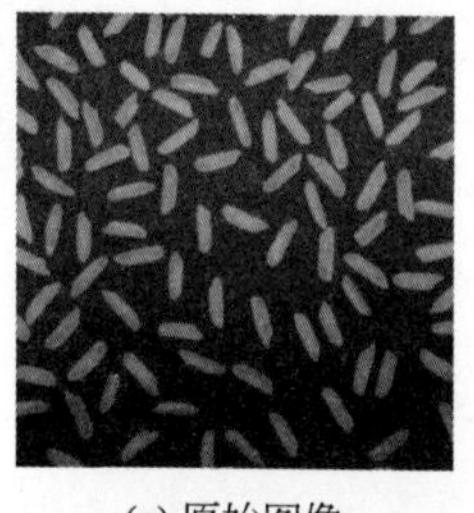

(a) 原始图像

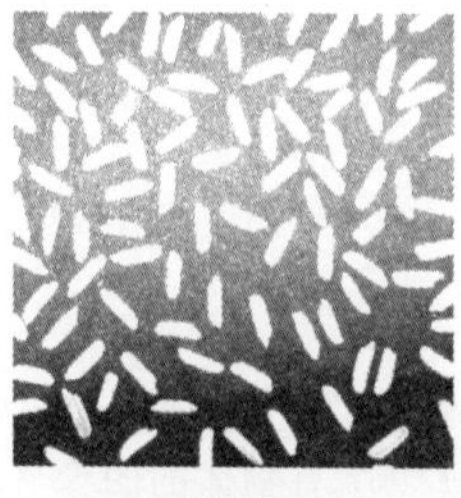

(b) 灰度除0.5

(c) 灰度除1.5

图 4-13　除法运算增强或减弱图像亮度

```
% F4_13.m

I = imread('rice.png');
I1 = imdivide(I,0.5);
I2 = imdivide(I,1.5);

subplot(1,3,1),imshow(I),xlabel('(a) 原图像');
subplot(1,3,2),imshow(I1),xlabel('(b) 增强亮度后的图像');
subplot(1,3,3),imshow(I2),xlabel('(c) 减弱亮度后的图像');
```

例 4.12 除法运算实现非均匀场景中目标位置的确定。

解：非均匀场景中的亮度变化如图 4-14 所示，其中，图 4-14(a)表示场景中没有目标时，场景亮度随距离增加而逐渐减小；图 4-14(b)表示场景中有目标出现时，场景亮度随距离增加而逐渐减小，中部的亮度下陷由场景中目标的遮挡而引起；图 4-14(c)为图 4-14(a)与图 4-14(b)相除的结果，可以很容易地确定目标所在的位置。

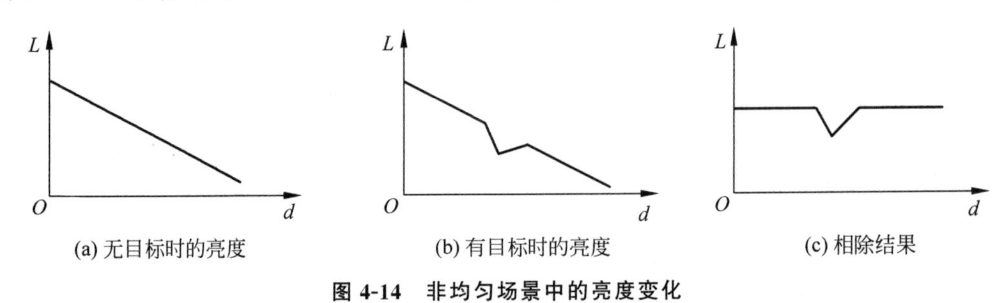

(a) 无目标时的亮度　(b) 有目标时的亮度　(c) 相除结果

图 4-14　非均匀场景中的亮度变化

非均匀场景中的目标位置确定示例如图 4-15 所示。

(a) 无目标背景

(b) 有目标背景

(c) 相除结果

图 4-15　非均匀场景中的目标位置确定示例

```
% F4_15.m

I = imread('F4_15a_BG.bmp');
J = imread('F4_15b_WT.bmp');
K = imdivide(I,J);

subplot(1,3,1),imshow(I),xlabel('(a) 背景图像');
subplot(1,3,2),imshow(J),xlabel('(b) 有物体的图像');
subplot(1,3,3),imshow(K),xlabel('(c) 相除后的图像');
```

4.2 逻辑运算

逻辑运算是指将两幅原始图像对应位置处两个像素的灰度值通过逻辑操作得到一个新的灰度值，作为结果图像对应位置处像素的灰度值。因此，参与逻辑运算的两幅图像大小必须相等。

逻辑运算将输入数据看作逻辑值（真或假），输出结果也为逻辑值（真或假）。逻辑运算在判断一个值是真或假时，将 0 看作假，将非 0 看作真；在给出逻辑结果时，用 0 表示假，用 1 表示真。因此，逻辑运算的结果为二值图像。

逻辑运算主要包括与运算（·）、或运算（+）、补运算（$\overline{\ }$）和异或运算（$\oplus$）。逻辑运算的运算法则如表 4-3 所示。

表 4-3　逻辑运算的运算法则

X	Y	$X \cdot Y$	$X+Y$	$\overline{X}$	$\overline{Y}$	$X \oplus Y$
0（假）	0（假）	0（假）	0（假）	1（真）	1（真）	0（假）
0（假）	1（真）	0（假）	1（真）	1（真）	0（假）	1（真）
1（真）	0（假）	0（假）	1（真）	0（假）	1（真）	1（真）
1（真）	1（真）	1（真）	1（真）	0（假）	0（假）	0（假）

4.2.1 与运算

与运算是指将两幅原始图像对应位置处两个像素的灰度值通过与操作得到一个新的灰度值，作为结果图像对应位置处像素的灰度值。设两个像素为 p 和 q，则与运算可表示为

$$f(p)\ \text{AND}\ f(q) \quad \text{或} \quad f(p) \cdot f(q) \tag{4-10}$$

式中，$f(x)$为像素 x 的灰度值。

例 4.13　两幅图像的矩阵数据如下所示，试求 $\boldsymbol{X} \cdot \boldsymbol{Y}$ 的结果。

$$\boldsymbol{X} = \begin{bmatrix} 0 & 0 & 1 & 1 \\ 0 & 0 & 2 & 3 \end{bmatrix}, \quad \boldsymbol{Y} = \begin{bmatrix} 0 & 1 & 0 & 1 \\ 0 & 2 & 0 & 3 \end{bmatrix}$$

解：两幅图像相与的结果为

$$\boldsymbol{Z} = \boldsymbol{X} \cdot \boldsymbol{Y} = \begin{bmatrix} 0 & 0 & 0 & 1 \\ 0 & 0 & 0 & 1 \end{bmatrix}$$

```
% E4_13.m

X = uint8([0  0  1  1
          0  0  2  3])
Y = uint8([0  1  0  1
          0  2  0  3])
Z = X&Y
```

例 4.14 两幅图像 A 和 B 如图 4-16 所示，其中，图像 A 的 4 个黑圆的圆心对应图像 B 的黑色正方形的 4 个顶点，试求 $A \cdot B$ 的结果。

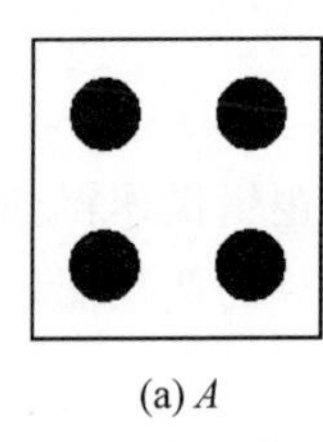

(a) A

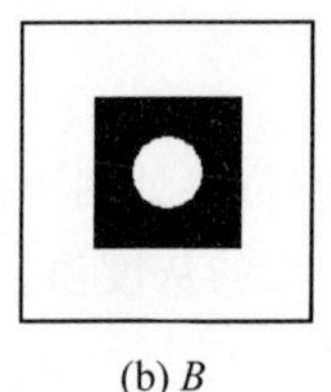

(b) B

(c) $A \cdot B$

图 4-16 与运算原理示意

解：$A \cdot B$ 的结果如图 4-16(c)所示。

```
% F4_16.m

I1 = imread('A.bmp');
I2 = imread('B.bmp');
I3 = im2bw(I1);
I4 = im2bw(I2);
I5 = I3&I4;

subplot(1,3,1),imshow(I3),xlabel('(a) A');
subplot(1,3,2),imshow(I4),xlabel('(b) B');
subplot(1,3,3),imshow(I5),xlabel('(c) A AND B');
```

4.2.2 或运算

或运算是指将两幅原始图像对应位置处两个像素的灰度值通过或操作得到一个新的灰度值，作为结果图像对应位置处像素的灰度值。设两个像素为 p 和 q，则或运算可表示为

$$f(p)\ \mathrm{OR}\ f(q) \quad 或 \quad f(p)+f(q) \tag{4-11}$$

式中，$f(x)$为像素 x 的灰度值。

例 4.15 两幅图像的矩阵数据如下所示，试求 $\boldsymbol{X}+\boldsymbol{Y}$ 的结果。

$$\boldsymbol{X}=\begin{bmatrix}0 & 0 & 1 & 1\\0 & 0 & 2 & 3\end{bmatrix},\quad \boldsymbol{Y}=\begin{bmatrix}0 & 1 & 0 & 1\\0 & 2 & 0 & 3\end{bmatrix}$$

解：两幅图像相或的结果为

$$\boldsymbol{Z}=\boldsymbol{X}+\boldsymbol{Y}=\begin{bmatrix}0 & 1 & 1 & 1\\0 & 1 & 1 & 1\end{bmatrix}$$

```
% E4_15.m

X = uint8([0  0  1  1
           0  0  2  3])
Y = uint8([0  1  0  1
           0  2  0  3])
Z = X|Y
```

例 4.16　两幅图像 A 和 B 如图 4-17 所示，其中，图像 A 的 4 个黑圆的圆心对应图像 B 的黑色正方形的 4 个顶点，试求 $A+B$ 的结果。

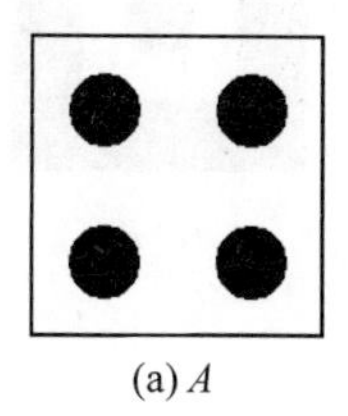
(a) A

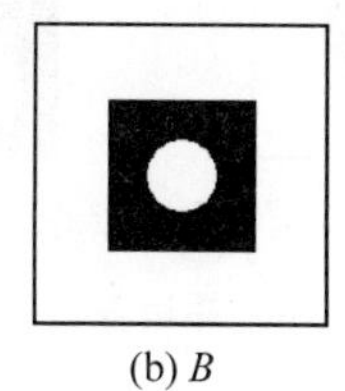
(b) B

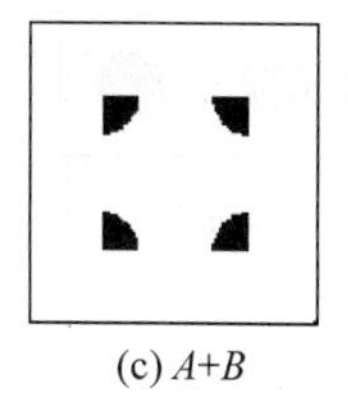
(c) $A+B$

图 4-17　或运算原理示意

解：$A+B$ 的结果如图 4-17(c)所示。

```
% F4_17.m

I1 = imread('A.bmp');
I2 = imread('B.bmp');
I3 = im2bw(I1);
I4 = im2bw(I2);
I5 = I3|I4;

subplot(1,3,1),imshow(I3),xlabel('(a) A');
subplot(1,3,2),imshow(I4),xlabel('(b) B');
subplot(1,3,3),imshow(I5),xlabel('(c) A OR B');
```

4.2.3　补运算

补运算是指将两幅原始图像对应位置处两个像素的灰度值通过补操作得到一个新的灰度值，作为结果图像对应位置处像素的灰度值。设像素为 p，则补运算可表示为

$$\text{NOT } f(p) \quad 或 \quad \overline{f(p)} \tag{4-12}$$

式中，$f(x)$为像素 x 的灰度值。

例 4.17　图像 $\boldsymbol{X}$ 的矩阵数据如下所示，试求 $\overline{\boldsymbol{X}}$ 的结果。

$$\boldsymbol{X}=[0 \quad 1 \quad 2 \quad 3]$$

解：图像 $\boldsymbol{X}$ 的补运算结果为

$$\boldsymbol{Z}=\overline{\boldsymbol{X}}=[1 \quad 0 \quad 0 \quad 0]$$

```
% E4_17.m

X = uint8([0   1   2   3])
Y = ~X
```

例 4.18　两幅图像 A 和 B 如图 4-18 所示，其中，图像 A 的 4 个黑圆的圆心对应图像 B 的黑色正方形的 4 个顶点，试求 $\overline{A}$ 和 $\overline{B}$ 的结果。

解：$\overline{A}$ 的结果如图 4-18(c)所示，$\overline{B}$ 的结果如图 4-18(d)所示。

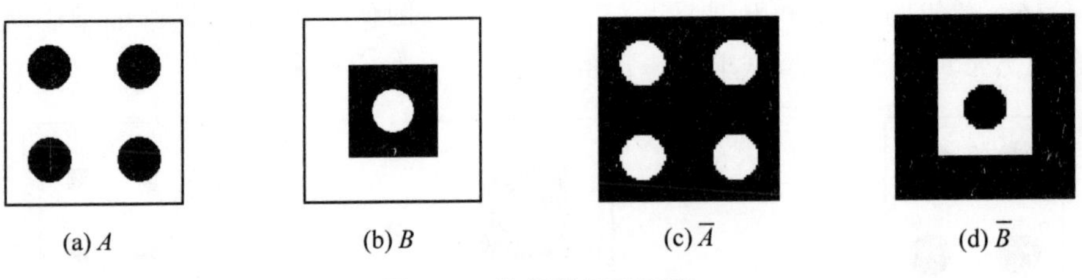

(a) A　　(b) B　　(c) $\overline{A}$　　(d) $\overline{B}$

图 4-18　补运算原理示意

```
% F4_18.m

I1 = imread('A.bmp');
I2 = imread('B.bmp');
I3 = im2bw(I1);
I4 = ~I3;
I5 = im2bw(I2);
I6 = ~I5;

subplot(2,2,1),imshow(I3),xlabel('(a) A');
subplot(2,2,2),imshow(I4),xlabel('(b) NOT A');
subplot(2,2,3),imshow(I5),xlabel('(c) B');
subplot(2,2,4),imshow(I6),xlabel('(d) NOT B');
```

4.2.4 异或运算

异或运算是指将两幅原始图像对应位置处两个像素的灰度值通过异或操作得到一个新的灰度值,作为结果图像对应位置处像素的灰度值。设两个像素为 p 和 q,则异或运算可表示为

$$f(p)\ \mathrm{XOR}\ f(q) \quad 或 \quad f(p) \oplus f(q) \tag{4-13}$$

式中,$f(x)$为像素 x 的灰度值。

例 4.19　两幅图像的矩阵数据如下所示,试求 $\boldsymbol{X} \oplus \boldsymbol{Y}$ 的结果。

$$\boldsymbol{X} = \begin{bmatrix} 0 & 0 & 1 & 1 \\ 0 & 0 & 2 & 3 \end{bmatrix}, \quad \boldsymbol{Y} = \begin{bmatrix} 0 & 1 & 0 & 1 \\ 0 & 2 & 0 & 3 \end{bmatrix}$$

解:两幅图像异或的结果为

$$\boldsymbol{Z} = \boldsymbol{X} \oplus \boldsymbol{Y} = \begin{bmatrix} 0 & 1 & 1 & 0 \\ 0 & 1 & 1 & 0 \end{bmatrix}$$

```
% E4_19.m

X = uint8([0  0  1  1
           0  0  2  3])
Y = uint8([0  1  0  1
           0  2  0  3])
Z = xor(X,Y)
```

例 4.20　两幅图像 A 和 B 如图 4-19 所示，其中，图像 A 的 4 个黑圆的圆心对应图像 B 的黑色正方形的 4 个顶点，试求 $A\oplus B$ 的结果。

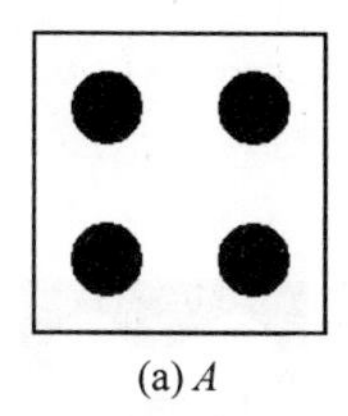
(a) A

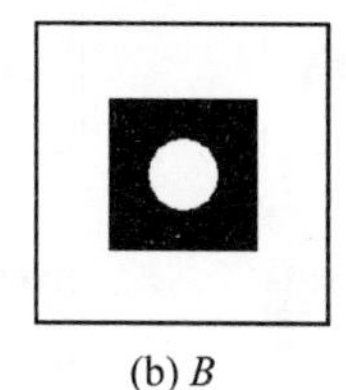
(b) B

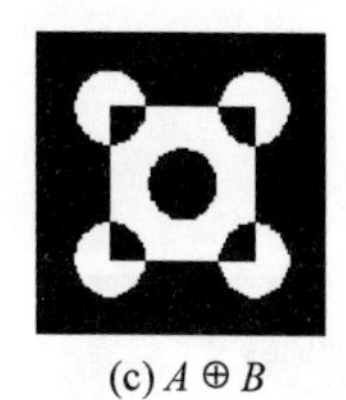
(c) $A\oplus B$

图 4-19　异或运算原理示意

解：$A\oplus B$ 的结果如图 4-19(c)所示。

```
% F4_19.m

I1 = imread('A.bmp');
I2 = imread('B.bmp');
I3 = im2bw(I1);
I4 = im2bw(I2);
I5 = xor(I3,I4);

subplot(1,3,1),imshow(I3),xlabel('(a) A');
subplot(1,3,2),imshow(I4),xlabel('(b) B');
subplot(1,3,3),imshow(I5),xlabel('(c) ${A}\oplus{B}$','interpreter','latex');
```

4.2.5　应用

逻辑代数的基本定律如表 4-4 所示。组合逻辑运算示例如图 4-20 所示。

表 4-4　逻辑代数的基本定律

名　　称	定　律　1	定　律　2
0-1 律	$A\cdot 1=A$ $A\cdot 0=0$	$A+1=1$ $A+0=A$
互补律	$A\cdot\overline{A}=0$	$A+\overline{A}=1$
重叠率	$A\cdot A=A$	$A+A=A$
交换律	$A\cdot B=B\cdot A$	$A+B=B+A$
结合律	$A\cdot(B\cdot C)=(A\cdot B)\cdot C$	$A+(B+C)=(A+B)+C$
分配律	$A\cdot(B+C)=A\cdot B+A\cdot C$	$A+(B\cdot C)=(A+B)\cdot(A+C)$
反演律	$\overline{A\cdot B}=\overline{A}+\overline{B}$	$\overline{A+B}=\overline{A}\cdot\overline{B}$
吸收律	$A\cdot(A+B)=A$ $A\cdot(\overline{A}+B)=A\cdot B$	$A+(A\cdot B)=A$ $A+(\overline{A}\cdot B)=A+B$
还原律	$\overline{\overline{A}}=A$	

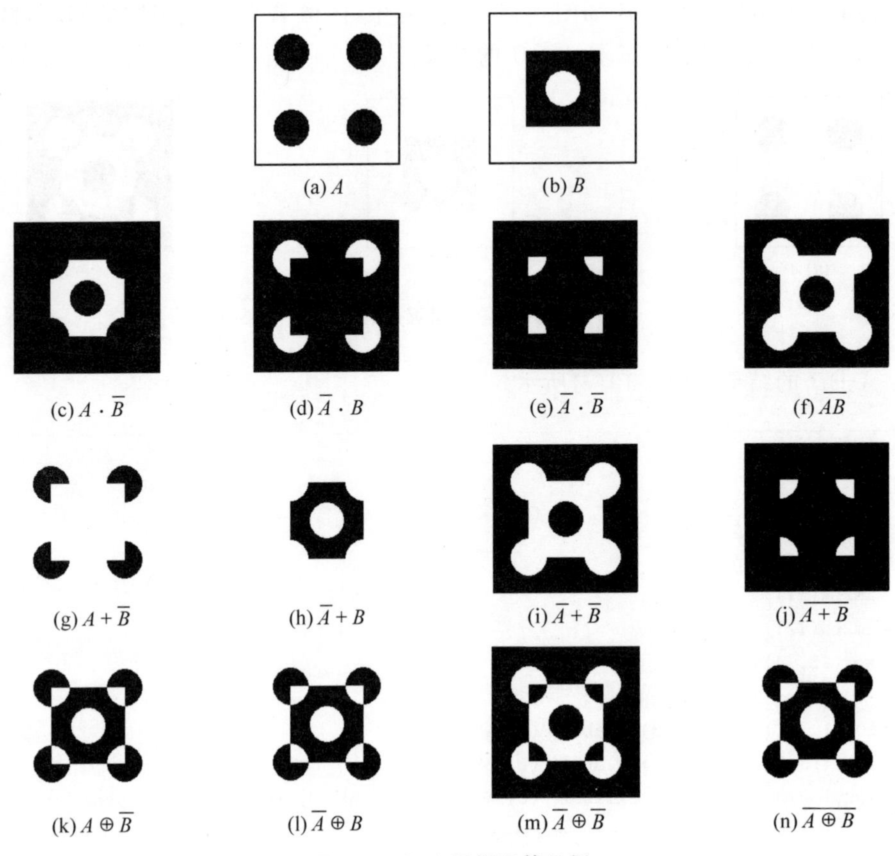

图 4-20 组合逻辑运算示例

```
% F4_20.m

I1 = imread('A.bmp');
I2 = imread('B.bmp');
IA = im2bw(I1);
IB = im2bw(I2);

I3 = and(IA,~IB);
I4 = and(~IA,IB);
I5 = and(~IA,~IB);
I6 = ~and(IA,IB);
I7 = IA|~IB;
I8 = ~IA|IB;
I9 = ~IA|~IB;
I10 = ~(IA|IB);
I11 = xor(IA,~IB);
I12 = xor(~IA,IB);
I13 = xor(~IA,~IB);
I14 = ~xor(IA,IB);
```

```
subplot(4,4,2),imshow(IA),xlabel('(a) \itA');
subplot(4,4,3),imshow(IB),xlabel('(b) \itB');
subplot(4,4,5),imshow(I3),xlabel('(c) $A\cdot\overline{B}$','interpreter','latex');
subplot(4,4,6),imshow(I4),xlabel('(d) $\overline{A}\cdot{B}$','interpreter','latex');
subplot(4,4,7),imshow(I5),xlabel('(e) $\overline{A}\cdot\overline{B}$','interpreter','latex');
subplot(4,4,8),imshow(I6),xlabel('(f) $\overline{{A}\cdot{B}}$','interpreter','latex');
subplot(4,4,9),imshow(I7),xlabel('(g) $A+\overline{B}$','interpreter','latex');
subplot(4,4,10),imshow(I8),xlabel('(h) $\overline{A}+B$','interpreter','latex');
subplot(4,4,11),imshow(I9),xlabel('(i) $\overline{A}+\overline{B}$','interpreter','latex');
subplot(4,4,12),imshow(I10),xlabel('(j) $\overline{A+B}$','interpreter','latex');
subplot(4,4,13),imshow(I11),xlabel('(k) $A\oplus\overline{B}$','interpreter','latex');
subplot(4,4,14),imshow(I12),xlabel('(l) $\overline{A}\oplus{B}$','interpreter','latex');
subplot(4,4,15),imshow(I13),xlabel('(m) $\overline{A}\oplus\overline{B}$','interpreter','latex');
subplot(4,4,16),imshow(I14),xlabel('(n) $\overline{{A}\oplus{B}}$','interpreter','latex');
```

逻辑运算的典型应用为边缘检测。基于逻辑运算的边缘检测算法包括以下 5 个步骤。注意：算法针对二维图像；对于三维图像，需要在 6 个方向（左右上下前后）上进行操作。

（1）设原始图像为图 A；

（2）将图 A 的像素向左移动 1 个像素的位置得到图 B；

（3）将图 A 和图 B 进行逻辑或运算得到图 C；

（4）将图 A 和图 C 进行逻辑异或运算得到图 D；

（5）对左右上下共 4 个方向都进行上述操作得到 4 个结果图像，将 4 个结果图像进行逻辑或运算得到原图像的边缘。

基于逻辑运算的边缘检测原理如图 4-21 所示。原理共分为 5 个步骤，其中，图 4-21(a1)～图 4-21(d1)为第 1 个步骤（左移），图 4-21(a2)～图 4-21(d2)为第 2 个步骤（右移），图 4-21(a3)～图 4-21(d3)为第 3 个步骤（上移），图 4-21(a4)～图 4-21(d4)为第 4 个步骤（下移）；在每一个步骤中，图(a)为原始图像，图(b)为图(a)分别向左、右、上、下四个方向移动 1 个像素后的结果，图(c)为图(a)和图(b)进行逻辑或运算的结果，图(d)为图(a)和图(c)进行逻辑异或运算的结果；图(e)为第 5 个步骤，即前 4 个步骤的结果图(d)进行逻辑或运算的结果。

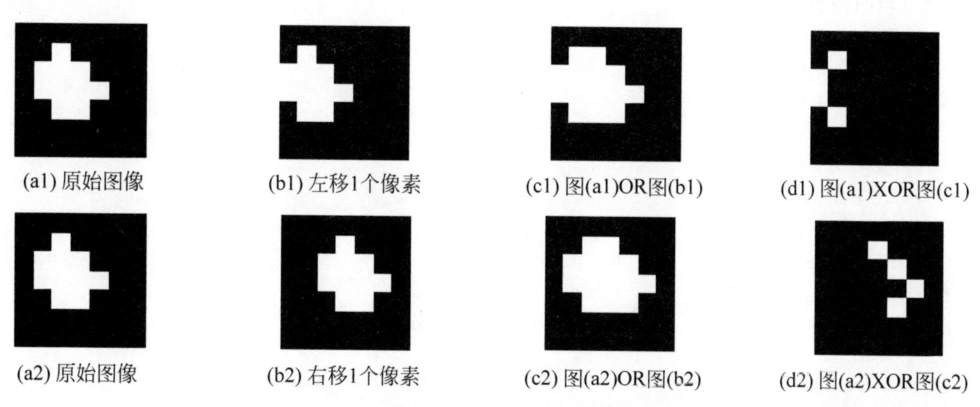

图 4-21 基于逻辑运算的边缘检测原理

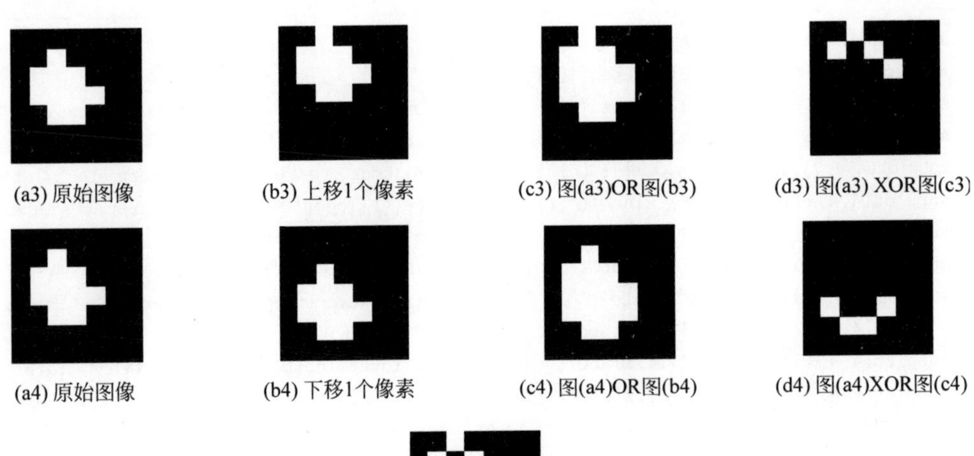

(a3) 原始图像 (b3) 上移1个像素 (c3) 图(a3)OR图(b3) (d3) 图(a3) XOR图(c3)

(a4) 原始图像 (b4) 下移1个像素 (c4) 图(a4)OR图(b4) (d4) 图(a4)XOR图(c4)

(e) 图(d1)OR图(d2)OR图(d3)OR图(d4)

图 4-21 （续）

```
% F4_21.m

figure
% -- 设置图片和坐标轴的属性 -----------------------------------------------
fs = 7.5;                % FontSize : 五号:10.5 磅,小五号:9 磅,六号:7.5 磅
ms = 5;                  % MarkerSize: 五号:10.5 磅,小五号:9 磅,六号:7.5 磅
set(gcf,'Units','centimeters','Position',[25 2 13.5 18]);
                         % 设置图片的位置和大小[left bottom width height],width:height = 3:4
set(gca,'FontName','宋体','FontSize',fs);   % 设置坐标轴(刻度、标签和图例)的字体和字号
set(gca,'Position',[0 0 1 1]);              % 设置坐标轴所在的矩形区域在图片中的位置

% ----------------------------------------------------------------------
% 原始图像数据
Pic = [0 0 0 0 0 0 0
       0 0 1 0 0 0 0
       0 1 1 1 0 0 0
       0 1 1 1 1 0 0
       0 0 1 1 0 0 0
       0 0 0 0 0 0 0
       0 0 0 0 0 0 0];
PicSize = size(Pic);
row = PicSize(1,1);                         % 行数
col = PicSize(1,2);                         % 列数

% ----------------------------------------------------------------------
% 第 1 步: 左移
PicLA = Pic;
```

```
h = subplot(5,4,1),imshow(PicLA),xlabel('(a1) 原始图像'),ylabel('第 1 步: 左移');;
% set(h,'position',[0.03 0.6 0.1 0.3]) % 4 个参数分别是子图的 x 位置、y 位置、宽度、高度

PicLB = PicLA;
PicLB(:,1) = [];
PicLB = [PicLB zeros(row,1)];
h = subplot(5,4,2),imshow(PicLB),xlabel('(b1) 左移 1 个像素');

PicLC = PicLA | PicLB;
subplot(5,4,3),imshow(PicLC),xlabel('(c1) a OR b');

PicLD = xor(PicLA,PicLC);
subplot(5,4,4),imshow(PicLD),xlabel('(d1) a XOR c');

% ----------------------------------------------------------------------
% 第 2 步: 右移
PicRA = Pic;
subplot(5,4,5),imshow(PicRA),xlabel('(a2) 原始图像'),ylabel('第 2 步: 右移');
PicRB = PicRA;
PicRB(:,col) = [];
PicRB = [zeros(row,1) PicRB];
subplot(5,4,6),imshow(PicRB),xlabel('(b2) 右移 1 个像素');
PicRC = PicRA | PicRB;
subplot(5,4,7),imshow(PicRC),xlabel('(c2) a OR b');

PicRD = xor(PicRA,PicRC);
subplot(5,4,8),imshow(PicRD),xlabel('(d2) a XOR c');

% ----------------------------------------------------------------------
% 第 3 步: 上移
PicUA = Pic;
subplot(5,4,9),imshow(PicUA),xlabel('(a3) 原始图像'),ylabel('第 3 步: 上移');

PicUB = PicUA;
PicUB(1,:) = [];
PicUB = [PicUB;zeros(1,col)];
subplot(5,4,10),imshow(PicUB),xlabel('(b3) 上移 1 个像素');

PicUC = PicUA | PicUB;
subplot(5,4,11),imshow(PicUC),xlabel('(c3) a OR b');

PicUD = xor(PicUA,PicUC);
subplot(5,4,12),imshow(PicUD),xlabel('(d3) a XOR c');

% ----------------------------------------------------------------------
% 第 4 步: 下移
PicDA = Pic;
```

```
subplot(5,4,13),imshow(PicDA),xlabel('(a4) 原始图像'),ylabel('第 4 步: 下移');

PicDB = PicDA;
PicDB(row,:) = [];
PicDB = [zeros(1,col);PicDB];
subplot(5,4,14),imshow(PicDB),xlabel('(b4) 下移 1 个像素');

PicDC = PicDA | PicDB;
subplot(5,4,15),imshow(PicDC),xlabel('(c4) a OR b');

PicDD = xor(PicDA,PicDC);
subplot(5,4,16),imshow(PicDD),xlabel('(d4) a XOR c');

% ------------------------------------------------------------------
% 第 5 步: 结果或
subplot(5,4,17),imshow(ones(7)),ylabel('第 5 步: 结果或');
subplot(5,4,20),imshow(imresize(PicLD | PicRD | PicUD | PicDD,2)),xlabel('(e) 边缘检测结果');
```

例 4.21 基于逻辑运算的边缘检测实例。

解：基于逻辑运算的边缘检测实例如图 4-22 所示。其中，图 4-22(a)为原始图像，图 4-22(b)为原始图像二值化后的结果，图 4-22(c)为边缘检测结果；图 4-22(b)～图 4-22(c)的处理过程如图 4-23 所示。

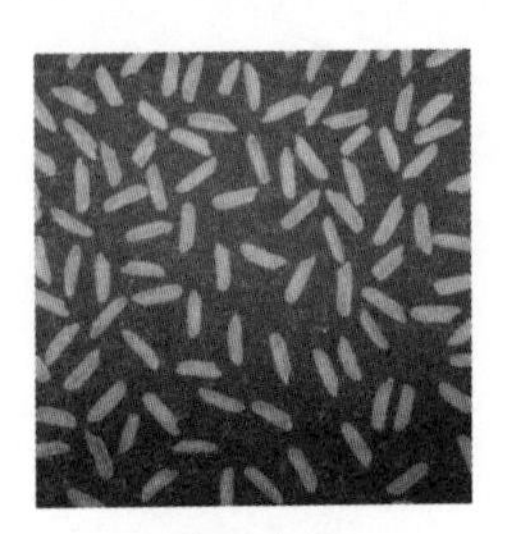
(a) 原始图像

(b) 二值图像

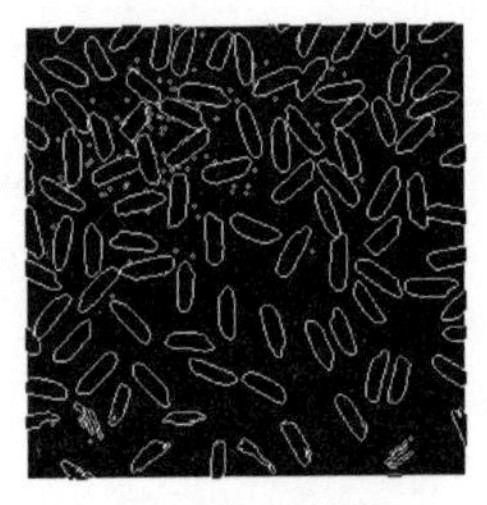
(c) 边缘检测结果

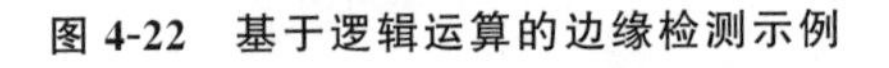
图 4-22 基于逻辑运算的边缘检测示例

(a1) 原始图像

(b1) 原始图像

(c1) 原始图像

(d1) 原始图像

(a2) 左移1个像素

(b2) 右移1个像素

(c2) 上移1个像素

(d2) 下移1个像素

图 4-23 基于逻辑运算的边缘检测示例

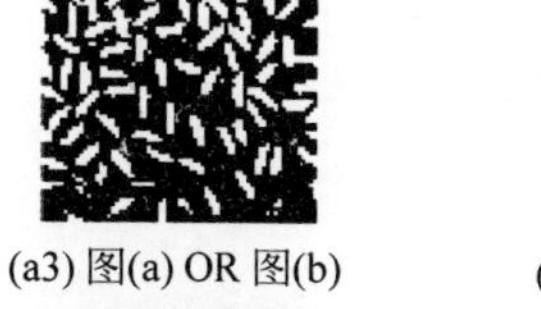

(a3) 图(a) OR 图(b)

(b3) 图(a) OR 图(b)

(c3) 图(a) OR 图(b)

(d3) 图(a) OR 图(b)

(a4)图(a1) XOR图(c1)

(b4) 图(a2) XOR图(c2)

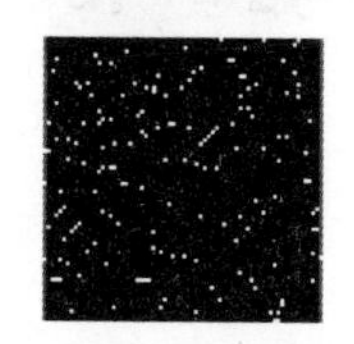

(c4) 图(a3) XOR图(c3)

(d4) 图(a4) XOR图(c4)

(e) 图(d1) OR图(d2) OR图(d3) OR图(d4)

图 4-23　（续）

```
% F4_23.m

% ---------------------------------------------------------------------
% 原始图像数据
Pic = imread('rice.png');
figure, imshow(Pic);
pause

% ---------------------------------------------------------------------
% 原始图像数据二值化
Pic = im2bw(Pic);
figure, imshow(Pic);
pause

% ---------------------------------------------------------------------
% 基于逻辑运算的边缘检测
PicSize = size(Pic);
row = PicSize(1,1);        % 行数
col = PicSize(1,2);        % 列数

% ---------------------------------------------------------------------
% 第 1 步: 左移
PicLA = Pic;
figure, subplot(4,4,1), imshow(PicLA), xlabel('(a)'), ylabel('向左');

PicLB = PicLA;
PicLB(:,1) = [];
```

```
PicLB = [PicLB ones(row,1)];
subplot(4,4,2),imshow(PicLB),xlabel('(b)');

PicLC = PicLA | PicLB;
subplot(4,4,3),imshow(PicLC),xlabel('(c)');

PicLD = xor(PicLA,PicLC);
subplot(4,4,4),imshow(PicLD),xlabel('(d)');

% --------------------------------------------------------------------
% 第 2 步: 右移
PicRA = Pic;
subplot(4,4,5),imshow(PicRA),xlabel('(a)'),ylabel('向右');

PicRB = PicRA;
PicRB(:,col) = [];
PicRB = [ones(row,1) PicRB];
subplot(4,4,6),imshow(PicRB),xlabel('(b)');

PicRC = PicRA | PicRB;
subplot(4,4,7),imshow(PicRC),xlabel('(c)');

PicRD = xor(PicRA,PicRC);
subplot(4,4,8),imshow(PicRD),xlabel('(d)');

% --------------------------------------------------------------------
% 第 3 步: 上移
PicUA = Pic;
subplot(4,4,9),imshow(PicUA),xlabel('(a)'),ylabel('向上');

PicUB = PicUA;
PicUB(1,:) = [];
PicUB = [PicUB;ones(1,col)];
subplot(4,4,10),imshow(PicUB),xlabel('(b)');

PicUC = PicUA | PicUB;
subplot(4,4,11),imshow(PicUC),xlabel('(c)');

PicUD = xor(PicUA,PicUC);
subplot(4,4,12),imshow(PicUD),xlabel('(d)');

% --------------------------------------------------------------------
% 第 4 步: 下移
PicDA = Pic;
subplot(4,4,13),imshow(PicDA),xlabel('(a)'),ylabel('向下');

PicDB = PicDA;
PicDB(row,:) = [];
PicDB = [ones(1,col);PicDB];
```

```
subplot(4,4,14),imshow(PicDB),xlabel('(b)');

PicDC = PicDA | PicDB;
subplot(4,4,15),imshow(PicDC),xlabel('(c)');

PicDD = xor(PicDA,PicDC);
subplot(4,4,16),imshow(PicDD),xlabel('(d)');

% ----------------------------------------------------------------
% 第 5 步: 结果或
pause;
figure,imshow(PicLD | PicRD | PicUD | PicDD);
```

4.3　直方图处理

很多情况下,图像的灰度级集中在较窄的区间,引起图像细节模糊。通过直方图处理可以明晰图像细节,突出目标物体,改善亮度比例关系,增强图像对比度。直方图处理基于概率论。

直方图处理通常包括直方图均衡化和直方图规定化。直方图均衡化可实现图像的自动增强,但效果不易控制,得到的是全局增强的结果。直方图规定化可实现图像的有选择增强,只要给定规定的直方图,即可实现特定增强的效果。

4.3.1　直方图均衡化

直方图均衡化借助灰度统计直方图和灰度累积直方图来进行。

4.3.1.1　灰度统计直方图

灰度统计直方图反映了图像中不同灰度级出现的统计情况。灰度统计直方图是一个一维离散函数,可表示为

$$h(k)=n_k,\quad k=0,1,2,\cdots,L-1 \tag{4-14}$$

式中,k 为某个灰度级;L 为灰度级的数量,最大取 256;n_k 为具有第 k 级灰度值的像素的数目。

图 4-24(a)为灰度图像数据;图 4-24(b)为灰度统计直方图,横轴表示不同的灰度级,纵轴表示具有对应灰度级的像素的个数。

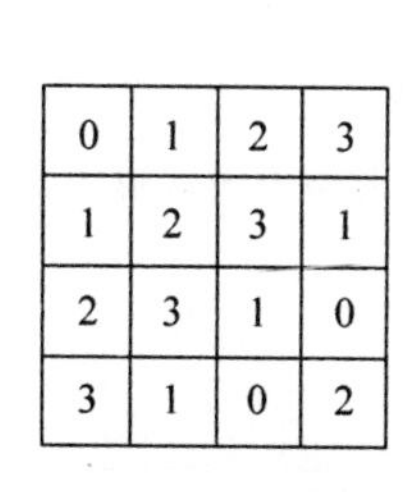

0	1	2	3
1	2	3	1
2	3	1	0
3	1	0	2

(a) 灰度图像

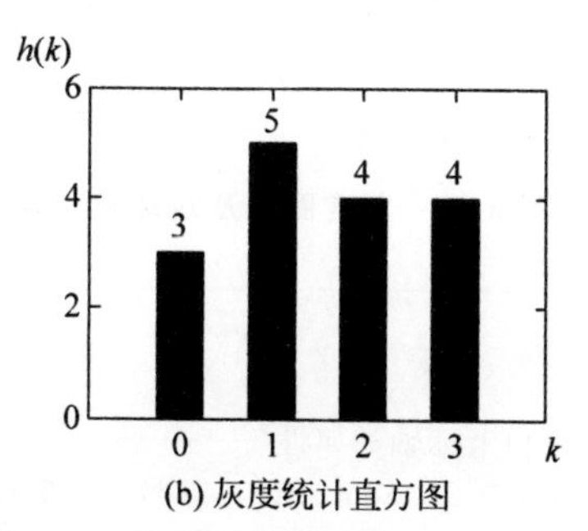

(b) 灰度统计直方图

图 4-24　灰度图像及灰度统计直方图

```
% F4_24b.m

% -- 设置图片和坐标轴的属性 ------------------------------------------
fs = 7.5;                % FontSize: 五号:10.5 磅,小五号:9 磅,六号:7.5 磅
ms = 5;                  % MarkerSize: 五号:10.5 磅,小五号:9 磅,六号:7.5 磅
set(gcf,'Units','centimeters','Position',[25 11 6 4.5]);
                         % 设置图片的位置和大小[left bottom width height],width:height = 4:3
set(gca,'FontName','宋体','FontSize',fs);        % 设置坐标轴(刻度、标签和图例)的字体和字号
set(gca,'Position',[.16 .12 .79 .75]);           % 设置坐标轴所在的矩形区域在图片中的位置
                                                 % [left bottom width height]

img = [0 1 2 3
       1 2 3 1
       2 3 1 0
       3 1 0 2]

axisX = unique(img(:))
myhist = hist(img(:), axisX)

bar(axisX, myhist, 0.5, 'grouped')
text(axisX - 0.1, myhist + 0.5, num2str(myhist'));
text(4, - 0.5,'\itk');
text( - 1.8,6.7,'\ith(k)');
```

灰度统计直方图的归一化概率表达形式给出了对 s_k 出现概率的一个估计,可表示为

$$p_s(s_k)=n_k/N,\quad k=0,1,2,\cdots,L-1 \tag{4-15}$$

式中,k 为某个灰度级;L 为灰度级的数量,最大取 256;s_k 为第 k 级灰度值的归一化表达形式,$s_k=k/255$,故 $s_k\in[0,1]$;n_k 为具有第 k 级灰度值的像素的数目;N 为图像中像素的总数,故 $(n_k/N)\in[0,1]$。

图 4-25(a)为灰度图像数据;图 4-25(b)为灰度统计直方图的归一化概率表达形式,横轴表示不同的灰度级,纵轴表示具有对应灰度级的像素的概率。

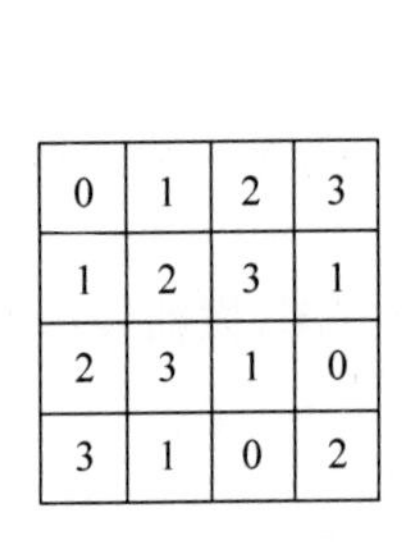

0	1	2	3
1	2	3	1
2	3	1	0
3	1	0	2

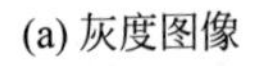

(a) 灰度图像

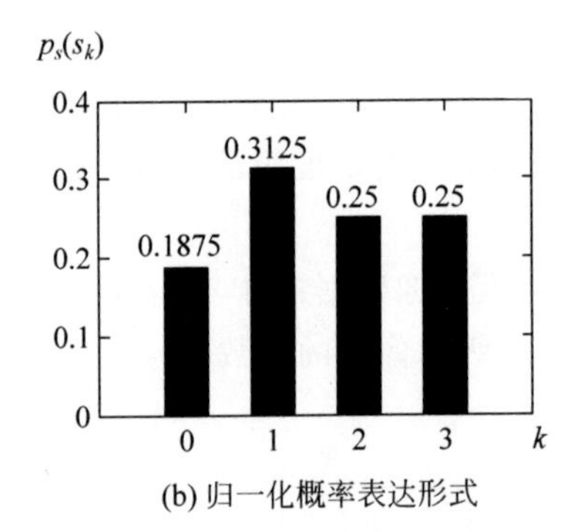

(b) 归一化概率表达形式

图 4-25 灰度图像及灰度统计直方图的归一化概率表达形式

```
% F4_25b.m

% -- 设置图片和坐标轴的属性 ------------------------------------------
fs = 7.5;             % FontSize : 五号:10.5 磅,小五号:9 磅,六号:7.5 磅
```

```
ms = 5;            % MarkerSize: 五号:10.5 磅,小五号:9 磅,六号:7.5 磅
set(gcf,'Units','centimeters','Position',[25 11 6 4.5]);
                   % 设置图片的位置和大小[left bottom width height],width:height = 4:3
set(gca,'FontName','宋体','FontSize',fs);     % 设置坐标轴(刻度、标签和图例)的字体和字号
set(gca,'Position',[.16 .115 .79 .75]);      % 设置坐标轴所在的矩形区域在图片中的位置
                                             % [left bottom width height]


img = [0 1 2 3
       1 2 3 1
       2 3 1 0
       3 1 0 2]

axisX = unique(img(:))
myhist = hist(img(:), axisX)
myhist = myhist / length(img(:))
bar(axisX, myhist, 0.5, 'grouped')
text(axisX - 0.55, myhist + 0.03, num2str(myhist'));
text(4, - 0.03,'\itk');
text( - 1.8,0.45,'\itp_s(s_k)');
```

灰度统计直方图的归一化概率表达形式具有如下特点：

(1) 由于 $s_k \in [0,1]$且 $p_s(s_k) \in [0,1]$,该条件保证了变换前后图像的灰度值的动态范围保持一致；

(2)$p_s(s_k)$在 $s_k \in [0,1]$范围内是一个单值单增函数,该条件保证了原始图像各灰度级在变换后仍保持从黑到白(或从白到黑)的排列次序。

4.3.1.2　灰度累积直方图

灰度累积直方图反映了图像中灰度级小于或等于某值的像素的个数。灰度累积直方图是一个一维离散函数,可表示为

$$H(k) = \sum_{i=0}^{k} n_i, \quad k = 0,1,2,\cdots,L-1 \tag{4-16}$$

式中,k 为某个灰度级；L 为灰度级的数量,最大取 256；n_i 为具有第 i 级灰度值的像素的数目。

图 4-26(a)为灰度图像数据；图 4-26(b)为灰度累积直方图,横轴表示不同的灰度级,纵轴表示小于或等于对应灰度级的像素的个数。

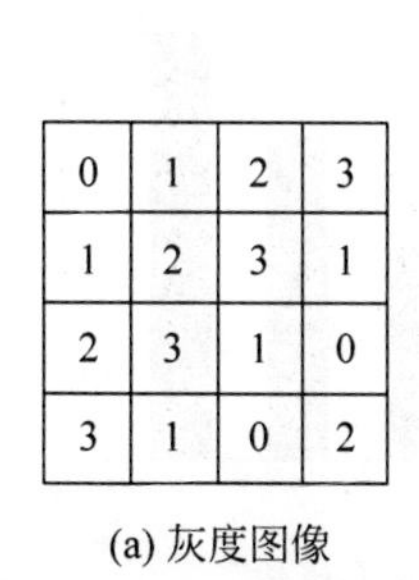

0	1	2	3
1	2	3	1
2	3	1	0
3	1	0	2

(a) 灰度图像

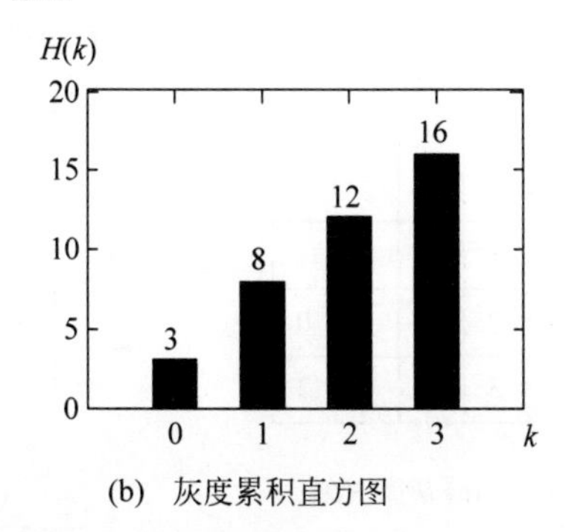

(b)　灰度累积直方图

图 4-26　灰度图像及灰度累积直方图

```
% F4_26b.m

% -- 设置图片和坐标轴的属性 -----------------------
fs = 7.5;                          % FontSize : 五号:10.5 磅,小五号:9 磅,六号:7.5 磅
ms = 5;                            % MarkerSize: 五号:10.5 磅,小五号:9 磅,六号:7.5 磅
set(gcf,'Units','centimeters','Position',[25 11 6 4.5]);
                         % 设置图片的位置和大小[left bottom width height],width:height = 4:3
set(gca,'FontName','宋体','FontSize',fs);  % 设置坐标轴(刻度、标签和图例)的字体和字号
set(gca,'Position',[.16 .12 .79 .75]);
                        % 设置坐标轴所在的矩形区域在图片中的位置[left bottom width height]

img = [0 1 2 3
       1 2 3 1
       2 3 1 0
       3 1 0 2]

axisX = unique(img(:))
myhist = hist(img(:), axisX)
for i = 2:length(myhist)
    myhist(i) = myhist(i) + myhist(i - 1);
end

bar(axisX, myhist, 0.5, 'grouped')
text(axisX - 0.2, myhist + 1.5, num2str(myhist'));
text(4, - 1.6,'\itk');
text( - 1.8,22.5,'\itH(k)');
```

灰度累积直方图的归一化概率表达形式称为累积分布函数(Cumulative Distribution Function,CDF),能将 s 的分布转换为 t 的均匀分布,可表示为

$$t_k = E(s_k) = \sum_{i=0}^{k} \frac{n_i}{N} = \sum_{i=0}^{k} p_s(s_i), \quad k = 0,1,2,\cdots,L-1 \tag{4-17}$$

式中,k 为某个灰度级;L 为灰度级的数量,最大取 256;s_k 为第 k 级灰度值的归一化表达形式,$s_k = k/255$,故 $s_k \in [0,1]$;n_i 为具有第 i 级灰度值的像素的数目;N 为图像中像素的总数,故$(n_i/N) \in [0,1]$;$E()$为增强函数;t_k 为另一个分布,$t_k \in [0,1]$。

图 4-27(a)为灰度图像数据;图 4-27(b)为累积分布函数,横轴表示不同的灰度级,纵轴表示小于或等于对应灰度级的像素的概率。

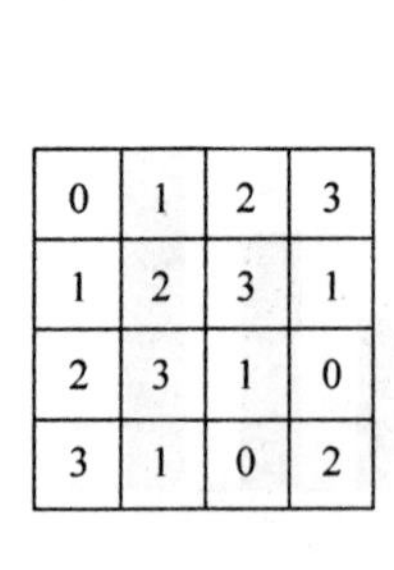

0	1	2	3
1	2	3	1
2	3	1	0
3	1	0	2

(a) 灰度图像

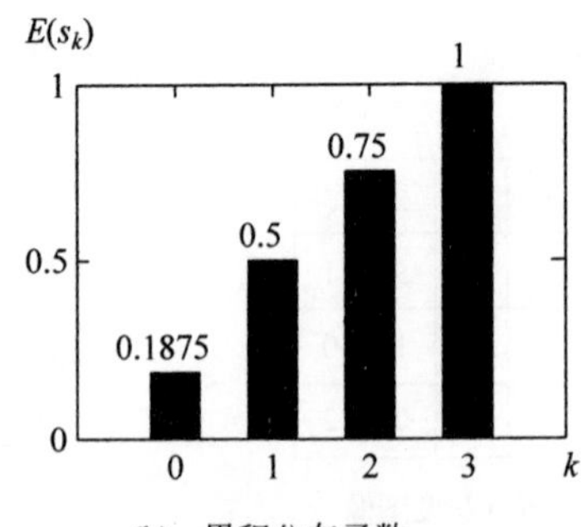

(b) 累积分布函数

图 4-27 灰度图像及累积分布函数

```
% F4_27b.m

% -- 设置图片和坐标轴的属性 ----------------------------------------
fs = 7.5;              % FontSize : 五号:10.5 磅,小五号:9 磅,六号:7.5 磅
ms = 5;                % MarkerSize: 五号:10.5 磅,小五号:9 磅,六号:7.5 磅
set(gcf,'Units','centimeters','Position',[25 11 6 4.5]);
                       % 设置图片的位置和大小[left bottom width height],width:height = 4:3
set(gca,'FontName','宋体','FontSize',fs);    % 设置坐标轴(刻度、标签和图例)的字体和字号
set(gca,'Position',[.16 .115 .79 .75]);      % 设置坐标轴所在的矩形区域在图片中的位置
                                             % [left bottom width height]

img = [0 1 2 3
       1 2 3 1
       2 3 1 0
       3 1 0 2]

axisX = unique(img(:))
myhist = hist(img(:), axisX)
for i = 2:length(myhist)
    myhist(i) = myhist(i) + myhist(i - 1);
end
myhist = myhist / length(img(:));

bar(axisX, myhist, 0.5, 'grouped')
text(axisX - 0.6, myhist + 0.08, num2str(myhist'));
text(4, - 0.08,'\itk');
text( - 1.8,1.115,'\itE(s_k)');
```

4.3.1.3 原理步骤

直方图均衡化主要用于增强动态范围偏小的图像的反差。其基本思想为把原图像的直方图转换为均匀分布的形式,增加像素灰度值的动态范围,增强图像整体对比度。

直方图均衡化的算法步骤为:

(1) 列出原始图像的灰度级 k,$k=0,1,2,\cdots,L-1$,L 为灰度级的数量;

(2) 列出原始图像第 k 级灰度值的归一化表达形式 s_k;

(3) 统计各灰度级的像素数目 n_k,$k=0,1,2,\cdots,L-1$;

(4) 得到灰度统计直方图的归一化概率表达形式:$p_s(s_k)=n_k/N$;

(5) 基于累积分布函数计算灰度累积直方图:$E(s_k)=\sum_{i=0}^{k}\frac{n_i}{N}=\sum_{i=0}^{k}p_s(s_i)$;

(6) 进行取整扩展,计算映射后输出图像各灰度级对应灰度值的归一化表达形式 t_k:$t_k=\mathrm{INT}((L-1)E(s_k)+0.5)/255$,其中,INT 为取整函数;

(7) 确定映射关系 $s_k\rightarrow t_k$;

(8) 统计映射后各灰度级的像素数目 n_k;

(9) 得到新的灰度统计直方图的归一化概率表达形式：$p_t(t_k)=n_k/N$，N 为输出图像的像素数目，即原始图像的像素数目。

4.3.1.4 列表计算

直方图均衡化可通过列表计算方式来实现。

例 4.22 有一张 64×64 的 8 比特灰度图像，其灰度统计直方图如图 4-28(a)所示，试对其进行直方图均衡化。

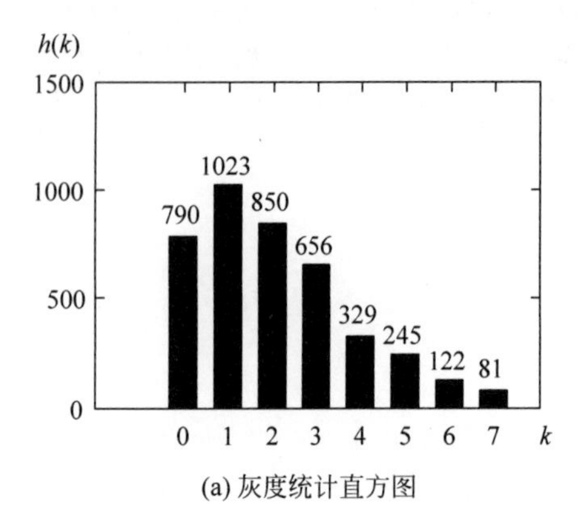

(a) 灰度统计直方图

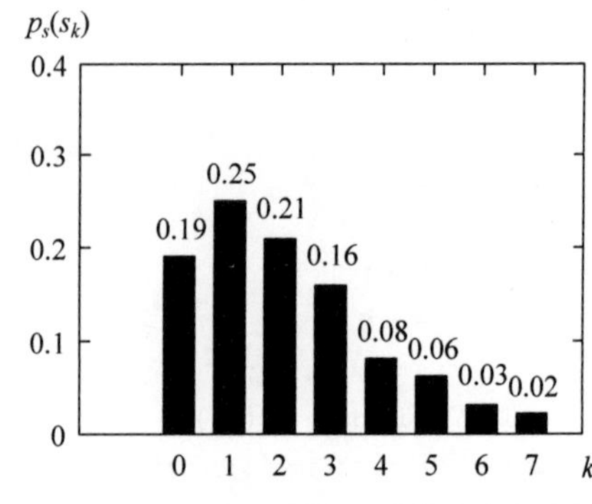

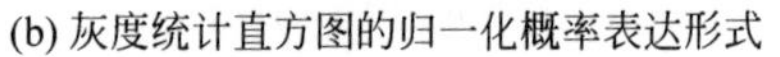

(b) 灰度统计直方图的归一化概率表达形式

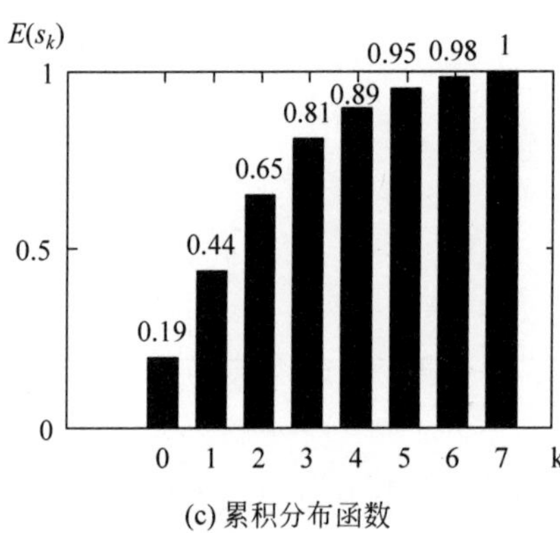

(c) 累积分布函数

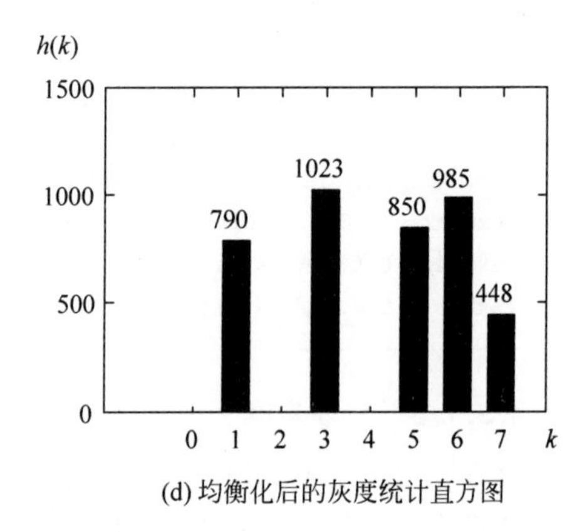

(d) 均衡化后的灰度统计直方图

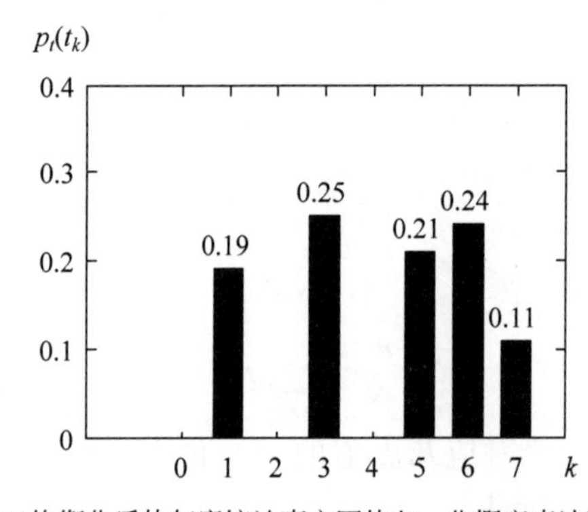

(e) 均衡化后的灰度统计直方图的归一化概率表达形式

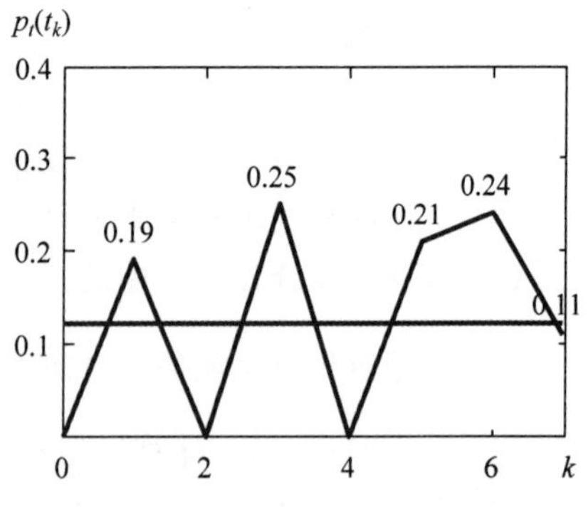

(f) 近似均衡结果图的归一化概率表达形式

图 4-28 直方图均衡化过程

```
% F4_28a.m

% -- 设置图片和坐标轴的属性 ---------------------------------------------
fs = 7.5;              % FontSize : 五号:10.5 磅,小五号:9 磅,六号:7.5 磅
ms = 5;                % MarkerSize: 五号:10.5 磅,小五号:9 磅,六号:7.5 磅
set(gcf,'Units','centimeters','Position',[25 11 6 4.5]);
                       % 设置图片的位置和大小[left bottom width height],width:height = 4:3
set(gca,'FontName','宋体','FontSize',fs);      % 设置坐标轴(刻度、标签和图例)的字体和字号
set(gca,'Position',[.16 .115 .79 .75]);       % 设置坐标轴所在的矩形区域在图片中的位置
                                              % [left bottom width height]

axisX = [0 1 2 3 4 5 6 7]
myhist = [790 1023 850 656 329 245 122 81]

bar(axisX, myhist, 0.55, 'grouped')
text(axisX - 0.65, myhist + 97, num2str(myhist'), 'FontSize', 8);
text(8, - 116, '\itk');
text( - 2.8,1700, '\ith(k)');

% F4_28b.m

% -- 设置图片和坐标轴的属性 ---------------------------------------------
fs = 7.5;              % FontSize : 五号:10.5 磅,小五号:9 磅,六号:7.5 磅
ms = 5;                % MarkerSize: 五号:10.5 磅,小五号:9 磅,六号:7.5 磅
set(gcf,'Units','centimeters','Position',[25 11 6 4.5]);
                       % 设置图片的位置和大小[left bottom width height],width:height = 4:3
set(gca,'FontName','宋体','FontSize',fs);      % 设置坐标轴(刻度、标签和图例)的字体和字号
set(gca,'Position',[.16 .11 .79 .75]);        % 设置坐标轴所在的矩形区域在图片中的位置
                                              % [left bottom width height]

axisX = [0 1 2 3 4 5 6 7]
myhist = [0.19 0.25 0.21 0.16 0.08 0.06 0.03 0.02]

bar(axisX, myhist, 0.65, 'grouped')
text(axisX - 0.5, myhist + 0.03, num2str(myhist'), 'FontSize', 7);
text(8, - 0.032, '\itk');
text( - 2.8,0.34, '\itp_s(s_k)');

% F4_28c.m

% -- 设置图片和坐标轴的属性 ---------------------------------------------
fs = 7.5;              % FontSize : 五号:10.5 磅,小五号:9 磅,六号:7.5 磅
ms = 5;                % MarkerSize: 五号:10.5 磅,小五号:9 磅,六号:7.5 磅
set(gcf,'Units','centimeters','Position',[25 11 6 4.5]);
                       % 设置图片的位置和大小[left bottom width height],width:height = 4:3
set(gca,'FontName','宋体','FontSize',fs);      % 设置坐标轴(刻度、标签和图例)的字体和字号
set(gca,'Position',[.16 .115 .79 .75]);       % 设置坐标轴所在的矩形区域在图片中的位置
                                              % [left bottom width height]

axisX = [0 1 2 3 4 5 6 7]
myhist = [0.19 0.44 0.65 0.81 0.89 0.95 0.98 1.00]

bar(axisX, myhist, 0.65, 'grouped')
```

```
text(axisX - 0.55, myhist + 0.07, num2str(myhist'), 'FontSize', 7);
text(8, - 0.075, '\itk');
text( - 2.7,1.12, '\itE(s_k)');

% F4_28d.m

% -- 设置图片和坐标轴的属性 ----------------------------------------------
fs = 7.5;             % FontSize : 五号:10.5 磅,小五号:9 磅,六号:7.5 磅
ms = 5;               % MarkerSize: 五号:10.5 磅,小五号:9 磅,六号:7.5 磅
set(gcf,'Units','centimeters','Position',[25 11 6 4.5]);
                      % 设置图片的位置和大小[left bottom width height],width:height = 4:3
set(gca,'FontName','宋体','FontSize',fs);      % 设置坐标轴(刻度、标签和图例)的字体和字号
set(gca,'Position',[.16 .115 .79 .75]);        % 设置坐标轴所在的矩形区域在图片中的位置
                                               % [left bottom width height]

axisX = [0 1 2 3 4 5 6 7]
myhist = [0 0 0 0 0 0 0 0]
bar(axisX, myhist, 0.65, 'grouped')

hold on

axisX = [1 3 5 6 7]
myhist = [790 1023 850 985 448]
bar(axisX, myhist, 0.65, 'grouped')
text(axisX - 0.75, myhist + 111, num2str(myhist'), 'FontSize', 9);
text(8, - 116, '\itk');
text( - 2.4,1700, '\ith(k)');

% F4_28e.m

% -- 设置图片和坐标轴的属性 ----------------------------------------------
fs = 7.5;             % FontSize : 五号:10.5 磅,小五号:9 磅,六号:7.5 磅
ms = 5;               % MarkerSize: 五号:10.5 磅,小五号:9 磅,六号:7.5 磅
set(gcf,'Units','centimeters','Position',[25 11 6 4.5]);
                      % 设置图片的位置和大小[left bottom width height],width:height = 4:3
set(gca,'FontName','宋体','FontSize',fs);      % 设置坐标轴(刻度、标签和图例)的字体和字号
set(gca,'Position',[.16 .115 .79 .75]);        % 设置坐标轴所在的矩形区域在图片中的位置
                                               % [left bottom width height]

axisX = [0 1 2 3 4 5 6 7]
myhist = [0 0 0 0 0 0 0 0]
bar(axisX, myhist, 0.65, 'grouped')

hold on

axisX = [1 3 5 6 7]
myhist = [0.19 0.25 0.21 0.24 0.11]
bar(axisX, myhist, 0.65, 'grouped')
text(axisX - 0.6, myhist + 0.028, num2str(myhist'), 'FontSize', 8);
text(8, - 0.03, '\itk');
```

```
text( - 2.6,0.34,'\itp_t(t_k)');

% F4_28f.m

% -- 设置图片和坐标轴的属性 -------------------------------------------------
fs = 7.5;                  % FontSize : 五号:10.5 磅,小五号:9 磅,六号:7.5 磅
ms = 5;                    % MarkerSize: 五号:10.5 磅,小五号:9 磅,六号:7.5 磅
set(gcf,'Units','centimeters','Position',[25 11 6 4.5]);
                           % 设置图片的位置和大小[left bottom width height],width:height = 4:3
set(gca,'FontName','宋体','FontSize',fs);      % 设置坐标轴(刻度、标签和图例)的字体和字号
set(gca,'Position',[.16 .115 .79 .75]);       % 设置坐标轴所在的矩形区域在图片中的位置
                                              % [left bottom width height]

axisX = [0 1 2 3 4 5 6 7]
myhist = [0 0.19 0 0.25 0 0.21 0.24 0.11]

plot(axisX, myhist, 'linewidth', 2), axis([0 7 0 0.4]);
hold on;
plot([0 7], [0.12 0.12], 'linewidth', 2);

a = [1 3 5 6 7]
b = [0.19 0.25 0.21 0.24 0.11]
text(a - 0.55, b + 0.045, num2str(b'), 'FontSize', 10);
text(7, - 0.03, '\itk');
text( - 1.3,0.45,'\itp_t(t_k)');
```

解：直方图均衡化的过程如图 4-28 所示，其中，图 4-28(a)为灰度统计直方图，图 4-28(b)为灰度统计直方图的归一化概率表达形式，图 4-28(c)为累积分布函数，图 4-28(d)为均衡化后的灰度统计直方图，图 4-28(e)为均衡化后的灰度统计直方图的归一化概率表达形式。需要注意：由于不能将相同灰度级的不同像素变换到不同灰度级，因此，均衡化的结果通常为近似均衡结果，如图 4-28(f)所示，其中，折线为实际均衡化结果，水平直线为理想均衡化结果。直方图均衡化的步骤和结果如表 4-5 所示。

表 4-5　直方图均衡化计算列表

序号	步　骤	结　果							
1	列出原始图像的灰度级 k，$k=0,1,\cdots,7$，$L=8$	0	1	2	3	4	5	6	7
2	列出原始图像第 k 级灰度值的归一化表达形式 s_k	0/255	1/255	2/255	3/255	4/255	5/255	6/255	7/255
3	统计各灰度级的像素数目 n_k	790	1023	850	656	329	245	122	81
4	得到灰度统计直方图的归一化概率表达形式：$p_s(s_k)=n_k/N$	0.19	0.25	0.21	0.16	0.08	0.06	0.03	0.02
5	基于累积分布函数计算灰度累积直方图：$E(s_k)=\sum_{i=0}^{k}\frac{n_i}{N}=\sum_{i=0}^{k}p_s(s_i)$	0.19	0.44	0.65	0.81	0.89	0.95	0.98	1.00

续表

序号	步　骤	结　果							
6	进行取整扩展，计算映射后输出图像各灰度级对应灰度值的归一化表达形式 t_k : $t_k=\mathrm{INT}((L-1)E(s_k)+0.5)/255$	1/255	3/255	5/255	6/255	6/255	7/255	7/255	7/255
7	确定映射关系 $s_k \rightarrow t_k$	0→1	1→3	2→5	3,4→6		5,6,7→7		
8	统计映射后各灰度级的像素数目 n_k		790		1023		850	985	448
9	得到新的灰度统计直方图的归一化概率表达形式：$p_t(t_k)=n_k/N$		0.19		0.25		0.21	0.24	0.11

例 4.23　直方图均衡化示例。

解：直方图均衡化示例如图 4-29 所示，其中，图 4-29(a)为 8 比特灰度原始图像，图 4-29(b)为图 4-29(a)的灰度统计直方图。从原始图像可以看出，图像整体偏黑，且图像细节模糊，反映在其灰度统计直方图上就是大部分像素集中在低灰度值部分，像素分布极不均衡。图 4-29(c)为直方图均衡化处理后的图像，图 4-29(d)为图 4-29(c)的灰度统计直方图。从结果可以看出，均衡化后的图像对比度增加，图像细节比较清晰，反映在其灰度统计直方图上就是像素占据灰度值允许的整个范围，分布比较均衡。

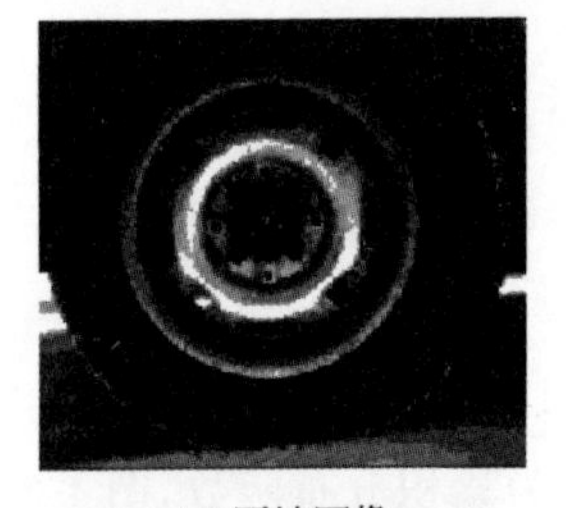

(a) 原始图像

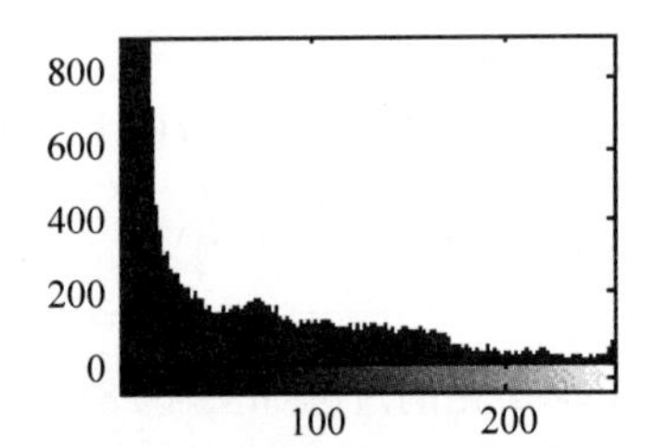

(b) 原始图像的灰度统计直方图

(c) 均衡化图像

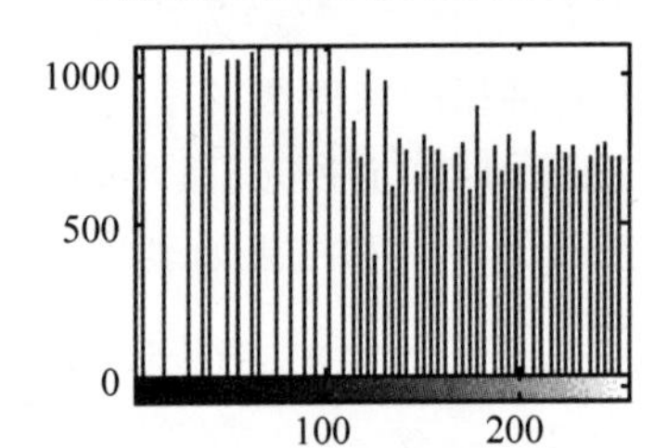

(d) 均衡化图像的灰度统计直方图

图 4-29　直方图均衡化示例

```
% F4_29.m

I = imread('tire.tif');
J = histeq(I);
subplot(2,2,1),imshow(I),xlabel('(a) 原始图像');
subplot(2,2,2),imhist(I),xlabel('(b) 原始图像的灰度统计直方图','position',[120 - 188]);
subplot(2,2,3),imshow(J),xlabel('(c) 均衡化图像');
subplot(2,2,4),imhist(J),xlabel('(d) 均衡化图像的灰度统计直方图','position',[120 - 238]);
```

综上所述，直方图均衡化的优点是能够增强整个图像的对比度。其缺点主要包括：

(1) 增强效果不易控制，处理的结果总是得到全局均匀化的直方图。

(2) 均衡化图像的动态范围扩大，本质上是扩大了量化间隔，但量化级别(灰度级)反而减少了，导致某些图像细节消失。

(3) 对于直方图存在高峰的图像，经处理后对比度可能过分增强。

(4) 导致出现伪轮廓；原来灰度值不同的像素经过处理后可能变为相同，从而形成一片灰度值相同的区域，各区域之间有明显的边界，导致出现伪轮廓。

4.3.2 直方图规定化

直方图均衡化处理的结果总是得到全局均匀化的直方图，实际中有时需要变换直方图使之成为某种需要的形状，此时，可以采用比较灵活的直方图规定化方法。

4.3.2.1 原理步骤

直方图规定化是指通过灰度映射函数，将灰度直方图改造成所希望的直方图，从而有选择地增强某个灰度值范围内的对比度，使图像灰度值的分布满足特定的要求。

直方图规定化的算法步骤为：

(1) 列出原始图像的灰度级 k，$k=0,1,2,\cdots,L-1$，L 为灰度级的数量；

(2) 列出原始图像第 k 级灰度值的归一化表达形式 s_k；

(3) 统计各灰度级的像素数目 n_k，$k=0,1,2,\cdots,L-1$；

(4) 得到灰度统计直方图的归一化概率表达形式：$p_s(s_k)=n_k/N$，N 为原始图像的像素数目；

(5) 基于累积分布函数计算灰度累积直方图：$E(s_k)=\sum_{i=0}^{k}\frac{n_i}{N}=\sum_{i=0}^{k}p_s(s_i)$；

(6) 列出规定化图像的灰度级 l，$l=0,1,2,\cdots,M-1$，M 为灰度级的数量；

(7) 列出规定化图像第 l 级灰度值的归一化表达形式 t_l；

(8) 规定直方图，即得到规定化图像的灰度统计直方图的归一化概率表达形式：$p_t(t_l)=n_l/N$；

(9) 基于累积分布函数计算规定化图像的灰度累积直方图：$E(t_l)=\sum_{i=0}^{l}\frac{n_i}{N}=\sum_{i=0}^{l}p_t(t_i)$；

(10) 采用灰度映射规则，计算映射后输出图像各灰度级对应灰度值的归一化表达形式 t_k；

(11) 确定映射关系 $s_k\rightarrow t_k$；

(12) 统计映射后各灰度级的像素数目 n_l；

(13) 得到新的灰度统计直方图的归一化概率表达形式：$p_t(t_l)=n_l/N$，N 为输出图像的像素数目，即原始图像的像素数目。

灰度映射规则是直方图规定化的关键。由于存在取整误差的影响，灰度映射规则的好坏在离散空间尤其重要。常用的灰度映射规则包括单映射规则(SML)和组映射规则(GML)。

单映射规则(Single Mapping Law，SML)要求 k 从小到大变化，依次找到能使式(4-18)最小的 l。对于每组 k 和 l，分别将 $p_s(s_k)$映射到 $p_t(t_l)$。该方法简单直观，但有时会产生较大的取整误差。

$$\left|\sum_{i=0}^{k} p_s(s_i) - \sum_{j=0}^{l} p_t(t_j)\right|, \quad k=0,1,\cdots,L-1; \quad l=0,1,\cdots,M-1 \tag{4-18}$$

式中，L 和 M 分别为原始图像和规定化图像的灰度级的数量，且 $L \geqslant M$。

组映射规则(Group Mapping Law，GML)效果较好。设有一整数函数 $I(l)$，$l=0,1,\cdots,M-1$，满足式(4-19)：

$$0 \leqslant I(0) \leqslant \cdots \leqslant I(l) \leqslant \cdots \leqslant I(M-1) \leqslant L-1 \tag{4-19}$$

确定使式(4-20)最小的整数函数 $I(l)$。若 $l=0$，则将 i 从 0 到 $I(0)$ 的 $p_s(s_i)$ 映射到 $p_t(t_0)$；若 $l \geqslant 1$，则将 i 从 $I(l-1)+1$ 到 $I(l)$ 的 $p_s(s_i)$ 映射到 $p_t(t_l)$。

$$\left|\sum_{i=0}^{I(l)} p_s(s_i) - \sum_{j=0}^{l} p_t(t_j)\right|, \quad l=0,1,\cdots,M-1 \tag{4-20}$$

4.3.2.2 列表计算

直方图规定化可通过列表计算方式来实现。

例 4.24 有一张 64×64 的 8 比特灰度图像，其灰度统计直方图如图 4-30(a)所示，规定图像的灰度统计直方图如图 4-30(b)所示，试对其进行直方图规定化。

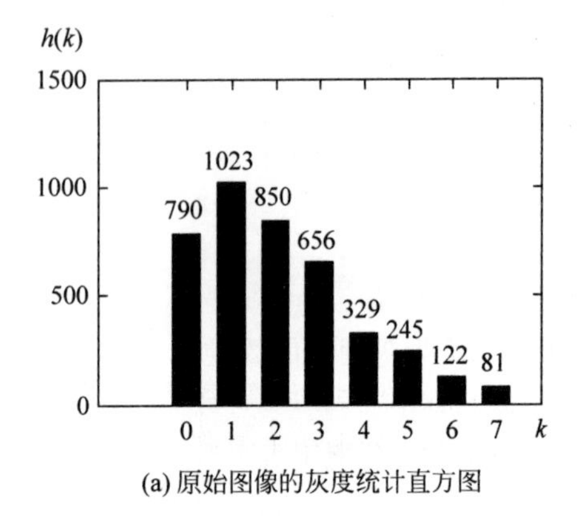

(a) 原始图像的灰度统计直方图

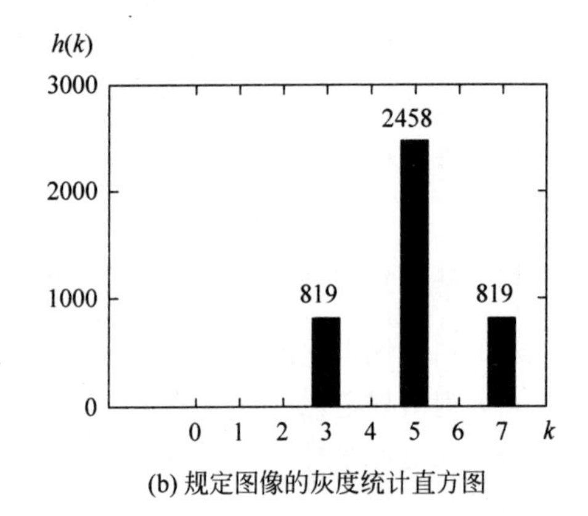

(b) 规定图像的灰度统计直方图

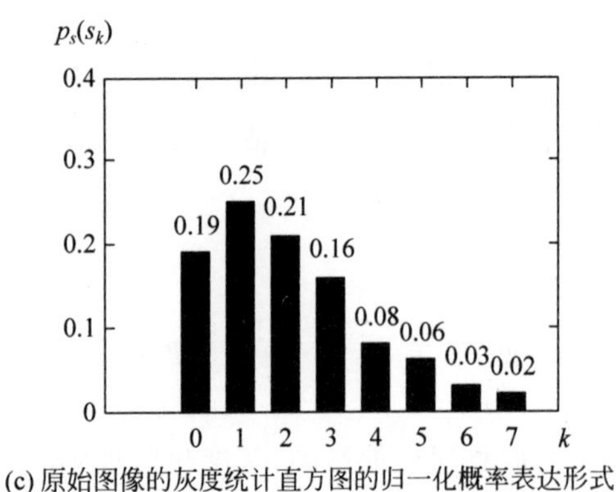

(c) 原始图像的灰度统计直方图的归一化概率表达形式

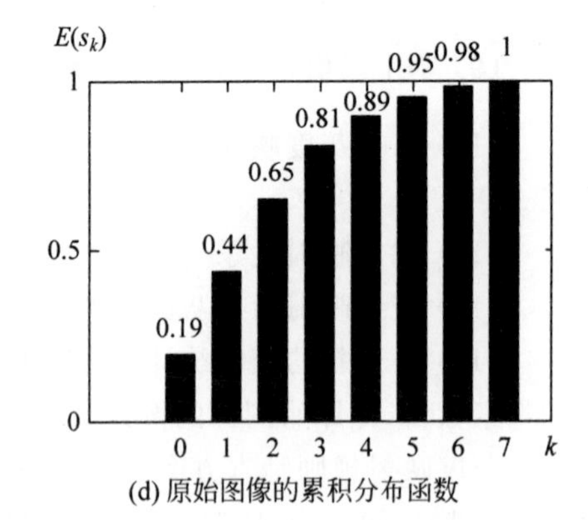

(d) 原始图像的累积分布函数

图 4-30 直方图规定化过程

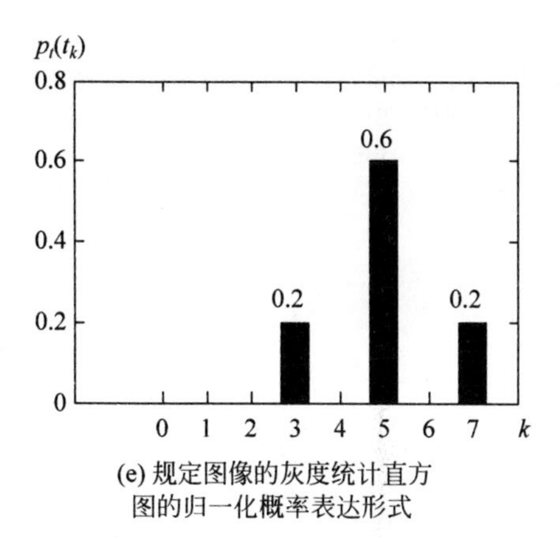

(e) 规定图像的灰度统计直方图的归一化概率表达形式

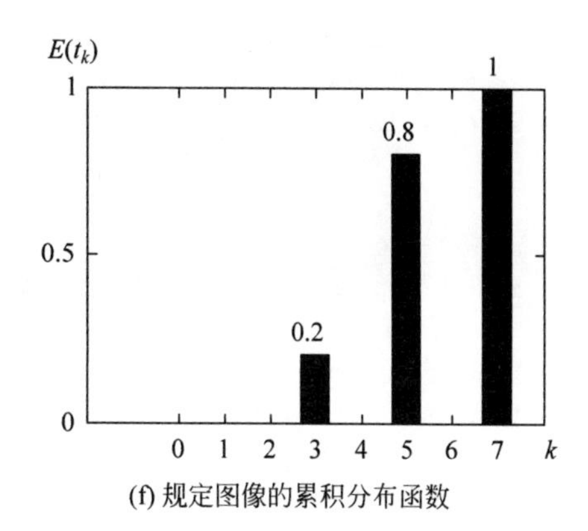

(f) 规定图像的累积分布函数

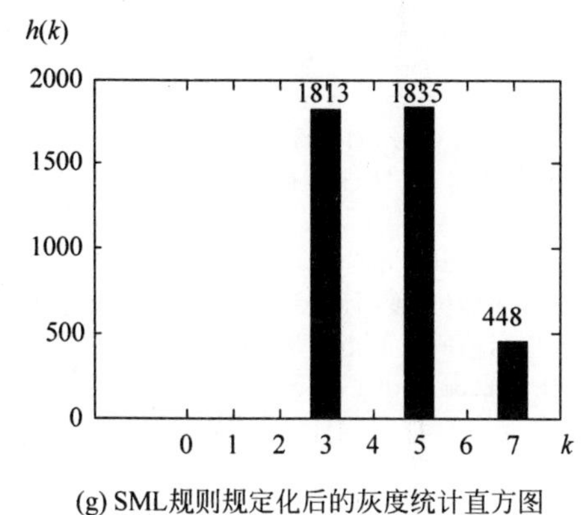

(g) SML规则规定化后的灰度统计直方图

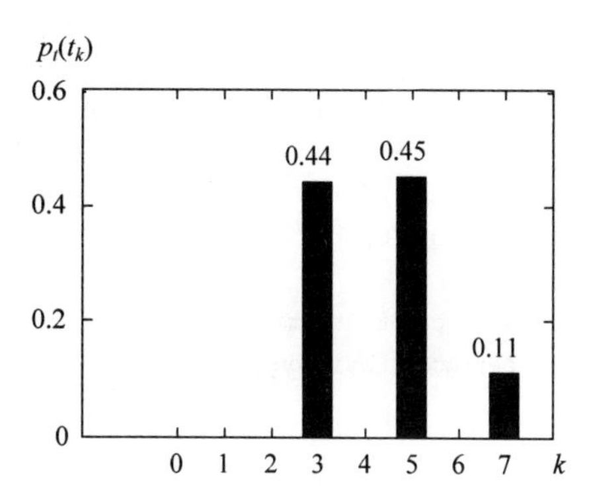

(h) SML规则规定化后的灰度统计直方图的归一化概率表达形式

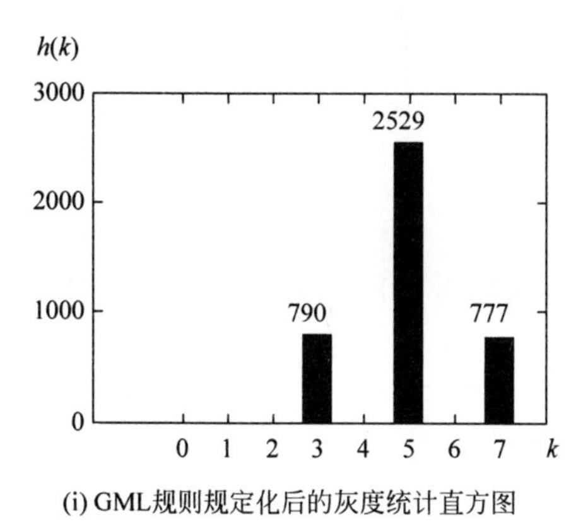

(i) GML规则规定化后的灰度统计直方图

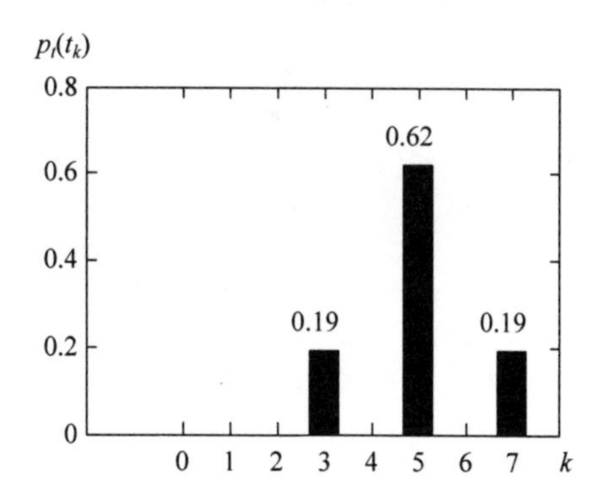

(j) GML规则规定化后的灰度统计直方图的归一化概率表达形式

图 4-30　（续）

```
% F4_30a.m

% -- 设置图片和坐标轴的属性 -----------------------------------------------
fs = 7.5;               % FontSize : 五号:10.5 磅,小五号:9 磅,六号:7.5 磅
ms = 5;                 % MarkerSize: 五号:10.5 磅,小五号:9 磅,六号:7.5 磅
set(gcf,'Units','centimeters','Position',[25 11 6 4.5]);
                        % 设置图片的位置和大小[left bottom width height],width:height = 4:3
```

```
set(gca,'FontName','宋体','FontSize',fs);        % 设置坐标轴(刻度、标签和图例)的字体和字号
set(gca,'Position',[.16 .115 .79 .75]);         % 设置坐标轴所在的矩形区域在图片中的位置
                                                % [left bottom width height]

axisX = [0 1 2 3 4 5 6 7]
myhist = [790 1023 850 656 329 245 122 81]

bar(axisX, myhist, 0.65, 'grouped')
text(axisX - 0.65, myhist + 97, num2str(myhist'), 'FontSize', 8);
text(8, - 116,'\itk');
text( - 2.4,1700,'\ith(k)');

% F4_30b.m

% -- 设置图片和坐标轴的属性 -------------------------------------------------
fs = 7.5;               % FontSize : 五号:10.5 磅,小五号:9 磅,六号:7.5 磅
ms = 5;                 % MarkerSize: 五号:10.5 磅,小五号:9 磅,六号:7.5 磅
set(gcf,'Units','centimeters','Position',[25 11 6 4.5]);
                        % 设置图片的位置和大小[left bottom width height],width:height = 4:3
set(gca,'FontName','宋体','FontSize',fs);        % 设置坐标轴(刻度、标签和图例)的字体和字号
set(gca,'Position',[.16 .115 .79 .75]);         % 设置坐标轴所在的矩形区域在图片中的位置
                                                % [left bottom width height]

axisX = [0 1 2 3 4 5 6 7]
myhist = [0 0 0 0 0 0 0 0]
bar(axisX, myhist, 0.65, 'grouped')

hold on

axisX = [3 5 7]
myhist = [819 2458 819]
bar(axisX, myhist, 0.3, 'grouped')
text(axisX - 0.75, myhist + 230, num2str(myhist'), 'FontSize', 10);
text(8, - 220,'\itk');
text( - 3.8,3400,'\ith(k)');

% F4_30c.m

% -- 设置图片和坐标轴的属性 -------------------------------------------------
fs = 7.5;               % FontSize : 五号:10.5 磅,小五号:9 磅,六号:7.5 磅
ms = 5;                 % MarkerSize: 五号:10.5 磅,小五号:9 磅,六号:7.5 磅
set(gcf,'Units','centimeters','Position',[25 11 6 4.5]);
                        % 设置图片的位置和大小[left bottom width height],width:height = 4:3
set(gca,'FontName','宋体','FontSize',fs);        % 设置坐标轴(刻度、标签和图例)的字体和字号
set(gca,'Position',[.16 .115 .79 .75]);         % 设置坐标轴所在的矩形区域在图片中的位置
                                                % [left bottom width height]

axisX = [0 1 2 3 4 5 6 7]
myhist = [0.19 0.25 0.21 0.16 0.08 0.06 0.03 0.02]
```

```
bar(axisX, myhist, 0.65, 'grouped')
text(axisX - 0.5, myhist + 0.03, num2str(myhist'), 'FontSize', 7);
text(8, - 0.032, '\itk');
text( - 2.8,0.34, '\itp_s(s_k)');

% F4_30d.m

% -- 设置图片和坐标轴的属性 -------------------------------------------------
fs = 7.5;              % FontSize : 五号:10.5 磅,小五号:9 磅,六号:7.5 磅
ms = 5;                % MarkerSize: 五号:10.5 磅,小五号:9 磅,六号:7.5 磅
set(gcf,'Units','centimeters','Position',[25 11 6 4.5]);
                       % 设置图片的位置和大小[left bottom width height],width:height = 4:3
set(gca,'FontName','宋体','FontSize',fs);       % 设置坐标轴(刻度、标签和图例)的字体和字号
set(gca,'Position',[.16 .115 .79 .75]);        % 设置坐标轴所在的矩形区域在图片中的位置
                                               % [left bottom width height]

axisX = [0 1 2 3 4 5 6 7]
myhist = [0.19 0.44 0.65 0.81 0.89 0.95 0.98 1.00]

bar(axisX, myhist, 0.65, 'grouped')
text(axisX - 0.55, myhist + 0.07, num2str(myhist'), 'FontSize', 7);
text(8, - 0.075, '\itk');
text( - 2.8,1.12, '\itE(s_k)');

% F4_30e.m

% -- 设置图片和坐标轴的属性 -------------------------------------------------
fs = 7.5;              % FontSize : 五号:10.5 磅,小五号:9 磅,六号:7.5 磅
ms = 5;                % MarkerSize: 五号:10.5 磅,小五号:9 磅,六号:7.5 磅
set(gcf,'Units','centimeters','Position',[25 11 6 4.5]);
                       % 设置图片的位置和大小[left bottom width height],width:height = 4:3
set(gca,'FontName','宋体','FontSize',fs);       % 设置坐标轴(刻度、标签和图例)的字体和字号
set(gca,'Position',[.16 .115 .79 .75]);        % 设置坐标轴所在的矩形区域在图片中的位置
                                               % [left bottom width height]

axisX = [0 1 2 3 4 5 6 7]
myhist = [0 0 0 0 0 0 0 0]
bar(axisX, myhist, 0.65, 'grouped')

hold on

axisX = [3 5 7]
myhist = [0.2 0.6 0.2]
bar(axisX, myhist, 0.3, 'grouped')
text(axisX - 0.55, myhist + 0.06, num2str(myhist'), 'FontSize', 10);
text(8, - 0.06, '\itk');
text( - 3.8,0.68, '\itp_t(t_k)');

% F4_30f.m
```

```
% -- 设置图片和坐标轴的属性 -----------------------------------------
fs = 7.5;              % FontSize : 五号:10.5 磅,小五号:9 磅,六号:7.5 磅
ms = 5;                % MarkerSize: 五号:10.5 磅,小五号:9 磅,六号:7.5 磅
set(gcf,'Units','centimeters','Position',[25 11 6 4.5]);
                       % 设置图片的位置和大小[left bottom width height],width:height = 4:3
set(gca,'FontName','宋体','FontSize',fs);     % 设置坐标轴(刻度、标签和图例)的字体和字号
set(gca,'Position',[.16 .115 .79 .75]);       % 设置坐标轴所在的矩形区域在图片中的位置
                                              % [left bottom width height]

axisX = [0 1 2 3 4 5 6 7]
myhist = [0 0 0 0 0 0 0 0]
bar(axisX, myhist, 0.65, 'grouped')

hold on

axisX = [3 5 7]
myhist = [0.2 0.8 1.0]
bar(axisX, myhist, 0.3, 'grouped')
text(axisX - 0.55, myhist + 0.07, num2str(myhist'), 'FontSize', 10);
text(8, - 0.075,'\itk');
text( - 3.8,1.11,'\itE(t_k)');

% F4_30g.m

% -- 设置图片和坐标轴的属性 -----------------------------------------
fs = 7.5;              % FontSize : 五号:10.5 磅,小五号:9 磅,六号:7.5 磅
ms = 5;                % MarkerSize: 五号:10.5 磅,小五号:9 磅,六号:7.5 磅
set(gcf,'Units','centimeters','Position',[25 11 6 4.5]);
                       % 设置图片的位置和大小[left bottom width height],width:height = 4:3
set(gca,'FontName','宋体','FontSize',fs);     % 设置坐标轴(刻度、标签和图例)的字体和字号
set(gca,'Position',[.16 .115 .79 .75]);       % 设置坐标轴所在的矩形区域在图片中的位置
                                              % [left bottom width height]

axisX = [0 1 2 3 4 5 6 7]
myhist = [0 0 0 0 0 0 0 0]
bar(axisX, myhist, 0.65, 'grouped')

hold on

axisX = [3 5 7]
myhist = [1813 1835 448]
bar(axisX, myhist, 0.3, 'grouped')
text(axisX - 0.8, myhist + 160, num2str(myhist'), 'FontSize', 10);
text(8, - 145,'\itk');
text( - 3.8,2260,'\ith(k)');

% F4_30h.m

% -- 设置图片和坐标轴的属性 -----------------------------------------
```

```
fs = 7.5;              % FontSize : 五号:10.5 磅,小五号:9 磅,六号:7.5 磅
ms = 5;                % MarkerSize: 五号:10.5 磅,小五号:9 磅,六号:7.5 磅
set(gcf,'Units','centimeters','Position',[25 11 6 4.5]);
                       % 设置图片的位置和大小[left bottom width height],width:height = 4:3
set(gca,'FontName','宋体','FontSize',fs);       % 设置坐标轴(刻度、标签和图例)的字体和字号
set(gca,'Position',[.16 .115 .79 .75]);         % 设置坐标轴所在的矩形区域在图片中的位置
                                                % [left bottom width height]

axisX = [0 1 2 3 4 5 6 7]
myhist = [0 0 0 0 0 0 0 0]
bar(axisX, myhist, 0.65, 'grouped')

hold on

axisX = [3 5 7]
myhist = [0.44 0.45 0.11]
bar(axisX, myhist, 0.3, 'grouped')
text(axisX - 0.7, myhist + 0.05, num2str(myhist'), 'FontSize', 10);
text(8, - 0.045,'\itk');
text( - 3.8,0.67,'\itp_t(t_k)');

% F4_30i.m

% -- 设置图片和坐标轴的属性 ------------------------------------------------
fs = 7.5;              % FontSize : 五号:10.5 磅,小五号:9 磅,六号:7.5 磅
ms = 5;                % MarkerSize: 五号:10.5 磅,小五号:9 磅,六号:7.5 磅
set(gcf,'Units','centimeters','Position',[25 11 6 4.5]);
                       % 设置图片的位置和大小[left bottom width height],width:height = 4:3
set(gca,'FontName','宋体','FontSize',fs);       % 设置坐标轴(刻度、标签和图例)的字体和字号
set(gca,'Position',[.16 .115 .79 .75]);         % 设置坐标轴所在的矩形区域在图片中的位置
                                                % [left bottom width height]

axisX = [0 1 2 3 4 5 6 7]
myhist = [0 0 0 0 0 0 0 0]
bar(axisX, myhist, 0.65, 'grouped')

hold on

axisX = [3 5 7]
myhist = [790 2529 777]
bar(axisX, myhist, 0.3, 'grouped')
text(axisX - 0.8, myhist + 220, num2str(myhist'), 'FontSize', 10);
text(8, - 225,'\itk');
text( - 3.8,3380,'\ith(k)');

% F4_30j.m

% -- 设置图片和坐标轴的属性 ------------------------------------------------
fs = 7.5;              % FontSize : 五号:10.5 磅,小五号:9 磅,六号:7.5 磅
```

```
ms = 5;              % MarkerSize: 五号:10.5 磅,小五号:9 磅,六号:7.5 磅
set(gcf,'Units','centimeters','Position',[25 11 6 4.5]);
                     % 设置图片的位置和大小[left bottom width height],width:height = 4:3
set(gca,'FontName','宋体','FontSize',fs);      % 设置坐标轴(刻度、标签和图例)的字体和字号
set(gca,'Position',[.16 .115 .79 .75]);        % 设置坐标轴所在的矩形区域在图片中的位置
                                               % [left bottom width height]


axisX = [0 1 2 3 4 5 6 7]
myhist = [0 0 0 0 0 0 0 0]
bar(axisX, myhist, 0.65, 'grouped')

hold on

axisX = [3 5 7]
myhist = [0.19 0.62 0.19]
bar(axisX, myhist, 0.3, 'grouped')
text(axisX - 0.7, myhist + 0.07, num2str(myhist'), 'FontSize', 10);
text(8, - 0.06,'\itk');
text( - 3.8,0.89,'\itp_t(t_k)');
```

解：直方图规定化的过程如图 4-30 所示，其中，图 4-30(a)为原始图像的灰度统计直方图，图 4-30(b)为规定化图像的灰度统计直方图，图 4-30(c)为原始图像的灰度统计直方图的归一化概率表达形式，图 4-30(d)为原始图像的累积分布函数，图 4-30(e)为规定化图像的灰度统计直方图的归一化概率表达形式，图 4-30(f)为规定化图像的累积分布函数。直方图规定化的步骤和结果如表 4-6 所示。

表 4-6　直方图规定化计算列表

序号	步　骤	结　果							
1	列出原始图像的灰度级 k，$k=0,1,\cdots,7$；$L=8$	0	1	2	3	4	5	6	7
2	列出原始图像第 k 级灰度值的归一化表达形式 s_k	0/255	1/255	2/255	3/255	4/255	5/255	6/255	7/255
3	统计各灰度级的像素数目 n_k	790	1023	850	656	329	245	122	81
4	得到灰度统计直方图的归一化概率表达形式：$p_s(s_k)=n_k/N$	0.19	0.25	0.21	0.16	0.08	0.06	0.03	0.02
5	基于累积分布函数计算灰度累积直方图：$E(s_k)=\sum_{i=0}^{k}\frac{n_i}{N}=\sum_{i=0}^{k}p_s(s_i)$	0.19	0.44	0.65	0.81	0.89	0.95	0.98	1.00
6	列出规定化图像的灰度级 l，$l=0,1,2$；$M=3$				0		1		2
7	列出规定化图像第 l 级灰度值的归一化表达形式 t_l				3/255		5/255		7/255
8	规定直方图，即得到规定化图像的灰度统计直方图的归一化概率表达形式：$p_t(t_l)=n_l/N$				0.2		0.6		0.2

续表

序号	步　骤	结　果							
9	基于累积分布函数计算规定化图像的灰度累积直方图：$E(t_l)=\sum_{i=0}^{l}\frac{n_i}{N}=\sum_{i=0}^{l}p_t(t_i)$				0.2		0.8		1.0
10S	采用 SML 映射规则，计算映射后输出图像各灰度级对应灰度值的归一化表达形式 t_k	3/255	3/255	5/255	5/255	5/255	7/255	7/255	7/255
11S	确定映射关系 $s_k \rightarrow t_l$	0,1→3		2,3,4→5			5,6,7→7		
12S	统计映射后各灰度级的像素数目 n_l				1813		1835		448
13S	得到新的灰度统计直方图的归一化概率表达形式：$p_t(t_l)=n_l/N$				0.44		0.45		0.11
10G	采用 GML 映射规则，计算映射后输出图像各灰度级对应灰度值的归一化表达形式 t_k	3	5	5	5	7	7	7	7
11G	确定映射关系 $s_k \rightarrow t_l$	0→3	1,2,3→5			4,5,6,7→7			
12G	统计映射后各灰度级的像素数目 n_l				790		2529		777
13G	得到新的灰度统计直方图的归一化概率表达形式：$p_t(t_l)=n_l/N$				0.19		0.62		0.19

上述计算过程中，SML 和 GML 映射规则的计算过程基于式(4-18)和式(4-20)，可由图 4-31 表示。

针对 SML 映射规则，计算过程以行为单位，从上到下观察，每行的最小值为映射点，将该点左边的原始图像的灰度值映射为该点上边的规定化图像的灰度值。由图 4-31 可知，使式(4-18)最小的 k 和 l 的组为：

	灰度级	l	0	1	2
灰度级	灰度值	l_l	3	5	7
k	s_k	abs(−)	0.2	0.8	1
0	0	0.19	0.01	0.61	0.81
1	1	0.44	0.24	0.36	0.56
2	2	0.65	0.45	0.15	0.35
3	3	0.81	0.61	0.01	0.19
4	4	0.89	0.69	0.09	0.11
5	5	0.95	0.75	0.15	0.05
6	6	0.98	0.78	0.18	0.02
7	7	1	0.8	0.2	0

图 4-31　SML 和 GML 计算列表

(1) $k=0, l=0$，此时，将 $p_s(s_k)$ 映射到 $p_t(t_l)$，即 $p_s(s_0)$ 映射到 $p_t(t_0)$，式(4-18)的值为

$$\left|\sum_{i=0}^{k}p_s(s_i)-\sum_{j=0}^{l}p_t(t_j)\right|=\left|\sum_{i=0}^{0}p_s(s_i)-\sum_{j=0}^{0}p_t(t_j)\right|$$
$$=|p_s(s_0)-p_t(t_0)|$$
$$=|0.19-0.2|=0.01 \tag{4-21}$$

(2) $k=1, l=0$，此时，将 $p_s(s_k)$ 映射到 $p_t(t_l)$，即 $p_s(s_1)$ 映射到 $p_t(t_0)$，式(4-18)的值为

$$\left|\sum_{i=0}^{k}p_s(s_i)-\sum_{j=0}^{l}p_t(t_j)\right|=\left|\sum_{i=0}^{l}p_s(s_i)-\sum_{j=0}^{0}p_t(t_j)\right|$$

$$=|p_s(s_0)+p_s(s_1)-p_t(t_0)|$$
$$=|0.19+0.25-0.2|=0.24 \tag{4-22}$$

(3) $k=2,l=1$，此时，将 $p_s(s_k)$映射到 $p_t(t_l)$，即 $p_s(s_2)$映射到 $p_t(t_1)$，式(4-18)的值为

$$\left|\sum_{i=0}^{k}p_s(s_i)-\sum_{j=0}^{l}p_t(t_j)\right|=\left|\sum_{i=0}^{2}p_s(s_i)-\sum_{j=0}^{1}p_t(t_j)\right|$$
$$=|p_s(s_0)+p_s(s_1)+p_s(s_2)-p_t(t_0)-p_t(t_1)|$$
$$=|0.19+0.25+0.21-0.2-0.6|=0.15 \tag{4-23}$$

(4) $k=3,l=1$，此时，将 $p_s(s_k)$映射到 $p_t(t_l)$，即 $p_s(s_3)$映射到 $p_t(t_1)$，式(4-18)的值为

$$\left|\sum_{i=0}^{k}p_s(s_i)-\sum_{j=0}^{l}p_t(t_j)\right|=\left|\sum_{i=0}^{3}p_s(s_i)-\sum_{j=0}^{1}p_t(t_j)\right|$$
$$=|p_s(s_0)+p_s(s_1)+p_s(s_2)+p_s(s_3)-p_t(t_0)-p_t(t_1)|$$
$$=|0.19+0.25+0.21+0.16-0.2-0.6|=0.01 \tag{4-24}$$

(5) $k=4,l=1$，此时，将 $p_s(s_k)$映射到 $p_t(t_l)$，即 $p_s(s_4)$映射到 $p_t(t_1)$，式(4-18)的值为

$$\left|\sum_{i=0}^{k}p_s(s_i)-\sum_{j=0}^{l}p_t(t_j)\right|=\left|\sum_{i=0}^{4}p_s(s_i)-\sum_{j=0}^{1}p_t(t_j)\right|$$
$$=|p_s(s_0)+p_s(s_1)+p_s(s_2)+p_s(s_3)+p_s(s_4)-p_t(t_0)-p_t(t_1)|$$
$$=|0.19+0.25+0.21+0.16+0.08-0.2-0.6|$$
$$=0.09 \tag{4-25}$$

(6) $k=5,l=2$，此时，将 $p_s(s_k)$映射到 $p_t(t_l)$，即 $p_s(s_5)$映射到 $p_t(t_2)$，式(4-18)的值为

$$\left|\sum_{i=0}^{k}p_s(s_i)-\sum_{j=0}^{l}p_t(t_j)\right|=\left|\sum_{i=0}^{5}p_s(s_i)-\sum_{j=0}^{2}p_t(t_j)\right|$$
$$=|p_s(s_0)+p_s(s_1)+p_s(s_2)+p_s(s_3)+p_s(s_4)+p_s(s_5)-$$
$$p_t(t_0)-p_t(t_1)-p_t(t_2)|$$
$$=|0.19+0.25+0.21+0.16+0.08+0.06-0.2-0.6-0.2|$$
$$=0.05 \tag{4-26}$$

(7) $k=6,l=2$，此时，将 $p_s(s_k)$映射到 $p_t(t_l)$，即 $p_s(s_6)$映射到 $p_t(t_2)$，式(4-18)的值为

$$\left|\sum_{i=0}^{k}p_s(s_i)-\sum_{j=0}^{l}p_t(t_j)\right|=\left|\sum_{i=0}^{6}p_s(s_i)-\sum_{j=0}^{2}p_t(t_j)\right|$$
$$=|p_s(s_0)+p_s(s_1)+p_s(s_2)+p_s(s_3)+p_s(s_4)+p_s(s_5)+$$
$$p_s(s_6)-p_t(t_0)-p_t(t_1)-p_t(t_2)|$$
$$=|0.19+0.25+0.21+0.16+0.08+0.06+0.03-$$
$$0.2-0.6-0.2|$$
$$=0.02 \tag{4-27}$$

(8) $k=7,l=2$，此时，将 $p_s(s_k)$ 映射到 $p_t(t_l)$，即 $p_s(s_7)$ 映射到 $p_t(t_2)$，式(4-18)的值为

$$\begin{aligned}\left|\sum_{i=0}^{k}p_s(s_i)-\sum_{j=0}^{l}p_t(t_j)\right| &= \left|\sum_{i=0}^{7}p_s(s_i)-\sum_{j=0}^{2}p_t(t_j)\right| \\ &= |p_s(s_0)+p_s(s_1)+p_s(s_2)+p_s(s_3)+p_s(s_4)+p_s(s_5)+ \\ &\quad p_s(s_6)+p_s(s_7)-p_t(t_0)-p_t(t_1)-p_t(t_2)| \\ &= |0.19+0.25+0.21+0.16+0.08+0.06+0.03+ \\ &\quad 0.02-0.2-0.6-0.2| \\ &= 0\end{aligned} \tag{4-28}$$

最终，基于 SML 映射规则规定化后的灰度统计直方图及其归一化概率表达形式如图 4-30(g)和图 4-30(h)所示，可以看到，得到的结果与规定直方图差别较大。

针对 GML 映射规则，计算过程以列为单位，从左到右观察，每列的最小值为映射点，将该点左边的原始图像的灰度值映射为该点上边的规定化图像的灰度值。由图 4-31 可知，使式(4-20)最小的整数函数 $I(l)$ 为：$0\leqslant(I(0)=0)\leqslant(I(1)=3)\leqslant(I(2)=7)\leqslant7$，其中，$l=0,1,2,L=8,M=3$。

(1) 当 $l=0$ 时，将 i 从 0 到 $I(0)$ 的 $p_s(s_i)$ 映射到 $p_t(t_0)$，即 $p_s(s_0)$ 映射到 $p_t(t_0)$，此时，式(4-20)的值为

$$\begin{aligned}\left|\sum_{i=0}^{I(l)}p_s(s_i)-\sum_{j=0}^{l}p_t(t_j)\right| &= \left|\sum_{i=0}^{0}p_s(s_i)-\sum_{j=0}^{0}p_t(t_j)\right| \\ &= |p_s(s_0)-p_t(t_0)|=|0.19-0.2|=0.01\end{aligned} \tag{4-29}$$

(2) 当 $l=1$ 时，将 i 从 $I(l-1)+1$ 到 $I(l)$ 的 $p_s(s_i)$ 映射到 $p_t(t_l)$，即 $p_s(s_1)$、$p_s(s_2)$、$p_s(s_3)$ 映射到 $p_t(t_1)$，此时，式(4-20)的值为

$$\begin{aligned}\left|\sum_{i=0}^{I(l)}p_s(s_i)-\sum_{j=0}^{l}p_t(t_j)\right| &= \left|\sum_{i=0}^{3}p_s(s_i)-\sum_{j=0}^{1}p_t(t_j)\right| \\ &= |p_s(s_0)+p_s(s_1)+p_s(s_2)+p_s(s_3)-p_t(t_0)-p_t(t_1)| \\ &= |0.19+0.25+0.21+0.16-0.2-0.6| \\ &= 0.01\end{aligned} \tag{4-30}$$

(3) 当 $l=2$ 时，将 i 从 $I(l-1)+1$ 到 $I(l)$ 的 $p_s(s_i)$ 映射到 $p_t(t_l)$，即 $p_s(s_4)$、$p_s(s_5)$、$p_s(s_6)$、$p_s(s_7)$ 映射到 $p_t(t_2)$，此时，式(4-20)的值为

$$\begin{aligned}\left|\sum_{i=0}^{I(l)}p_s(s_i)-\sum_{j=0}^{l}p_t(t_j)\right| &= \left|\sum_{i=0}^{7}p_s(s_i)-\sum_{j=0}^{2}p_t(t_j)\right| \\ &= |p_s(s_0)+p_s(s_1)+p_s(s_2)+p_s(s_3)+p_s(s_4)+p_s(s_5)+ \\ &\quad p_s(s_6)+p_s(s_7)-p_t(t_0)-p_t(t_1)-p_t(t_2)| \\ &= |0.19+0.25+0.21+0.16+0.08+0.06+0.03+ \\ &\quad 0.02-0.2-0.6-0.2| \\ &= 0\end{aligned} \tag{4-31}$$

最终，基于 GML 映射规则规定化后的灰度统计直方图及其归一化概率表达形式如图 4-30(i)和图 4-30(j)所示，可以看到，得到的结果与规定直方图一致。

综上所述，GML 映射规则比 SML 映射规则更优。

4.3.2.3 绘图计算

直方图规定化的列表计算方式不是很直观,一种更加直观和简单的方式是绘图计算方式。

例 4.25 有一张 64×64 的 8 比特灰度图像,其灰度统计直方图如图 4-30(a)所示,规定化图像的灰度统计直方图如图 4-30(b)所示,试对其进行直方图规定化。

解: 采用绘图计算方式进行计算,将直方图画成一长条,每一段对应直方图中的一项,整个长条表达了累积直方图。

SML 映射规则绘图计算示例如图 4-32 所示,各点映射关系由图中实线刻画。SML 映射规则取原始累积直方图的各项依次向规定累积直方图映射,每次都选择最接近的数值,即遵循最短或者说最直的连线。

(1) 0.19 与 0.20 的连线(实线)比 0.19 与其他点的连线都更短,故 0.19 映射到 0.20;

(2) 0.44 与 0.20 的连线(实线)比 0.44 与 0.80 的连线(虚线)更短,故 0.44 映射到 0.20;

(3) 0.65 与 0.80 的连线(实线)比 0.65 与其他点的连线都更短,故 0.65 映射到 0.80;

(4) 0.81 与 0.80 的连线(实线)比 0.81 与其他点的连线都更短,故 0.81 映射到 0.80;

(5) 0.89 与 0.80 的连线(实线)比 0.89 与 1.00 的连线(虚线)更短,故 0.89 映射到 0.80;

(6) 0.95 与 1.00 的连线(实线)比 0.95 与其他点的连线都更短,故 0.95 映射到 1.00;

(7) 0.98 与 1.00 的连线(实线)比 0.98 与其他点的连线都更短,故 0.98 映射到 1.00;

(8) 1.00 与 1.00 的连线(实线)比 1.00 与其他点的连线都更短,故 1.00 映射到 1.00。

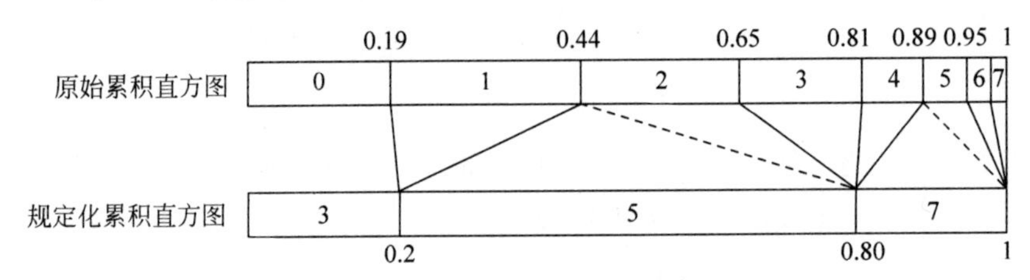

图 4-32 SML 映射规则绘图计算

GML 映射规则绘图计算示例如图 4-33 所示,各点映射关系由图中实线刻画。GML 映射规则取规定化累积直方图的各项依次向原始累积直方图映射,每次都选择最接近的数值,即遵循最短或者说最直的连线。

(1) 0.20 与 0.19 的连线(实线)比 0.20 与 0.44 的连线(虚线)更短,故 0.20 映射到 0.19,因此,原始累积直方图的第 1 项映射到规定化累积直方图的第 1 项;

(2) 0.80 与 0.81 的连线(实线)比 0.80 与 0.65 的连线(虚线)和 0.80 与 0.89 的连线(虚线)更短,故 0.80 映射到 0.81,因此,原始累积直方图的第 2、3、4 项映射到规定化累积直方图的第 2 项;

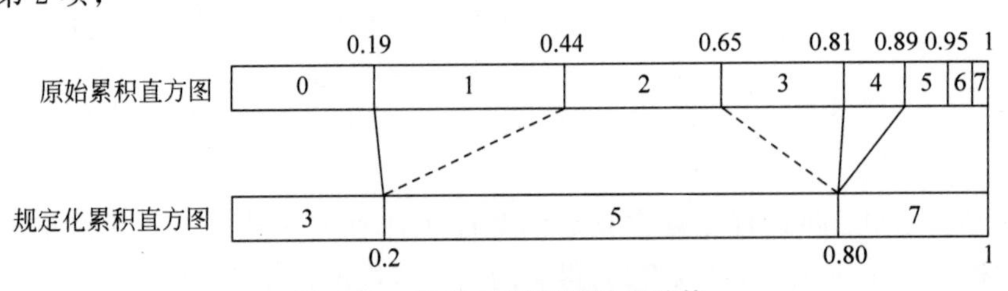

图 4-33 GML 映射规则绘图计算

(3) 1.00 与 1.00 的连线(实线)比 1.00 与其他点的连线都更短,故 1.00 映射到 1.00,因此,原始累积直方图的第 5、6、7、8 项映射到规定化累积直方图的第 3 项。

例 4.26　直方图规定化示例。

解:直方图规定化示例如图 4-34 所示,其中,图 4-34(a)为 8 比特灰度原始图像,图 4-34(b)为图 4-34(a)的灰度统计直方图。从结果可以看出,原始图像整体偏黑,且图像细节模糊,反映在其灰度统计直方图上就是大部分像素集中在低灰度值部分,像素分布极不均衡。

图 4-34(c)和图 4-34(d)分别为原始图像规定化为 2 个灰度级的结果及其灰度统计直方图。从结果可以看出,规定化后的图像只有 2 个灰度级,其灰度统计直方图只有 2 条柱线。

图 4-34(e)和图 4-34(f)分别为原始图像规定化为 10 个灰度级的结果及其灰度统计直方图。从结果可以看出,规定化后的图像有 10 个灰度级,其灰度统计直方图有 10 条柱线,图像效果对比度增加,图像细节比较清晰,灰度值分布比较均衡。

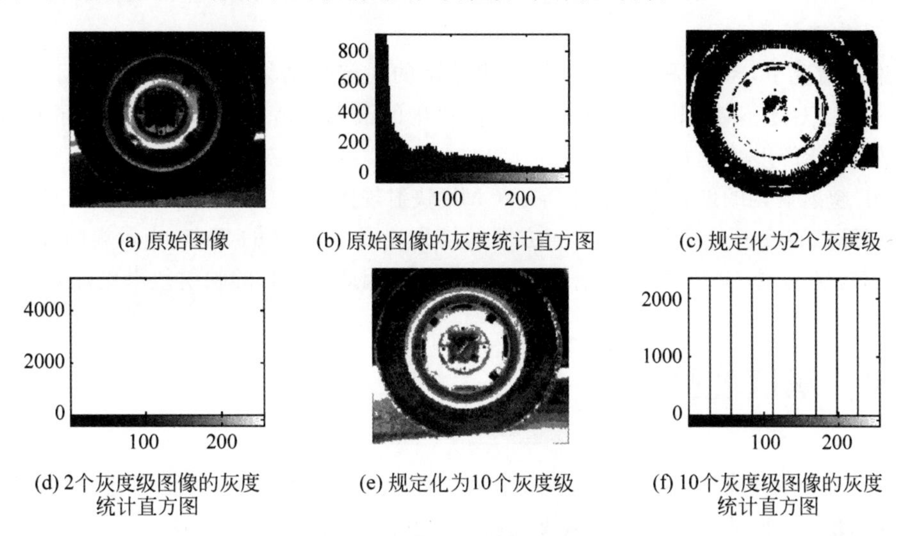

(a) 原始图像　(b) 原始图像的灰度统计直方图　(c) 规定化为2个灰度级

(d) 2个灰度级图像的灰度统计直方图　(e) 规定化为10个灰度级　(f) 10个灰度级图像的灰度统计直方图

图 4-34　直方图规定化示例

```
% F4_34.m

I = imread('tire.tif');
subplot(2,3,1),imshow(I),xlabel('(a) 原始图像');
subplot(2,3,2),imhist(I),xlabel('(b) 原始图像的灰度统计直方图','position',[90, - 160]);

%规定化为只有 2 个灰度级
J = histeq(I,2);
subplot(2,3,3),imshow(J),xlabel('(c) 规定化为 2 个灰度级');
subplot(2,3,4),imhist(J),xlabel('(d) 2 个灰度级图像的灰度统计直方图','position',[90, - 560]);

%规定化为有 10 个灰度级
K = histeq(I,10);
subplot(2,3,5),imshow(K),xlabel('(e) 规定化为 10 个灰度级');
subplot(2,3,6),imhist(K),xlabel('(f) 10 个灰度级图像的灰度统计直方图','position',[90, - 560]');
```

4.3.2.4 两种映射规则比较

SML 映射规则和 GML 映射规则的差别主要体现在以下三个方面。

1. 映射效果

SML 映射规则是有偏的映射规则，一些对应灰度级被有偏地映射到接近计算开始的灰度级。GML 映射规则是统计无偏的映射规则。

2. 映射误差

映射误差用对应映射间数值的差值的绝对值的和来度量，和值越小，映射效果越好。理想情况下，和值为 0。以图 4-32 的 SML 映射规则为例，映射误差 $=|0.44-0.20|+|(0.89-0.44)-(0.80-0.20)|+|(1.00-0.89)-(1.00-0.80)|=0.48$。以图 4-33 的 GML 映射规则为例，映射误差 $=|0.20-0.19|+|(0.80-0.20)-(0.81-0.19)|+|(1.00-0.80)-(1.00-0.81)|=0.04$。可见，GML 映射规则产生的误差小于 SML 映射规则产生的误差。

3. 误差期望值

在连续情况下，SML 和 GML 都能给出精确的规定化结果，但在离散情况下，精确程度往往不一样。对于 SML 映射规则来说，可能产生的最大误差为 $p_t(t_j)/2$。对于 GML 映射规则来说，可能产生的最大误差为 $p_s(s_i)/2$。由于 $M\leqslant L$，故必有 $p_s(s_i)/2\leqslant p_t(t_j)/2$。也就是说，SML 映射规则的期望误差大于等于 GML 映射规则的期望误差，因此，GML 映射规则总会得到比 SML 映射规则更接近规定直方图的结果。以图 4-32 的 SML 映射规则和图 4-33 的 GML 映射规则为例，GML 的映射线比 SML 更垂直，因此，GML 的映射效果更好。

4.4 灰度变换

对比度是指图像亮度的最大值与最小值之比。成像系统形成的图像通常亮度有限，对比度不足，图像的视觉效果较差。灰度变换是一种点操作，根据原始图像 $f(x,y)$ 中每个像素的灰度值，按照某种映射规则将其转化为另一灰度值 $g(x,y)$。灰度变换可有效改善图像的视觉效果，变换原理可表示为

$$t=E(k) \tag{4-32}$$

式中，k 为原始图像的灰度值 $f(x,y)$；t 为变换图像的灰度值 $g(x,y)$；$E()$ 为灰度增强函数。

灰度变换原理可由图 4-35 来说明，其中，图 4-35(a) 为原始图像，具有两种灰度级，分别用 B 和 W 表示；图 4-35(b) 为灰度增强函数，根据函数的映射规则，原始图像的灰度值 B 映射为灰度值 W，原始图像的灰度值 W 映射为灰度值 B；图 4-35(c) 为变换后的图像。

(a) 原始图像

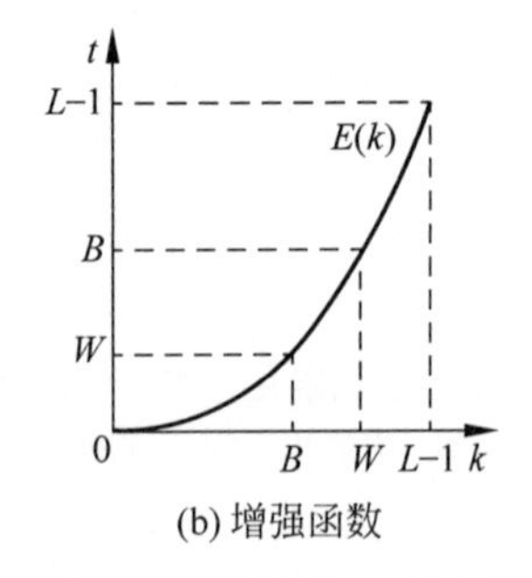

(b) 增强函数

(c) 变换图像

图 4-35 灰度变换原理

```
% F4_35b.m

% -- 设置图片和坐标轴的属性 -----------------------------------------
fs = 7.5;                % FontSize : 五号:10.5 磅,小五号:9 磅,六号:7.5 磅
ms = 5;                  % MarkerSize: 五号:10.5 磅,小五号:9 磅,六号:7.5 磅
set(gcf,'Units','centimeters','Position',[25 11 4.5 4.5]);
                         % 设置图片的位置和大小[left bottom width height],width:height = 4:3
set(gca,'FontName','宋体','FontSize',fs);      % 设置坐标轴(刻度、标签和图例)的字体和字号
set(gca,'Position',[.14 .14 .82 .82]);         % 设置坐标轴所在的矩形区域在图片中的位置
                                               % [left bottom width height]

plot([0,255,255],[255,255,0],'k:'),axis([0 290 0 290]);     % 刻度 L-1 处的虚线
text(-39,255,'{\itL}-1','FontSize',7.5);                     % y 轴刻度 L-1
text(240,-24,'{\itL}-1','FontSize',7.5);                     % x 轴刻度 L-1
text(-15,-15,'0','FontSize',7.5);                            % 原点
annotation('arrow',[0.142 0.142],[0.98 0.99],'HeadLength',5,'HeadWidth',6);  % y 轴箭头
text(-24,291,'\itt','FontSize',7.5);                         % y 轴标签't'
annotation('arrow',[0.98 0.99],[0.14 0.14],'HeadLength',5,'HeadWidth',6);    % x 轴箭头
text(287,-24,'\itk','FontSize',7.5);                         % x 轴标签's'
set(gca,'xtick',[],'ytick',[]);                              % 不显示坐标轴刻度
box off                                                      % 不显示边框

hold on
C=1/(255^1.5);
gamma=2.5;
x=0:1:255;
y=C*(x.^gamma);
plot(x,y,'k-');

text(190,230,'{\itE(k)}','FontSize',7.5);

plot([0,200,200],[140,140,0],'k:');
plot([0,145,145],[60,60,0],'k:');
text(-22,140,'{\itB}','FontSize',7.5);                       % y 轴标签'B'
text(-30,60,'{\itW}','FontSize',7.5);                        % y 轴标签'W'
text(190,-24,'{\itW}','FontSize',7.5);                       % x 轴标签'W'
text(135,-24,'{\itB}','FontSize',7.5);                       % x 轴标签'B'
```

灰度变换的关键在于根据增强要求设计灰度映射规则,即设计灰度增强函数。灰度增强函数示例如图 4-36 所示,其中,图 4-36(a)将使原始图像中灰度值小于拐点值的像素在变换图像中都取拐点值,其余像素的灰度值保持不变;图 4-36(b)将原始图像根据灰度值分为 3 部分,每部分变换后的灰度值都保持原来的次序且扩展为 $0\sim L-1$,3 部分像素的对比度都会增加;图 4-36(c)将使原始图像灰度值小于 $L/2$ 的像素的灰度值变得更小,原始图像灰度值大于 $L/2$ 的像素的灰度值变得更大,从而增加全图的对比度;图 4-36(d)将使原始图像灰度值小于 $L/2$ 的像素的灰度值变得更大,原始图像灰度值大于 $L/2$ 的像素的灰度值变得更小,从而减小全图的对比度。

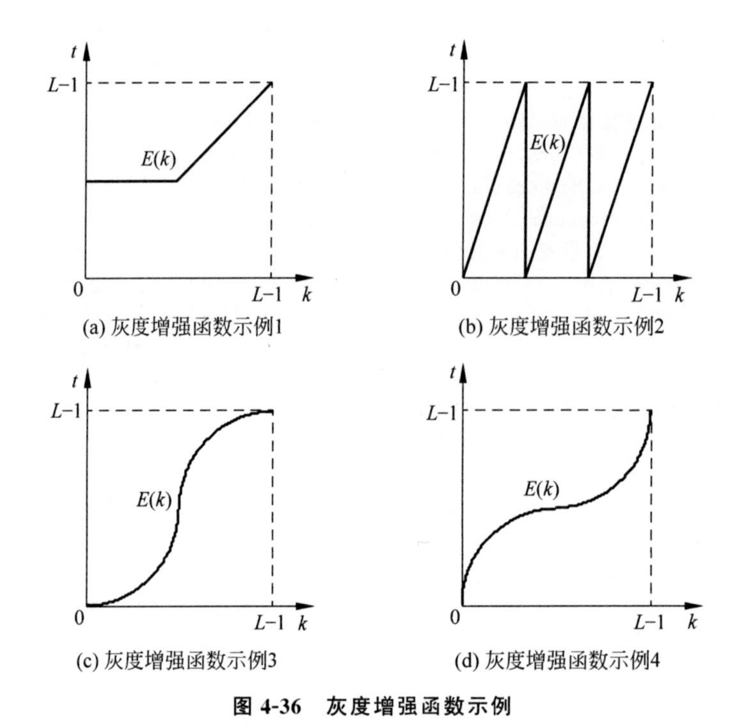

(a) 灰度增强函数示例1
(b) 灰度增强函数示例2
(c) 灰度增强函数示例3
(d) 灰度增强函数示例4

图 4-36 灰度增强函数示例

```
% F4_36a.m

% -- 设置图片和坐标轴的属性 -----------------------------------------------
fs = 7.5;              % FontSize : 五号:10.5 磅,小五号:9 磅,六号:7.5 磅
ms = 5;                % MarkerSize: 五号:10.5 磅,小五号:9 磅,六号:7.5 磅
set(gcf,'Units','centimeters','Position',[25 11 4.5 4.5]);
                       % 设置图片的位置和大小[left bottom width height],width:height = 4:3
set(gca,'FontName','宋体','FontSize',fs);       % 设置坐标轴(刻度、标签和图例)的字体和字号
set(gca,'Position',[.14 .14 .82 .82]);         % 设置坐标轴所在的矩形区域在图片中的位置
                                               % [left bottom width height]

plot([0,255,255],[255,255,0],'k:'),axis([0 290 0 290]);      % 刻度 L-1 处的虚线
text(-39,255,'{\itL} - 1','FontSize',7.5);                    % y 轴刻度 L-1
text(240,-24,'{\itL} - 1','FontSize',7.5);                    % x 轴刻度 L-1
text(-15,-15,'0','FontSize',7.5);                             % 原点
annotation('arrow',[0.142 0.142],[0.98 0.99],'HeadLength',5,'HeadWidth',6);  % y 轴箭头
text(-24,291,'\itt','FontSize',7.5);                          % y 轴标签
annotation('arrow',[0.98 0.99],[0.14 0.14],'HeadLength',5,'HeadWidth',6);    % x 轴箭头
text(287,-24,'\itk','FontSize',7.5);                          % x 轴标签
set(gca,'xtick',[],'ytick',[]);                               % 不显示坐标轴刻度
box off                                                       % 不显示边框

hold on
f0 = 0; g0 = 127;                                             % 分段曲线的第 1 个点
f1 = 127; g1 = 127;                                           % 分段曲线的第 2 个点
f2 = 255; g2 = 255;                                           % 分段曲线的第 3 个点
plot([f0,f1,f2],[g0,g1,g2],'k-');
```

```
text(80,145,'\itE(k)','FontSize',7.5);

% F4_36b.m

% -- 设置图片和坐标轴的属性 -------------------------------------------
fs = 7.5;              % FontSize : 五号:10.5 磅,小五号:9 磅,六号:7.5 磅
ms = 5;                % MarkerSize: 五号:10.5 磅,小五号:9 磅,六号:7.5 磅
set(gcf,'Units','centimeters','Position',[25 11 4.5 4.5]);
                       % 设置图片的位置和大小[left bottom width height],width:height = 4:3
set(gca,'FontName','宋体','FontSize',fs);    % 设置坐标轴(刻度、标签和图例)的字体和字号
set(gca,'Position',[.14 .14 .82 .82]);       % 设置坐标轴所在的矩形区域在图片中的位置
                                             % [left bottom width height]

plot([0,255,255],[255,255,0],'k:'),axis([0 290 0 290]);     % 刻度 L-1 处的虚线
text(-39,255,'{\itL}-1','FontSize',7.5);                    % y 轴刻度 L-1
text(240,-24,'{\itL}-1','FontSize',7.5);                    % x 轴刻度 L-1
text(-15,-15,'0','FontSize',7.5);                           % 原点
annotation('arrow',[0.142 0.142],[0.98 0.99],'HeadLength',5,'HeadWidth',6);  % y 轴箭头
text(-24,291,'\itt','FontSize',7.5);                        % y 轴标签
annotation('arrow',[0.98 0.99],[0.14 0.14],'HeadLength',5,'HeadWidth',6);    % x 轴箭头
text(287,-24,'\itk','FontSize',7.5);                        % x 轴标签
set(gca,'xtick',[],'ytick',[]);                             % 不显示坐标轴刻度
box off                                                     % 不显示边框

hold on
f0 = 0; g0 = 0;                                             % 分段曲线的第 1 个点
f1 = 85; g1 = 255;                                          % 分段曲线的第 2 个点
f2 = 85; g2 = 0;                                            % 分段曲线的第 3 个点
f3 = 170; g3 = 255;                                         % 分段曲线的第 4 个点
f4 = 170; g4 = 0;                                           % 分段曲线的第 5 个点
f5 = 255; g5 = 255;                                         % 分段曲线的第 6 个点
plot([f0,f1,f2,f3,f4,f5],[g0,g1,g2,g3,g4,g5],'k-');
text(86,145,'\itE(k)','FontSize',7.5);

% F4_36c.m

% -- 设置图片和坐标轴的属性 -------------------------------------------
fs = 7.5;              % FontSize : 五号:10.5 磅,小五号:9 磅,六号:7.5 磅
ms = 5;                % MarkerSize: 五号:10.5 磅,小五号:9 磅,六号:7.5 磅
set(gcf,'Units','centimeters','Position',[25 11 4.5 4.5]);
                       % 设置图片的位置和大小[left bottom width height],width:height = 4:3
set(gca,'FontName','宋体','FontSize',fs);    % 设置坐标轴(刻度、标签和图例)的字体和字号
set(gca,'Position',[.14 .14 .82 .82]);       % 设置坐标轴所在的矩形区域在图片中的位置
                                             % [left bottom width height]

plot([0,255,255],[255,255,0],'k:'),axis([0 290 0 290]);     % 刻度 L-1 处的虚线
text(-39,255,'{\itL}-1','FontSize',7.5);                    % y 轴刻度 L-1
text(240,-24,'{\itL}-1','FontSize',7.5);                    % x 轴刻度 L-1
text(-15,-15,'0','FontSize',7.5);                           % 原点
```

```
annotation('arrow',[0.142 0.142],[0.98 0.99],'HeadLength',5,'HeadWidth',6);  % y 轴箭头
text( - 24,291,'\itt','FontSize',7.5);              % y 轴标签
annotation('arrow',[0.98 0.99],[0.14 0.14],'HeadLength',5,'HeadWidth',6);   % x 轴箭头
text(287, - 24,'\itk','FontSize',7.5);              % x 轴标签
set(gca,'xtick',[],'ytick',[]);                     % 不显示坐标轴刻度
box off                                             % 不显示边框

hold on
theta = 3 * pi/2:0.01:2 * pi;
x = 0 + 127 * cos(theta);
y = 127 + 127 * sin(theta);
plot(x,y,'k - ');
hold on
theta = pi/2:0.01:pi;
x = 255 + 127 * cos(theta);
y = 127 + 127 * sin(theta);
plot(x,y,'k - ');
text(80,145,'\itE(k)','FontSize',7.5);

% F4_36d.m

% -- 设置图片和坐标轴的属性 -------------------------------------------
fs = 7.5;              % FontSize : 五号:10.5 磅,小五号:9 磅,六号:7.5 磅
ms = 5;                % MarkerSize: 五号:10.5 磅,小五号:9 磅,六号:7.5 磅
set(gcf,'Units','centimeters','Position',[25 11 4.5 4.5]);
                       % 设置图片的位置和大小[left bottom width height],width:height = 4:3
set(gca,'FontName','宋体','FontSize',fs);       % 设置坐标轴(刻度、标签和图例)的字体和字号
set(gca,'Position',[.14 .14 .82 .82]);         % 设置坐标轴所在的矩形区域在图片中的位置
                                               % [left bottom width height]

plot([0,255,255],[255,255,0],'k:'),axis([0 290 0 290]);    % 刻度 L - 1 处的虚线
text( - 39,255,'{\itL} - 1','FontSize',7.5);               % y 轴刻度 L - 1
text(240, - 24,'{\itL} - 1','FontSize',7.5);               % x 轴刻度 L - 1
text( - 15, - 15,'0','FontSize',7.5);                      % 原点
annotation('arrow',[0.142 0.142],[0.98 0.99],'HeadLength',5,'HeadWidth',6);  % y 轴箭头
text( - 24,291,'\itt','FontSize',7.5);                     % y 轴标签
annotation('arrow',[0.98 0.99],[0.14 0.14],'HeadLength',5,'HeadWidth',6);   % x 轴箭头
text(287, - 24,'\itk','FontSize',7.5);                     % x 轴标签
set(gca,'xtick',[],'ytick',[]);                            % 不显示坐标轴刻度
box off                                                    % 不显示边框

hold on
theta = pi/2:0.01:pi;
x = 127 + 127 * cos(theta);
y = 0 + 127 * sin(theta);
plot(x,y,'k - ');
hold on
theta = 3 * pi/2:0.01:2 * pi;
x = 127 + 127 * cos(theta);
y = 255 + 127 * sin(theta);
plot(x,y,'k - ');
text(80,145,'\itE(k)','FontSize',7.5);
```

4.4.1 比例线性变换

比例线性变换是指对像素逐个进行处理，将原始图像灰度值的动态范围按线性关系扩展到指定范围或整个动态范围。比例线性变换包括正比变换和反比变换。

4.4.1.1 正比变换

正比变换包括两种情况：直接正比变换和截取式正比变换。

若原始图像为 $f(x,y)$，变换图像为 $g(x,y)$，最大灰度级为 $L-1$，则直接正比变换示意图如图 4-37 所示，变换关系如式(4-33)所示，变换将实现灰度值范围从$[a,b]$到$[c,d]$的线性变换。

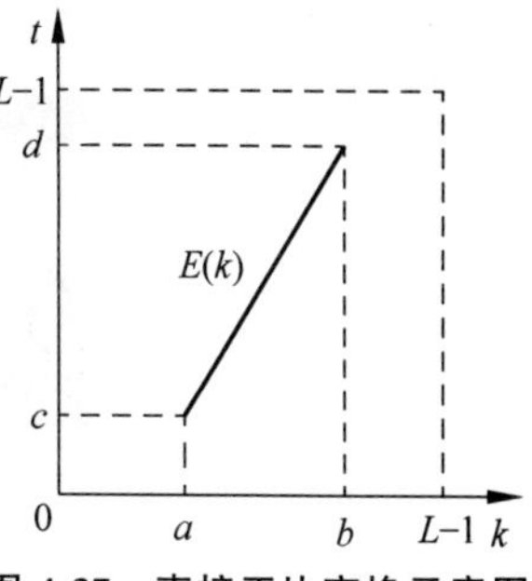

图 4-37 直接正比变换示意图

```
% F4_37.m

% -- 设置图片和坐标轴的属性 ----------------------------------------------
fs = 7.5;                          % FontSize : 五号:10.5 磅,小五号:9 磅,六号:7.5 磅
ms = 5;                            % MarkerSize: 五号:10.5 磅,小五号:9 磅,六号:7.5 磅
set(gcf,'Units','centimeters','Position',[25 11 4.5 4.5]);
                     % 设置图片的位置和大小[left bottom width height],width: height = 4:3
set(gca,'FontName','宋体','FontSize',fs);     % 设置坐标轴(刻度、标签和图例)的字体和字号
set(gca,'Position',[.14 .14 .82 .82]);   % 设置坐标轴所在的矩形区域在图片中的位置[left
                                         % bottom width height]

plot([0,255,255],[255,255,0],'k:'),axis([0 290 0 290]);          % 刻度 L-1 处的虚线
text(-39,255,'{\itL}-1','FontSize',7.5);                        % y 轴刻度 L-1
text(240,-24,'{\itL}-1','FontSize',7.5);                        % x 轴刻度 L-1
text(-15,-15,'0','FontSize',7.5);                               % 原点
annotation('arrow',[0.142 0.142],[0.98 0.99],'HeadLength',5,'HeadWidth',6);  % y 轴箭头
text(-24,291,'\itt','FontSize',7.5);                                % y 轴标签't'
annotation('arrow',[0.98 0.99],[0.14 0.14],'HeadLength',5,'HeadWidth',6);    % x 轴箭头
text(287,-24,'\itk','FontSize',7.5);                            % x 轴标签's'
set(gca,'xtick',[],'ytick',[]);                                 % 不显示坐标轴刻度
box off                                                         % 不显示边框

hold on
f0 = 85; g0 = 50;                                               % 分段曲线的第 1 个点
f1 = 190; g1 = 220;                                             % 分段曲线的第 2 个点
plot([f0,f1],[g0,g1],'k-');
text(80,145,'\itE(k)','FontSize',7.5);
hold on
plot([0,f0,f0],[g0,g0,0],'k:')
text(80,-24,'\ita','FontSize',7.5);
text(-24,50,'\itc','FontSize',7.5);
hold on
plot([0,f1,f1],[g1,g1,0],'k:');
text(185,-24,'\itb','FontSize',7.5);
text(-24,220,'\itd','FontSize',7.5);
```

$$t = \frac{d-c}{b-a}k + \frac{bc-ad}{b-a} \tag{4-33}$$

例 4.27 直接正比变换示例。一张 8 比特灰度图像如图 4-38(a)所示，其灰度值范围为[40,204]，试将其灰度值范围映射到[0,255]。

(a) 原始图像

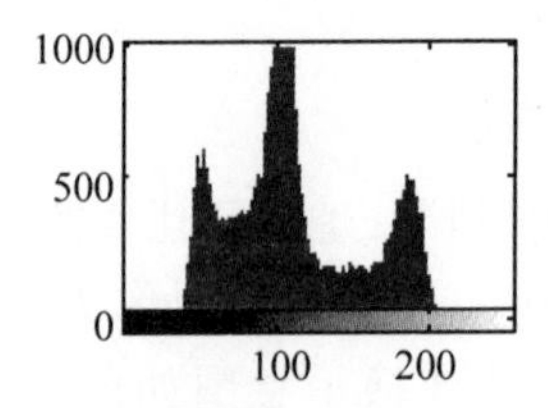

(b) 原始图像的灰度统计直方图

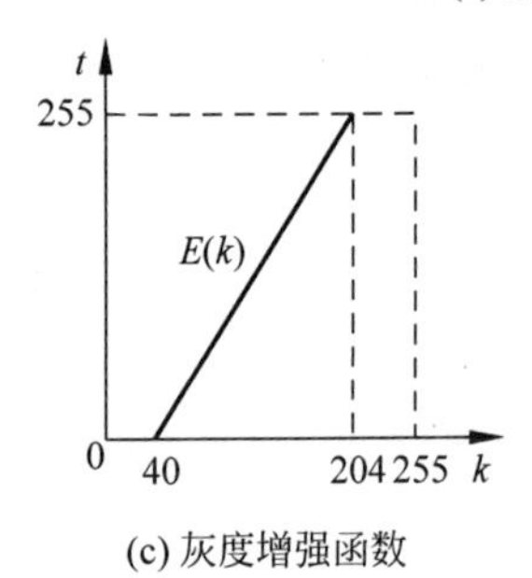

(c) 灰度增强函数

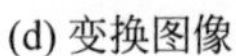

(d) 变换图像

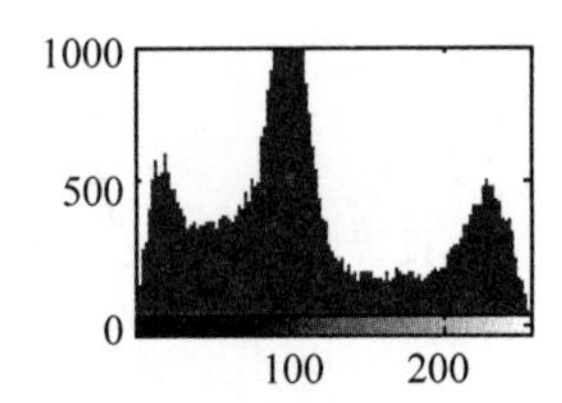

(e) 变换图像的灰度统计直方图

图 4-38 直接正比变换示例

```
% F4_38.m

I = imread('rice.png');
subplot(3,3,1),imshow(I),ylabel('原图像');
subplot(3,3,2),imhist(I);

%方法 1 - 系统函数
J = imadjust(I,[40/255 204/255],[0 1]);          %图像的最小灰度值为 40,最大灰度值为 204
subplot(3,3,4),imshow(J),ylabel('变换图像(方法 1)');
subplot(3,3,5),imhist(J);

%方法 2 - 编程实现
%把灰度值范围从[40,204]映射到[0,255]
f0 = 0;g0 = 0;                                   %分段曲线的第 1 个点
f1 = 40;g1 = 0;                                  %分段曲线的第 2 个点
f2 = 204;g2 = 255;                               %分段曲线的第 3 个点
f3 = 255;g3 = 255;                               %分段曲线的第 4 个点
subplot(3,3,9),plot([f0,f1,f2,f3],[g0,g1,g2,g3]),xlabel('f'),ylabel('g'),axis([0 255 0
255]);

%绘制变换曲线
r1 = (g1 - g0)/(f1 - f0);                        %曲线 1 的斜率
b1 = g0 - r1 * f0;                               %曲线 1 的截距
r2 = (g2 - g1)/(f2 - f1);                        %曲线 2 的斜率
```

```
b2 = g1 - r2 * f1;                          % 曲线 2 的截距
r3 = (g3 - g2)/(f3 - f2);                   % 曲线 3 的斜率
b3 = g2 - r3 * f2;                          % 曲线 3 的截距
[m,n] = size(I);
K = double(I);
for i = 1:m
    for j = 1:n
        f = K(i,j);
        g(i,j) = 0;
        if(f >= f0)&(f <= f1)
            g(i,j) = r1 * f + b1;           % 曲线 1 的方程 y = r1 * x + b1
        else
            if (f >= f1)&(f <= f2)
                g(i,j) = r2 * f + b2;       % 曲线 2 的方程 y = r2 * x + b2
            else
                if (f >= f2)&(f <= f3)
                    g(i,j) = r3 * f + b3;   % 曲线 3 的方程 y = r3 * x + b3
                end
            end
        end
    end
end
subplot(3,3,7),imshow(uint8(g)),ylabel('变换图像(方法 2)');
subplot(3,3,8),imhist(uint8(g));
% F4_38c.m
% -- 设置图片和坐标轴的属性 -------------------------------------------
fs = 7.5;                        % FontSize : 五号:10.5 磅,小五号:9 磅,六号:7.5 磅
ms = 5;                          % MarkerSize: 五号:10.5 磅,小五号:9 磅,六号:7.5 磅
set(gcf,'Units','centimeters','Position',[25 11 4.5 4.5]);
                    % 设置图片的位置和大小[left bottom width height],width:height = 4:3
set(gca,'FontName','宋体','FontSize',fs);      % 设置坐标轴(刻度、标签和图例)的字体和字号
set(gca,'Position',[.14 .14 .82 .82]); % 设置坐标轴所在的矩形区域在图片中的位置[left
                                 % bottom width height]

plot([0,255,255],[255,255,0],'k:'),axis([0 290 0 290]);        % 刻度 L-1 处的虚线
text(-42,255,'255','FontSize',7.5);                            % y 轴刻度 L-1
text(236,-24,'255','FontSize',7.5);                            % x 轴刻度 L-1
text(-15,-15,'0','FontSize',7.5);                              % 原点
annotation('arrow',[0.142 0.142],[0.98 0.99],'HeadLength',5,'HeadWidth',6);
      % y 轴箭头
text(-24,291,'\itt','FontSize',7.5);                           % y 轴标签't'
annotation('arrow',[0.98 0.99],[0.14 0.14],'HeadLength',5,'HeadWidth',6);    % x 轴箭头
text(287,-24,'\itk','FontSize',7.5);                           % x 轴标签's'
set(gca,'xtick',[],'ytick',[]);                                % 不显示坐标轴刻度
box off                                                        % 不显示边框

hold on
f0 = 40; g0 = 0;                                               % 分段曲线的第 1 个点
f1 = 204; g1 = 255;                                            % 分段曲线的第 2 个点
```

```
plot([f0,f1],[g0,g1],'k-');
text(80,145,'\itE(k)','FontSize',7.5);
hold on
plot([f1,f1],[g1,0],'k:')
text(30,-24,'40','FontSize',7.5);
text(185,-24,'204','FontSize',7.5);
```

解：原始图像的灰度值范围为[40,204]，其灰度统计直方图如图4-38(b)所示。直接正比变换的增强函数如图4-38(c)所示，变换后的图像如图4-38(d)所示，变换图像的灰度统计直方图如图4-38(e)所示。从结果可以看出，变换图像的对比度增强，灰度值范围从[40,204]映射到[0,255]。由于舍入误差的影响，变换图像的灰度值分布不连续，在灰度统计直方图中表现为某些灰度值不存在。

若原始图像为$f(x,y)$，变换图像为$g(x,y)$，最大灰度级为$L-1$，则截取式正比变换示意图如图4-39所示，变换关系如式(4-34)所示，变换将使小于灰度值a和大于灰度值b的像素压缩为c和d，结果将造成部分信息丢失。

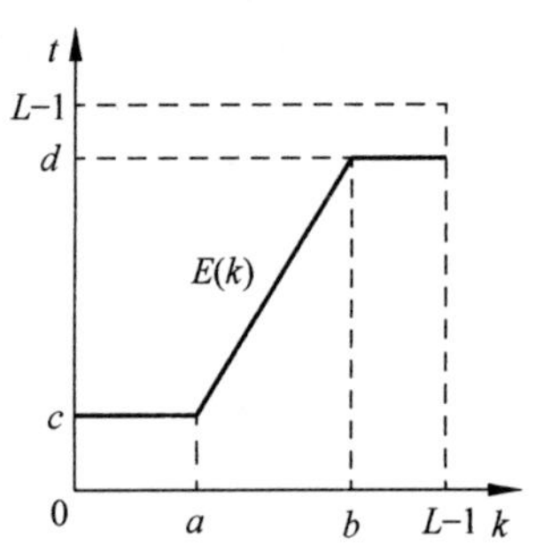

图4-39 截取式正比变换示意图

```
% F4_39.m

% -- 设置图片和坐标轴的属性 ---------------------------------------------
fs = 7.5;                          % FontSize : 五号:10.5 磅,小五号:9 磅,六号:7.5 磅
ms = 5;                            % MarkerSize: 五号:10.5 磅,小五号:9 磅,六号:7.5 磅
set(gcf,'Units','centimeters','Position',[25 11 4.5 4.5]);
                    % 设置图片的位置和大小[left bottom width height],width: height = 4:3
set(gca,'FontName','宋体','FontSize',fs); % 设置坐标轴(刻度、标签和图例)的字体和字号
set(gca,'Position',[.14 .14 .82 .82]);    % 设置坐标轴所在的矩形区域在图片中的位置[left
                                          % bottom width height]

plot([0,255,255],[255,255,0],'k:'),axis([0 290 0 290]);         % 刻度 L-1 处的虚线
text(-39,255,'{\itL}-1','FontSize',7.5);                        % y 轴刻度 L-1
text(240,-24,'{\itL}-1','FontSize',7.5);                        % x 轴刻度 L-1
text(-15,-15,'0','FontSize',7.5);                               % 原点
annotation('arrow',[0.142 0.142],[0.98 0.99],'HeadLength',5,'HeadWidth',6);     % y 轴箭头
text(-24,291,'\itt','FontSize',7.5);                            % y 轴标签't'
annotation('arrow',[0.98 0.99],[0.14 0.14],'HeadLength',5,'HeadWidth',6);       % x 轴箭头
text(287,-24,'\itk','FontSize',7.5);                            % x 轴标签's'
set(gca,'xtick',[],'ytick',[]);                                 % 不显示坐标轴刻度
box off                                                         % 不显示边框

hold on
f0 = 85; g0 = 50;                                               % 分段曲线的第 1 个点
f1 = 190; g1 = 220;                                             % 分段曲线的第 2 个点
plot([f0,f1],[g0,g1],'k-');
text(80,145,'\itE(k)','FontSize',7.5);
```

```
hold on
plot([0,f0],[g0,g0],'k-',[f0,f0],[g0,0],'k:');
text(80,-24,'\ita','FontSize',7.5);
text(-24,50,'\itc','FontSize',7.5);
hold on
plot([0,f1,f1],[g1,g1,0],'k:',[f1,255],[g1,g1],'k-');
text(185,-24,'\itb','FontSize',7.5);
text(-24,220,'\itd','FontSize',7.5);
```

$$t=\begin{cases}c, & k<a\\ \dfrac{d-c}{b-a}k+\dfrac{bc-ad}{b-a}, & a\leqslant k\leqslant b\\ d, & k>b\end{cases}\tag{4-34}$$

例 4.28　截取式正比变换示例。一张 8 比特灰度图像如图 4-40(a)所示，其灰度值范围为[40,204]，试将其灰度值范围[80,160]映射到[20,220]，灰度值小于 80 的映射到 20，灰度值大于 160 的映射到 220。

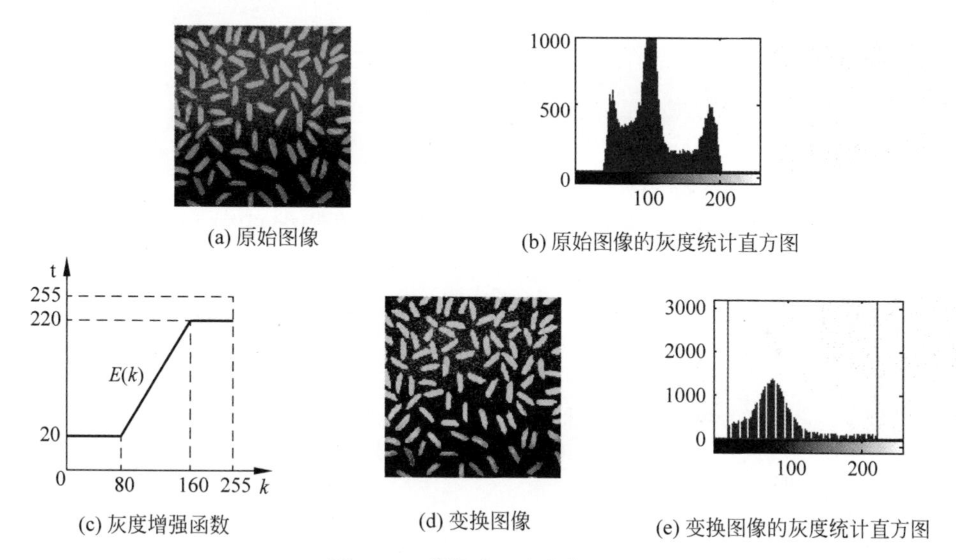

(a) 原始图像　(b) 原始图像的灰度统计直方图

(c) 灰度增强函数　(d) 变换图像　(e) 变换图像的灰度统计直方图

图 4-40　截取式正比变换示例

```
% F4_40.m

I = imread('rice.png');
subplot(3,3,1),imshow(I),ylabel('原图像');
subplot(3,3,2),imhist(I);

% 方法 1 - 系统函数
% 把灰度值范围[80,160]映射到[20,220],灰度值小于 80 的映射为 20,灰度值大于 160 的映射
% 为 220
J = imadjust(I,[80/255 160/255],[20/255 220/255]);
subplot(3,3,4),imshow(J),ylabel('变换图像(方法 1)');
subplot(3,3,5),imhist(J);
```

```
% 方法 2 - 编程实现
% 把灰度值范围[80,160]映射到[20,220],灰度值小于 80 的映射为 20,灰度值大于 160 的映射
% 为 220
f0 = 0;g0 = 20;                         % 分段曲线的第 1 个点
f1 = 80;g1 = 20;                        % 分段曲线的第 2 个点
f2 = 160;g2 = 220;                      % 分段曲线的第 3 个点
f3 = 255;g3 = 220;                      % 分段曲线的第 4 个点
subplot(3,3,9),plot([f0,f1,f2,f3],[g0,g1,g2,g3]),xlabel('f'),ylabel('g'),axis([0 255 0
255]);

% 绘制变换曲线
r1 = (g1 - g0)/(f1 - f0);               % 曲线 1 的斜率
b1 = g0 - r1 * f0;                      % 曲线 1 的截距
r2 = (g2 - g1)/(f2 - f1);               % 曲线 2 的斜率
b2 = g1 - r2 * f1;                      % 曲线 2 的截距
r3 = (g3 - g2)/(f3 - f2);               % 曲线 3 的斜率
b3 = g2 - r3 * f2;                      % 曲线 3 的截距
[m,n] = size(I);
K = double(I);
for i = 1:m
    for j = 1:n
        f = K(i,j);
        g(i,j) = 0;
        if(f >= f0)&(f <= f1)
            g(i,j) = r1 * f + b1;       % 曲线 1 的方程 y = r1 * x + b1
        else
            if (f >= f1)&(f <= f2)
                g(i,j) = r2 * f + b2;   % 曲线 2 的方程 y = r2 * x + b2
            else
                if (f >= f2)&(f <= f3)
                    g(i,j) = r3 * f + b3;   % 曲线 3 的方程 y = r3 * x + b3
                end
            end
        end
    end
end
subplot(3,3,7),imshow(uint8(g)),ylabel('变换图像(方法 2)');
subplot(3,3,8),imhist(uint8(g));
% F4_40c.m

% -- 设置图片和坐标轴的属性 ----------------------------------------------
fs = 7.5;                    % FontSize : 五号:10.5 磅,小五号:9 磅,六号:7.5 磅
ms = 5;                      % MarkerSize: 五号:10.5 磅,小五号:9 磅,六号:7.5 磅
set(gcf,'Units','centimeters','Position',[25 11 4.5 4.5]);
                        % 设置图片的位置和大小[left bottom width height],width: height = 4:3
set(gca,'FontName','宋体','FontSize',fs); % 设置坐标轴(刻度、标签和图例)的字体和字号
set(gca,'Position',[.14 .14 .82 .82]);    % 设置坐标轴所在的矩形区域在图片中的位置[left
                                          % bottom width height]
```

```
plot([0,255,255],[255,255,0],'k:'),axis([0 290 0 290]);          % 刻度 L-1 处的虚线
text(-42,255,'255','FontSize',7.5);                               % y 轴刻度 L-1
text(237,-24,'255','FontSize',7.5);                               % x 轴刻度 L-1
text(-15,-15,'0','FontSize',7.5);                                 % 原点
annotation('arrow',[0.142 0.142],[0.98 0.99],'HeadLength',5,'HeadWidth',6);    % y 轴箭头
text(-24,291,'\itt','FontSize',7.5);                              % y 轴标签't'
annotation('arrow',[0.98 0.99],[0.14 0.14],'HeadLength',5,'HeadWidth',6);      % x 轴箭头
text(287,-24,'\itk','FontSize',7.5);                              % x 轴标签's'
set(gca,'xtick',[],'ytick',[]);                                   % 不显示坐标轴刻度
box off                                                           % 不显示边框

hold on
f0 = 85; g0 = 50;                                                 % 分段曲线的第 1 个点
f1 = 190; g1 = 220;                                               % 分段曲线的第 2 个点
plot([f0,f1],[g0,g1],'k-');
text(80,145,'\itE(k)','FontSize',7.5);
hold on
plot([0,f0],[g0,g0],'k-',[f0,f0],[g0,0],'k:');
text(74,-24,'80','FontSize',7.5);
text(-31,50,'20','FontSize',7.5);
hold on
plot([0,f1,f1],[g1,g1,0],'k:',[f1,255],[g1,g1],'k-');
text(173,-24,'160','FontSize',7.5);
text(-42,220,'220','FontSize',7.5);
```

解：原始图像的灰度值范围为[40,204]，其灰度统计直方图如图 4-40(b)所示。截取式正比变换的增强函数如图 4-40(c)所示，变换后的图像如图 4-40(d)所示，变换图像的灰度统计直方图如图 4-40(e)所示。从结果可以看出，变换图像的对比度增强，灰度值范围映射到[20,220]。同时，灰度值 20 和 220 处有两条长的直线，说明这两处有大量像素点存在，这是由于灰度值小于 80 的映射到 20，灰度值大于 160 的映射到 220。由于舍入误差的影响，变换图像的灰度值分布不连续，在灰度统计直方图中表现为某些灰度值不存在。

4.4.1.2 反比变换

图像求反是将原始图像灰度值反转，即使黑变白，使白变黑。普通黑白底片和照片就是这种关系。反比变换是图像求反的技术实现基础。

若原始图像为 $f(x,y)$，变换图像为 $g(x,y)$，最大灰度级为 $L-1$，则反比变换示意图如图 4-41 所示，变换关系如式(4-35)所示。

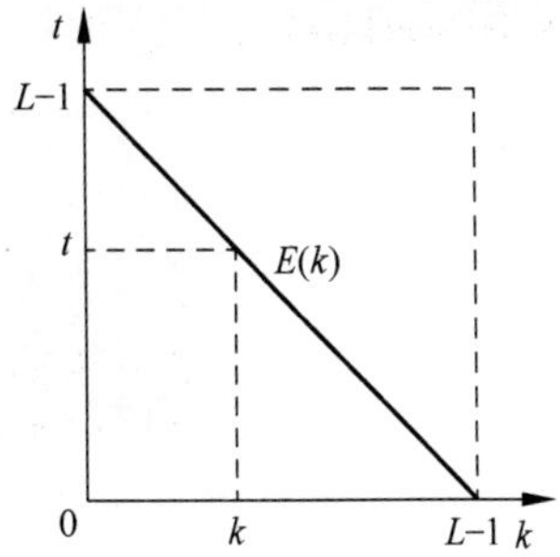

图 4-41 反比变换示意图

```
% F4_41.m

% -- 设置图片和坐标轴的属性 ------------------------------------------
fs = 7.5;             % FontSize : 五号:10.5 磅,小五号:9 磅,六号:7.5 磅
ms = 5;               % MarkerSize: 五号:10.5 磅,小五号:9 磅,六号:7.5 磅
```

```
set(gcf,'Units','centimeters','Position',[25 11 4.5 4.5]);
                  % 设置图片的位置和大小[left bottom width height],width: height = 4:3
set(gca,'FontName','Times New Roman','FontSize',fs); % 设置坐标轴(刻度、标签和图例)的字体和
                                                      % 字号
set(gca,'Position',[.14 .14 .82 .82]);   % 设置坐标轴所在的矩形区域在图片中的位置[left
                                          % bottom width height]

plot([0,255,255],[255,255,0],'k:'),axis([0 290 0 290]);        % 刻度 L-1 处的虚线
text(-39,255,'{\itL}-1','FontSize',7.5);                        % y 轴刻度 L-1
text(240,-24,'{\itL}-1','FontSize',7.5);                        % x 轴刻度 L-1
text(-15,-15,'0','FontSize',7.5);                               % 原点
annotation('arrow',[0.142 0.142],[0.98 0.99],'HeadLength',5,'HeadWidth',6);     % y 轴箭头
text(-24,291,'\itt','FontSize',7.5);                            % y 轴标签't'
annotation('arrow',[0.98 0.99],[0.14 0.14],'HeadLength',5,'HeadWidth',6);       % x 轴箭头
text(287,-24,'\itk','FontSize',7.5);                            % x 轴标签'k'
set(gca,'xtick',[],'ytick',[]);                                 % 不显示坐标轴刻度
box off                                                         % 不显示边框

hold on
f0 = 0; g0 = 255;                                               % 分段曲线的第 1 个点
f1 = 255; g1 = 0;                                               % 分段曲线的第 2 个点
plot([f0,f1],[g0,g1],'k-');
text(130,145,'\itE(k)','FontSize',7.5);
hold on
plot([0,100,100],[155,155,0],'k:')
text(92,-24,'\itk','FontSize',7.5);
text(-24,155,'\itt','FontSize',7.5);
```

$$t = -k + L - 1 \tag{4-35}$$

例 4.29 反比变换示例。一张 8 比特灰度图像如图 4-42(a)所示,其灰度值范围为[40,204],试对其进行图像求反。

(a) 原始图像

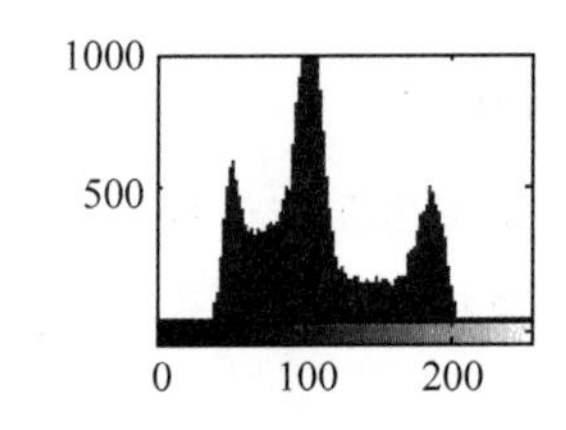

(b) 原始图像的灰度统计直方图

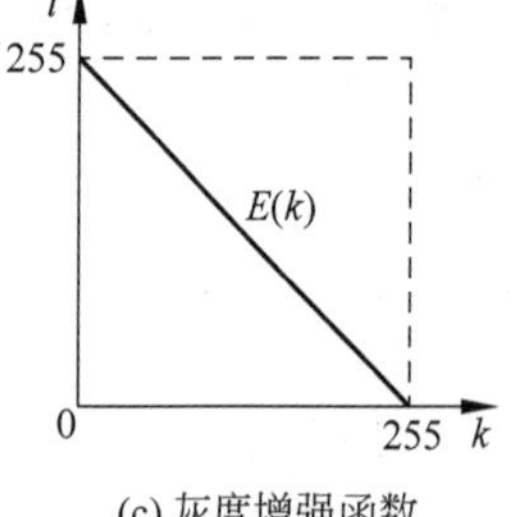

(c) 灰度增强函数

(d) 变换图像

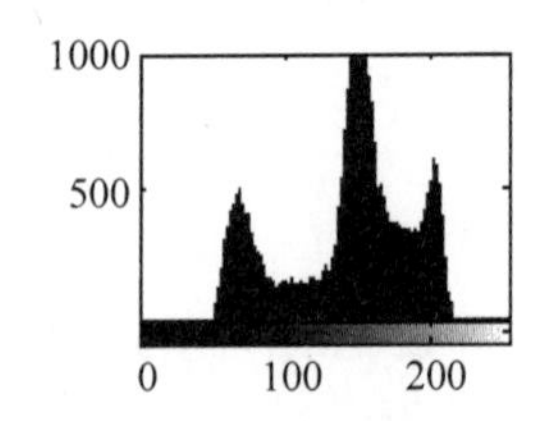

(e) 变换图像的灰度统计直方图

图 4-42 反比变换示例

```
% F4_42.m

I = imread('rice.png');
subplot(3,3,1),imshow(I),ylabel('原图像');
subplot(3,3,2),imhist(I);

% 方法 1 - 系统函数
% 把灰度值范围[0,255]映射到[255,0]
J = imadjust(I,[0/255 255/255],[255/255 0/255]);
subplot(3,3,4),imshow(J),ylabel('变换图像(方法 1)');
subplot(3,3,5),imhist(J);

% 方法 2 - 编程实现
% 把灰度值范围[0,255]映射到[255,0]
f0 = 0;g0 = 255;                           % 分段曲线的第 1 个点
f1 = 100;g1 = 155;                         % 分段曲线的第 2 个点
f2 = 200;g2 = 55;                          % 分段曲线的第 3 个点
f3 = 255;g3 = 0;                           % 分段曲线的第 4 个点
subplot(3,3,9),plot([f0,f1,f2,f3],[g0,g1,g2,g3]),xlabel('f'),ylabel('g'),axis([0 255 0 255]);

% 绘制变换曲线
r1 = (g1 - g0)/(f1 - f0);                  % 曲线 1 的斜率
b1 = g0 - r1 * f0;                         % 曲线 1 的截距
r2 = (g2 - g1)/(f2 - f1);                  % 曲线 2 的斜率
b2 = g1 - r2 * f1;                         % 曲线 2 的截距
r3 = (g3 - g2)/(f3 - f2);                  % 曲线 3 的斜率
b3 = g2 - r3 * f2;                         % 曲线 3 的截距
[m,n] = size(I);
K = double(I);
for i = 1:m
    for j = 1:n
        f = K(i,j);
        g(i,j) = 0;
        if(f >= f0)&(f <= f1)
            g(i,j) = r1 * f + b1;          % 曲线 1 的方程 y = r1 * x + b1
        else
            if (f >= f1)&(f <= f2)
                g(i,j) = r2 * f + b2;      % 曲线 2 的方程 y = r2 * x + b2
            else
                if (f >= f2)&(f <= f3)
                    g(i,j) = r3 * f + b3;  % 曲线 3 的方程 y = r3 * x + b3
                end
            end
        end
    end
end
subplot(3,3,7),imshow(uint8(g)),ylabel('变换图像(方法 2)');
subplot(3,3,8),imhist(uint8(g));
% F4_42c.m
```

```
% -- 设置图片和坐标轴的属性 ------------------------------------------
fs = 7.5;                   % FontSize : 五号:10.5 磅,小五号:9 磅,六号:7.5 磅
ms = 5;                     % MarkerSize: 五号:10.5 磅,小五号:9 磅,六号:7.5 磅
set(gcf,'Units','centimeters','Position',[25 11 4.5 4.5]);
                    % 设置图片的位置和大小[left bottom width height],width: height = 4:3
set(gca,'FontName','宋体','FontSize',fs); % 设置坐标轴(刻度、标签和图例)的字体和字号
set(gca,'Position',[.14 .14 .82 .82]);    % 设置坐标轴所在的矩形区域在图片中的位置[left
                                          % bottom width height]

plot([0,255,255],[255,255,0],'k:'),axis([0 290 0 290]);          % 刻度 L-1 处的虚线
text(-42,255,'255','FontSize',7.5);                               % y 轴刻度 L-1
text(235,-24,'255','FontSize',7.5);                               % x 轴刻度 L-1
text(-15,-15,'0','FontSize',7.5);                                 % 原点
annotation('arrow',[0.142 0.142],[0.98 0.99],'HeadLength',5,'HeadWidth',6);   % y 轴箭头
text(-24,291,'\itt','FontSize',7.5);                              % y 轴标签't'
annotation('arrow',[0.98 0.99],[0.14 0.14],'HeadLength',5,'HeadWidth',6);    % x 轴箭头
text(287,-24,'\itk','FontSize',7.5);                              % x 轴标签's'
set(gca,'xtick',[],'ytick',[]);                                   % 不显示坐标轴刻度
box off                                                           % 不显示边框

hold on
f0 = 0; g0 = 255;                                                 % 分段曲线的第 1 个点
f1 = 255; g1 = 0;                                                 % 分段曲线的第 2 个点
plot([f0,f1],[g0,g1],'k-');
text(130,145,'\itE(k)','FontSize',7.5);
```

解：原始图像的灰度值范围为[40,204]，其灰度统计直方图如图 4-42(b)所示。反比变换的增强函数如图 4-42(c)所示，变换后的图像如图 4-42(d)所示，变换图像的灰度统计直方图如图 4-42(e)所示。从结果可以看出，变换图像实现了图像求反，反映在灰度统计直方图上可见，变换图像的灰度值范围仍然为[40,204]，其灰度统计直方图与原始图像相比正好实现了左右翻转。

4.4.2 分段线性变换

分段线性变换用于突出感兴趣的目标或亮度值的区域，局部扩展亮度值范围，可以有效利用有限的灰度值，达到最大限度增强图像中有用信息的目的，从而增强图像的对比度。分段线性变换包括对比拉伸和灰度切割。

4.4.2.1 对比拉伸

照明不足、成像传感器动态范围过小、透镜光圈设置错误等原因都可导致图像对比度降低。对比拉伸的基本思想是扩展图像的动态范围，增强图像的对比度，是最简单的分段线性变换之一。用户可以根据需要，拉伸特征物体的灰度细节，相对抑制不感兴趣的灰度级。

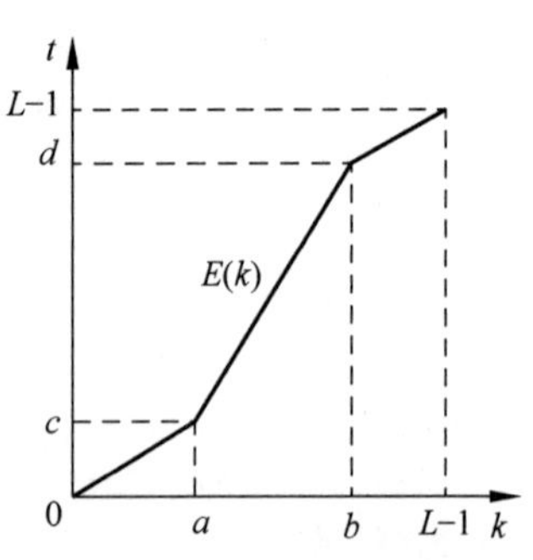

图 4-43 对比拉伸示意图

若原始图像为 $f(x,y)$，变换图像为 $g(x,y)$，最大灰度级为 $L-1$，则对比拉伸示意图如图 4-43 所示，变换关系如

式(4-36)所示,变换将对区间[a,b]进行灰度扩展,对区间[0,a]和[b,$L-1$]进行灰度压缩。

```
% F4_43.m

% -- 设置图片和坐标轴的属性 ----------------------------------------------
fs = 7.5;                   % FontSize : 五号:10.5 磅,小五号:9 磅,六号:7.5 磅
ms = 5;                     % MarkerSize: 五号:10.5 磅,小五号:9 磅,六号:7.5 磅
set(gcf,'Units','centimeters','Position',[25 11 4.5 4.5]);
                          % 设置图片的位置和大小[left bottom width height],width:height = 4:3
set(gca,'FontName','宋体','FontSize',fs); % 设置坐标轴(刻度、标签和图例)的字体和字号
set(gca,'Position',[.14 .14 .82 .82]);    % 设置坐标轴所在的矩形区域在图片中的位置[left
                                          % bottom width height]

plot([0,255,255],[255,255,0],'k:'),axis([0 290 0 290]);          % 刻度 L-1 处的虚线
text(-39,255,'{\itL}-1','FontSize',7.5);                          % y 轴刻度 L-1
text(240,-24,'{\itL}-1','FontSize',7.5);                          % x 轴刻度 L-1
text(-15,-15,'0','FontSize',7.5);                                 % 原点
annotation('arrow',[0.142 0.142],[0.98 0.99],'HeadLength',5,'HeadWidth',6);    % y 轴箭头
text(-24,291,'\itt','FontSize',7.5);                              % y 轴标签't'
annotation('arrow',[0.98 0.99],[0.14 0.14],'HeadLength',5,'HeadWidth',6);    % x 轴箭头
text(287,-24,'\itk','FontSize',7.5);                              % x 轴标签's'
set(gca,'xtick',[],'ytick',[]);                                   % 不显示坐标轴刻度
box off                                                           % 不显示边框

hold on
f0 = 0; g0 = 0;                                                   % 分段曲线的第 1 个点
f1 = 85; g1 = 50;                                                 % 分段曲线的第 2 个点
f2 = 190; g2 = 220;                                               % 分段曲线的第 3 个点
f3 = 255; g3 = 255;                                               % 分段曲线的第 4 个点
plot([f0,f1,f2,f3],[g0,g1,g2,g3],'k-');
text(80,145,'\itE(k)','FontSize',7.5);
hold on
plot([0,f1,f1],[g1,g1,0],'k:');
text(80,-24,'\ita','FontSize',7.5);
text(-24,50,'\itc','FontSize',7.5);
hold on
plot([0,f2,f2],[g2,g2,0],'k:');
text(185,-24,'\itb','FontSize',7.5);
text(-24,220,'\itd','FontSize',7.5);
```

$$t=\begin{cases}\dfrac{c}{a}k, & k<a\\[2ex] \dfrac{d-c}{b-a}k+\dfrac{bc-ad}{b-a}, & a\leqslant k\leqslant b\\[2ex] \dfrac{(L-1)-d}{(L-1)-b}k+\dfrac{(L-1)(d-b)}{(L-1)-b}, & k>b\end{cases}\tag{4-36}$$

例 4.30 对比拉伸示例。一张 8 比特灰度图像如图 4-44(a)所示,其灰度值范围为[40,204],试对其进行对比拉伸。

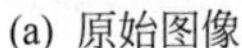

(a) 原始图像

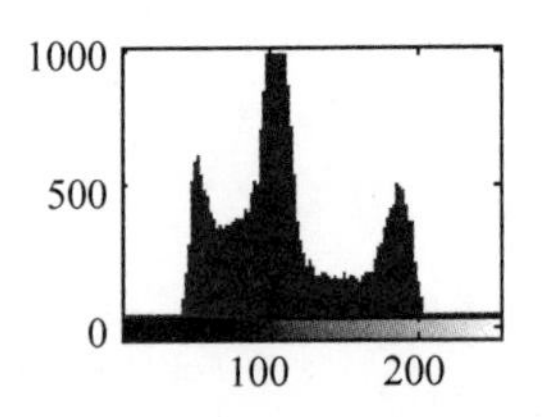

(b) 原始图像的灰度统计直方图

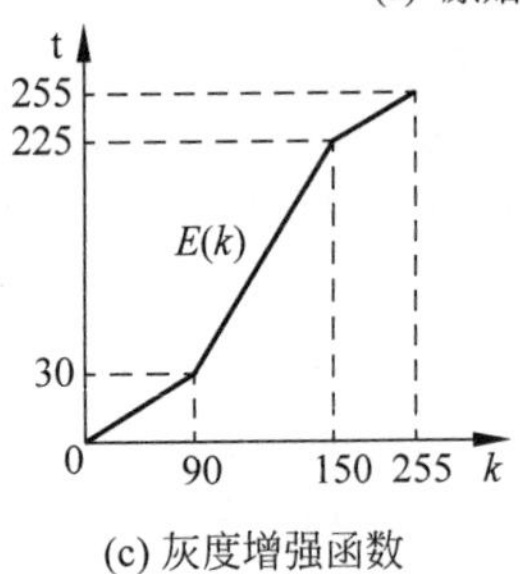

(c) 灰度增强函数

(d) 变换图像

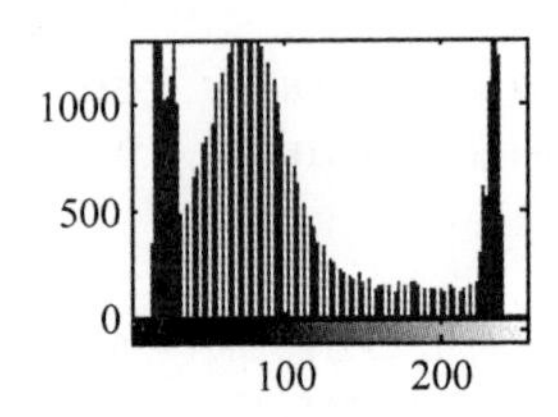

(e) 变换图像的灰度统计直方图

图 4-44　对比拉伸示例

```
% F4_44.m

I = imread('rice.png');
subplot(2,3,1),imshow(I),ylabel('原图像');
subplot(2,3,2),imhist(I);

%图像的最小灰度值为 40,最大灰度值为 204
f0 = 0;g0 = 0;                      %分段曲线的第 1 个点
f1 = 90;g1 = 30;                    %分段曲线的第 2 个点
f2 = 150;g2 = 225;                  %分段曲线的第 3 个点
f3 = 255;g3 = 255;                  %分段曲线的第 4 个点
subplot(2,3,6),plot([f0,f1,f2,f3],[g0,g1,g2,g3]),xlabel('f'),ylabel('g'),axis([0 255 0 255]);

%绘制变换曲线
r1 = (g1 - g0)/(f1 - f0);           %曲线 1 的斜率
b1 = g0 - r1 * f0;                  %曲线 1 的截距
r2 = (g2 - g1)/(f2 - f1);           %曲线 2 的斜率
b2 = g1 - r2 * f1;                  %曲线 2 的截距
r3 = (g3 - g2)/(f3 - f2);           %曲线 3 的斜率
b3 = g2 - r3 * f2;                  %曲线 3 的截距
[m,n] = size(I);
K = double(I);
for i = 1:m
    for j = 1:n
        f = K(i,j);
        g(i,j) = 0;
        if(f >= f0)&(f <= f1)
            g(i,j) = r1 * f + b1;   %曲线 1 的方程 y = r1 * x + b1
        else
            if (f >= f1)&(f <= f2)
```

```
                g(i,j) = r2 * f + b2;       % 曲线 2 的方程 y = r2 * x + b2
            else
                if (f >= f2)&(f <= f3)
                    g(i,j) = r3 * f + b3; % 曲线 3 的方程 y = r3 * x + b3
                end
            end
        end
    end
end
subplot(2,3,4),imshow(uint8(g)),ylabel('对比拉伸变换图像');
subplot(2,3,5),imhist(uint8(g));
% F4_44c.m

% -- 设置图片和坐标轴的属性 --------------------------------------------
fs = 7.5;                                    % FontSize : 五号:10.5 磅,小五号:9 磅,六号:7.5 磅
ms = 5;                                      % MarkerSize: 五号:10.5 磅,小五号:9 磅,六号:7.5 磅
set(gcf,'Units','centimeters','Position',[25 11 4.5 4.5]); % 设置图片的位置和大小[left
bottom width height],width:height = 4:3
set(gca,'FontName','宋体','FontSize',fs); % 设置坐标轴(刻度、标签和图例)的字体和字号
set(gca,'Position',[.14 .14 .82 .82]);    % 设置坐标轴所在的矩形区域在图片中的位置[left
                                             % bottom width height]

plot([0,255,255],[255,255,0],'k:'),axis([0 290 0 290]);        % 刻度 L-1 处的虚线
text(-42,255,'255','FontSize',7.5);                             % y 轴刻度 L-1
text(237,-24,'255','FontSize',7.5);                             % x 轴刻度 L-1
text(-15,-15,'0','FontSize',7.5);                               % 原点
annotation('arrow',[0.142 0.142],[0.98 0.99],'HeadLength',5,'HeadWidth',6);     % y 轴箭头
text(-24,291,'\itt','FontSize',7.5);                            % y 轴标签't'
annotation('arrow',[0.98 0.99],[0.14 0.14],'HeadLength',5,'HeadWidth',6);     % x 轴箭头
text(287,-24,'\itk','FontSize',7.5);                            % x 轴标签's'
set(gca,'xtick',[],'ytick',[]);                                 % 不显示坐标轴刻度
box off                                                         % 不显示边框

hold on
f0 = 0; g0 = 0;                                                 % 分段曲线的第 1 个点
f1 = 85; g1 = 50;                                               % 分段曲线的第 2 个点
f2 = 190; g2 = 220;                                             % 分段曲线的第 3 个点
f3 = 255; g3 = 255;                                             % 分段曲线的第 4 个点
plot([f0,f1,f2,f3],[g0,g1,g2,g3],'k-');
text(80,145,'\itE(k)','FontSize',7.5);
hold on
plot([0,f1,f1],[g1,g1,0],'k:');
text(74,-24,'90','FontSize',7.5);
text(-30,50,'30','FontSize',7.5);
hold on
plot([0,f2,f2],[g2,g2,0],'k:');
text(174,-24,'150','FontSize',7.5);
text(-42,220,'225','FontSize',7.5);
```

解：原始图像的灰度值范围为[40,204]，其灰度统计直方图如图 4-44(b)所示。对比拉伸的增强函数如图 4-44(c)所示，变换后的图像如图 4-44(d)所示，变换图像的灰度统计直方图如图 4-44(e)所示。从结果可以看出，变换图像的对比度增强，反映在灰度统计直方图上可见，变换图像的灰度值在两端的分布比较密集，这是由于对区间[0,90]和[150,255]进行了灰度压缩；在中部的分布比较稀疏，这是由于对区间[90,150]进行了灰度扩展，同时，由于舍入误差的影响，中部灰度值的分布不连续，在灰度统计直方图中表现为某些灰度值不存在。

4.4.2.2 灰度切割

灰度切割用于提高图像中特定灰度范围的亮度，包括两种方法：

第 1 种方法：为某范围内的灰度指定一个特定值，其他灰度指定另一个特定值，该方法将产生一张二值图像，如图 4-45(a)所示。

第 2 种方法：为某范围内的灰度指定一个特定值，其他灰度保持原有灰度值不变，如图 4-45(b)所示。

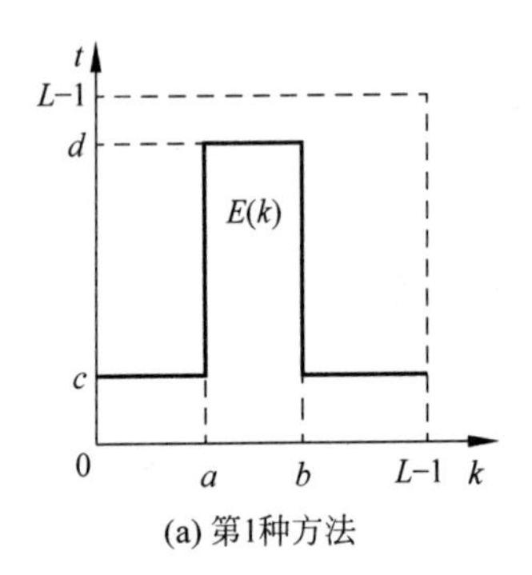

(a) 第1种方法

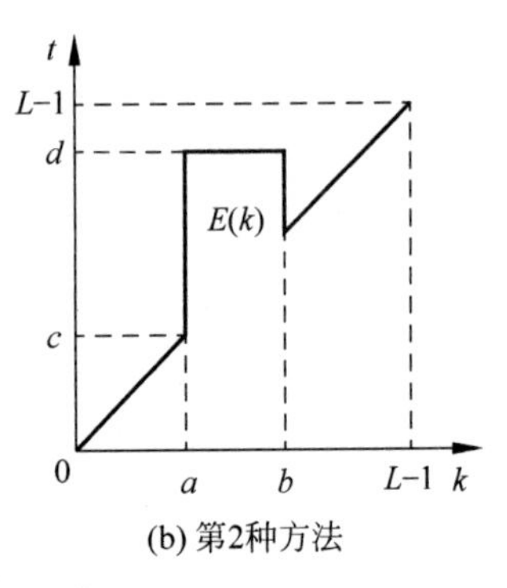

(b) 第2种方法

图 4-45 灰度切割示意图

```
% F4_45a.m

% -- 设置图片和坐标轴的属性 -----------------------------------------------
fs = 7.5;                     % FontSize : 五号:10.5 磅,小五号:9 磅,六号:7.5 磅
ms = 5;                       % MarkerSize: 五号:10.5 磅,小五号:9 磅,六号:7.5 磅
set(gcf,'Units','centimeters','Position',[25 11 4.5 4.5]);
                            % 设置图片的位置和大小[left bottom width height],width:height = 4:3
set(gca,'FontName','宋体','FontSize',fs); % 设置坐标轴(刻度、标签和图例)的字体和字号
set(gca,'Position',[.14 .14 .82 .82]);    % 设置坐标轴所在的矩形区域在图片中的位置[left
                                          % bottom width height]

plot([0,255,255],[255,255,0],'k:'),axis([0 290 0 290]);        % 刻度 L-1 处的虚线
text(-39,255,'{\itL}-1','FontSize',7.5);                       % y 轴刻度 L-1
text(240,-24,'{\itL}-1','FontSize',7.5);                       % x 轴刻度 L-1
text(-15,-15,'0','FontSize',7.5);                              % 原点
annotation('arrow',[0.142 0.142],[0.98 0.99],'HeadLength',5,'HeadWidth',6);    % y 轴箭头
text(-24,291,'\itt','FontSize',7.5);                           % y 轴标签't'
annotation('arrow',[0.98 0.99],[0.14 0.14],'HeadLength',5,'HeadWidth',6);     % x 轴箭头
```

```
text(287, - 24,'\itk','FontSize',7.5);     % x轴标签's'
set(gca,'xtick',[],'ytick',[]);            % 不显示坐标轴刻度
box off                                    % 不显示边框

hold on
f0 = 0; g0 = 50;                           % 分段曲线的第 1 个点
f1 = 85; g1 = 50;                          % 分段曲线的第 2 个点
f2 = 85; g2 = 220;                         % 分段曲线的第 3 个点
f3 = 160; g3 = 220;                        % 分段曲线的第 4 个点
f4 = 160; g4 = 50;                         % 分段曲线的第 5 个点
f5 = 255; g5 = 50;                         % 分段曲线的第 6 个点
plot([f0,f1,f2,f3,f4,f5],[g0,g1,g2,g3,g4,g5],'k - ');
text(102,170,'\itE(k)','FontSize',7.5);
hold on
plot([0,f1,f1],[g2,g2,0],'k:');
text(80, - 24,'\ita','FontSize',7.5);
text( - 24,50,'\itc','FontSize',7.5);
hold on
plot([f4,f4],[0,g1],'k:');
text(154, - 24,'\itb','FontSize',7.5);
text( - 24,220,'\itd','FontSize',7.5);
% F4_45b.m

% -- 设置图片和坐标轴的属性 -------------------------------------------
fs = 7.5;                                  % FontSize : 五号:10.5 磅,小五号:9 磅,六号:7.5 磅
ms = 5;                                    % MarkerSize: 五号:10.5 磅,小五号:9 磅,六号:7.5 磅
set(gcf,'Units','centimeters','Position',[25 11 4.5 4.5]);
                    % 设置图片的位置和大小[left bottom width height],width:height = 4:3
set(gca,'FontName','宋体','FontSize',fs);   % 设置坐标轴(刻度、标签和图例)的字体和字号
set(gca,'Position',[.14 .14 .82 .82]);     % 设置坐标轴所在的矩形区域在图片中的位置[left
                                           % bottom width height]

plot([0,255,255],[255,255,0],'k:'),axis([0 290 0 290]);          % 刻度 L - 1 处的虚线
text( - 39,255,'{\itL} - 1','FontSize',7.5);                       % y轴刻度 L - 1
text(240, - 24,'{\itL} - 1','FontSize',7.5);                       % x轴刻度 L - 1
text( - 15, - 15,'0','FontSize',7.5);                              % 原点
annotation('arrow',[0.142 0.142],[0.98 0.99],'HeadLength',5,'HeadWidth',6);     % y轴箭头
text( - 24,291,'\itt','FontSize',7.5);                             % y轴标签't'
annotation('arrow',[0.98 0.99],[0.14 0.14],'HeadLength',5,'HeadWidth',6);     % x轴箭头
text(287, - 24,'\itk','FontSize',7.5);                             % x轴标签's'
set(gca,'xtick',[],'ytick',[]);                                    % 不显示坐标轴刻度
box off                                                            % 不显示边框

hold on
f0 = 0; g0 = 0;                                                    % 分段曲线的第 1 个点
f1 = 85; g1 = 85;                                                  % 分段曲线的第 2 个点
f2 = 85; g2 = 220;                                                 % 分段曲线的第 3 个点
f3 = 160; g3 = 220;                                                % 分段曲线的第 4 个点
f4 = 160; g4 = 160;                                                % 分段曲线的第 5 个点
```

```
f5 = 255; g5 = 255;          % 分段曲线的第 6 个点
plot([f0,f1,f2,f3,f4,f5],[g0,g1,g2,g3,g4,g5],'k-');
text(102,170,'\itE(k)','FontSize',7.5);
hold on
plot([0,f1,f1],[g1,g1,0],'k:');
text(80,-24,'\ita','FontSize',7.5);
text(-24,85,'\itc','FontSize',7.5);
hold on
plot([0,f4,f4],[g2,g2,0],'k:');
text(154,-24,'\itb','FontSize',7.5);
text(-24,220,'\itd','FontSize',7.5);
```

例 4.31 灰度切割示例。一张 8 比特灰度图像如图 4-46(a)所示,其灰度值范围为[40,204],试对其进行灰度切割。

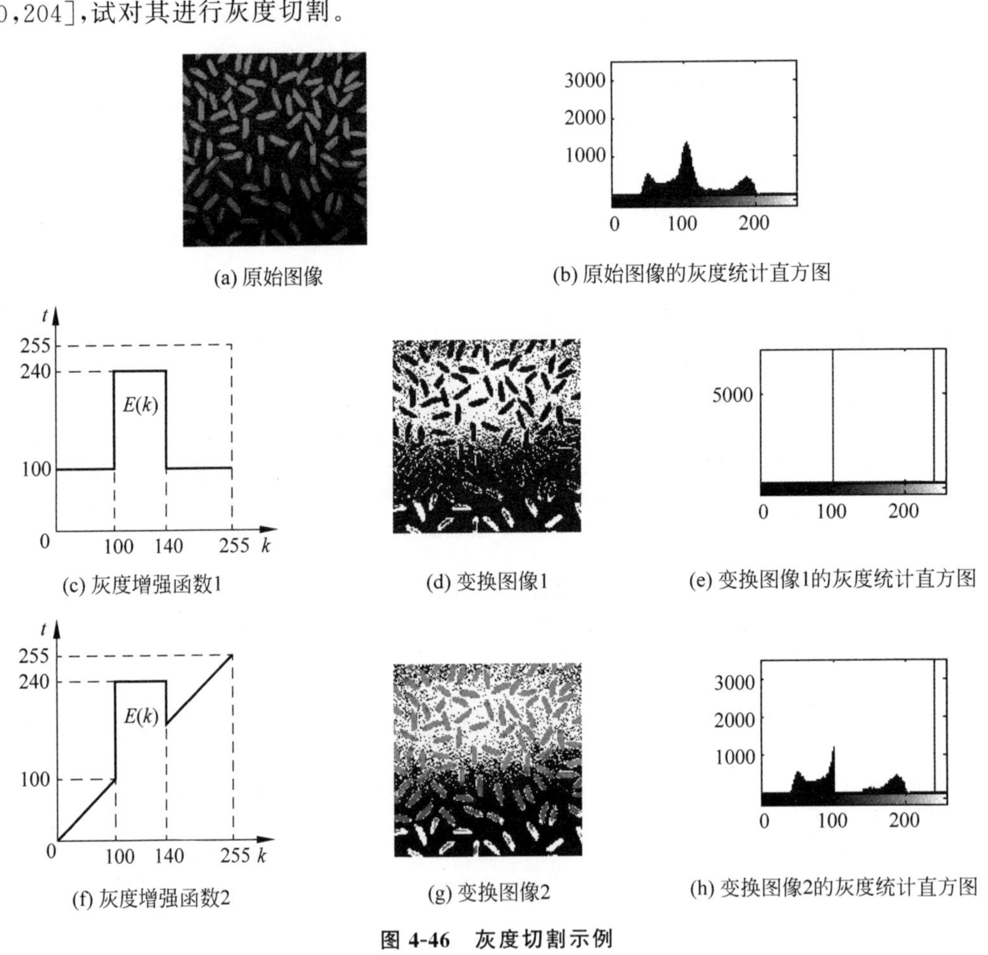

(a) 原始图像
(b) 原始图像的灰度统计直方图
(c) 灰度增强函数1
(d) 变换图像1
(e) 变换图像1的灰度统计直方图
(f) 灰度增强函数2
(g) 变换图像2
(h) 变换图像2的灰度统计直方图

图 4-46 灰度切割示例

```
% F4_46.m

I = imread('rice.png');
subplot(3,3,1),imshow(I),ylabel('原图像');
```

```
subplot(3,3,2),imhist(I),axis([0 255 1 3500]);

%＃＃＃＃＃＃第 1 种方法＃＃＃＃＃＃
%图像的最小灰度值为 40,最大灰度值为 204
f0 = 0;g0 = 100;                          %分段曲线的第 1 个点
f1 = 100;g1 = 100;                        %分段曲线的第 2 个点
f2 = 100;g2 = 240;                        %分段曲线的第 3 个点
f3 = 140;g3 = 240;                        %分段曲线的第 4 个点
f4 = 140;g4 = 100;                        %分段曲线的第 5 个点
f5 = 255;g5 = 100;                        %分段曲线的第 6 个点
subplot(3,3,6),plot([f0,f1,f2,f3,f4,f5],[g0,g1,g2,g3,g4,g5]),xlabel('f'),ylabel('g'),axis
([0 255 0 255]);

%绘制变换曲线
r1 = (g1 - g0)/(f1 - f0);                 %曲线 1 的斜率
b1 = g0 - r1 * f0;                        %曲线 1 的截距
r2 = (g2 - g1)/(f2 - f1);                 %曲线 2 的斜率
b2 = g1 - r2 * f1;                        %曲线 2 的截距
r3 = (g3 - g2)/(f3 - f2);                 %曲线 3 的斜率
b3 = g2 - r3 * f2;                        %曲线 3 的截距
r4 = (g4 - g3)/(f4 - f3);                 %曲线 4 的斜率
b4 = g3 - r4 * f3;                        %曲线 4 的截距
r5 = (g5 - g4)/(f5 - f4);                 %曲线 5 的斜率
b5 = g4 - r5 * f4;                        %曲线 5 的截距
[m,n] = size(I);
K = double(I);
for i = 1:m
    for j = 1:n
        f = K(i,j);
        g(i,j) = 0;
        if(f >= f0)&(f < f1)
            g(i,j) = r1 * f + b1;         %曲线 1 的方程 y = r1 * x + b1
        else
            if (f >= f1)&(f < f2)
                g(i,j) = r2 * f + b2;     %曲线 2 的方程 y = r2 * x + b2
            else
                if (f >= f2)&(f < f3)
                    g(i,j) = r3 * f + b3; %曲线 3 的方程 y = r3 * x + b3
                else
                    if (f >= f3)&(f < f4)
                        g(i,j) = r4 * f + b4;   %曲线 4 的方程 y = r4 * x + b4
                    else
                        if (f >= f4)&(f <= f5)
                            g(i,j) = r5 * f + b5;   %曲线 5 的方程 y = r5 * x + b4
                        end
                    end
                end
            end
        end
```

```
    end
end
subplot(3,3,4),imshow(uint8(g)),ylabel('第 1 种方法');
subplot(3,3,5),imhist(uint8(g));

% ######第 2 种方法######
% 图像的最小灰度值为 40,最大灰度值为 204
f0 = 0;g0 = 0;                              % 分段曲线的第 1 个点
f1 = 100;g1 = 100;                          % 分段曲线的第 2 个点
f2 = 100;g2 = 240;                          % 分段曲线的第 3 个点
f3 = 140;g3 = 240;                          % 分段曲线的第 4 个点
f4 = 140;g4 = 140;                          % 分段曲线的第 5 个点
f5 = 255;g5 = 255;                          % 分段曲线的第 6 个点
subplot(3,3,9),plot([f0,f1,f2,f3,f4,f5],[g0,g1,g2,g3,g4,g5]),xlabel('f'),ylabel('g'),axis
([0 255 0 255]);

% 绘制变换曲线
r1 = (g1 - g0)/(f1 - f0);                   % 曲线 1 的斜率
b1 = g0 - r1 * f0;                          % 曲线 1 的截距
r2 = (g2 - g1)/(f2 - f1);                   % 曲线 2 的斜率
b2 = g1 - r2 * f1;                          % 曲线 2 的截距
r3 = (g3 - g2)/(f3 - f2);                   % 曲线 3 的斜率
b3 = g2 - r3 * f2;                          % 曲线 3 的截距
r4 = (g4 - g3)/(f4 - f3);                   % 曲线 4 的斜率
b4 = g3 - r4 * f3;                          % 曲线 4 的截距
r5 = (g5 - g4)/(f5 - f4);                   % 曲线 5 的斜率
b5 = g4 - r5 * f4;                          % 曲线 5 的截距
[m,n] = size(I);
K = double(I);
for i = 1:m
    for j = 1:n
        f = K(i,j);
        g(i,j) = 0;
        if(f >= f0)&(f <= f1)
            g(i,j) = r1 * f + b1;           % 曲线 1 的方程 y = r1 * x + b1
        else
            if (f >= f1)&(f <= f2)
                g(i,j) = r2 * f + b2;       % 曲线 2 的方程 y = r2 * x + b2
            else
                if (f >= f2)&(f <= f3)
                    g(i,j) = r3 * f + b3;   % 曲线 3 的方程 y = r3 * x + b3
                else
                    if (f >= f3)&(f <= f4)
                        g(i,j) = r4 * f + b4;   % 曲线 4 的方程 y = r4 * x + b4
                    else
                        if (f >= f4)&(f <= f5)
                            g(i,j) = r5 * f + b5;   % 曲线 5 的方程 y = r5 * x + b4
                        end
                    end
```

```
            end
        end

    end
  end
end
subplot(3,3,7),imshow(uint8(g)),ylabel('第 2 种方法');
subplot(3,3,8),imhist(uint8(g)),axis([0 255 1 3500]);
% F4_46c.m

% -- 设置图片和坐标轴的属性 ------------------------------------------
fs = 7.5; % FontSize : 五号:10.5 磅,小五号:9 磅,六号:7.5 磅
ms = 5; % MarkerSize: 五号:10.5 磅,小五号:9 磅,六号:7.5 磅
set(gcf,'Units','centimeters','Position',[25 11 4.5 4.5]);
                        % 设置图片的位置和大小[left bottom width height],width:height = 4:3
set(gca,'FontName','宋体','FontSize',fs); % 设置坐标轴(刻度、标签和图例)的字体和字号
set(gca,'Position',[.14 .14 .82 .82]);     % 设置坐标轴所在的矩形区域在图片中的位置[left
                                           % bottom width height]

plot([0,255,255],[255,255,0],'k:'),axis([0 290 0 290]);       % 刻度 L-1 处的虚线
text(-42,255,'255','FontSize',7.5);                            % y 轴刻度 L-1
text(237,-24,'255','FontSize',7.5);                            % x 轴刻度 L-1
text(-15,-15,'0','FontSize',7.5);                              % 原点
annotation('arrow',[0.142 0.142],[0.98 0.99],'HeadLength',5,'HeadWidth',6);    % y 轴箭头
text(-24,291,'\itt','FontSize',7.5);                           % y 轴标签't'
annotation('arrow',[0.98 0.99],[0.14 0.14],'HeadLength',5,'HeadWidth',6);      % x 轴箭头
text(287,-24,'\itk','FontSize',7.5);                           % x 轴标签's'
set(gca,'xtick',[],'ytick',[]);                                % 不显示坐标轴刻度
box off                                                        % 不显示边框

hold on
f0 = 0; g0 = 85;                                               % 分段曲线的第 1 个点
f1 = 85; g1 = 85;                                              % 分段曲线的第 2 个点
f2 = 85; g2 = 220;                                             % 分段曲线的第 3 个点
f3 = 160; g3 = 220;                                            % 分段曲线的第 4 个点
f4 = 160; g4 = 85;                                             % 分段曲线的第 5 个点
f5 = 255; g5 = 85;                                             % 分段曲线的第 6 个点
plot([f0,f1,f2,f3,f4,f5],[g0,g1,g2,g3,g4,g5],'k-');
text(102,170,'\itE(k)','FontSize',7.5);
hold on
plot([0,f1,f1],[g2,g2,0],'k:');
text(68,-24,'100','FontSize',7.5);
text(-42,85,'100','FontSize',7.5);
hold on
plot([f4,f4],[0,g1],'k:');
text(140,-24,'140','FontSize',7.5);
text(-42,220,'240','FontSize',7.5);
% F4_46f.m

% -- 设置图片和坐标轴的属性 ------------------------------------------
```

```
fs = 7.5;                                  % FontSize : 五号:10.5 磅,小五号:9 磅,六号:7.5 磅
ms = 5;                                    % MarkerSize: 五号:10.5 磅,小五号:9 磅,六号:7.5 磅
set(gcf,'Units','centimeters','Position',[25 11 4.5 4.5]);
                          % 设置图片的位置和大小[left bottom width height],width:height = 4:3
set(gca,'FontName','宋体','FontSize',fs); % 设置坐标轴(刻度、标签和图例)的字体和字号
set(gca,'Position',[.14 .14 .82 .82]);     % 设置坐标轴所在的矩形区域在图片中的位置[left
                                           % bottom width height]

plot([0,255,255],[255,255,0],'k:'),axis([0 290 0 290]);        % 刻度 L-1 处的虚线
text(-42,255,'255','FontSize',7.5);                             % y 轴刻度 L-1
text(237,-24,'255','FontSize',7.5);                             % x 轴刻度 L-1
text(-15,-15,'0','FontSize',7.5);                               % 原点
annotation('arrow',[0.142 0.142],[0.98 0.99],'HeadLength',5,'HeadWidth',6);    % y 轴箭头
text(-24,291,'\itt','FontSize',7.5);                            % y 轴标签't'
annotation('arrow',[0.98 0.99],[0.14 0.14],'HeadLength',5,'HeadWidth',6);      % x 轴箭头
text(287,-24,'\itk','FontSize',7.5);                            % x 轴标签's'
set(gca,'xtick',[],'ytick',[]);                                 % 不显示坐标轴刻度
box off                                                         % 不显示边框

hold on
f0 = 0; g0 = 0;                                                 % 分段曲线的第 1 个点
f1 = 85; g1 = 85;                                               % 分段曲线的第 2 个点
f2 = 85; g2 = 220;                                              % 分段曲线的第 3 个点
f3 = 160; g3 = 220;                                             % 分段曲线的第 4 个点
f4 = 160; g4 = 160;                                             % 分段曲线的第 5 个点
f5 = 255; g5 = 255;                                             % 分段曲线的第 6 个点
plot([f0,f1,f2,f3,f4,f5],[g0,g1,g2,g3,g4,g5],'k-');
text(102,170,'\itE(k)','FontSize',7.5);
hold on
plot([0,f1,f1],[g1,g1,0],'k:');
text(68,-24,'100','FontSize',7.5);
text(-42,85,'100','FontSize',7.5);
hold on
plot([0,f4,f4],[g2,g2,0],'k:');
text(140,-24,'140','FontSize',7.5);
text(-42,220,'240','FontSize',7.5);
```

解：原始图像的灰度值范围为[40,204]，其灰度统计直方图如图 4-46(b)所示。采用第 1 种方法灰度切割的增强函数如图 4-46(c)所示，变换后的图像如图 4-46(e)所示，变换图像的灰度统计直方图如图 4-46(f)所示。从结果可以看出，变换图像是一张二值图像，反映在灰度统计直方图上可见，变换图像的灰度值集中在两条灰度线上，灰度值分别为 100 和 240。

采用第 2 种方法灰度切割的增强函数如图 4-46(d)所示，变换后的图像如图 4-46(g)所示，变换图像的灰度统计直方图如图 4-46(h)所示。从结果可以看出，变换图像在特定范围内的亮度得到增强，反映在灰度统计直方图上可见，变换图像在区间[100,140]之间不存在像素，在 240 处存在一条长的灰度线，这是由于增强函数将区间[100,140]内的像素映射到 240；变换图像在区间[100,140]外的灰度分布形态与原始图像完全相同，这是由于增强函

数对区间[100,140]外的像素保持原有灰度值不变。

4.4.3 非线性变换

非线性变换主要利用非线性函数来突出感兴趣的目标或亮度值的区域,局部扩展亮度值范围,可以有效利用有限的灰度值,达到最大限度增强图像中有用信息的目的,从而增强图像的对比度。非线性变换包括对数变换和幂次变换。

4.4.3.1 对数变换

对数变换是指利用对数函数实现图像的动态范围压缩,可以实现扩展低亮度、压缩高亮度的目的。有时图像的灰度范围超出了显示设备允许的动态范围,在显示时可能丢失一部分细节(如超出上限值的灰度只能显示为上限值)。与增强对比度相反,对数变换可以增加原始图像中灰度较小的像素的灰度差,减少原始图像中灰度较大的像素的灰度差,减小原始图像明亮部分的反差,适合于动态范围过大或背景偏暗的场合。

若原始图像为 $f(x,y)$,变换图像为 $g(x,y)$,最大灰度级为 $L-1$,则对数变换示意图如图 4-47 所示,变换关系如式(4-37)所示,变换将增加图像的亮度,实现图像的动态范围压缩。

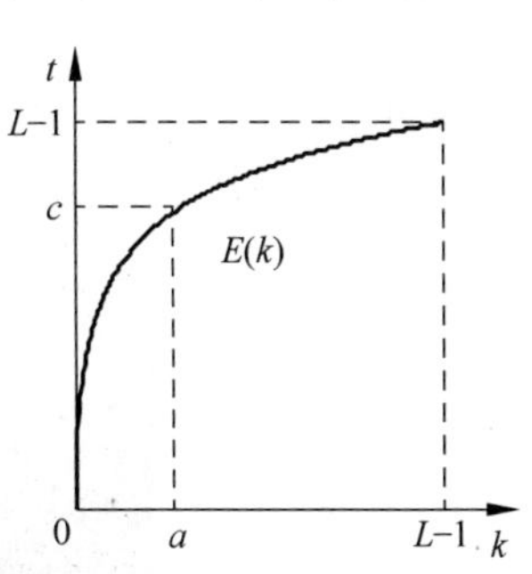

图 4-47 对数变换示意图

```
% F4_47.m

% -- 设置图片和坐标轴的属性 ------------------------------------------------
fs = 7.5;                          % FontSize : 五号:10.5 磅,小五号:9 磅,六号:7.5 磅
ms = 5;                            % MarkerSize: 五号:10.5 磅,小五号:9 磅,六号:7.5 磅
set(gcf,'Units','centimeters','Position',[25 11 4.5 4.5]);
                     % 设置图片的位置和大小[left bottom width height],width:height = 4:3
set(gca,'FontName','宋体','FontSize',fs); % 设置坐标轴(刻度、标签和图例)的字体和字号
set(gca,'Position',[.14 .14 .82 .82]);    % 设置坐标轴所在的矩形区域在图片中的位置[left
                                          % bottom width height]

plot([0,255,255],[255,255,0],'k:'),axis([0 290 0 290]);          % 刻度 L-1 处的虚线
text(-39,255,'{\itL}-1','FontSize',7.5);                         % y 轴刻度 L-1
text(240,-24,'{\itL}-1','FontSize',7.5);                         % x 轴刻度 L-1
text(-15,-15,'0','FontSize',7.5);                                % 原点
annotation('arrow',[0.142 0.142],[0.98 0.99],'HeadLength',5,'HeadWidth',6);   % y 轴箭头
text(-24,291,'\itt','FontSize',7.5);                             % y 轴标签't'
annotation('arrow',[0.98 0.99],[0.14 0.14],'HeadLength',5,'HeadWidth',6);     % x 轴箭头
text(287,-24,'\itk','FontSize',7.5);                             % x 轴标签's'
set(gca,'xtick',[],'ytick',[]);                                  % 不显示坐标轴刻度
box off                                                          % 不显示边框

hold on
c = 255/log(1 + 255);
```

```
x = 0:1:255;
y = c * log(1 + x);
plot(x,y,'k - ');
text(102,170,'\itE(k)','FontSize',7.5);
hold on
plot([0,67,67],[200,200,0],'k:');
text(64, - 24,'\ita','FontSize',7.5);
text( - 24,200,'\itc','FontSize',7.5);
```

$$t = C\log(1+k) \tag{4-37}$$

式中，C 为比例系数，恰当选择可使压缩后的动态范围刚好能全部显示，通常，$C=\dfrac{255}{\log(1+255)}$。

例 4.32 对数变换示例。一张 8 比特灰度图像如图 4-48(a)所示，其灰度值范围为[40,204]，试对其进行对数变换。

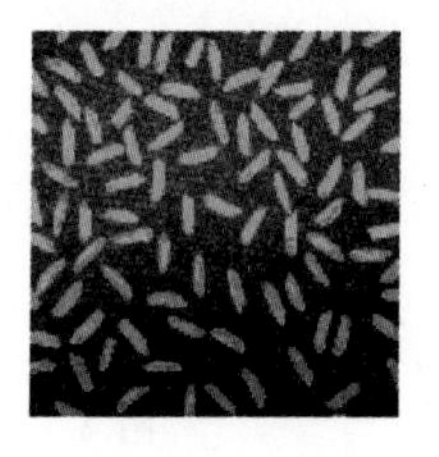

(a) 原始图像

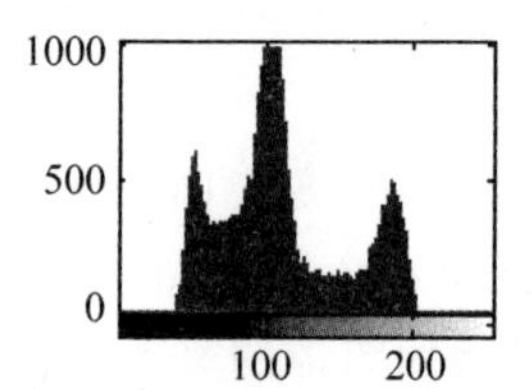

(b) 原始图像的灰度统计直方图

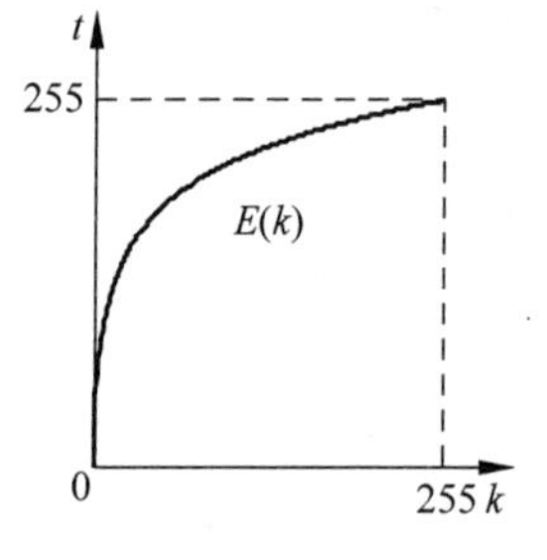

(c) 灰度增强函数

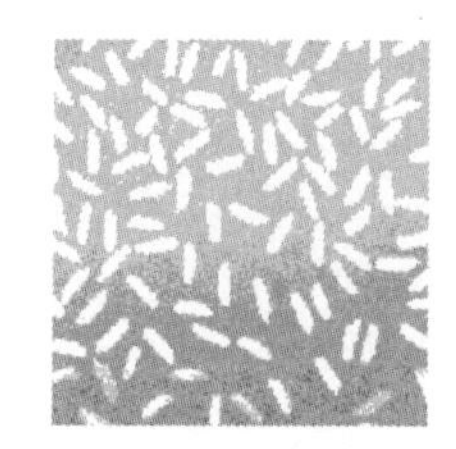

(d) 变换图像

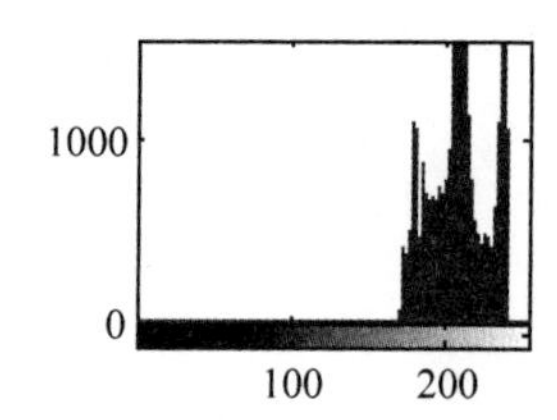

(e) 变换图像的灰度统计直方图

图 4-48 对数变换示例

```
% F4_48.m

I = imread('rice.png');
subplot(3,3,1),imshow(I),ylabel('原图像');
subplot(3,3,2),imhist(I);

%对数变换
c = 255/log(1 + 255);
x = 0:1:255;
y = c * log(1 + x);
subplot(3,3,6),plot(x,y),axis tight,xlabel('f'),ylabel('g');
%绘制变换曲线
```

```
[m,n] = size(I);
K = double(I);

g = c * log(K + 1);
%{
%等价的循环语句实现
for i = 1:m
    for j = 1:n
        g(i,j) = 0;
        g(i,j) = c * log(K(i,j) + 1);
    end
end
%}

subplot(3,3,4),imshow(uint8(g)),ylabel('对数变换');
subplot(3,3,5),imhist(uint8(g));

%###系统函数调用###
J = imadjust(I,[],[],0.216);
subplot(3,3,7),imshow(J),ylabel('对数变换(系统调用)');
subplot(3,3,8),imhist(J);
% F4_48c.m

% -- 设置图片和坐标轴的属性 -------------------------------------------
fs = 7.5; % FontSize : 五号:10.5 磅,小五号:9 磅,六号:7.5 磅
ms = 5; % MarkerSize: 五号:10.5 磅,小五号:9 磅,六号:7.5 磅
set(gcf,'Units','centimeters','Position',[25 11 4.5 4.5]);
                             % 设置图片的位置和大小[left bottom width height],width:height = 4:3
set(gca,'FontName','宋体','FontSize',fs); % 设置坐标轴(刻度、标签和图例)的字体和字号
set(gca,'Position',[.14 .14 .82 .82]);    % 设置坐标轴所在的矩形区域在图片中的位置[left
                                          % bottom width height]

plot([0,255,255],[255,255,0],'k:'),axis([0 290 0 290]);          % 刻度 L-1 处的虚线
text(-42,255,'255','FontSize',7.5);                               % y 轴刻度 L-1
text(237,-24,'255','FontSize',7.5);                               % x 轴刻度 L-1
text(-15,-15,'0','FontSize',7.5);                                 % 原点
annotation('arrow',[0.142 0.142],[0.98 0.99],'HeadLength',5,'HeadWidth',6);    % y 轴箭头
text(-24,291,'\itt','FontSize',7.5);                              % y 轴标签't'
annotation('arrow',[0.98 0.99],[0.14 0.14],'HeadLength',5,'HeadWidth',6);      % x 轴箭头
text(287,-24,'\itk','FontSize',7.5);          % x 轴标签's'
set(gca,'xtick',[],'ytick',[]);               % 不显示坐标轴刻度
box off                                       % 不显示边框

hold on
c = 255/log(1 + 255);
x = 0:1:255;
y = c * log(1 + x);
plot(x,y,'k-');
text(102,170,'\itE(k)','FontSize',7.5);
```

解：原始图像的灰度值范围为[40,204]，其灰度统计直方图如图 4-48(b)所示。对数变换的增强函数如图 4-48(c)所示，变换后的图像如图 4-48(d)所示，变换图像的灰度统计直方图如图 4-48(e)所示。从结果可以看出，变换图像的整体亮度增加，动态范围被压缩，反映在灰度统计直方图上可见，变换图像的灰度值集中分布在高灰度值区域。

4.4.3.2 幂次变换

幂次变换是指利用指数函数对图像进行处理，可以实现图像的动态范围压缩或对比度增强。

若原始图像为 $f(x,y)$，变换图像为 $g(x,y)$，最大灰度级为 $L-1$，则幂次变换示意图如图 4-49 所示，变换关系如式(4-38)所示。

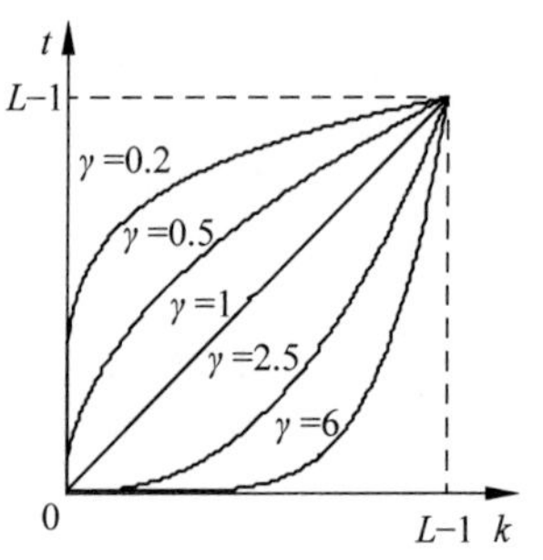

图 4-49 幂次变换示意图

```
% F4_49.m

% -- 设置图片和坐标轴的属性 --------------------------------------------
fs = 7.5; % FontSize : 五号:10.5 磅,小五号:9 磅,六号:7.5 磅
ms = 5; % MarkerSize: 五号:10.5 磅,小五号:9 磅,六号:7.5 磅
set(gcf,'Units','centimeters','Position',[25 11 4.5 4.5]);
                          % 设置图片的位置和大小[left bottom width height],width:height = 4:3
set(gca,'FontName','宋体','FontSize',fs); % 设置坐标轴(刻度、标签和图例)的字体和字号
set(gca,'Position',[.14 .14 .82 .82]);     % 设置坐标轴所在的矩形区域在图片中的位置[left
                                           % bottom width height]

plot([0,255,255],[255,255,0],'k:'),axis([0 290 0 290]);          % 刻度 L-1 处的虚线
text(-39,255,'{\itL}-1','FontSize',7.5);                          % y 轴刻度 L-1
text(240,-24,'{\itL}-1','FontSize',7.5);                          % x 轴刻度 L-1
text(-15,-15,'0','FontSize',7.5);                                 % 原点
annotation('arrow',[0.142 0.142],[0.98 0.99],'HeadLength',5,'HeadWidth',6);    % y 轴箭头
text(-24,291,'\itt','FontSize',7.5);                              % y 轴标签't'
annotation('arrow',[0.98 0.99],[0.14 0.14],'HeadLength',5,'HeadWidth',6);      % x 轴箭头
text(287,-24,'\itk','FontSize',7.5);                              % x 轴标签's'
set(gca,'xtick',[],'ytick',[]);                                   % 不显示坐标轴刻度
box off                                                           % 不显示边框

hold on
C = 1/(255^1.5);
gamma = 2.5;
x = 0:1:255;
y = C * (x.^gamma);
plot(x,y,'k-');
text(100,85,'{\it\gamma} = 2.5','FontSize',7.5);
hold on
C = 1/(255^5);
gamma = 6;
x = 0:1:255;
```

```
y = C * (x.^gamma);
plot(x,y,'k-');
text(140,43,'{\it\gamma} = 6','FontSize',7.5);
hold on
C = 1;
gamma = 1;
x = 0:1:255;
y = C * (x.^gamma);
plot(x,y,'k-');
text(75,120,'{\it\gamma} = 1','FontSize',7.5);
hold on
C = 255^(1/2);
gamma = 1/2;
x = 0:1:255;
y = C * (x.^gamma);
plot(x,y,'k-');
text(45,170,'{\it\gamma} = 0.5','FontSize',7.5);
hold on
C = 255^(4/5);
gamma = 1/5;
x = 0:1:255;
y = C * (x.^gamma);
plot(x,y,'k-');
text(15,210,'{\it\gamma} = 0.2','FontSize',7.5);
```

$$t = Ck^{\gamma} \tag{4-38}$$

式中，C 为比例系数，恰当选择可使压缩后的动态范围刚好能全部显示，通常，$C=\frac{1}{255^{\gamma-1}}$。$\gamma$ 为幂次系数，当 $\gamma<1$ 和 $\gamma>1$ 时，将产生相反的效果，具体来说，当 $\gamma<1$ 时，可以增加原始图像中灰度值较小的像素的灰度差，减少原始图像中灰度值较大的像素的灰度差，减小原始图像明亮部分的反差，适合于动态范围过大或背景偏暗的场合，实现图像的动态范围压缩，类似于对数变换；当 $\gamma=1$ 时，转化为正比线性变换；当 $\gamma>1$ 时，可以增加原始图像中灰度值较大的像素的灰度差，减少原始图像中灰度值较小的像素的灰度差，增大原始图像明亮部分的反差，适合于动态范围过小或背景偏亮的场合，实现图像的对比度增强。

例 4.33 幂次变换示例。一张 8 比特灰度图像如图 4-50(a)所示，其灰度值范围为[40,204]，试对其进行幂次变换。

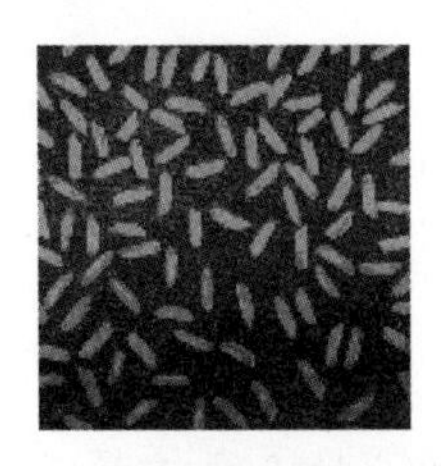
(a) 原始图像

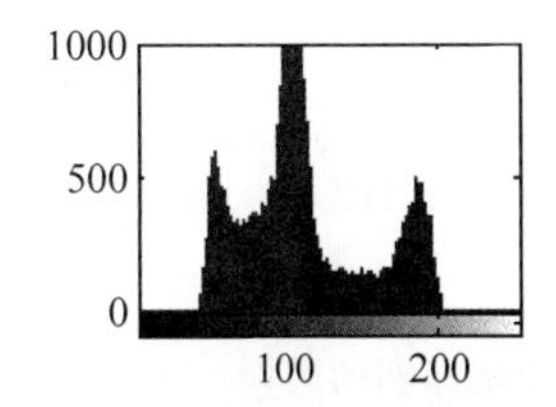

(b) 原始图像的灰度统计直方图

图 4-50 幂次变换示例

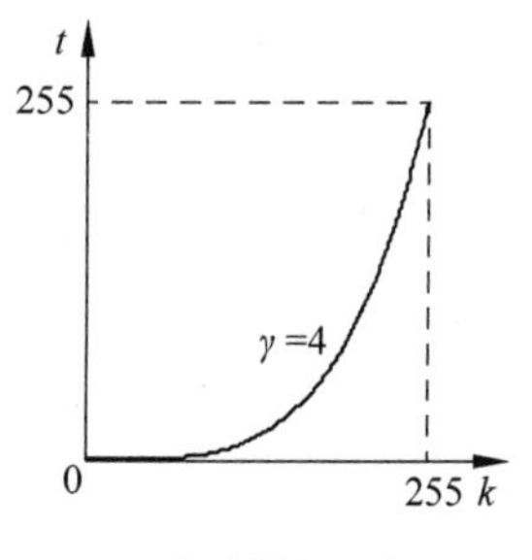

(c) 灰度增强函数

(d) 变换图像

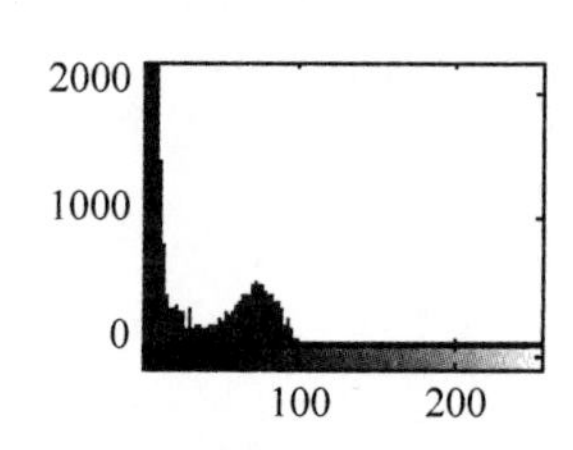

(e) 变换图像的灰度统计直方图

图 4-50 （续）

```
% F4_50.m

I = imread('rice.png');
subplot(3,3,1),imshow(I),ylabel('原图像');
subplot(3,3,2),imhist(I);

%幂次变换
C = 1/(255^3);
x = 0:1:255;
y = C * (x.^4);
subplot(3,3,6),plot(x,y),axis tight,xlabel('f'),ylabel('g');
%绘制变换曲线
[m,n] = size(I);
K = double(I);

g = C * (K.^4);
%{
%等价的循环语句实现
for i = 1:m
    for j = 1:n
        g(i,j) = 0;
        g(i,j) = C * (K(i,j)^4);
    end
end
%}

subplot(3,3,4),imshow(uint8(g)),ylabel('幂次变换');
subplot(3,3,5),imhist(uint8(g));

%###系统函数调用###
J = imadjust(I,[],[],4);
subplot(3,3,7),imshow(J),ylabel('幂次变换(系统调用)');
subplot(3,3,8),imhist(J);
% F4_50c.m

% -- 设置图片和坐标轴的属性 ---------------------------------------------
fs = 7.5;                % FontSize : 五号:10.5 磅,小五号:9 磅,六号:7.5 磅
ms = 5;                  % MarkerSize: 五号:10.5 磅,小五号:9 磅,六号:7.5 磅
```

```
set(gcf,'Units','centimeters','Position',[25 11 4.5 4.5]);
                          % 设置图片的位置和大小[left bottom width height],width:height = 4:3
set(gca,'FontName','宋体','FontSize',fs);  % 设置坐标轴(刻度、标签和图例)的字体和字号
set(gca,'Position',[.14 .14 .82 .82]);      % 设置坐标轴所在的矩形区域在图片中的位置[left
                                            % bottom width height]

plot([0,255,255],[255,255,0],'k:'),axis([0 290 0 290]);          % 刻度 L-1 处的虚线
text(-42,255,'255','FontSize',7.5);                               % y 轴刻度 L-1
text(238,-24,'255','FontSize',7.5);                               % x 轴刻度 L-1
text(-15,-15,'0','FontSize',7.5);                                 % 原点
annotation('arrow',[0.142 0.142],[0.98 0.99],'HeadLength',5,'HeadWidth',6);   % y 轴箭头
text(-24,291,'\itt','FontSize',7.5);                              % y 轴标签't'
annotation('arrow',[0.98 0.99],[0.14 0.14],'HeadLength',5,'HeadWidth',6);     % x 轴箭头
text(287,-24,'\itk','FontSize',7.5);          % x 轴标签's'
set(gca,'xtick',[],'ytick',[]);               % 不显示坐标轴刻度
box off                                       % 不显示边框

hold on
C = 1/(255^3);
gamma = 4;
x = 0:1:255;
y = C * (x.^gamma);
plot(x,y,'k-');
text(140,85,'{\it\gamma} = 4','FontSize',7.5);
```

解：原始图像的灰度值范围为[40,204]，其灰度统计直方图如图 4-50(b)所示。幂次变换的增强函数如图 4-50(c)所示，变换后的图像如图 4-50(d)所示，变换图像的灰度统计直方图如图 4-50(e)所示。从结果可以看出，变换图像的整体亮度减小，动态范围被压缩，反映在灰度统计直方图上可见，变换图像的灰度值集中分布在低灰度值区域。

习题

4-1 试简述空域图像增强技术的分类。

4-2 试简述算术运算的概念及分类。

4-3 工业检测中工件的图像仅受到零均值不相关噪声的影响。若图像采集装置每秒可采集 30 幅图像，要实现采用图像平均方法将噪声的均方差减少到原来的 1/10，试求工件在图像采集装置前需要保持固定的时间。

4-4 试简述逻辑运算的概念及分类。

4-5 试简述基于逻辑运算的边缘检测算法。

4-6 试简述直方图均衡化的原理步骤。

4-7 试简述直方图规定化的原理步骤。

4-8 若一张图像的归一化灰度统计直方图如图 4-51(a)所示，灰度变换曲线 $E(k)$ 如图 4-51(b)所示。

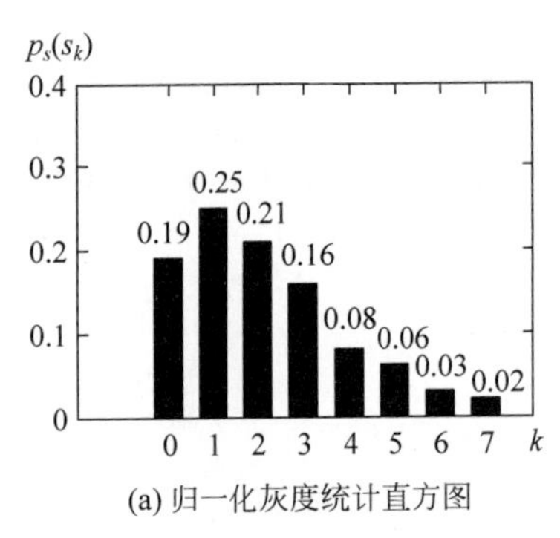

(a) 归一化灰度统计直方图

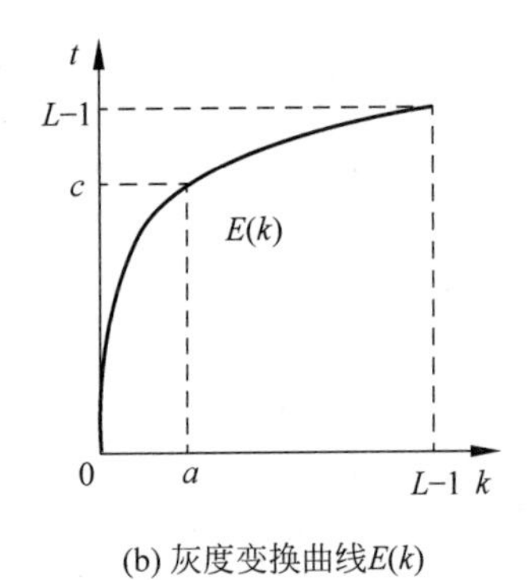

(b) 灰度变换曲线$E(k)$

图 4-51 习题 4-8 图

(1) 试简述灰度变换的基本原理；

(2) 试指出图 4-51(b)所示灰度变换曲线 $E(s)$的特点、功能和适用场合；

(3) 在图 4-51(b)所示灰度变换曲线 $E(s)$中，若 $L=8$，$E(s)=\text{int}((7s)^{1/2}+0.5)$，试利用灰度变换曲线 $E(s)$对图 4-51(a)直方图所对应的图像进行灰度变换，给出变换后图像的直方图(可画图或列表，int()为取整函数)。

4-9 若一张 5×5 图像的图像数据如图 4-52(a)所示，灰度变换函数如图 4-52(b)所示。

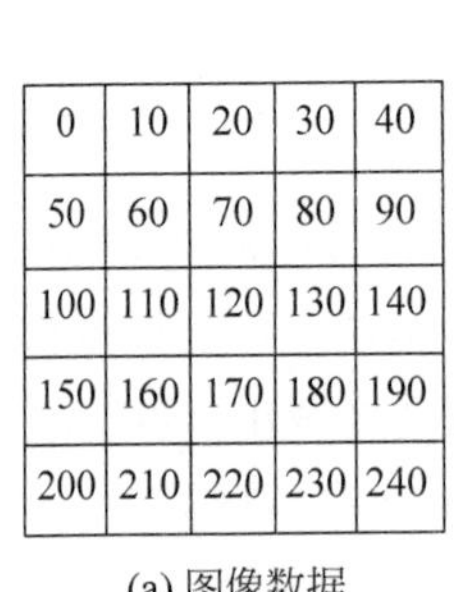

0	10	20	30	40
50	60	70	80	90
100	110	120	130	140
150	160	170	180	190
200	210	220	230	240

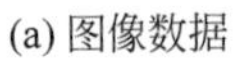

(a) 图像数据

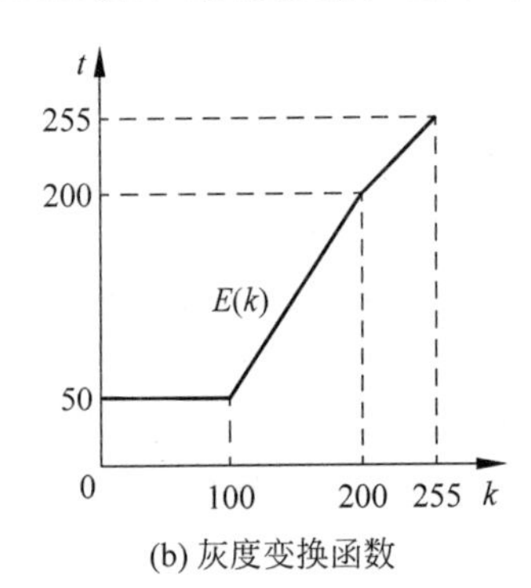

(b) 灰度变换函数

图 4-52 习题 4-9 图

(1) 试简述灰度变换的基本原理；

(2) 试指出图 4-52(b)所示的灰度变换函数的数学表达形式及其功能；

(3) 试求图 4-52(a)所示的图像经图 4-52(b)所示的灰度变换函数进行灰度变换处理后的结果。

第5章

空域滤波增强

空域滤波增强也称为模板操作,主要以像素邻域为基础对图像进行增强,增强函数 $E()$ 定义在像素点(x,y)的某个邻域上。模板是指滤波器、核、掩模或窗口。邻域可以是任意形状,通常采用正方形或矩形阵列。

空域滤波增强的基本原理是利用图像与模板的卷积来进行。模板通常取尺寸为 $n\times n$ 的小图像,n 一般为奇数,此时,模板的半径定义为:$r=(n-1)/2$。

基于卷积的空域滤波增强的步骤为:

(1) 将模板在原始图像中漫游,并将模板中心与原始图像中的某个像素重合;

(2) 将模板上的各系数与模板下对应像素的灰度值相乘,再将所有乘积相加;

(3) 将运算结果(模板的输出响应)赋值给变换图像中对应模板中心位置的像素。

图像卷积操作示意图如图 5-1 所示,其中,图 5-1(a)为原始图像的一部分,s_i 为像素的灰度值;图 5-1(b)为一个 3×3 的模板,k_i 为模板系数,不同的系数将得到不同的滤波(平滑或锐化)效果;图 5-1(c)为变换图像,将 k_0 所在的模板中心位置与原始图像中灰度值为 s_0 的像素重合,可得到模板的输出响应 $t=k_0s_0+k_1s_1+\cdots+k_8s_8$,然后,将 t 赋值给变换图像中对应模板中心位置的像素即完成滤波。

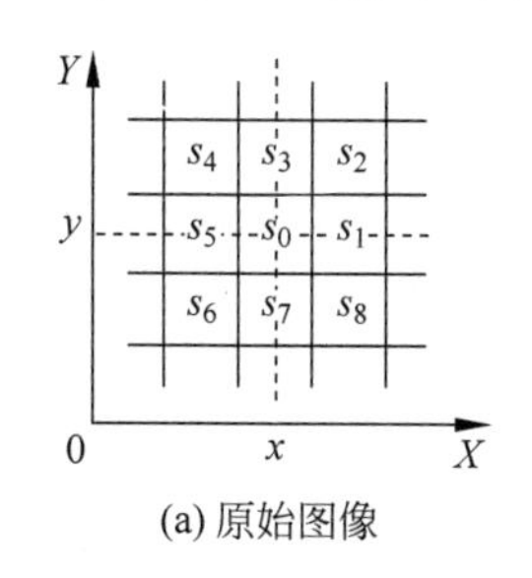

(a) 原始图像

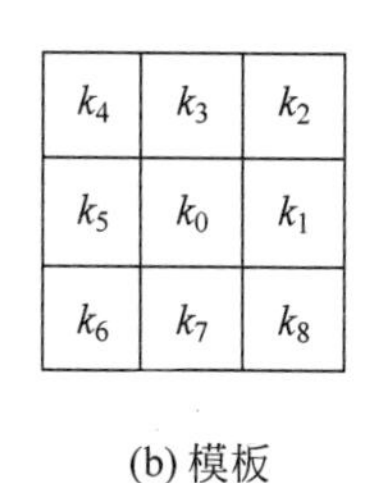

(b) 模板

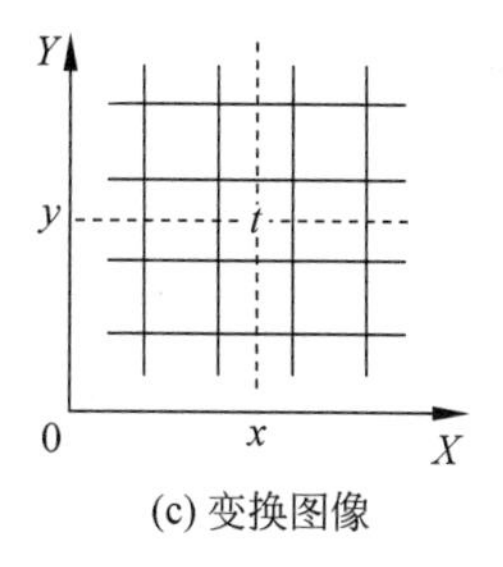

(c) 变换图像

图 5-1 图像卷积操作示意图

按照功能进行分类,空域滤波增强可以分为平滑滤波和锐化滤波。平滑滤波属于低通滤波,即减弱或消除图像中的高频分量(高频分量对应图像中的区域边缘等灰度值具有较大、较快变化的部分),不影响低频分量,可达到减少局部灰度起伏、平滑图像的目的。锐化滤波属于高通滤波,即减弱或消除图像中的低频分量(低频分量对应图像中灰度值变化缓慢的部分),不影响高频分量,可达到增强局部灰度反差、锐化目标边缘的目的。

按照模板特点进行分类,空域滤波增强可以分为线性滤波和非线性滤波。线性滤波是指对模板涉及的像素值进行线性组合,该方法计算方便,容易并行实现。非线性滤波是指对模板涉及的像素值进行逻辑组合,该方法具有较好的滤波效果。

因此,空域滤波增强技术通常包括线性平滑滤波、非线性平滑滤波、线性锐化滤波和非线性锐化滤波。

5.1 卷积原理

卷积来源于信号与系统分析,在物理学、工程科学和数学中经常出现。在信号与系统分析中,对于给定的线性时不变系统,它的零状态响应可以通过系统的冲激响应 $h(t)$ 与 $e(t)$ 的卷积积分来求得。

$$r(t)=\int_{-\infty}^{+\infty} e(\tau)\times h(t-\tau)\mathrm{d}\tau \tag{5-1}$$

5.1.1 一维连续卷积

一维连续卷积如下式所示:

$$h(x)=f(x)\otimes g(x)=\int_{-\infty}^{+\infty} f(u)g(x-u)\mathrm{d}u \tag{5-2}$$

式中,$f(x)$ 和 $g(x)$ 为两个一维连续函数。

例 5.1 一维连续卷积图解。若函数 $f(x)$ 和 $g(x)$ 如图 5-2 所示,试求:卷积函数 $h(x)$。

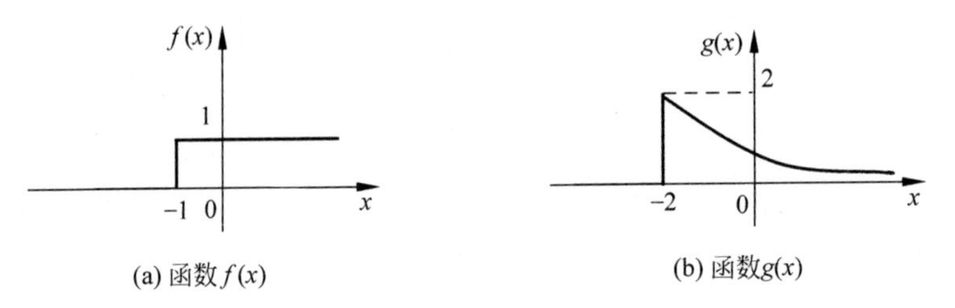

图 5-2 卷积函数

解:卷积过程图解如图 5-3(a)~图 5-3(g)所示,其中,图 5-3(a)为函数 $f(u)$,图 5-3(b)为函数 $g(u)$,图 5-3(c)为函数 $f(u)$ 和 $g(-u)$,图 5-3(d)为函数 $f(u)$ 和 $g(x-u)(x_1>0)$,图 5-3(e)为函数 $f(u)$ 和 $g(x-u)(x_2<0)$,图 5-3(f)为函数 $f(u)$ 和 $g(x-u)(x_3<-3)$,图 5-3(g)为卷积函数 $h(x)$。

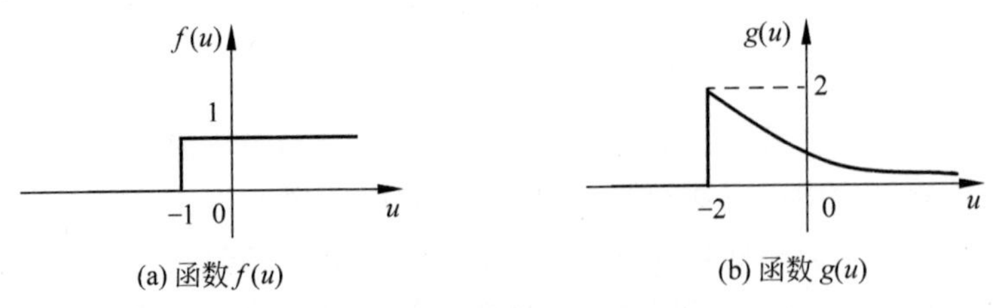

图 5-3 一维连续卷积图解

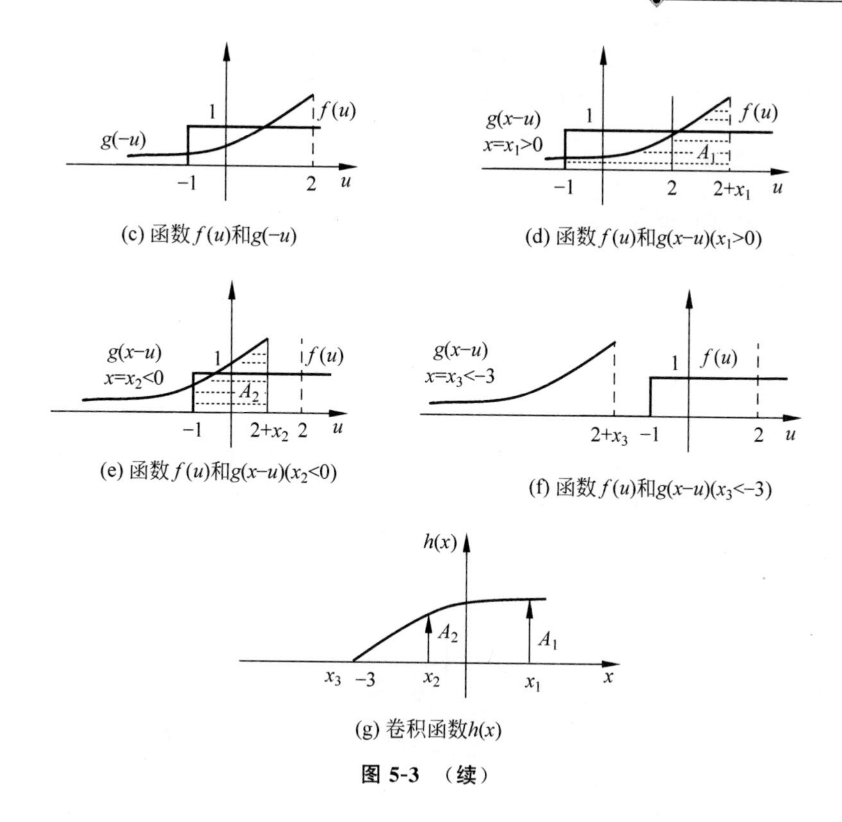

(c) 函数$f(u)$和$g(-u)$　(d) 函数$f(u)$和$g(x-u)(x_1>0)$

(e) 函数$f(u)$和$g(x-u)(x_2<0)$　(f) 函数$f(u)$和$g(x-u)(x_3<-3)$

(g) 卷积函数$h(x)$

图 5-3 （续）

5.1.2 一维离散卷积

一维离散卷积如下式所示：

$$h(i)=f(i)\otimes g(i)=\sum_{u=-\infty}^{\infty} f(u)g(i-u)=\sum_{u=0}^{i} f(u)g(i-u) \tag{5-3}$$

式中，$f(i)$为一维离散函数，$i\in[0,m-1]$，即大小为$1\times m$；$g(i)$为一维离散函数，$i\in[0,n-1]$，即大小为$1\times n$；$h(i)$为卷积结果，$i\in[0,m+n-1]$，即大小为$m+n-1$。

一维原始矩阵与一维模板矩阵相卷积，卷积过程的步骤为：

（1）基于卷积定义，将模板矩阵旋转180°；

（2）将模板矩阵从左到右在原始矩阵中滑动，计算模板矩阵与原始矩阵交集元素的乘积和，该和即为卷积结果中对应位置的数值。

例 5.2 一维离散卷积示例。

解：图 5-4(a)为一维原始矩阵 $\boldsymbol{A}$；图 5-4(b)为一维模板矩阵 $\boldsymbol{B}$；图 5-4(c)为原始矩阵 $\boldsymbol{A}$ 与模板矩阵 $\boldsymbol{B}$ 的卷积结果；图 5-4(d)～图 5-4(h)为卷积过程的步骤。从结果可以看出，

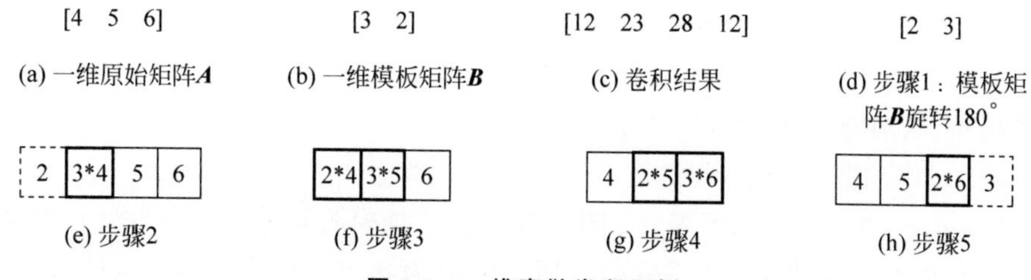

(a) 一维原始矩阵$\boldsymbol{A}$　(b) 一维模板矩阵$\boldsymbol{B}$　(c) 卷积结果　(d) 步骤1：模板矩阵$\boldsymbol{B}$旋转180°

(e) 步骤2　(f) 步骤3　(g) 步骤4　(h) 步骤5

图 5-4 一维离散卷积示例

卷积过程首先将模板矩阵 **B** 旋转 180°，然后从左到右在原始矩阵中滑动，卷积结果中对应位置的数值等于模板矩阵与原始矩阵交集元素的乘积和。

5.1.3 二维连续卷积

二维连续卷积如下式所示：

$$h(x,y)=f(x,y)\otimes g(x,y)=\int_{-\infty}^{\infty}\int_{-\infty}^{\infty}f(u,v)g(x-u,y-v)\mathrm{d}u\mathrm{d}v \tag{5-4}$$

式中，$f(x,y)$和 $g(x,y)$为两个二维连续函数。

例 5.3 二维连续卷积示例(图 5-5)。

解：二维连续卷积示例如图 5-5 所示，函数 $g(x,y)$为平行于 XY 平面、值为 1 的平面。对于给定的某个 u、v 值，函数 $f(u,v)$与 $g(x-u,y-v)$的卷积结果 $h(x,y)$为以两函数乘积对应曲面的边缘曲线为准线、母线平行于 Z 轴的曲顶柱体的体积。

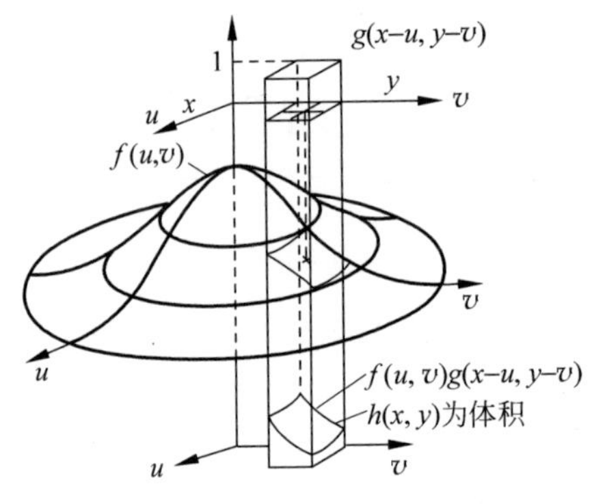

图 5-5 二维连续卷积示例

5.1.4 二维离散卷积

二维离散卷积如下式所示：

$$\begin{aligned}h(i,j)=f(i,j)\otimes g(i,j)&=\sum_{u=-\infty}^{\infty}\sum_{v=-\infty}^{\infty}f(u,v)g(i-u,j-v)\\&=\sum_{u=0}^{i}\sum_{v=0}^{j}f(u,v)g(i-u,j-v)\end{aligned} \tag{5-5}$$

式中，$f(i,j)$为二维离散函数，$i\in[0,m-1]$，$j\in[0,n-1]$，即大小为 $m\times n$；$g(i,j)$为二维离散函数，$i\in[0,p-1]$，$j\in[0,q-1]$，即大小为 $p\times q$；$h(i,j)$为卷积结果，$i\in[0,m+p-1]$，$j\in[0,n+q-1]$，即大小为$(m+p-1)\times(n+q-1)$。

二维原始矩阵与二维模板矩阵相卷积，卷积过程的步骤为：

(1) 基于卷积定义，将模板矩阵旋转 180°；

(2) 将模板矩阵从上到下、从左到右在原始矩阵中滑动，计算模板矩阵与原始矩阵交集元素的乘积和，该和即为卷积结果中对应位置的数值。

例 5.4 二维离散卷积示例。

解：图 5-6(a)为二维原始矩阵 **A**；图 5-6(b)为二维模板矩阵 **B**；图 5-6(c)为原始矩阵 **A** 与模板矩阵 **B** 的卷积结果；图 5-6(d)～图 5-6(p)为卷积过程的步骤。从结果可以看出，卷积过程首先将模板矩阵 **B** 旋转 180°,然后从上到下、从左到右在原始矩阵中滑动,卷积结果中对应位置的数值等于模板矩阵与原始矩阵交集元素的乘积和。

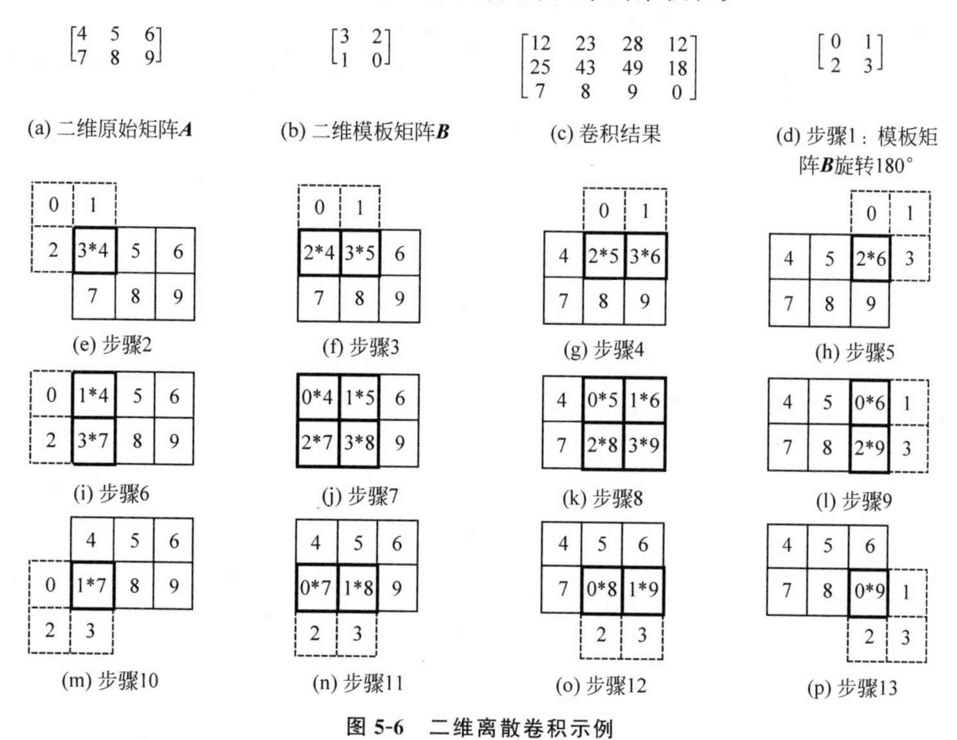

图 5-6 二维离散卷积示例

```
% F5_6.m

disp('步骤 1: 生成 3×3 的矩阵 A 和 B');
A = [4  5  6
     7  8  9]
B = [3  2
     1  0]

rotB = rot90(B,2)

disp('步骤 2: 验证利用卷积函数直接进行卷积');
AconvB = conv2(A,B)
BconvA = conv2(B,A)
```

5.2 线性平滑滤波

若原始图像 $f(x,y)$ 的大小为 $M\times N$,变换图像为 $g(x,y)$,则用大小为 $m\times n$(m、n 一般为奇数)的模板 k 进行线性平滑滤波的原理可由下式给出:

$$g(x,y)=\sum_{i=-a}^{a}\sum_{j=-b}^{b}k(i,j)f(x+i,y+j) \tag{5-6}$$

式中，$x\in[0,M-1]$，$y\in[0,N-1]$，$a=(m-1)/2$，$b=(n-1)/2$。

若仅考虑对某一点(x,y)进行卷积处理得到的输出响应t，则式(5-6)可简单表示为

$$t=k_0s_0+k_1s_1+\cdots+k_{mn-1}s_{mn-1}=\sum_{i=0}^{mn-1}k_is_i \tag{5-7}$$

式中，t为变换图像$g(x,y)$中对应点(x,y)的灰度值；s为原始图像$f(x,y)$中某一点(x,y)的灰度值。

对原始图像$f(x,y)$中的每一个点(x,y)分别进行滤波处理可得到变换图像$g(x,y)$。当$m=n=3$时，线性平滑滤波原理示意图如图5-7所示。

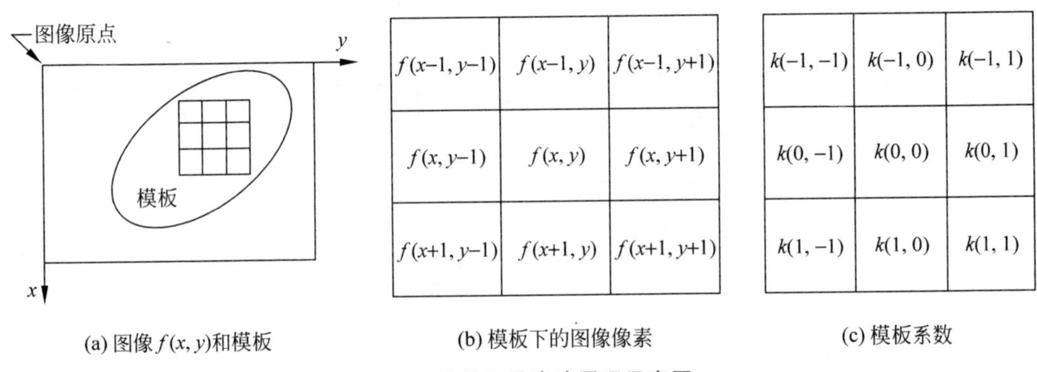

图 5-7 线性平滑滤波原理示意图

5.2.1 邻域平均法

设原始图像$f(x,y)$的大小为$M\times N$，变换图像为$g(x,y)$，则变换图像每个像素(x,y)的灰度值由包含该像素的预定邻域内像素灰度值的平均值决定，如下式所示：

$$g(x,y)=\frac{1}{k}\sum_{(i,j)\in S}f(i,j) \tag{5-8}$$

式中，$x\in[0,M-1]$，$y\in[0,N-1]$；S为像素(x,y)的预定邻域；k为S内像素点的个数。

邻域平均法的典型邻域模板如图5-8所示，模板的共同特点是系数非负且和为1。

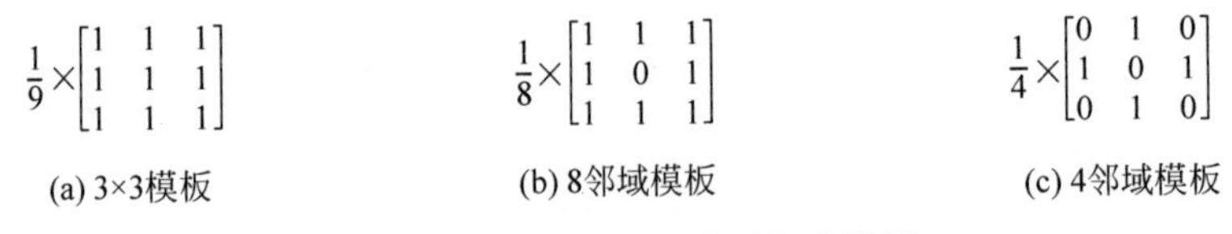

图 5-8 邻域平均法的典型邻域模板

例 5.5 邻域平均法原理示例。一张8比特灰度图像的矩阵数据如图5-9(a)所示，试采用3×3模板的邻域平均法对其进行平滑滤波。

解：基于原始图像的矩阵数据，得到对应的原始图像如图5-9(b)所示，其灰度统计直方图如图5-9(c)所示。采用图5-9(d)所示的3×3模板基于邻域平均法对原始图像进行平滑滤波，得到的变换图像原始数据如图5-9(e)所示，对该数据进行四舍五入处理得到的变换图像数据如图5-9(f)所示，对应的变换图像如图5-9(g)所示，其灰度统计直方图如图5-9(h)所示。

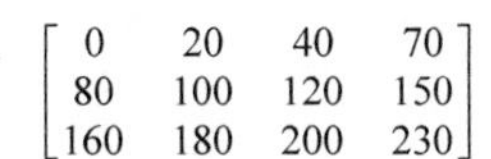

$$\begin{bmatrix} 0 & 20 & 40 & 70 \\ 80 & 100 & 120 & 150 \\ 160 & 180 & 200 & 230 \end{bmatrix}$$

(a) 原始图像数据

(b) 原始图像

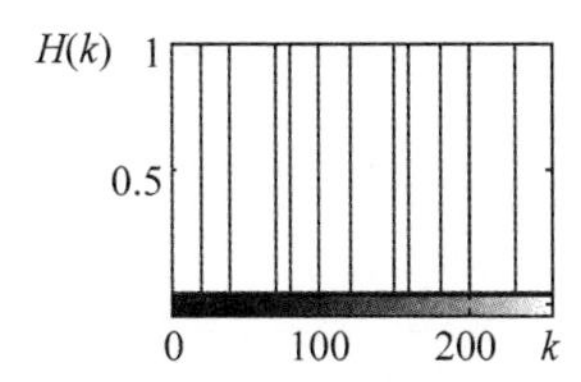

(c) 原始图像灰度统计直方图

$$\frac{1}{9}\times\begin{bmatrix} 1 & 1 & 1 \\ 1 & 1 & 1 \\ 1 & 1 & 1 \end{bmatrix}$$

(d) 3×3模板

$$\begin{bmatrix} 22.2222 & 40.0000 & 55.5556 & 42.2222 \\ 60.0000 & 100.0000 & 123.3333 & 90.0000 \\ 57.7778 & 93.3333 & 108.8889 & 77.7778 \end{bmatrix}$$

(e) 变换图像原始数据

$$\begin{bmatrix} 22 & 40 & 56 & 42 \\ 60 & 100 & 123 & 90 \\ 58 & 93 & 109 & 78 \end{bmatrix}$$

(f)变换图像数据

(g) 变换图像

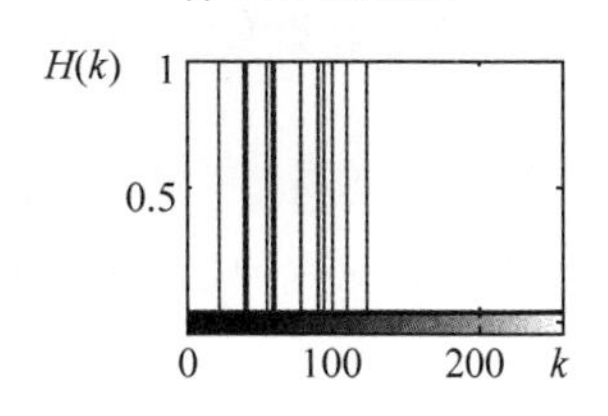

(h)变换图像灰度统计直方图

图 5-9　邻域平均法的典型邻域模板

```
% F5_9.m

% % -- 设置图片和坐标轴的属性 -------------------------------------------
% fs = 7.5;              % FontSize : 五号:10.5 磅,小五号:9 磅,六号:7.5 磅
% ms = 5;                % MarkerSize: 五号:10.5 磅,小五号:9 磅,六号:7.5 磅
% set(gcf,'Units','centimeters','Position',[25 11 6 4.5]);
                    % 设置图片的位置和大小[left bottom width height],width:height = 4:3
% set(gca,'FontName','宋体','FontSize',fs);   % 设置坐标轴(刻度、标签和图例)的字体和字号
% set(gca,'Position',[.12 .11 .83 .77]);      % 设置坐标轴所在的矩形区域在图片中的位置
                                              % [left bottom width height]

Fxy = [ 0 20 40 70
        80 100 120 150
       160 180 200 230]
uint8Fxy = uint8(Fxy)
subplot(2,2,1),imshow(uint8Fxy),xlabel('(b) 原始图像');

subplot(2,2,2),imhist(uint8Fxy), axis([0,255,0,1]),xlabel('(c) 原始图像灰度统计直方图
','position',[120, - 0.23]);
```

```
text(255, - 0.17,'\itk','FontName','Times New Roman');
text( - 70,1,'{\itH}({\itk})','FontName','Times New Roman');

Gxy = filter2(fspecial('average',3), uint8Fxy)
uint8Gxy = uint8(Gxy)
subplot(2,2,3),imshow(uint8Gxy),xlabel('(g) 变换图像');

subplot(2,2,4),imhist(uint8Gxy), axis([0,255,0,1]),xlabel('(h) 变换图像灰度统计直方图','
position',[120, - 0.23]);
text(255, - 0.17,'\itk','FontName','Times New Roman');
text( - 70,1,'{\itH}({\itk})','FontName','Times New Roman');
```

邻域平均法常用于消除噪声。设：噪声是加性白噪声，均值为0，方差为σ^2，且噪声与原始图像$f(x,y)$互不相关，则采集图像$g(x,y)$可以看作是原始图像$f(x,y)$和噪声图像$e(x,y)$的叠加，即

$$g(x,y)=f(x,y)+e(x,y) \tag{5-9}$$

采用邻域平均法对采集图像进行处理：

$$g'(x,y)=\frac{1}{k}\sum_{(i,j)\in S}f(i,j)+\frac{1}{k}\sum_{(i,j)\in S}e(i,j) \tag{5-10}$$

处理后残余噪声的均值和方差分别为

$$E\left(\frac{1}{k}\sum_{(i,j)\in S}e(i,j)\right)=0 \tag{5-11}$$

$$D\left(\frac{1}{k}\sum_{(i,j)\in S}e(i,j)\right)=\frac{1}{k}\sigma^2 \tag{5-12}$$

上式表明：经邻域平均法处理后，残余噪声的均值为0，方差减小为原来的$1/k$，但原始图像$f(x,y)$变为$\frac{1}{k}\sum_{(i,j)\in S}f(i,j)$，这将引起原始图像中目标轮廓模糊或细节特征消失。

例5.6 邻域平均法实现消除噪声。

解：原始图像如图5-10(a)所示，原始图像添加噪声密度(即包括噪声值的图像区域的百分比)为4%的椒盐噪声后得到的噪声图像如图(b)所示。采用3×3模板、5×5模板、4邻域模板和8邻域模板分别对噪声图像进行邻域平均法滤波的结果如图5-10(c)～图5-10(f)所示。从结果可以看出，噪声均得到明显消除，其中，5×5模板对噪声的消除效果明显强于3×3模板，因为离模板中心像素越近的像素对滤波结果的贡献越大，5×5模板采用对某像素点及其周围共25个像素点求平均来实现滤波，3×3模板采用对某像素点及其周围共9个像素点求平均来实现滤波，5×5模板包含了更多离模板中心像素较远的像素参与滤波，因而平滑和消噪效果更强。

同时可以看出，在消除噪声时，图像轮廓等细节也得到不同程度的消除。一般来说，噪声消除越好，图像细节消除也越强，这正是邻域平均法进行平滑滤波的缺点。

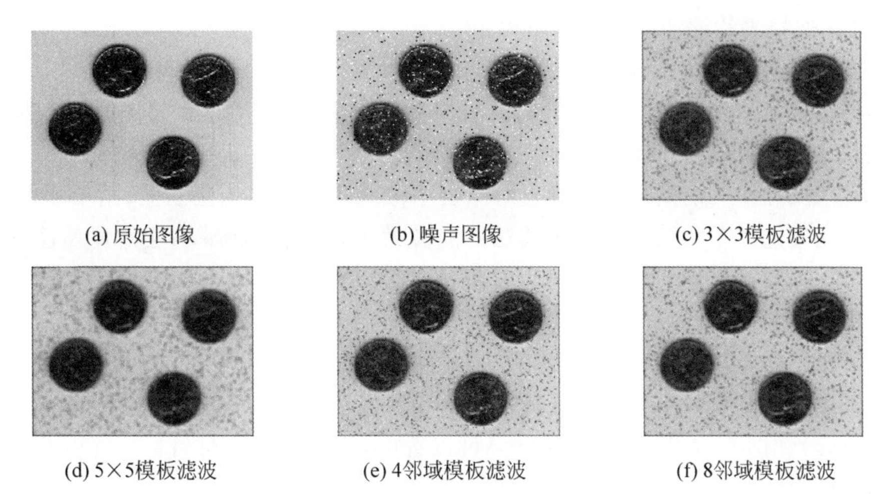

图 5-10　邻域平均法消除噪声示例

```
% F5_10.m

I = imread('eight.tif');
subplot(2,3,1),imshow(I),xlabel('(a) 原始图像');

J = imnoise(I,'salt & pepper',0.04);
subplot(2,3,2),imshow(J),xlabel('(b) 噪声图像');

K1 = filter2(fspecial('average',3),J);
subplot(2,3,3),imshow(uint8(K1)),xlabel('(c) 3 * 3 模板均值滤波');

K2 = filter2(fspecial('average',5),J);
subplot(2,3,4),imshow(uint8(K2)),xlabel('(d) 5 * 5 模板均值滤波');

mask1 = [0  1  0
         1  0  1
         0  1  0];
mask1 = (1/4) * mask1;
K3 = filter2(mask1,J);
subplot(2,3,5),imshow(uint8(K3)),xlabel('(e) 4 邻域模板均值滤波');

mask2 = [1  1  1
         1  0  1
         1  1  1];
mask2 = (1/8) * mask2;
K4 = filter2(mask2,J);
subplot(2,3,6),imshow(uint8(K4)),xlabel('(f) 8 邻域模板均值滤波');
```

5.2.2　选择平均法

选择平均法以邻域平均法为基础，对灰度相同或相近的像素进行平均，或者按照灰度的特殊程度加权之后再求和，以避免或减轻目标边缘、轮廓等细节特征的模糊。

例 5.7 选择平均法原理示例。

解：原始图像如图 5-11(a)所示，图像为白色，大小为 20×20，中间有一个 8×8 的黑色方块。原始图像具有图 5-11(b)所示的特征，即目标边缘在某个 3×3 邻域内，$A_1, A_2, \cdots, A_5$ 灰度值相似，$B_1, B_2, \cdots, B_4$ 灰度值相似，表明 A_i 与 B_j 之间存在水平和垂直边缘。基于这一特征，选择如图 5-11(c)所示的 3×3 模板对原始图像进行选择平均法滤波，结果如图 5-11(d)所示。为了比较选择平均法和邻域平均法的滤波效果，采用邻域平均法对原始图像进行滤波，结果如图 5-11(e)所示。从结果可以看出，选择平均法对目标边缘的模糊效果明显优于邻域平均法。

原始图像添加噪声密度(即包括噪声值的图像区域的百分比)为 4%的椒盐噪声后得到的噪声图像如图 5-11(f)所示，采用选择平均法和邻域平均法对噪声图像进行滤波的结果分别如图 5-11(g)和图 5-11(h)所示。从结果可以看出，选择平均法对目标边缘的模糊效果明显优于邻域平均法。

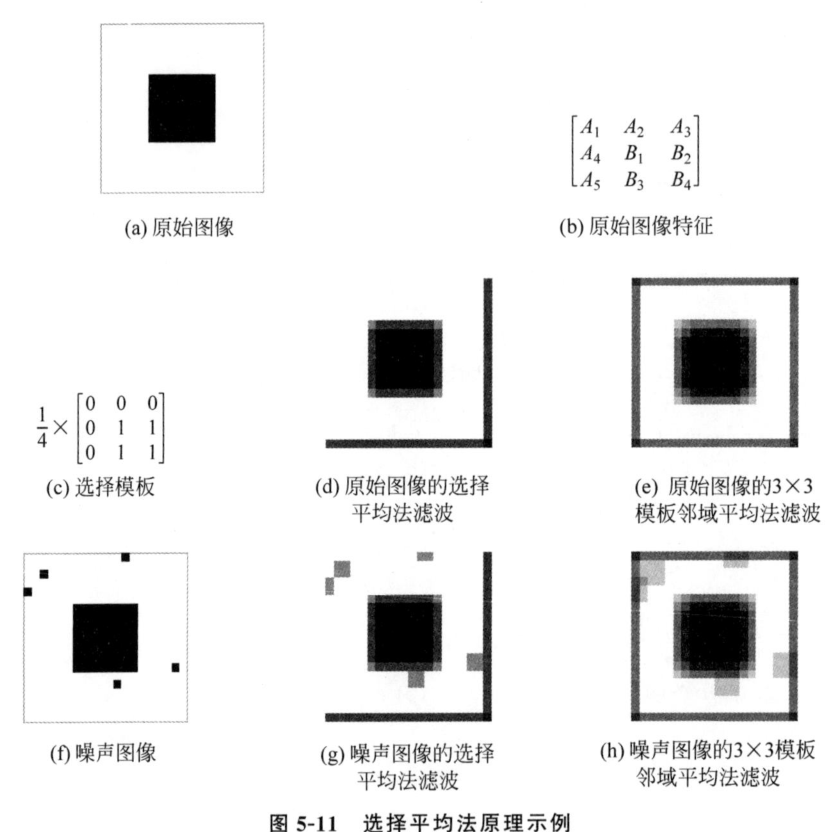

图 5-11 选择平均法原理示例

```
% F5_11.m

I = imread('F5_11a_.bmp');
subplot(2,3,1),imshow(I),xlabel('(a) 原始图像'),ylabel('无噪声滤波过程');

K1 = filter2(fspecial('average',3),I);
```

```
subplot(2,3,2),imshow(uint8(K1)),xlabel('(d) 3 * 3 模板均值滤波');

mask = [0  0  0
        0  1  1
        0  1  1];
mask = (1/4) * mask;
K2 = filter2(mask,I);
subplot(2,3,3),imshow(uint8(K2)),xlabel('(e) 选择模板均值滤波');

J = imnoise(I,'salt & pepper',0.04);
subplot(2,3,4),imshow(J),xlabel('(f) 噪声图像'),ylabel('有噪声滤波过程');

K3 = filter2(fspecial('average',3),J);
subplot(2,3,5),imshow(uint8(K3)),xlabel('(g) 3 * 3 模板均值滤波');

mask = [0  0  0
        0  1  1
        0  1  1];
mask = (1/4) * mask;
K4 = filter2(mask,J);
subplot(2,3,6),imshow(uint8(K4)),xlabel('(h) 选择模板均值滤波');
```

常用的选择平均法包括阈值法和半邻域法。

5.2.2.1 阈值法

阈值法的基本思想：当像素灰度值与其邻域内像素灰度值的均值之差较大时，该像素必然是噪声，滤波结果为该像素邻域内像素灰度值的均值；当像素灰度值与其邻域内像素灰度值的均值之差较小时，滤波结果仍为该像素的值。

$$g(x,y)=\begin{cases}\dfrac{1}{M}\sum\limits_{(i,j)\in S}f(i,j), & \left|f(x,y)-\dfrac{1}{M}\sum\limits_{(i,j)\in S}f(i,j)\right|>T\\ f(x,y), & \text{其他}\end{cases}\tag{5-13}$$

式中，S 为像素(x,y)的某个邻域；M 为 S 内像素点的个数；T 为非负阈值。

5.2.2.2 半邻域法

半邻域法的基本步骤是：

(1) 设模板为 3×3 的矩阵；

(2) 将模板中心与原始图像中的像素 P 重合，对模板覆盖的 8 个像素进行排序，灰度值较小的 3 个像素构成 A 组，灰度值较大的 5 个像素构成 B 组；

(3) 设定门限阈值 T 并计算 A、B 两组的平均值 A_{avg} 和 B_{avg}；

(4) 若$|A_{avg}-B_{avg}\leqslant T|$，则认为无边缘通过，采用 8 邻域平均法滤波；反之，则认为有边缘通过，将像素 P 与 B 组中的 5 个像素共 6 个像素进行平均。

5.2.3 加权平均法

加权平均法的基本思想：离模板中心越近的像素对滤波结果的贡献越大，因此，可使接近模板中心的系数大些而远离模板中心的系数小些。

模板系数的确定一般遵循如下原则：

（1）模板中心的系数最大；

（2）模板周边最小的系数为1；

（3）模板内部的系数根据与模板中心的距离反比地确定，一般成比例地增加，常取2的整数次幂，以便于计算机实现。

高斯(Gause)模板是加权平均法的常用模板，如图5-12所示，模板系数由采样二维高斯函数得到，模板的特点是系数非负且和为1。

$$\frac{1}{16}\times\begin{bmatrix}1 & 2 & 1\\ 2 & 4 & 2\\ 1 & 2 & 1\end{bmatrix}$$

图5-12　高斯模板

例5.8　高斯模板滤波示例。

解：原始图像如图5-13(a)所示，原始图像添加噪声密度(即包括噪声值的图像区域的百分比)为6%的椒盐噪声后得到的噪声图像如图5-13(b)所示，采用高斯模板进行加权平均法滤波的结果如图5-13(c)所示。为了比较加权平均法和邻域平均法的滤波效果，采用3×3模板、4邻域模板和8邻域模板分别对噪声图像进行邻域平均法滤波的结果如图5-13(d)～图5-13(f)所示。从结果可以看出，基于高斯模板的加权平均法对噪声的消除优于邻域平均法。

(a) 原始图像

(b) 噪声图像

(c) 高斯模板加权平均法滤波

(d) 3×3模板邻域平均法滤波

(e) 4邻域模板邻域平均法滤波

(f) 8邻域模板邻域平均法滤波

图5-13　高斯模板滤波示例

```
% F5_13.m

I = imread('liftingbody.png');
subplot(2,3,1),imshow(I),xlabel('(a) 原始图像');

J = imnoise(I,'salt & pepper',0.06);
subplot(2,3,2),imshow(J),xlabel('(b) 噪声图像');

mask1 = [1  2  1
         2  4  2
         1  2  1];
mask1 = (1/16) * mask1;
K1 = filter2(mask1,J);
```

```
subplot(2,3,3),imshow(uint8(K1)),xlabel('(c) 高斯模板均值滤波');

K2 = filter2(fspecial('average',3),J);
subplot(2,3,4),imshow(uint8(K2)),xlabel('(d) 3 * 3 模板均值滤波');

mask3 = [0 1 0
         1 0 1
         0 1 0];
mask3 = (1/4) * mask3;
K3 = filter2(mask3,J);
subplot(2,3,5),imshow(uint8(K3)),xlabel('(e) 4 邻域模板均值滤波');

mask4 = [1 1 1
         1 0 1
         1 1 1];
mask4 = (1/8) * mask4;
K4 = filter2(mask4,J);
subplot(2,3,6),imshow(uint8(K4)),xlabel('(f) 8 邻域模板均值滤波');
```

5.2.4 Wiener 滤波

Wiener(维纳)滤波器是一款经典的线性降噪滤波器,提出于 20 世纪 40 年代。Wiener 滤波是一种在平稳条件下采用最小均方误差准则得出的最佳滤波准则,该方法将寻找一个最佳的线性滤波器,使得均方误差最小,其实质是求解维纳—霍夫(Wiener-Hoof)方程。

设原始图像 $f(x,y)$的大小为 $M\times N$,变换图像为 $g(x,y)$,则 Wiener 滤波的基本原理如下式所示:

$$g(x,y)=\frac{\sigma^2-\nu^2}{\sigma^2}(f(x,y)-\mu)+\mu \tag{5-14}$$

式中,$x\in[0,M-1]$,$y\in[0,N-1]$; ν^2 是整幅图像的方差; μ 和 σ^2 分别为像素(x,y)的邻域内像素的均值和方差; 最后将 μ 加回是为了恢复原始邻域的平均灰度值,由下式给出:

$$\mu=\frac{1}{mn}\sum_{(i,j)\in S}f(i,j) \tag{5-15}$$

$$\sigma^2=\frac{1}{mn}\sum_{(i,j)\in S}f^2(i,j)-\mu^2 \tag{5-16}$$

式中,S 为像素(x,y)的 $m\times n$ 邻域。

Wiener 滤波器根据图像的局部方差来调整滤波器的输出,是一种自适应的滤波器。对于图像中对比度较小的区域,其局部方差就较小,而滤波器的效果反而较强,达到局部增强的目的; 对于图像中对比度较大的区域,其局部方差就较大,而滤波器的效果反而较弱,达到局部平滑的目的。

例 5.9 Wiener 滤波示例。

解: 原始图像如图 5-14(a)所示,原始图像添加噪声密度(即包括噪声值的图像区域的百分比)为 4%的椒盐噪声后得到的噪声图像如图 5-14(b)所示。采用 3×3 模板、5×5 模板、7×7 模板和 9×9 模板分别对噪声图像进行 Wiener 滤波的结果如图 5-14(c)～图 5-14(f)

所示。从结果可以看出，噪声均得到明显消除；模板越大，参与滤波的像素越多，噪声消除效果越明显。在消除噪声的同时，图像轮廓等细节也得到不同程度的消除，噪声消除越好，图像细节消除也越强，这也是 Wiener 滤波器进行平滑滤波的缺点。

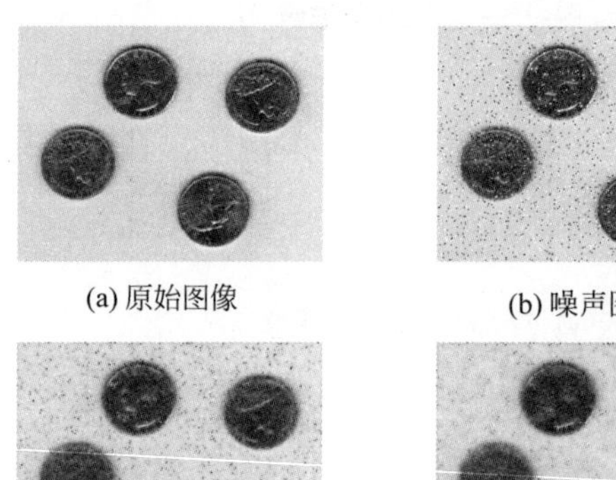

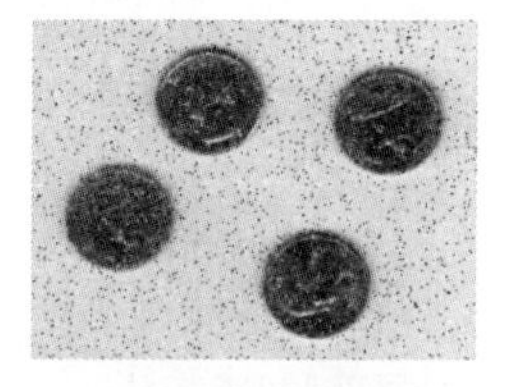

(a) 原始图像　(b) 噪声图像　(c) 3×3模板Wiener滤波

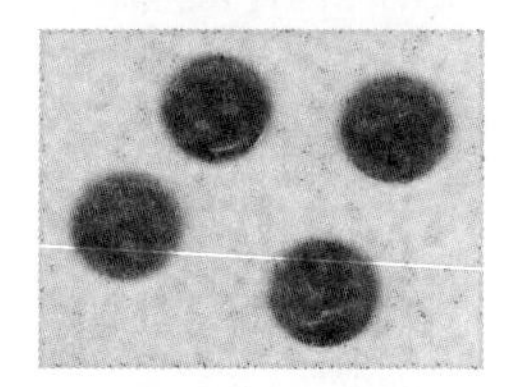

(d) 5×5模板Wiener滤波　(e) 7×7模板Wiener滤波　(f) 9×9模板Wiener滤波

图 5-14　Wiener 滤波示例

```
% F5_14.m

I = imread('eight.tif');
subplot(2,3,1),imshow(I),xlabel('(a) 原始图像');

J = imnoise(I,'salt & pepper',0.04);
subplot(2,3,2),imshow(J),xlabel('(b) 噪声图像');

K1 = wiener2(J,[3,3]);
subplot(2,3,3),imshow(uint8(K1)),xlabel('(c) 3 * 3Wiener 滤波');

K2 = wiener2(J,[5,5]);
subplot(2,3,4),imshow(uint8(K2)),xlabel('(d) 5 * 5Wiener 滤波');

K3 = wiener2(J,[7,7]);
subplot(2,3,5),imshow(uint8(K3)),xlabel('(e) 7 * 7Wiener 滤波');

K4 = wiener2(J,[9,9]);
subplot(2,3,6),imshow(uint8(K4)),xlabel('(f) 9 * 9Wiener 滤波');
```

5.3　非线性平滑滤波

非线性平滑滤波技术的分类主要包括：

(1) 基于形状(几何)的分类。该类方法主要基于数学形态学方法进行。

(2) 基于集合(逻辑)的分类。该类方法采用基于形状的形态操作，建立在集合论的基础上，并可以在有限的数字表达下简化为传统的逻辑表达。

(3) 基于排序(代数)的分类。该类方法被成功地应用于保留图像细节的同时消除脉冲噪声(脉冲噪声也称椒盐噪声，因为这种噪声以黑白点的形式叠加在图像上)。在与分布无关的决策理论中，排序统计已被证明为一种非常有效的方法。

本节主要介绍基于排序(代数)的非线性平滑滤波技术。

5.3.1　中值滤波

中值滤波是一种非线性平滑滤波技术，由 Turky 于 1971 年提出，其基本原理是把数字图像序列中某点的值用该点邻域中各点值的中值代替。

极限像素是指与周围像素灰度值差别较大的像素。噪声属于极限像素，且往往以孤立点的形式存在，对应的像素很少；图像则由像素较多、面积较大的小块组成。中值滤波的特点包括：

(1) 中值滤波对极限像素值的敏感度远不如像素平均值，能克服线性滤波器模糊图像细节的缺点，达到既消除噪声，又保持图像细节的目的，对滤除脉冲干扰和扫描噪声最为有效；

(2) 不适宜细节多，特别是点、线、尖、顶等多的图像。

5.3.1.1　一维中值滤波

一维中值滤波亦称作游程操作，可通过滑动奇数长度的模板来实现。设：一维信号序列$\{f_i\}$由下式给出：

$$f(i)\begin{cases}\neq 0, & 1\leqslant i\leqslant l\\ =0, & i\leqslant 0 \parallel i\geqslant l+1\end{cases}\tag{5-17}$$

式中，l 为信号长度，$i=1,2,\cdots,l$。

一维中值滤波的基本原理如下式所示：

$$g_j=\text{median}(f_{j-r},\cdots,f_j,\cdots,f_{j+r})\tag{5-18}$$

式中，$\{f_i\}$为一维信号序列，长度为 l，$i=1,2,\cdots,l$；r 为滤波模板半径，模板尺寸 $M=2r+1$；median()为取中值函数，即对模板覆盖的信号序列按数值大小排序，并取排序后处在中间位置的值。由此可知，信号序列$\{f_i\}$中有一半大于 g_j，另一半小于 g_j。

中值滤波可以完全消除孤立脉冲噪声而不对通过的理想边缘产生任何影响。

例 5.10　一维中值滤波噪声消除示例。一维 8 比特灰度图像的数据如图 5-15(a)所示，试采用 1×3 模板对其进行中值滤波。

解：基于图 5-15(a)所示的原始图像数据，得到对应的原始图像及其二维示意图如图 5-15(b)～图 5-15(c)所示，图中同时存在边缘和噪声。采用 1×3 模板对其进行中值滤波，得到的滤波图像的二维示意图、图像数据和图像分别如图 5-15(d)～图 5-15(f)所示。从结果可以看出，噪声被完全消除，边缘没有受到任何影响。

[0　0　0　80　0　0　0　240　240　240　160　80　0　0　0　0]

(a) 原始图像数据

(b) 原始图像

图 5-15　一维中值滤波噪声消除示例

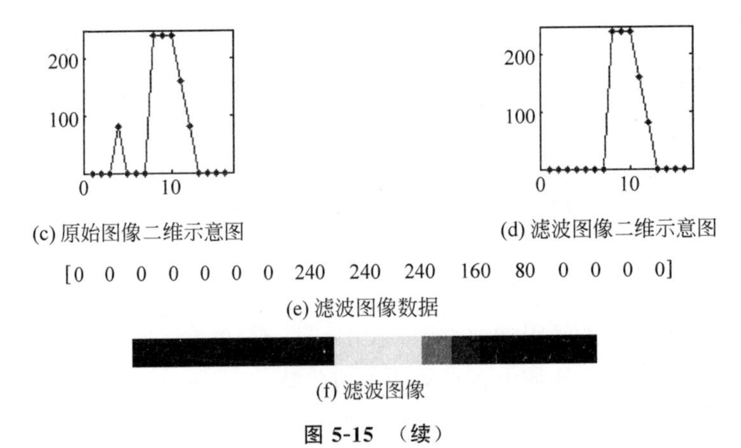

图 5-15 （续）

```
% F5_15.m

I = [0 0 0 80 0 0 0 240 240 240 160 80 0 0 0 0];
uint8I = uint8(I);
subplot(2,2,1),imshow(uint8I),xlabel('(b) 原始图像');
subplot(2,2,2),plot(I,'. - '),axis([0 17 0 250]),xlabel('(c) 原始图像二维示意图');

J = medfilt2(uint8I,[1,3]);
subplot(2,2,3),plot(J,'. - '),axis([0 17 0 250]),xlabel('(d) 滤波图像');

uint8J = uint8(J);
subplot(2,2,4),imshow(uint8J),xlabel('(f) 滤波图像二维示意图');
```

针对接近边缘的脉冲噪声，中值滤波会使边缘发生偏移，这是中值滤波的缺点。

例 5.11 一维中值滤波边缘偏移示例。一维 8 比特灰度图像的数据如图 5-16(a)所示，试采用 1×3 模板对其进行中值滤波。

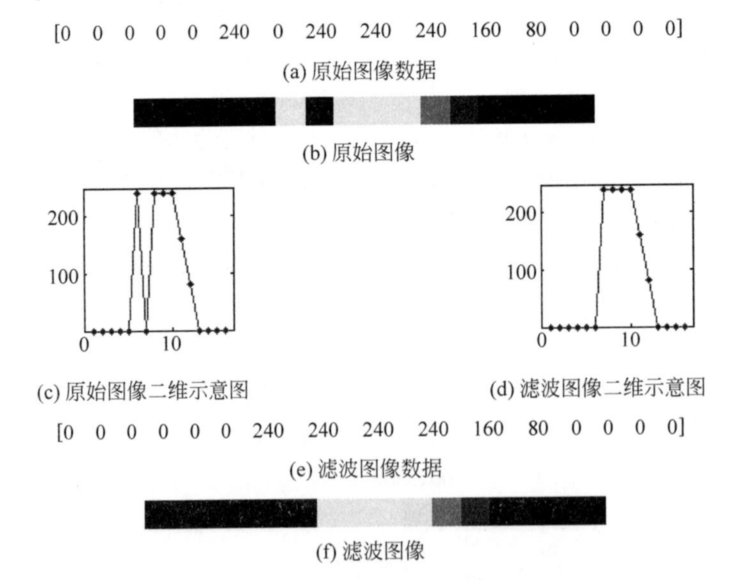

图 5-16 一维中值滤波边缘偏移示例

解：基于图 5-16(a)所示的原始图像数据，得到对应的原始图像及其二维示意图如图 5-16(b)、图 5-16(c)所示，图中同时存在边缘和噪声，且边缘和噪声相邻。采用 1×3 模板对其进行中值滤波，得到的滤波图像的二维示意图、图像数据和图像分别如图 5-16(d)～图 5-16(f)所示。从结果可以看出，噪声被完全消除，但边缘发生了偏移。

```
% F5_16.m

I = [0 0 0 0 0 240 0 240 240 240 160 80 0 0 0 0];
uint8I = uint8(I);
subplot(2,2,1),imshow(uint8I),xlabel('(b) 原始图像');
subplot(2,2,2),plot(I,'. - '),axis([0 17 0 250]),xlabel('(c) 原始图像二维示意图');

J = medfilt2(uint8I,[1,3]);
subplot(2,2,3),plot(J,'. - '),axis([0 17 0 250]),xlabel('(d) 滤波图像');

uint8J = uint8(J);
subplot(2,2,4),imshow(uint8J),xlabel('(f) 滤波图像二维示意图');
```

中值滤波的结果与滤波器尺寸和信号长度密切相关。若滤波器半径为 r，则能够被中值滤波器完全滤去的信号的最大长度依赖于滤波器的长度 $M=2r+1$。若 $l\leqslant r$，则输出全部为 0，信号被完全滤除；若 $l>r$，则信号按中值滤波方式发生变化。

例 5.12　一维中值滤波原理示例。一维 8 比特噪声图像的数据如图 5-17(a)所示，试采用 1×3 模板、1×5 模板、1×7 模板和 1×9 模板分别对其进行中值滤波。

解：基于图 5-17(a)所示的噪声图像数据，得到对应的噪声图像及其二维示意图如图 5-17(b)、图 5-17(c)所示，噪声信号的长度 $l=4$。采用 1×3 模板(半径 $r=1$)、1×5 模板(半径 $r=2$)、1×7 模板(半径 $r=3$)和 1×9 模板(半径 $r=4$)分别对噪声图像进行中值滤波，得到各自滤波图像的二维示意图、图像数据和图像分别如图 5-17(d)～图 5-17(f)、图 5-17(g)～图 5-17(i)、图 5-17(j)～图 5-17(l)和图 5-17(m)～图 5-17(o)所示。从结果可以看出，当噪声信号长度 l 大于模板半径 r 时，滤波结果按中值滤波方式进行，如图 5-17(d)～图 5-17(l)所示；当噪声信号长度 l 等于模板半径 r 时，滤波结果为全 0，噪声信号被完全滤除，如图 5-17(m)～图 5-17(o)所示。

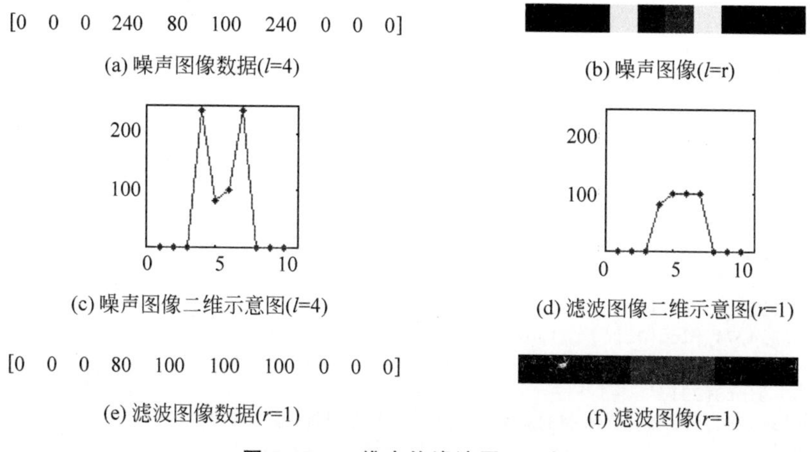

图 5-17　一维中值滤波原理示例

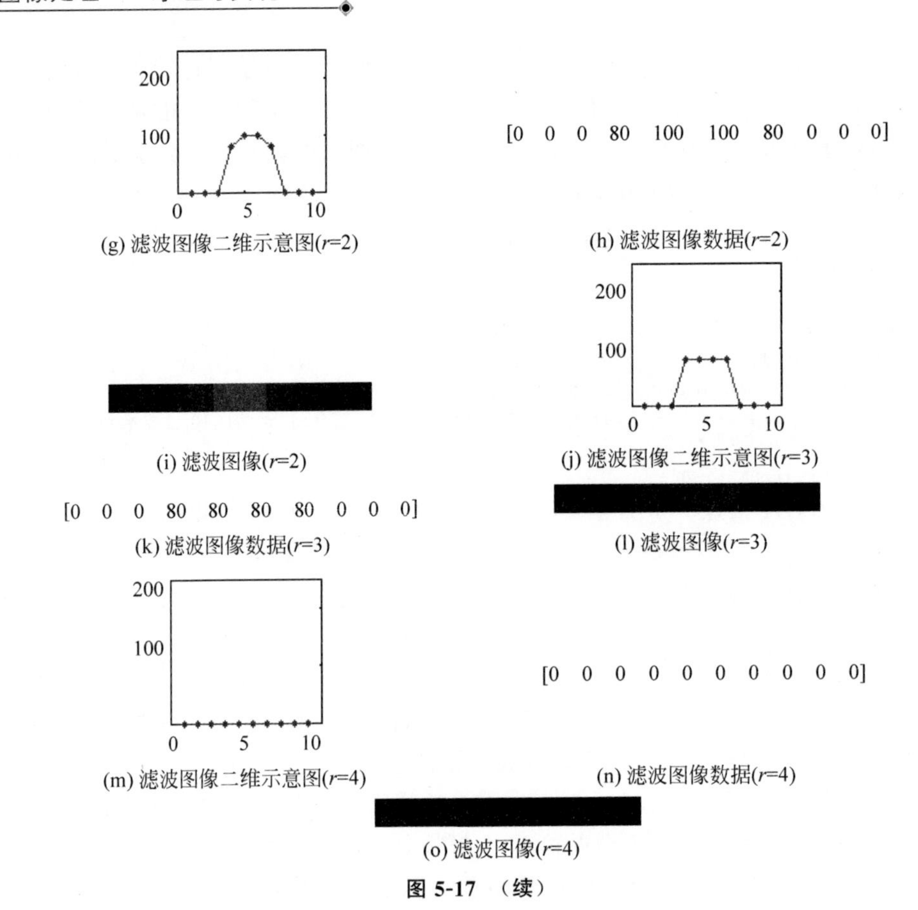

(g) 滤波图像二维示意图(r=2)　(h) 滤波图像数据(r=2)

(i) 滤波图像(r=2)　(j) 滤波图像二维示意图(r=3)

(k) 滤波图像数据(r=3)　(l) 滤波图像(r=3)

(m) 滤波图像二维示意图(r=4)　(n) 滤波图像数据(r=4)

(o) 滤波图像(r=4)

图 5-17 （续）

```
% F5_17.m

I1 = [0 0 0 240 80 100 240 0 0 0]
uint8I1 = uint8(I1);
subplot(3,4,1),imshow(uint8I1),xlabel('(b) 噪声图像(\itl = 4)');
subplot(3,4,2),plot(I1,'. - '),axis([0 11 0 250]),xlabel('(c) 噪声图像二维示意图(\itl = 4)');

J1 = medfilt2(uint8I1,[1,3])
subplot(3,4,3),plot(J1,'. - '),axis([0 11 0 250]),xlabel('(d) 滤波图像二维示意图(\itr = 1)');

uint8J1 = uint8(J1);
subplot(3,4,4),imshow(uint8J1),xlabel('(f) 滤波图像(\itr = 1)');

J2 = medfilt2(uint8I1,[1,5])
subplot(3,4,5),plot(J2,'. - '),axis([0 11 0 250]),xlabel('(g) 滤波图像二维示意图(\itr = 2)');

uint8J2 = uint8(J2);
subplot(3,4,6),imshow(uint8J2),xlabel('(i) 滤波图像(\itr = 2)');

J3 = medfilt2(uint8I1,[1,7])
subplot(3,4,7),plot(J3,'. - '),axis([0 11 0 250]),xlabel('(j) 滤波图像二维示意图(\itr = 3)');

uint8J3 = uint8(J3);
subplot(3,4,8),imshow(uint8J3),xlabel('(l) 滤波图像(\itr = 3)');
```

```
J4 = medfilt2(uint8I1,[1,9])
subplot(3,4,9),plot(J4,'. - '),axis([0 11 0 250]),xlabel('(m) 滤波图像二维示意图(\itr = 4)');

uint8J4 = uint8(J4);
subplot(3,4,10),imshow(uint8J4),xlabel('(o) 滤波图像(\itr = 4)');
```

根信号是指不受中值滤波器影响的信号。若信号序列$\{f_i\}=\{f_1,f_2,\cdots,f_{2r+1}\}$排序后的结果依次为$\{f_{(1)},f_{(2)},\cdots,f_{(2r+1)}\}$，则称$f_{(i)}$为信号序列的第$i$阶统计。中值滤波的结果就是图像信号序列的第$i+1$阶统计。例如，若图像信号序列的中值滤波模板尺寸为5，则中值就是第3阶统计，即信号序列排序后的第3个元素。一个信号是尺寸为$M=2r+1$的中值滤波器的根信号的充分条件是：信号局部单调且为$2r+1$阶，即信号的每个长度为$2r+1$的段均为单调。

例 5.13 一维中值滤波根信号示例。一维8比特噪声图像的数据如图5-18(a)所示，试采用1×3模板、1×5模板、1×7模板和1×9模板分别对其进行中值滤波。

解：基于图5-18(a)所示的噪声图像数据，得到对应的噪声图像及其二维示意图如图5-18(b)、图5-18(c)所示，噪声信号的长度$l=4$且单调递增。采用1×3模板(半径$r=1$)、1×5模板(半径$r=2$)、1×7模板(半径$r=3$)和1×9模板(半径$r=4$)分别对噪声图像进行中值滤波，得到各自滤波图像的二维示意图、图像数据和图像分别如图5-18(d)～图5-18(f)、图5-18(g)～图5-18(i)、图5-18(j)～图5-18(l)和图5-18(m)～图5-18(o)所示。从结果可以看出，噪声信号局部单调且为3($2r+1=2\times1+1$)阶，即信号的每个长度为3的段均为单调，因此，该信号是尺寸为3($M=2r+1=2\times1+1$)的中值滤波器的根信号，如图5-18(d)～图5-18(f)所示；噪声信号不为5($2r+1=2\times2+1$)阶、7($2r+1=2\times3+1$)阶和9($2r+1=2\times4+1$)阶，因此，该信号不是尺寸为5($M=2r+1=2\times2+1$)、7($M=2r+1=2\times3+1$)和9($M=2r+1=2\times4+1$)的中值滤波器的根信号，如图5-18(g)～图5-18(o)所示。

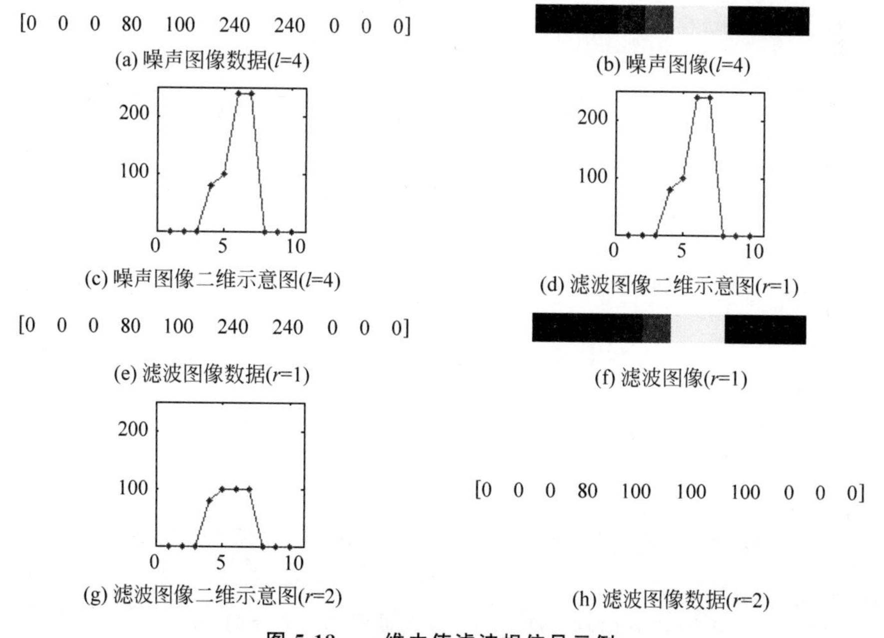

图 5-18 一维中值滤波根信号示例

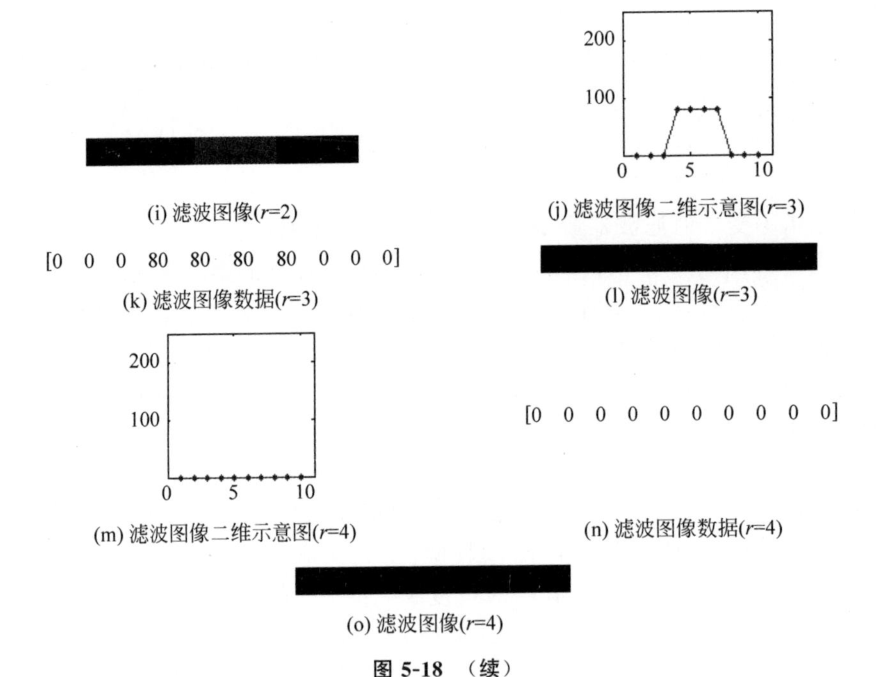

(i) 滤波图像(r=2)

(j) 滤波图像二维示意图(r=3)

(k) 滤波图像数据(r=3)

(l) 滤波图像(r=3)

(m) 滤波图像二维示意图(r=4)

(n) 滤波图像数据(r=4)

(o) 滤波图像(r=4)

图 5-18 （续）

```
% F5_18.m

I1 = [0 0 0 80 100 240 240 0 0 0]
uint8I1 = uint8(I1);
subplot(3,4,1),imshow(uint8I1),xlabel('(b) 噪声图像(\itl = 4)');
subplot(3,4,2),plot(I1,'. - '),axis([0 11 0 250]),xlabel('(c) 噪声图像二维示意图(\itl = 4)');

J1 = medfilt2(uint8I1,[1,3])
subplot(3,4,3),plot(J1,'. - '),axis([0 11 0 250]),xlabel('(d) 滤波图像二维示意图(\itr = 1)');

uint8J1 = uint8(J1);
subplot(3,4,4),imshow(uint8J1),xlabel('(f) 滤波图像(\itr = 1)');

J2 = medfilt2(uint8I1,[1,5])
subplot(3,4,5),plot(J2,'. - '),axis([0 11 0 250]),xlabel('(g) 滤波图像二维示意图(\itr = 2)');

uint8J2 = uint8(J2);
subplot(3,4,6),imshow(uint8J2),xlabel('(i) 滤波图像(\itr = 2)');

J3 = medfilt2(uint8I1,[1,7])
subplot(3,4,7),plot(J3,'. - '),axis([0 11 0 250]),xlabel('(j) 滤波图像二维示意图(\itr = 3)');

uint8J3 = uint8(J3);
subplot(3,4,8),imshow(uint8J3),xlabel('(l) 滤波图像(\itr = 3)');

J4 = medfilt2(uint8I1,[1,9])
subplot(3,4,9),plot(J4,'. - '),axis([0 11 0 250]),xlabel('(m) 滤波图像二维示意图(\itr = 4)');

uint8J4 = uint8(J4);
subplot(3,4,10),imshow(uint8J4),xlabel('(o) 滤波图像(\itr = 4)');
```

5.3.1.2　二维中值滤波

设：原始图像为 $f(x,y)$，变换图像为 $g(x,y)$，二维中值滤波的基本原理如下式所示：

$$g_{\text{med}}(x,y)=\underset{(i,j)\in S}{\text{median}}(f(i,j)) \tag{5-19}$$

式中，S 为像素 (x,y) 的 $m\times n$ 邻域；median()为取中值函数，即对模板覆盖的像素按灰度值大小排序，并取排序后处在中间位置处的值。由此可知，模板覆盖的像素灰度值有一半大于 $g(x,y)$，另一半小于 $g(x,y)$。

二维中值滤波的步骤为：

(1) 将模板在原始图像中漫游，并将模板中心与原始图像中的某个像素重合；

(2) 读取模板下对应像素的灰度值，并按升序或降序排序；

(3) 读取排序后处在中间位置的值；

(4) 将该中间值赋值给变换图像中对应模板中心位置的像素。

注意：模板尺寸通常选择奇数，以确保唯一的中间值；一般地，首先选择 3×3，再选择 5×5，并逐渐增大，直到滤波效果满意为止。

例 5.14　二维中值滤波原理示例。

解：原始图像如图 5-19(a)所示，原始图像添加噪声密度(即包括噪声值的图像区域的百分比)为 2%的椒盐噪声后得到的噪声图像如图 5-19(b)所示。采用 3×3 模板、5×5 模板、7×7 模板和 9×9 模板对噪声图像进行二维中值滤波的结果如图 5-19(c)～图 5-19(f)所示。从结果可以看出，3×3 模板在几乎消除所有噪声的同时保留了图像细节，效果最好；模板尺寸越大，噪声仍然被消除，但图像细节消除也越强。

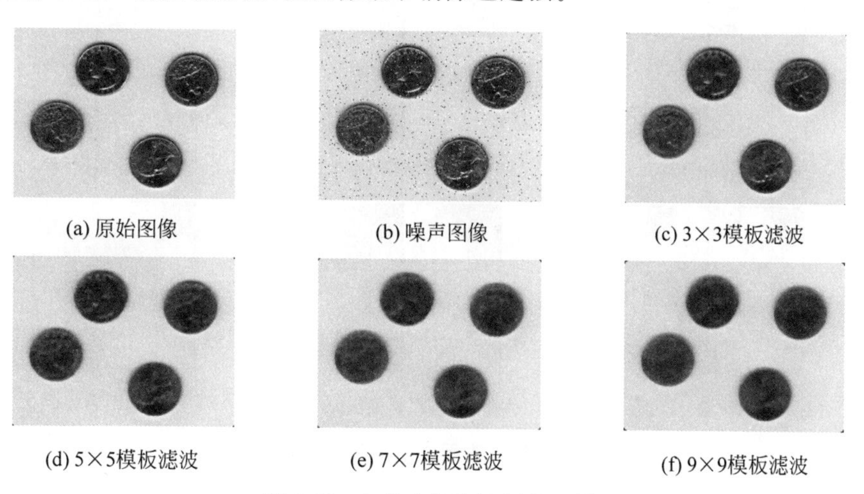

(a) 原始图像　(b) 噪声图像　(c) 3×3模板滤波

(d) 5×5模板滤波　(e) 7×7模板滤波　(f) 9×9模板滤波

图 5-19　二维中值滤波原理示例

```
% F5_19.m

I = imread('eight.tif');
subplot(2,3,1),imshow(I),xlabel('(a) 原始图像');

J = imnoise(I,'salt & pepper',0.02);
subplot(2,3,2),imshow(J),xlabel('(b) 噪声图像');
```

```
K1 = medfilt2(J,[3,3]);
subplot(2,3,3),imshow(uint8(K1)),xlabel('(c) 3 * 3 模板滤波');

K2 = medfilt2(J,[5,5]);
subplot(2,3,4),imshow(uint8(K2)),xlabel('(d) 5 * 5 模板滤波');

K3 = medfilt2(J,[7,7]);
subplot(2,3,5),imshow(uint8(K3)),xlabel('(e) 7 * 7 模板滤波');

K4 = medfilt2(J,[9,9]);
subplot(2,3,6),imshow(uint8(K4)),xlabel('(f) 9 * 9 模板滤波');
```

二维中值滤波的去噪效果主要依赖两个因素：

（1）模板的空间形状。一般情况下，图像中面积小于模板面积一半的过亮或过暗区域将会被中值滤波器滤除，面积较大的物体几乎会原样保存下来。

（2）模板中像素的个数及其分布。典型的中值滤波器模板如图 5-20 所示，其中，图 5-20(a)为对角邻域模板，共 9 个像素；图 5-20(b)为 4 邻域模板，共 9 个像素；图 5-20(c)为 16 邻域模板，共 9 个像素；图 5-20(d)为 4 邻域模板和 16 邻域模板的融合，共 13 个像素；图 5-20(e)为城区距离模板，共 13 个像素，像素与中心像素的城区距离 D_4 小于等于 2；图 5-20(f)为欧氏距离模板，共 13 个像素，像素与中心像素的欧氏距离 D_E 为 2～2.5。

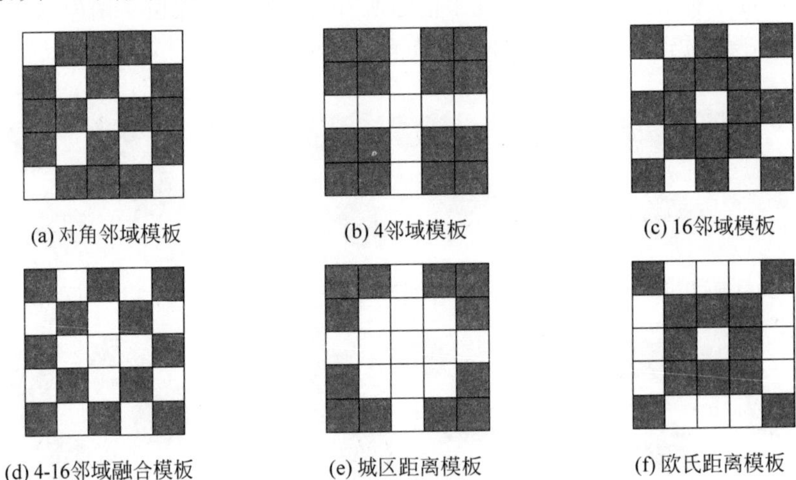

(a) 对角邻域模板　(b) 4邻域模板　(c) 16邻域模板

(d) 4-16邻域融合模板　(e) 城区距离模板　(f) 欧氏距离模板

图 5-20　典型中值滤波器模板

模板中像素的分布对滤波结果影响很大。X 形模板仅保留对角线。十字叉模板保留细的水平线和垂直线，但会滤除对角线，由于水平线和垂直线在人类视觉中起重要作用，因此该模板效果较好。方形模板对图像细节最不敏感，会滤除细线并消除边缘上的角点，同时产生令人讨厌的条纹（常数灰度的区域），这是中值滤波器的缺点。

例 5.15　二维中值滤波模板示例。

解：原始图像如图 5-21(a)所示，原始图像添加噪声密度（即包括噪声值的图像区域的百分比）为 3%的椒盐噪声后得到的噪声图像如图 5-21(b)所示。采用对角邻域模板、4 邻域模板、16 邻域模板、4-16 邻域融合模板、城区距离模板和欧氏距离模板对噪声图像进行二维中值滤波的结果如图 5-21(c)～图 5-21(h)所示。从结果可以看出，模板像素个数为 13 的模板(4-16 邻域融合模板、城区距离模板、欧氏距离模板)的去噪效果明显优于模板像素个数为 9 的模板(对角邻域模板、4 邻域模板、16 邻域模板)。

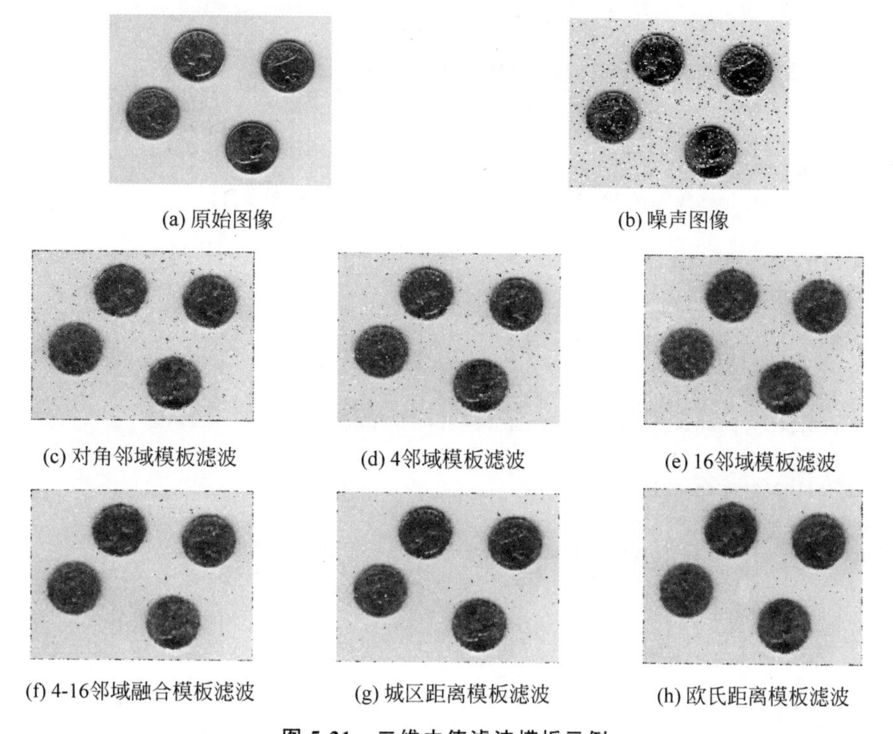

图 5-21　二维中值滤波模板示例

```
% F5_21.m

I = imread('eight.tif');
subplot(3,5,1),imshow(I),xlabel('(a) 原始图像');

J = imnoise(I,'salt & pepper',0.3);
subplot(3,5,2),imshow(J),xlabel('(b) 噪声图像');

mask1 = [1  0  0  0  1
         0  1  0  1  0
         0  0  1  0  0
         0  1  0  1  0
         1  0  0  0  1];
subplot(3,5,3),imshow(mask1),xlabel('(c - 1) 对角邻域模板');

K1 = ordfilt2(J,5,mask1);
uint8K1 = uint8(K1);
subplot(3,5,4),imshow(uint8K1),xlabel('(c - 2) 对角邻域模板滤波');
```

```
mask2 = [0 0 1 0 0
         0 0 1 0 0
         1 1 1 1 1
         0 0 1 0 0
         0 0 1 0 0];
subplot(3,5,5),imshow(mask2),xlabel('(d-1) 4 邻域模板');

K2 = ordfilt2(J,5,mask2);
uint8K2 = uint8(K2);
subplot(3,5,6),imshow(uint8K2),xlabel('(d-2) 4 邻域模板滤波');

mask3 = [0 1 0 1 0
         1 0 0 0 1
         0 0 1 0 0
         1 0 0 0 1
         0 1 0 1 0];
subplot(3,5,7),imshow(mask3),xlabel('(e-1) 16 邻域模板');

K3 = ordfilt2(J,5,mask3);
uint8K3 = uint8(K3);
subplot(3,5,8),imshow(uint8K3),xlabel('(e-2) 16 邻域模板滤波');

mask4 = [0 1 0 1 0
         1 0 1 0 1
         0 1 1 1 0
         1 0 1 0 1
         0 1 0 1 0];
subplot(3,5,9),imshow(mask4),xlabel('(f-1) 4-16 邻域融合模板');

K4 = ordfilt2(J,7,mask4);
uint8K4 = uint8(K4);
subplot(3,5,10),imshow(uint8K4),xlabel('(f-2) 4-16 邻域融合模板滤波');

mask5 = [0   0   1   0   0
         0   1   1   1   0
         1   1   1   1   1
         0   1   1   1   0
         0   0   1   0   0];
subplot(3,5,11),imshow(mask5),xlabel('(g-1) 城区距离模板');

K5 = ordfilt2(J,7,mask5);
uint8K5 = uint8(K5);
subplot(3,5,12),imshow(uint8K5),xlabel('(g-2) 城区距离模板滤波');

mask6 = [0   1   1   1   0
         1   0   0   0   1
         1   0   1   0   1
         1   0   0   0   1
         0   1   1   1   0];
```

```
subplot(3,5,13),imshow(mask6),xlabel('(h-1) 欧氏距离模板');

K6 = ordfilt2(J,7,mask6);
uint8K6 = uint8(K6);
subplot(3,5,14),imshow(uint8K6),xlabel('(h-2) 欧氏距离模板滤波');
```

5.3.2 序统计滤波

序统计滤波是指滤波原理基于模板所覆盖像素的灰度值排序的滤波方法。中值滤波即属于序统计滤波。常用的序统计滤波方法包括：

(1) 中值滤波。指信号序列中某点的值用该点邻域中有序序列位于50%位置处的值代替的方法。

(2) 最大值滤波。指信号序列中某点的值用该点邻域中升序序列位于100%位置处的值代替的方法,常用来检测图像中的最亮点并可削弱低取值的椒盐噪声。设：原始图像为 $f(x,y)$,变换图像为 $g(x,y)$,最大值滤波的基本原理如下式所示：

$$g_{\max}(x,y)=\max_{(i,j)\in S}(f(i,j)) \tag{5-20}$$

式中,S 为像素(x,y)的 $m\times n$ 邻域；max()为取最大值函数,即对模板覆盖的像素按灰度值由小到大排序,并取排序后处在最大位置处的值。

(3) 最小值滤波。指信号序列中某点的值用该点邻域中升序序列位于0%位置处的值代替的方法,常用来检测图像中的最暗点并可削弱高取值的椒盐噪声。设：原始图像为 $f(x,y)$,变换图像为 $g(x,y)$,最小值滤波的基本原理如下式所示：

$$g_{\min}(x,y)=\min_{(i,j)\in S}(f(i,j)) \tag{5-21}$$

式中,S 为像素(x,y)的 $m\times n$ 邻域；min()为取最小值函数,即对模板覆盖的像素按灰度值由小到大排序,并取排序后处在最小位置处的值。

(4) 中点滤波。指信号序列中某点的值用该点邻域中有序序列的最大值和最小值的均值代替的方法,该方法结合了排序滤波器和均值滤波器,对多种随机分布的噪声(如高斯噪声、均匀噪声)都比较有效。设：原始图像为 $f(x,y)$,变换图像为 $g(x,y)$,中点滤波的基本原理如下式所示：

$$g_{\text{mid}}(x,y)=\frac{1}{2}\left(\max_{(i,j)\in S}(f(i,j))+\min_{(i,j)\in S}(f(i,j))\right)=\frac{1}{2}(g_{\max}(x,y)+g_{\min}(x,y)) \tag{5-22}$$

式中,S 为像素(x,y)的 $m\times n$ 邻域；max()为取最大值函数；min()为取最小值函数。

例 5.16 序统计滤波原理示例。

解：一张8比特灰度图像的矩阵数据如图5-22(a)所示,对应的原始图像如图5-22(b)所示。滤波模板数据如图5-22(c)所示,滤波模板图像如图5-22(d)所示,采用该模板对原始图像进行最小值滤波、第2小值滤波、第3小值滤波和最大值滤波,得到各自的滤波数据和滤波图像分别如图5-22(e)、图5-22(f),图5-22(g)、图5-22(h),图5-22(i)、图5-22(j)和图5-22(k)、图5-22(l)所示。从结果可以看出,就滤波数据而言,均按滤波方法原理发生变化；就滤波图像而言,最小值滤波将原始图像整体变暗,最大值滤波将原始图像整体变亮,第 2 小值滤波和第 3 小值滤波的效果介于两者之间。

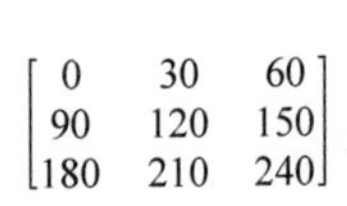

(a) 原始图像数据

(b) 原始图像

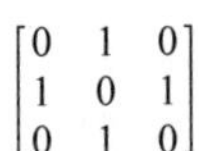

(c) 滤波模板数据

(d) 滤波模板图像

$$\begin{bmatrix} 0 & 0 & 0 \\ 0 & 30 & 0 \\ 0 & 0 & 0 \end{bmatrix}$$

(e) 最小值滤波数据

(f) 最小值滤波图像

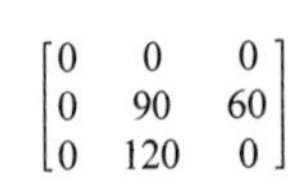

(g) 第2小值滤波数据

(h) 第2小值滤波图像

$$\begin{bmatrix} 30 & 60 & 30 \\ 120 & 150 & 120 \\ 90 & 180 & 150 \end{bmatrix}$$

(i) 第3小值滤波数据

(j) 第3小值滤波图像

$$\begin{bmatrix} 90 & 120 & 150 \\ 180 & 210 & 240 \\ 210 & 240 & 210 \end{bmatrix}$$

(k) 最大值滤波数据

(l) 最大值滤波图像

图 5-22　序统计滤波原理示例

```
% F5_22.m

I = [   0    30    60
       90   120   150
      180   210   240];
uint8I = uint8(I)
subplot(2,3,1),imshow(uint8I),xlabel('(a) 原始图像');

mask = [0  1  0
        1  0  1
        0  1  0];
uint8mask = uint8(mask)
subplot(2,3,2),imshow(~~uint8mask),xlabel('(b) 模板图像');

K1 = ordfilt2(I,1,mask);
uint8K1 = uint8(K1)
```

```
subplot(2,3,3),imshow(uint8K1),xlabel('(c) 最小值滤波图像');

K2 = ordfilt2(I,2,mask);
uint8K2 = uint8(K2)
subplot(2,3,4),imshow(uint8K2),xlabel('(d) 第 2 小值滤波图像');

K3 = ordfilt2(I,3,mask);
uint8K3 = uint8(K3)
subplot(2,3,5),imshow(uint8K3),xlabel('(e) 第 3 小值滤波图像');

K4 = ordfilt2(I,4,mask);
uint8K4 = uint8(K4)
subplot(2,3,6),imshow(uint8K4),xlabel('(f) 最大值滤波图像');
```

例 5.17 序统计滤波示例。

解：原始图像如图 5-23(a)所示，原始图像添加噪声密度(即包括噪声值的图像区域的百分比)为 10%的椒盐噪声后得到的噪声图像如图 5-23(b)所示，滤波模板数据如图 5-23(c)所示，采用该模板对噪声图像进行中值滤波、最小值滤波和最大值滤波，得到的滤波图像分别如图 5-23(d)～图 5-23(f)所示。从结果可以看出，中值滤波的去噪效果最好；最小值滤波不能消除噪声，且将图像整体变暗；最大值滤波不能消除噪声，且将图像整体变亮。

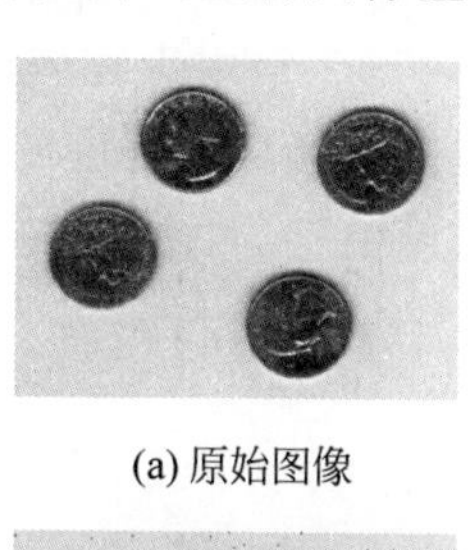

(a) 原始图像

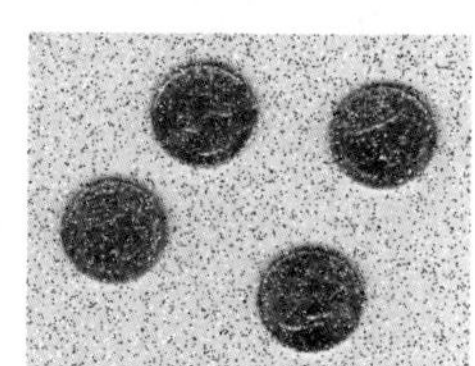

(b) 噪声图像

$$\begin{bmatrix} 0 & 1 & 0 \\ 1 & 1 & 1 \\ 0 & 1 & 0 \end{bmatrix}$$

(c) 滤波模板数据

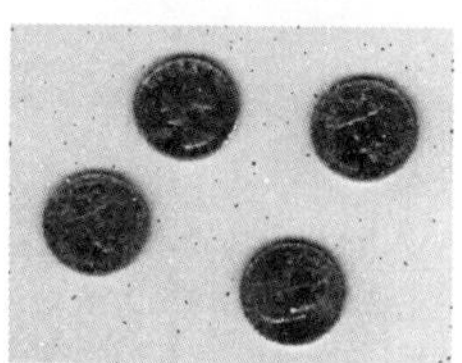

(d) 中值滤波图像

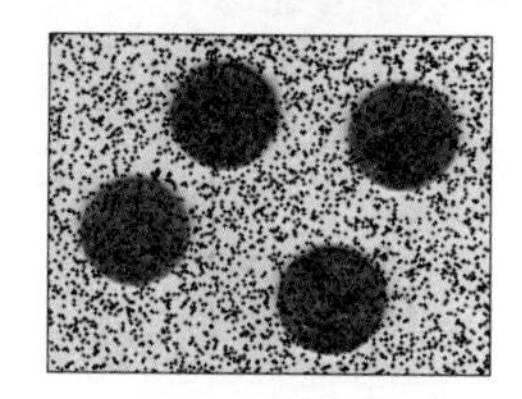

(e) 最小值滤波图像

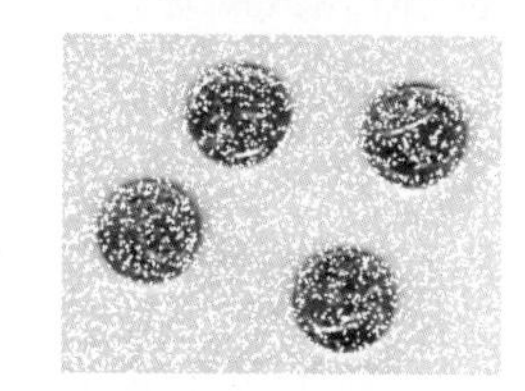

(f) 最大值滤波图像

图 5-23 序统计滤波示例

```
% F5_23.m

I = imread('eight.tif');
subplot(2,3,1),imshow(I),xlabel('(a) 原始图像');

J = imnoise(I,'salt & pepper',0.1);
subplot(2,3,2),imshow(J),xlabel('(b) 椒盐噪声图像');
```

```
mask = [0  1  0
        1  1  1
        0  1  0];
subplot(2,3,3),imshow(mask),xlabel('(c) 滤波模板');

K1 = ordfilt2(J,3,mask);
uint8K1 = uint8(K1);
subplot(2,3,4),imshow(uint8K1),xlabel('(d) 中值滤波图像');

K2 = ordfilt2(J,1,mask);
uint8K2 = uint8(K2);
subplot(2,3,5),imshow(uint8K2),xlabel('(e) 最小值滤波图像');

K3 = ordfilt2(J,5,mask);
uint8K3 = uint8(K3);
subplot(2,3,6),imshow(uint8K3),xlabel('(f) 最大值滤波图像');
```

5.4 线性锐化滤波

图像锐化的目的是突出图像的边缘信息，加强图像的轮廓特征，常用于物体的边缘检测。从数学的观点来看，图像锐化可通过微分方法实现，以检查图像区域内灰度的变化；图像平滑是积分运算的结果，积分是微分的逆运算，积分将图像灰度值平均，使图像变得模糊；一阶微分和二阶微分必须保证：

(1) 平坦段(灰度值恒定)微分值为零；

(2) 灰度阶梯或斜坡的起始点处微分值非零；

(3) 沿着斜坡面微分值非零。

数字图像是离散数据，在离散空间，微分用差分来实现。一元函数 $f(x)$的一阶微分的差分定义如式(5-23)所示，一元函数 $f(x)$的二阶微分的差分定义如式(5-24)所示。

$$\nabla f=\frac{\partial f}{\partial x}=\frac{\mathrm{d}f}{\mathrm{d}x}=\lim_{\Delta x\to 0}\frac{\Delta f}{\Delta x}=\frac{f(x+1)-f(x)}{(x+1)-x}=f(x+1)-f(x) \tag{5-23}$$

$$\begin{aligned}\nabla^2 f&=\frac{\partial^2 f}{\partial x^2}=\frac{\partial\left(\dfrac{\partial f}{\partial x}\right)}{\partial x}=\frac{[f(x+1)-f(x)]-[f(x-1+1)-f(x-1)]}{x-(x-1)}\\&=f(x+1)+f(x-1)-2f(x)\end{aligned} \tag{5-24}$$

例 5.18 微分方法示例。一维图像的二维示意图如图 5-24(a)所示，试求图像的一阶微分和二阶微分结果。

解：基于图 5-24(a)所示的一维图像的二维示意图，得到的图像数据及其一阶微分和二阶微分的结果如图 5-24(b)所示。从结果可以看出微分方法的如下特点。一般来说，二阶微分比一阶微分效果好。

(1) 一阶微分通常会产生较宽的边缘，二阶微分则细得多。沿着整个灰度值斜坡，一阶微分值都不为零，经二阶微分后，非零值仅出现在斜坡的起始处和终点处，图像边缘类似这种过渡。

(2) 二阶微分对细节有较强的响应，如细线和孤立点。细线可看作细节。在孤立点及其周围点上，二阶微分比一阶微分的响应要强得多。

(3) 一阶微分一般对灰度阶梯有较强的响应。

(4) 二阶微分一般对灰度阶梯变化产生双响应(双边缘效果)。二阶微分值有一个从正到负的过渡，该现象表现为双线。

(5) 二阶微分在灰度值变化相似时，对点的响应比对线强，对线的响应比对阶梯强。

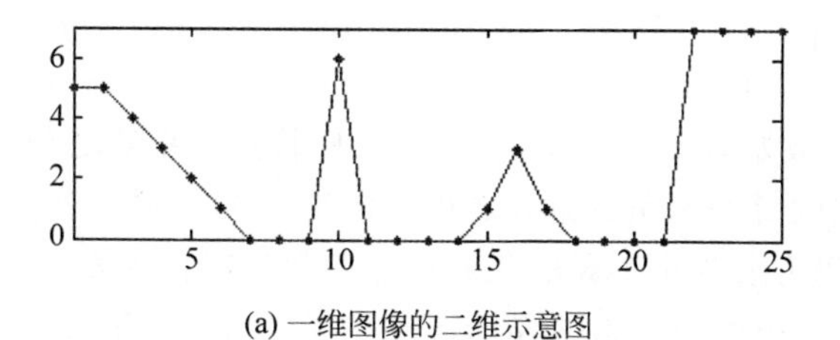

(a) 一维图像的二维示意图

图像数据	[5	5	4	3	2	1	0	0	0	6	0	0	0	0	1	3	1	0	0	0	0	7	7	7	7]
一阶微分	0	−1	−1	−1	−1	−1	0	0	6	−6	0	0	0	1	2	−2	−1	0	0	0	7	0	0	0	
二阶微分		−1	0	0	0	0	1	0	6	−12	6	0	0	1	1	−4	1	1	0	0	7	−7	0	0	

(b) 图像数据、一阶微分、二阶微分结果

图 5-24　微分方法示例

```
% F5_24a.m

I1 = [5 5 4 3 2 1 0 0 0 6 0 0 0 0 1 3 1 0 0 0 0 7 7 7 7]
uint8I1 = uint8(I1);
subplot(1,2,1),imshow(uint8I1),xlabel('(a) 噪声图像(l = 4)');
subplot(1,2,2),plot(I1,'. - '),axis([1 25 0 7]),xlabel('(b) 噪声图像的灰度值序列');
```

Laplacian(拉普拉斯)算子是基于二阶微分的线性锐化增强方法。二元函数 $f(x,y)$ 的拉普拉斯变换定义为如求 5-25 所示。

$$\nabla^2 f = \frac{\partial^2 f}{\partial x^2} + \frac{\partial^2 f}{\partial y^2} \tag{5-25}$$

水平(y)方向的二阶偏微分的离散形式定义为如式(5-26)所示，垂直(x)方向的二阶偏微分的离散形式定义为如式(5-27)所示。因此，水平垂直方向的拉普拉斯算子的离散形式(线性地)定义为如式(5-28)所示。

$$\frac{\partial^2 f}{\partial y^2} = f(x, y+1) + f(x, y-1) - 2f(x, y) \tag{5-26}$$

$$\frac{\partial^2 f}{\partial x^2} = f(x+1, y) + f(x-1, y) - 2f(x, y) \tag{5-27}$$

$$\nabla^2 f=\frac{\partial^2 f}{\partial x^2}+\frac{\partial^2 f}{\partial y^2}=f(x+1,y)+f(x-1,y)+f(x,y+1)+f(x,y-1)-4f(x,y) \tag{5-28}$$

对角方向左上右下的二阶偏微分的离散形式定义为如式(5-29)所示，对角方向左下右上的二阶偏微分的离散形式定义为如式(5-30)所示。因此，水平垂直对角方向的拉普拉斯算子的离散形式(线性地)定义为如式(5-31)所示。

$$f(x+1,y+1)+f(x-1,y-1)-2f(x,y) \tag{5-29}$$

$$f(x+1,y-1)+f(x-1,y+1)-2f(x,y) \tag{5-30}$$

$$\begin{aligned}\nabla^2 f=&f(x+1,y)+f(x-1,y)+f(x,y+1)+f(x,y-1)+f(x+1,y+1)+\\&f(x-1,y-1)+f(x+1,y-1)+f(x-1,y+1)-8f(x,y)\end{aligned} \tag{5-31}$$

拉普拉斯算子的模板如图 5-25 所示，模板的共同特点是系数之和为 0。其中，图 5-25(a)为水平垂直模板，模板中心系数为负且系数之和为 0，具有 90°旋转的各向同性结果；图 5-25(b)为图 5-25(a)的变形，仍为水平垂直模板，模板中心系数为正且系数之和保持为 0；图 5-25(c)为水平垂直对角模板，模板中心系数为负且系数之和为 0，具有 45°旋转的各向同性结果；图 5-25(d)为图 5-25(c)的变形，仍为水平垂直对角模板，模板中心系数为正且系数之和保持为 0。

$$\begin{bmatrix}0&1&0\\1&-4&1\\0&1&0\end{bmatrix}$$

(a) 负中心系数的水平垂直模板

$$\begin{bmatrix}0&-1&0\\-1&4&-1\\0&-1&0\end{bmatrix}$$

(b) 正中心系数的水平垂直模板

$$\begin{bmatrix}1&1&1\\1&-8&1\\1&1&1\end{bmatrix}$$

(c) 负中心系数的水平垂直对角模板

$$\begin{bmatrix}-1&-1&-1\\-1&8&-1\\-1&-1&-1\end{bmatrix}$$

(d) 正中心系数的水平垂直对角模板

图 5-25 拉普拉斯算子模板

拉普拉斯算子强调图像中灰度的突变以及降低灰度慢变化区域的亮度，结果是产生一幅把边线和突变点叠加到暗背景中的图像。因此，通常将原始图像和拉普拉斯图像叠加在一起，既保持了拉普拉斯锐化处理的效果，又恢复了原始图像的背景信息。图像叠加方法如下式所示：

$$g(x,y)=\begin{cases}f(x,y)-\nabla^2 f(x,y), & \text{模板中心系数为负}\\ f(x,y)+\nabla^2 f(x,y), & \text{模板中心系数为正}\end{cases} \tag{5-32}$$

例 5.19 拉普拉斯算子示例。

解： 原始图像如图 5-26(a)所示，负中心系数和正中心系数的水平垂直模板滤波图像分别如图 5-26(b)和图 5-26(d)所示，负中心系数和正中心系数的水平垂直对角模板滤波图像分别如图 5-26(f)和图 5-26(h)所示。从结果可以看出，拉普拉斯滤波得到暗背景下的边缘检测结果，同时，水平垂直对角模板滤波图像的边缘检测效果优于水平垂直模板滤波图像。为了恢复原始图像的背景信息，同时保持锐化处理的结果，将原始图像和滤波图像叠加，得到负中心系数和正中心系数的水平垂直模板叠加图像分别如图 5-26(c)和图 5-26(e)所示，得到负中心系数和正中心系数的水平垂直对角模板叠加图像分别如图 5-26(g)和图 5-26(i)所示。从结果可以看出，滤波图像既保持了锐化处理的结果，又恢复了原始图像的背景信息，具有良好的视觉效果。

(a) 原始图像

(b) 负中心系数的水平垂直模板滤波图像

(c) 负中心系数的水平垂直模板减法叠加图像

(d) 正中心系数的水平垂直模板滤波图像

(e) 正中心系数的水平垂直模板加法叠加图像

(f) 负中心系数的水平垂直对角模板滤波图像

(g) 负中心系数的水平垂直对角模板减法叠加图像

(h) 正中心系数的水平垂直对角模板滤波图像

(i) 正中心系数的水平垂直对角模板加法叠加图像

图 5-26 拉普拉斯算子示例

```
% F5_26.m

I = imread('lena.bmp');
subplot(3,3,1),imshow(I),xlabel('(a) 原始图像');

mask1 = fspecial('laplacian',0)
LB1 = filter2(mask1,I);
subplot(3,3,2),imshow(uint8(LB1)),text( - 14,285,'(b) 负中心系数的水平垂直模板滤波图像');
subplot(3,3,3),imshow(uint8(double(I) - LB1)),xlabel('(c) 负中心系数的水平垂直模板减法叠
加图像');

mask2 = - mask1
LB2 = filter2(mask2,I);
subplot(3,3,4),imshow(uint8(LB2)),text( - 14,285,'(d) 正中心系数的水平垂直模板滤波图像');
subplot(3,3,5),imshow(uint8(double(I) + LB2)),xlabel('(e) 正中心系数的水平垂直模板加法叠
加图像');
```

```
mask3 = [1    1  1
        1  -8  1
        1    1  1]
LB3 = filter2(mask3,I);
subplot(3,3,6),imshow(uint8(LB3)),text( - 28,285,'(f) 负中心系数的水平垂直对角模板滤波图像');
subplot(3,3,7),imshow(uint8(double(I) - LB3)),xlabel('(g) 负中心系数的水平垂直对角模板减法叠加图像');

mask4 = - mask3
LB4 = filter2(mask4,I);
subplot(3,3,8),imshow(uint8(LB4)),text( - 28,285,'(h) 正中心系数的水平垂直对角模板滤波图像');
subplot(3,3,9),imshow(uint8(double(I) + LB4)),xlabel('(i) 正中心系数的水平垂直对角模板加法叠加图像');
```

5.5 非线性锐化滤波

非线性锐化滤波技术基于非线性的微分方法。常用的非线性锐化滤波方法包括梯度法、Prewitt 算子、Sobel 算子、Log 算子、高通滤波、掩模法、Canny 算子、Krisch 算子等。

5.5.1 梯度法

梯度法是基于一阶微分的非线性锐化滤波方法。二元函数 $f(x,y)$ 在坐标 (x,y) 的梯度定义为一个二维列向量：

$$\operatorname{grad}(f(x,y)) = \nabla f = \begin{pmatrix} \dfrac{\partial f}{\partial x} & \dfrac{\partial f}{\partial y} \end{pmatrix}^{\mathrm{T}} = (G_x \quad G_y)^{\mathrm{T}} = \begin{pmatrix} G_x \\ G_y \end{pmatrix} \tag{5-33}$$

式中，$\operatorname{grad}(x)$ 为梯度函数。

梯度是一个向量，指向函数最大变化率的方向，梯度的方向角定义为

$$\alpha(f(x,y)) = \arctan\left(\frac{G_y}{G_x}\right) = \arctan\left(\frac{\partial f}{\partial y}\bigg/\frac{\partial f}{\partial x}\right) \tag{5-34}$$

式中，$\alpha(x)$ 为方向角函数。

梯度的模用 $G(f(x,y))$ 来表示，有三种常用的非线性的定义方式：

(1) 范数为 2 的欧氏距离定义为

$$G(f(x,y)) = |\nabla f_2| = (G_x^2 + G_y^2)^{1/2} \tag{5-35}$$

(2) 范数为 1 的城区距离定义为

$$G(f(x,y)) = |\nabla f_1| = |G_x| + |G_y| \tag{5-36}$$

(3) 范数为∞的棋盘距离定义为

$$G(f(x,y)) = |\nabla f_\infty| = \max(|G_x|, |G_y|) \tag{5-37}$$

梯度的模的微分操作仍用差分来实现，包括两种差分方法。

1）水平垂直差分法

水平垂直差分法原理如图 5-27 所示。其中，图 5-27(a)为差分示意图，垂直方向的差分 $G_x=f(x,y)-f(x+1,y)$，水平方向的差分 $G_y=f(x,y)-f(x,y+1)$；图 5-27(b)为水平差分模板和垂直差分模板。

$$\begin{bmatrix} f(x,y) & - & f(x,y+1) \\ | & & \\ f(x+1,y) & & f(x+1,y+1) \end{bmatrix}$$

(a) 差分示意图

$$\begin{bmatrix} 1 & -1 \\ 0 & 0 \end{bmatrix}, \quad \begin{bmatrix} 1 & 0 \\ -1 & 0 \end{bmatrix}$$

(b) 水平、垂直差分模板

图 5-27 水平垂直差分法原理

基于梯度模的三种定义方式，得到水平垂直差分法梯度模的三种计算方法。基于范数为 2 的欧氏距离的梯度模如式(5-38)所示，基于范数为 1 的城区距离的梯度模如式(5-39)所示，基于范数为∞的棋盘距离的梯度模如式(5-40)所示。

$$\begin{aligned} G(f(x,y)) &= |\nabla f_2| = (G_x^2+G_y^2)^{1/2} \\ &= ((f(x,y)-f(x+1,y))^2+(f(x,y)-f(x,y+1))^2)^{1/2} \end{aligned} \tag{5-38}$$

$$\begin{aligned} G(f(x,y)) &= |\nabla f_1| = |G_x|+|G_y| \\ &= |f(x,y)-f(x+1,y)|+|f(x,y)-f(x,y+1)| \end{aligned} \tag{5-39}$$

$$\begin{aligned} G(f(x,y)) &= |\nabla f_\infty| = \max(|G_x|,|G_y|) \\ &= \max(|f(x,y)-f(x+1,y)|,|f(x,y)-f(x,y+1)|) \end{aligned} \tag{5-40}$$

2）罗伯特(Robert)差分法

罗伯特差分法原理如图 5-28 所示。其中，图 5-28(a)为差分示意图，左上右下方向的差分 $G_x=f(x,y)-f(x+1,y+1)$，左下右上方向的差分 $G_y=f(x+1,y)-f(x,y+1)$；图 5-28(b)为水平差分模板和垂直差分模板。

$$\begin{bmatrix} f(x,y) & & f(x,y+1) \\ & \times & \\ f(x+1,y) & & f(x+1,y+1) \end{bmatrix}$$

(a) 差分示意图

$$\begin{bmatrix} 1 & 0 \\ 0 & -1 \end{bmatrix}, \quad \begin{bmatrix} 0 & -1 \\ 1 & 0 \end{bmatrix}$$

(b) 水平、垂直差分模板

图 5-28 罗伯特差分法原理

基于梯度模的三种定义方式，得到罗伯特差分法梯度模的三种计算方法。基于范数为 2 的欧氏距离的梯度模如式(5-41)所示，基于范数为 1 的城区距离的梯度模如式(5-42)所示，基于范数为∞的棋盘距离的梯度模如式(5-43)所示。

$$\begin{aligned} G(f(x,y)) &= |\nabla f_2| = (G_x^2+G_y^2)^{1/2} \\ &= ((f(x,y)-f(x+1,y+1))^2+(f(x+1,y)-f(x,y+1))^2)^{1/2} \end{aligned} \tag{5-41}$$

$$\begin{aligned} G(f(x,y)) &= |\nabla f_1| = |G_x|+|G_y| \\ &= |f(x,y)-f(x+1,y+1)|+|f(x+1,y)-f(x,y+1)| \end{aligned} \tag{5-42}$$

$$\begin{aligned} G(f(x,y)) &= |\nabla f_\infty| = \max(|G_x|,|G_y|) \\ &= \max(|f(x,y)-f(x+1,y+1)|,|f(x+1,y)-f(x,y+1)|) \end{aligned} \tag{5-43}$$

由上述公式可知，梯度的模与相邻像素的灰度差成正比。边缘区域梯度值较大，平滑区域梯度值较小，常数灰度值区域梯度值为 0。注意：图像的最后一行和最后一列不能计算梯度，在实际应用中，常由倒数第 2 行和倒数第 2 列的梯度值近似代替。

梯度法的基本原理如式(5-44)所示。该方法的优点是简单，坐标(x,y)处的值等于该点的梯度；缺点是图像中的平滑区域由于梯度值较小而成为暗区。

$$g(x,y)=G(f(x,y)) \tag{5-44}$$

式中，$f(x,y)$为原始图像；$g(x,y)$为变换图像。

梯度法的结果是产生一幅把边线和突变点叠加到暗背景中的图像。为了保持锐化处理的效果，同时恢复原始图像的背景信息，梯度法采用的计算思路如图 5-29 所示。

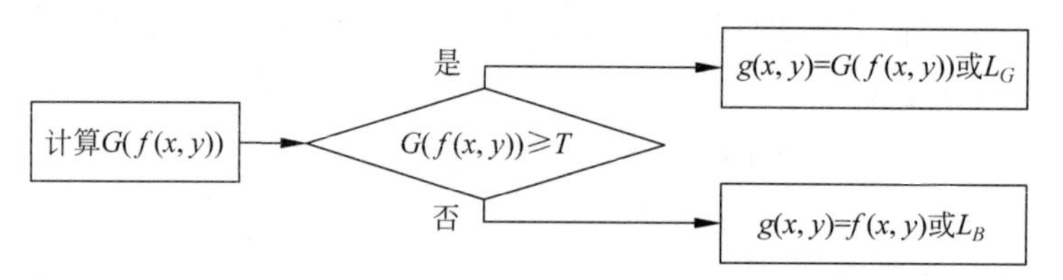

图 5-29　梯度法的计算思路

基于该计算思路，梯度的计算包括四种情况：第一种情况如式(5-45)所示，通过合理地选择阈值 T，既没有破坏平滑区域的灰度值，又能够有效地突出图像的边缘；第二种情况如式(5-46)所示，设置背景为灰度值常量 L_B，仅关注边缘灰度值的变化，不受背景的影响；第三种情况如式(5-47)所示，将明显的边缘用灰度值常量 L_G 来表征；第四种情况如式(5-48)所示，给出一幅二值图像，仅关注边缘的位置。

$$g(x,y)=\begin{cases}G(f(x,y)), & G(f(x,y))\geqslant T\\ f(x,y), & \text{其他}\end{cases} \tag{5-45}$$

$$g(x,y)=\begin{cases}G(f(x,y)), & G(f(x,y))\geqslant T\\ L_B, & \text{其他}\end{cases} \tag{5-46}$$

$$g(x,y)=\begin{cases}L_G, & G(f(x,y))\geqslant T\\ f(x,y), & \text{其他}\end{cases} \tag{5-47}$$

$$g(x,y)=\begin{cases}L_G, & G(f(x,y))\geqslant T\\ L_B, & \text{其他}\end{cases} \tag{5-48}$$

例 5.20　梯度法示例。

解：原始图像如图 5-30(a)所示，梯度法滤波图像如图 5-30(b)所示，第一、二、三、四种情况滤波图像分别如图 5-30(c)～图 5-30(f)所示。从结果可以看出，梯度法滤波图像整体较暗，边缘信息叠加到暗背景中；第一种情况滤波图像在保持平滑区域灰度值的同时又突出了图像的边缘；第二种情况滤波图像保持背景灰度值为常量，仅关注边缘灰度值的变化；第三种情况滤波图像保持了平滑区域灰度值，将边缘用固定的灰度值来表征；第四种情况滤波图像是一幅二值图像，突出了边缘的位置。

(a) 原始图像

(b) 梯度法滤波图像

(c) 第一种情况滤波图像

(d) 第二种情况滤波图像

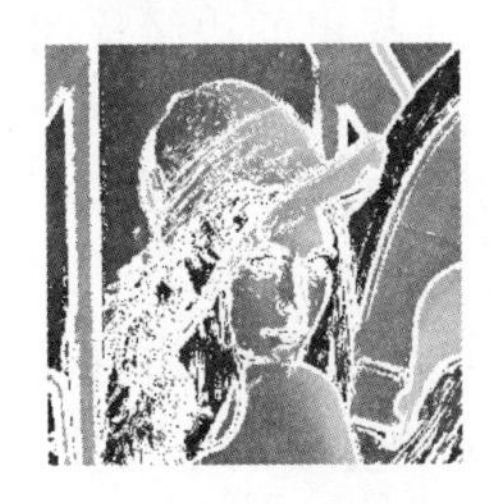

(e) 第三种情况滤波图像

(f) 第四种情况滤波图像

图 5-30　梯度法示例

```
% F5_30.m

I = imread('lena.bmp');
subplot(2,3,1),imshow(I),xlabel('(a) 原始图像');

I = double(I);
[Gx,Gy] = gradient(I);
G = sqrt(Gx. * Gx + Gy. * Gy);

J1 = G;
subplot(2,3,2),imshow(uint8(J1)),xlabel('(b) 梯度法滤波图像');

J2 = I;
K = find(G >= 7);
J2(K) = G(K);
subplot(2,3,3),imshow(uint8(J2)),xlabel('(c) 第一种情况滤波图像');

J3 = I;
K = find(G >= 7);
J3(K) = 255;
subplot(2,3,4),imshow(uint8(J3)),xlabel('(d) 第二种情况滤波图像');

J4 = G;
K = find(G <= 7);
J4(K) = 255;
subplot(2,3,5),imshow(uint8(J4)),xlabel('(e) 第三种情况滤波图像');

J5 = I;
K = find(G <= 7);
```

```
J5(K) = 0;
Q = find(G >= 7);
J5(Q) = 255;
subplot(2,3,6),imshow(uint8(J5)),xlabel('(f) 第四种情况滤波图像');
```

5.5.2 Prewitt 算子

Prewitt 算子是 1970 年由 Prewitt 提出的边缘检测算子。Prewitt 算子的水平模板和垂直模板如图 5-31 所示,模板的共同特点是系数之和为 0。从模板特征可以看出,水平模板对水平边缘不敏感,不适合水平边缘较多的图像;垂直模板对垂直边缘不敏感,不适合垂直边缘较多的图像。

Prewitt 算子差分示意图如图 5-32 所示。基于 Prewitt 算子模板,得到水平 Prewitt 算子的定义如式(5-49)所示,垂直 Prewitt 算子的定义如式(5-50)所示。

$$P_H=\begin{bmatrix}1 & 0 & -1\\1 & 0 & -1\\1 & 0 & -1\end{bmatrix}$$

(a) 水平模板

$$P_V=\begin{bmatrix}1 & 1 & 1\\0 & 0 & 0\\-1 & -1 & -1\end{bmatrix}$$

(b) 垂直模板

图 5-31 Prewitt 算子模板

$$\begin{bmatrix}f(x-1,y-1) & f(x-1,y) & f(x-1,y+1)\\f(x,y-1) & f(x,y) & f(x,y+1)\\f(x+1,y-1) & f(x+1,y) & f(x+1,y+1)\end{bmatrix}$$

图 5-32 Prewitt 算子差分示意图

$$\begin{aligned}P_H=&(f(x-1,y-1)+f(x,y-1)+f(x+1,y-1))-\\&(f(x-1,y+1)+f(x,y+1)+f(x+1,y+1))\end{aligned}\tag{5-49}$$

$$\begin{aligned}P_V=&(f(x-1,y-1)+f(x-1,y)+f(x-1,y+1))-\\&(f(x+1,y-1)+f(x+1,y)+f(x+1,y+1))\end{aligned}\tag{5-50}$$

例 5.21 Prewitt 算子原理示例。

解:原始图像如图 5-33(a)所示,水平模板滤波图像如图 5-33(b)所示,垂直模板滤波图像如图 5-33(c)所示。从结果可以看出,水平模板对水平边缘不敏感,漏检了水平边缘;垂直模板对垂直边缘不敏感,漏检了垂直边缘。

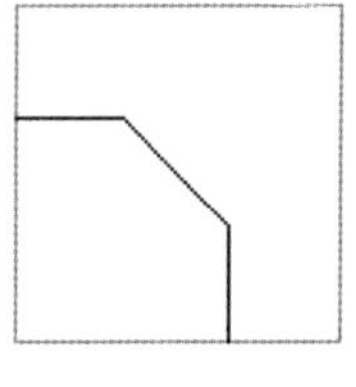

(a) 原始图像

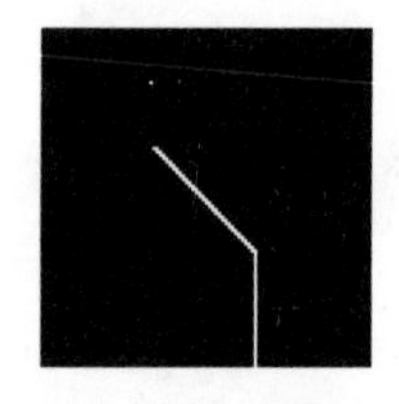

(b) 水平模板滤波图像

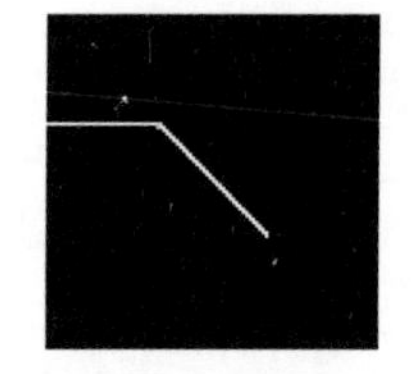

(c) 垂直模板滤波图像

图 5-33 Prewitt 算子原理示例

```
% F5_33.m

im = imread('F5_33.bmp');
subplot(1,3,1),imshow(im),xlabel('(a) 原始图像');

dim = size(size(im));
```

```
if ~(dim(2) == 2)
    I = rgb2gray(im);
end

MaskPrewittV = fspecial('prewitt')
MaskPrewittH = MaskPrewittV'

KB1 = filter2(MaskPrewittH,I);
subplot(1,3,2),imshow(uint8(KB1)),xlabel('(b) 水平模板滤波图像');

KB2 = filter2(MaskPrewittV,I);
subplot(1,3,3),imshow(uint8(KB2)),xlabel('(c) 垂直模板滤波图像');
```

Prewitt 算子滤波的结果是产生一幅把边线和突变点叠加到暗背景中的图像。为了保持锐化处理的效果,同时恢复原始图像的背景信息,通常将原始图像和 Prewitt 算子滤波图像叠加在一起,加法叠加方法如式(5-51)所示,减法叠加方法如式(5-52)所示。

$$g(x,y)=f(x,y)+\text{Prewitt}(f(x,y)) \tag{5-51}$$

$$g(x,y)=f(x,y)-\text{Prewitt}(f(x,y)) \tag{5-52}$$

式中,原始图像为 $f(x,y)$;变换图像为 $g(x,y)$;Prewitt()为 Prewitt 算子滤波函数。

例 5.22 Prewitt 算子示例。

解:原始图像如图 5-34(a)所示,水平模板滤波图像及其加法、减法叠加图像分别如图 5-34(b)~图 5-34(d)所示,垂直模板滤波图像及其加法、减法叠加图像分别如图 5-34(e)~图 5-34(g)所示。从结果可以看出,就边缘检测而言,水平模板滤波对水平边缘不敏感,忽略较多水平边缘特征,检测出大量垂直边缘信息;垂直模板滤波对垂直边缘不敏感,忽略较多垂直边缘特征,检测出大量水平边缘信息;由于原始图像垂直边缘信息显著,因此,水平模板滤波优于垂直模板滤波。就图像叠加而言,加法叠加方法和减法叠加方法均保持了锐化处理的效果,同时恢复了原始图像的背景信息,具有良好的视觉效果。

(a) 原始图像

(b) 水平模板滤波图像

(c) 水平模板加法叠加图像

(d) 水平模板减法叠加图像

图 5-34 Prewitt 算子示例

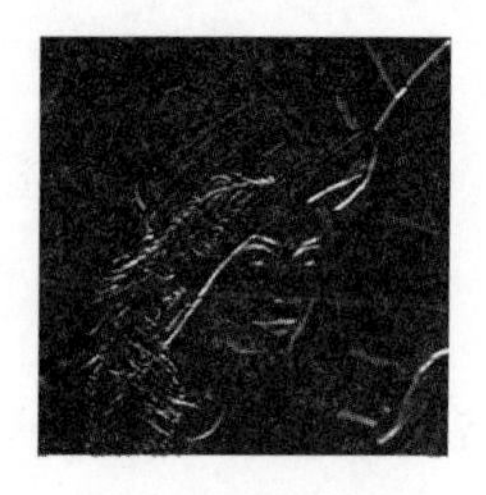
(e) 垂直模板滤波图像

(f) 垂直模板加法叠加图像

(g) 垂直模板减法叠加图像

图 5-34 （续）

```
% F5_34.m

I = imread('lena.bmp');
subplot(3,3,2),imshow(I),xlabel('(a) 原始图像');

MaskPrewittV = fspecial('prewitt')
MaskPrewittH = MaskPrewittV'

KB1 = filter2(MaskPrewittH,I);
subplot(3,3,4),imshow(uint8(KB1)),xlabel('(b) 水平模板滤波图像');
subplot(3,3,5),imshow(uint8(double(I) + KB1)),xlabel('(c) 水平模板加法叠加图像');
subplot(3,3,6),imshow(uint8(double(I) - KB1)),xlabel('(d) 水平模板减法叠加图像');

KB2 = filter2(MaskPrewittV,I);
subplot(3,3,7),imshow(uint8(KB2)),xlabel('(e) 垂直模板滤波图像');
subplot(3,3,8),imshow(uint8(double(I) + KB2)),xlabel('(f) 垂直模板加法叠加图像');
subplot(3,3,9),imshow(uint8(double(I) - KB2)),xlabel('(g) 垂直模板减法叠加图像');
```

5.5.3 Sobel 算子

Sobel 算子的水平模板和垂直模板如图 5-35 所示，权重为 2 是为了突出中心点的作用，模板系数和为 0 确保了灰度恒定区域的响应为 0。从模板特征可以看出，水平模板对水平边缘不敏感，不适合水平边缘较多的图像；垂直模板对垂直边缘不敏感，不适合垂直边缘较多的图像。

Sobel 算子差分示意图如图 5-36 所示。基于 Sobel 算子模板，得到水平 Sobel 算子的定义如式(5-53)所示，垂直 Sobel 算子的定义如式(5-54)所示。

$$S_H=\begin{bmatrix}1&0&-1\\2&0&-2\\1&0&-1\end{bmatrix}$$

(a) 水平模板

$$S_V=\begin{bmatrix}1&2&1\\0&0&0\\-1&-2&-1\end{bmatrix}$$

(b) 垂直模板

图 5-35 Sobel 算子模板

$$\begin{bmatrix}f(x-1,y-1)&f(x-1,y)&f(x-1,y+1)\\f(x,y-1)&f(x,y)&f(x,y+1)\\f(x+1,y-1)&f(x+1,y)&f(x+1,y+1)\end{bmatrix}$$

图 5-36 Sobel 算子差分示意图

$$\begin{aligned}S_H=&(f(x-1,y-1)+2f(x,y-1)+f(x+1,y-1))-\\&(f(x-1,y+1)+2f(x,y+1)+f(x+1,y+1))\end{aligned}\tag{5-53}$$

$$\begin{aligned}S_V=&(f(x-1,y-1)+2f(x-1,y)+f(x-1,y+1))-\\&(f(x+1,y-1)+2f(x+1,y)+f(x+1,y+1))\end{aligned}\tag{5-54}$$

例 5.23 Sobel 算子原理示例。

解：原始图像如图 5-37(a)所示，水平模板滤波图像如图 5-37(b)所示，垂直模板滤波图像如图 5-37(c)所示。从结果可以看出，水平模板对水平边缘不敏感，漏检了水平边缘；垂直模板对垂直边缘不敏感，漏检了垂直边缘。

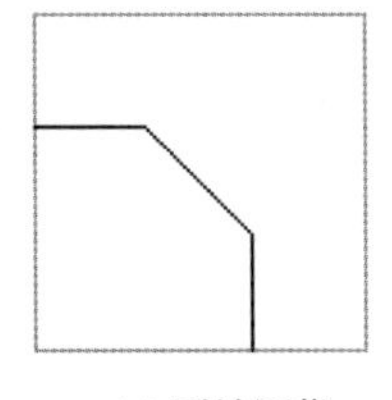

(a) 原始图像

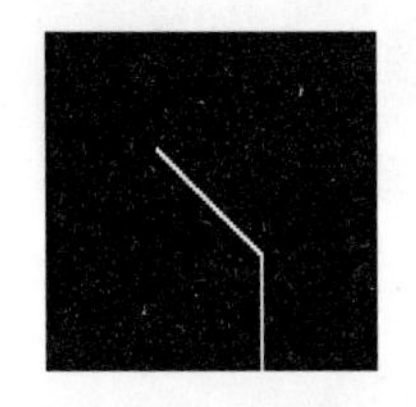

(b) 水平模板滤波图像

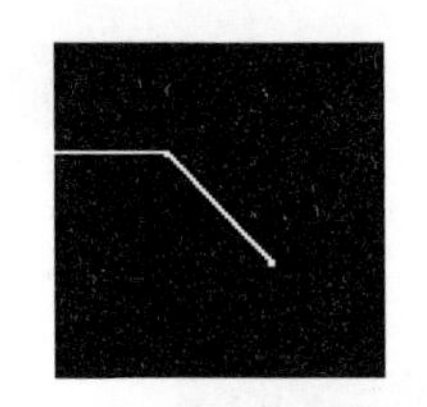

(c) 垂直模板滤波图像

图 5-37 Sobel 算子原理示例

```
% F5_37.m

im = imread('F5_37.bmp');
subplot(1,3,1),imshow(im),xlabel('(a) 原始图像');

dim = size(size(im));
if ~(dim(2) == 2)
    I = rgb2gray(im);
end

MaskPrewittV = fspecial('sobel')
MaskPrewittH = MaskPrewittV'

KB1 = filter2(MaskPrewittH,I);
subplot(1,3,2),imshow(uint8(KB1)),xlabel('(b) 水平模板滤波图像');

KB2 = filter2(MaskPrewittV,I);
subplot(1,3,3),imshow(uint8(KB2)),xlabel('(c) 垂直模板滤波图像');
```

Sobel 算子滤波的结果是产生一幅把边线和突变点叠加到暗背景中的图像。为了保持锐化处理的效果，同时恢复原始图像的背景信息，通常将原始图像和 Sobel 算子滤波图像叠加在一起，加法叠加方法如式(5-55)所示，减法叠加方法如式(5-56)所示。

$$g(x,y)=f(x,y)+\text{Sobel}(f(x,y)) \tag{5-55}$$

$$g(x,y)=f(x,y)-\text{Sobel}(f(x,y)) \tag{5-56}$$

式中，原始图像为 $f(x,y)$；变换图像为 $g(x,y)$；Sobel()为 Sobel 算子滤波函数。

例 5.24 Sobel 算子示例。

解：原始图像如图 5-38(a)所示，水平模板滤波图像及其加法、减法叠加图像分别如图 5-38(b)～图 5-38(d)所示，垂直模板滤波图像及其加法、减法叠加图像分别如图 5-38(e)～图 5-38(g)所示。从结果可以看出，就边缘检测而言，水平模板滤波对水平边缘不敏感，忽略较多水平边缘特征，检测出大量垂直边缘信息；垂直模板滤波对垂直边缘不敏感，忽略较多垂直边缘特征，检测出大量水平边缘信息。就图像叠加而言，加法叠加方法和减法叠加方法均保持了锐化处理的效果，同时恢复了原始图像的背景信息，具有良好的视觉效果。

(a) 原始图像

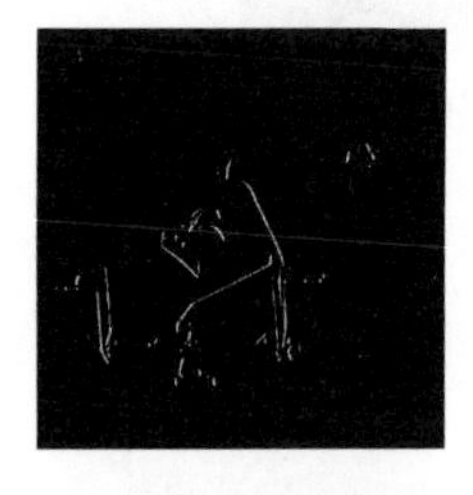

(b) 水平模板滤波图像

(c) 水平模板加法叠加图像

(d) 水平模板减法叠加图像

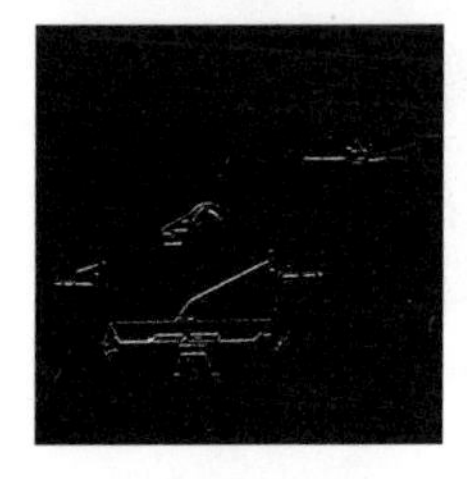

(e) 垂直模板滤波图像

(f) 垂直模板加法叠加图像

(g) 垂直模板减法叠加图像

图 5-38 Sobel 算子示例

```
% F5_38.m

I = imread('liftingbody.png');
subplot(3,3,2),imshow(I),xlabel('(a) 原始图像');

MaskSobelV = fspecial('sobel')
MaskSobelH = MaskSobelV'

KB1 = filter2(MaskSobelH,I);
subplot(3,3,4),imshow(uint8(KB1)),xlabel('(b) 水平模板滤波图像');
subplot(3,3,5),imshow(uint8(double(I) + KB1)),xlabel('(c) 水平模板加法叠加图像');
subplot(3,3,6),imshow(uint8(double(I) - KB1)),xlabel('(d) 水平模板减法叠加图像');

KB2 = filter2(MaskSobelV,I);
subplot(3,3,7),imshow(uint8(KB2)),xlabel('(e) 垂直模板滤波图像');
subplot(3,3,8),imshow(uint8(double(I) + KB2)),xlabel('(f) 垂直模板加法叠加图像');
subplot(3,3,9),imshow(uint8(double(I) - KB2)),xlabel('(g) 垂直模板减法叠加图像');
```

5.5.4 Log 算子

Log(Laplacian of Gaussian)算子即高斯—拉普拉斯算子，由 Marr 和 Hildreth 提出，被誉为最佳的边缘检测器之一。Log 算子利用高斯滤波器对图像进行平滑，利用拉普拉斯算子对图像进行锐化。Log 算子的原理如下所述。

(1) 二维高斯滤波器的响应函数如下式所示：

$$g(x,y)=\frac{1}{2\pi\sigma^2}\mathrm{e}^{-\frac{x^2+y^2}{2\sigma^2}} \tag{5-57}$$

(2) 设：原始图像为 $f(x,y)$，由线性系统中卷积与微分的可交换性，可知

$$\nabla^2(g(x,y)*f(x,y))=(\nabla^2 g(x,y))*f(x,y) \tag{5-58}$$

(3) 图像的高斯平滑滤波与拉普拉斯微分运算可结合成一个卷积算子，如下式所示：

$$\begin{aligned}\nabla^2 g(x,y)&=\frac{\partial^2 g(x,y)}{\partial x^2}+\frac{\partial^2 g(x,y)}{\partial y^2}=\frac{1}{2\pi\sigma^4}\left(\frac{x^2}{\sigma^2}-1\right)\mathrm{e}^{-\frac{x^2+y^2}{2\sigma^2}}+\frac{1}{2\pi\sigma^4}\left(\frac{y^2}{\sigma^2}-1\right)\mathrm{e}^{-\frac{x^2+y^2}{2\sigma^2}}\\&=\frac{1}{2\pi\sigma^4}\left(\frac{x^2+y^2}{\sigma^2}-2\right)\mathrm{e}^{-\frac{x^2+y^2}{2\sigma^2}}=A^2\left(\frac{x^2}{\sigma^2}-1\right)\mathrm{e}^{-\frac{x^2}{2\sigma^2}}\mathrm{e}^{-\frac{y^2}{2\sigma^2}}+A^2\left(\frac{y^2}{\sigma^2}-1\right)\mathrm{e}^{-\frac{x^2}{2\sigma^2}}\mathrm{e}^{-\frac{y^2}{2\sigma^2}}\\&=K_1(x)K_2(y)+K_1(y)K_2(x)\end{aligned} \tag{5-59}$$

式中，$A=\frac{1}{\sqrt{2\pi}\sigma^2}$；$K_1(x)=A\left(\frac{x^2}{\sigma^2}-1\right)\mathrm{e}^{-\frac{x^2}{2\sigma^2}}$；$K_2(x)=A\mathrm{e}^{-\frac{y^2}{2\sigma^2}}$。

(4) 用上述算子卷积图像，通过判断符号的变化确定出零交叉点的位置，该位置就是边缘点，这是 Log 算法的基本思想。

(5) 利用$\nabla^2 g$ 的可分解性，对图像的二维卷积可简化为两个一维卷积，如下式所示：

$$\begin{aligned}(\nabla^2 g(x,y))*f(x,y)&=\sum_{i=-W}^{W}\sum_{j=-W}^{W}f(x-j,y-i)(K_1(i)K_2(j)+K_1(j)K_2(i))\\&=\sum_{j=-W}^{W}\left(\left(\sum_{i=-W}^{W}I(x-j,y-i)K_2(i)\right)K_1(j)+\left(\sum_{i=-W}^{W}I(x-j,y-i)K_1(i)\right)K_2(j)\right)\\&=\sum_{j=-W}^{W}(C(x-j,y)K_1(j)+D(x-j,y)K_2(j))\end{aligned} \tag{5-60}$$

式中，$C(x-j,y)=\sum_{i=-W}^{W}I(x-j,y-i)K_2(i)$；$D(x-j,y)=\sum_{i=-W}^{W}I(x-j,y-i)K_1(i)$。

Log 算子滤波的结果是产生一幅把边线和突变点叠加到暗背景中的图像。为了保持锐化处理的效果，同时恢复原始图像的背景信息，通常将原始图像和 Log 算子滤波图像叠加在一起，加法叠加方法如式(5-61)所示，减法叠加方法如式(5-62)所示。

$$g(x,y)=f(x,y)+\mathrm{Log}(f(x,y)) \tag{5-61}$$

$$g(x,y)=f(x,y)-\mathrm{Log}(f(x,y)) \tag{5-62}$$

式中，原始图像为 $f(x,y)$；变换图像为 $g(x,y)$；Log()为 Log 算子滤波函数。

例 5.25 Log 算子示例。

解：原始图像如图 5-39(a)所示，滤波图像如图 5-39(b)所示，加法和减法叠加图像分别如图 5-39(c)和图 5-39(d)所示。从结果可以看出，就边缘检测而言，Log 算子能有效检测出

水平边缘和垂直边缘，具有良好的边缘检测效果。就图像叠加而言，加法叠加方法和减法叠加方法均恢复了原始图像的背景信息，具有良好的视觉效果；同时，加法叠加方法实现了图像平滑的效果，减法叠加方法实现了图像锐化的效果。

(a) 原始图像

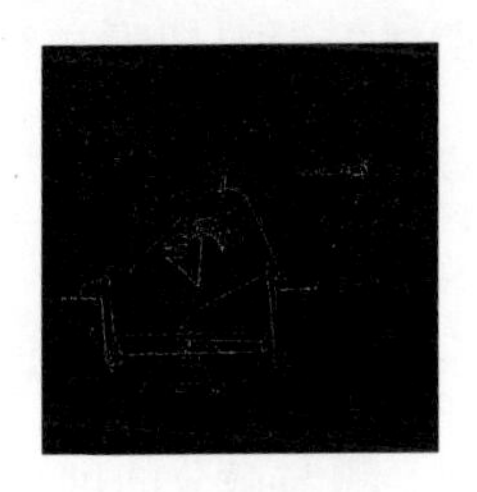
(b) 滤波图像

(c) 加法叠加图像

(d) 减法叠加图像

图 5-39 Log 算子示例

```
% F5_39.m

I = imread('liftingbody.png');
subplot(2,2,1),imshow(I),xlabel('(a) 原始图像');

MaskLog = fspecial('log')
KB = filter2(MaskLog,I);
subplot(2,2,2),imshow(uint8(KB)),xlabel('(b) 滤波图像');
subplot(2,2,3),imshow(uint8(double(I) + KB)),xlabel('(c) 加法叠加图像');
subplot(2,2,4),imshow(uint8(double(I) - KB)),xlabel('(d) 减法叠加图像');
```

5.5.5 高通滤波

高通滤波是指让高频分量顺利通过，对低频分量充分抑制。由于图像边缘与图像频谱中的高频分量相对应，因此，高通滤波使图像边缘变得清晰，实现了图像锐化。

空间域高通滤波建立在离散卷积的基础上，如下式所示：

$$g(x,y)=\sum_{(x,j)\in S}\sum f(i,j)H(x-i+1,y-j+1) \tag{5-63}$$

式中，$f(x,y)$为原始图像；$g(x,y)$为变换图像；S 为像素(x,y)的预定邻域；$\boldsymbol{H}(x-i+1,y-j+1)$为冲击响应矩阵，常用的实现模板如图 5-40 所示，模板的共同特点是系数有正有负且和为 1。

$$\boldsymbol{H}_1=\begin{bmatrix}0 & -1 & 0\\ -1 & 5 & -1\\ 0 & -1 & 0\end{bmatrix}$$

(a) 模板1

$$\boldsymbol{H}_2=\begin{bmatrix}-1 & -1 & -1\\ -1 & 9 & -1\\ -1 & -1 & -1\end{bmatrix}$$

(b) 模板2

$$\boldsymbol{H}_3=\begin{bmatrix}1 & -2 & 1\\ -2 & 5 & -2\\ 1 & -2 & 1\end{bmatrix}$$

(c) 模板3

图 5-40 高通滤波实现模板

由于高通滤波模板系数之和为 1，因此，高通滤波的结果是产生一幅把边线和突变点叠加到亮背景中的图像。

例 5.26 高通滤波示例。

解：原始图像如图 5-41(a)所示，模板 1 滤波图像如图 5-41(b)所示，模板 2 滤波图像如

图 5-41(c)所示,模板 3 滤波图像如图 5-41(d)所示。从结果可以看出,高通滤波产生一幅把边缘信息叠加到亮背景中的图像,且有效实现了图像锐化。

(a) 原始图像

(b) 模板1滤波图像

(c) 模板2滤波图像

(d) 模板3滤波图像

图 5-41 高通滤波示例

```
% F5_41.m

I = imread('lena.bmp');
subplot(2,2,1),imshow(I),xlabel('(a) 原始图像');

mask1 = [ 0   -1    0
         -1    5   -1
          0   -1    0]
KB1 = filter2(mask1,I);
subplot(2,2,2),imshow(KB1),xlabel('(b) 模板 1 滤波图像');

mask2 = [ -1   -1   -1
          -1    9   -1
          -1   -1   -1]
KB2 = filter2(mask2,I);
subplot(2,2,3),imshow(KB2),xlabel('(c) 模板 2 滤波图像');

mask3 = [ 1   -2    1
         -2    5   -2
          1   -2    1]
KB3 = filter2(mask3,I);
subplot(2,2,4),imshow(KB3),xlabel('(d) 模板 3 滤波图像');
```

5.5.6 掩模法

掩模法是指用原始图像减去低通(平滑)图像得到高通(锐化)图像,这样能够恢复高频滤波时丢失的部分低频成分,也称为非锐化掩模法,如下式所示:

$$g(x,y)=kf(x,y)-\text{Lowpass}(f(x,y)) \tag{5-64}$$

式中,$f(x,y)$为原始图像;$g(x,y)$为变换图像;k 为放大系数;Lowpass()为低通滤波函数。

掩模法的结果是产生一幅把边线和突变点叠加到暗背景中的图像。为了使锐化效果可视化,可通过提高暗背景的灰度值,采用如下式所示方法突出对比度:

$$g(x,y)=\begin{cases}g(x,y), & g(x,y)\geqslant T\\ 255, & g(x,y)<T\end{cases} \tag{5-65}$$

例 5.27 掩模法示例。

解：原始图像如图 5-42(a)所示，3×3 模板低通滤波图像如图 5-42(b)所示，掩模法滤波图像如图 5-42(c)所示，突出对比度图像如图 5-42(d)所示。从结果可以看出，掩模法有效实现了图像锐化。

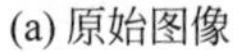
(a) 原始图像

(b) 3×3模板低通滤波图像

(c) 掩模法滤波图像

(d) 突出对比度图像

图 5-42 掩模法示例

```
% F5_42.m

I = imread('lena.bmp');
subplot(2,2,1),imshow(I),xlabel('(a) 原始图像');

mask = ones(3)/9
J = filter2(mask,I);
subplot(2,2,2),imshow(uint8(J)),xlabel('(b) 3×3 模板低通滤波图像');

K = double(I) - J;
subplot(2,2,3),imshow(uint8(K)),xlabel('(c) 掩模法滤波图像');

Q = find(K < 5);
K(Q) = 255;
subplot(2,2,4),imshow(uint8(K)),xlabel('(d) 突出对比度图像');
```

习题

5-1 试简述空域滤波增强的步骤。

5-2 将 M 幅图像相加求平均可以达到消除噪声的效果，用一个 $n\times n$ 的模板进行平滑滤波也可以达到消除噪声的效果。试比较这两种方法的区别和联系。

5-3 试简述加权平均法的基本思想及其模板系数的确定原则。

5-4 试简述中值滤波的基本原理及特点。

5-5 试简述中值滤波的根信号的概念及特点。

5-6 试简述二维中值滤波的基本原理及步骤。

5-7　试简述最小值滤波、最大值滤波和中点滤波的概念。

5-8　若原始图像数据如图 5-43(a)所示,试求:

$$\begin{bmatrix} 10 & 40 & 70 \\ 100 & 130 & 160 \\ 190 & 220 & 250 \end{bmatrix} \qquad \begin{bmatrix} 0 & 1 & 0 \\ 1 & 1 & 1 \\ 0 & 1 & 0 \end{bmatrix} \qquad \begin{bmatrix} 1 & 0 & 1 \\ 0 & 1 & 0 \\ 1 & 0 & 1 \end{bmatrix}$$

(a) 原始图像数据　　(b) 滤波模板1　　(c) 滤波模板2

图 5-43　习题 5-8 图

(1) 若采用图 5-43(b)所示的滤波模板对原始图像进行滤波,试求:最小值滤波、中值滤波、最大值滤波、中点滤波的结果。

(2) 若采用图 5-43(c)所示的滤波模板对原始图像进行滤波,试求:最小值滤波、中值滤波、最大值滤波、中点滤波的结果。

5-9　若一维图像数据如图 5-44 所示,试求其一阶微分和二阶微分的结果。

$$[10 \quad 30 \quad 30 \quad 50 \quad 100 \quad 200 \quad 200 \quad 200 \quad 150 \quad 90]$$

图 5-44　一维图像数据

第6章

图像变换

频域图像增强的基本原理是利用图像变换的正变换方法将原始图像由空域变换到频域，随后利用频域的特有性质对图像进行处理，然后再利用图像变换的反变换方法将处理后的图像变换回空域。频域图像增强的步骤包括以下三步，如式(6-1)所示。

(1) 利用图像变换的正变换方法，将原始图像从空域变换到频域，得到频域原始图像；

(2) 在频域中，设计一个传递函数对频域原始图像进行处理，得到频域变换图像；

(3) 利用图像变换的反变换方法，将频域变换图像从频域变换回空域，得到变换图像。

$$f'(x,y)=T^{-1}(E(T(f(x,y)))) \tag{6-1}$$

式中，$f(x,y)$为原始图像；$f'(x,y)$为增强图像；$T()$为正向变换函数；$E()$为增强函数；$T^{-1}()$为反向变换函数。

因此，频域图像增强的关键技术包括：

(1) 图像变换方法。对应步骤的第(1)、(3)步，是本章介绍的内容。

图像变换方法包括正变换和反变换。正变换指将图像从空域变换到频域的变换。反变换指将图像从频域变换回空域的变换。正变换和反变换分别如式(6-2)和式(6-3)所示。

$$g(u,v)=T(f(x,y)) \tag{6-2}$$

$$f(x,y)=T^{-1}(g(u,v)) \tag{6-3}$$

式中，$f(x,y)$为原始图像；$T()$为正向变换函数；$T^{-1}()$为反向变换函数；$g(u,v)$为变换图像。

(2) 频域增强方法。对应步骤的第(2)步，是下一章介绍的内容。

频域增强方法实现图像频率的通过或抑制，如下式所示：

$$g'(u,v)=E(g(u,v)) \tag{6-4}$$

式中，$g(u,v)$为频域原始图像；$g'(u,v)$为频域增强图像；$E()$为增强函数。

注意，这里提到的频域指广义频域，即不是仅通过傅里叶变换实现。

6.1 一维离散变换

一维离散变换的正变换和反变换分别如式(6-5)和式(6-6)所示。

$$g(u)=T(f(x))=\sum_{x=0}^{N-1}f(x)h(x,u) \tag{6-5}$$

式中，$f(x)$为原始图像；$T()$为正向变换函数；$g(u)$为变换图像；$h(x,u)$为正向变换核，$x\in[0,N-1]$，$u\in[0,N-1]$。

$$f(x)=T^{-1}(g(u))=\sum_{u=0}^{N-1}g(u)k(u,x) \tag{6-6}$$

式中，$f(x)$为原始图像；$T^{-1}()$为反向变换函数；$g(u)$为变换图像；$k(u,x)$为反向变换核，$x\in[0,N-1]$，$u\in[0,N-1]$。

一维离散变换的正变换性质做如下讨论。

(1) 正变换可展开为如下式所示的方程组形式：

$$\begin{cases} g(0)=\sum_{x=0}^{N-1}f(x)h(x,0)=f(0)h(0,0)+\cdots+f(N-1)h(N-1,0) \\ g(1)=\sum_{x=0}^{N-1}f(x)h(x,1)=f(0)h(0,1)+\cdots+f(N-1)h(N-1,1) \\ \vdots \\ g(N-1)=\sum_{x=0}^{N-1}f(x)h(x,N-1)=f(0)h(0,N-1)+\cdots+f(N-1)h(N-1,N-1) \end{cases} \tag{6-7}$$

(2) 上述方程组可进一步表示为如下式所示的矩阵形式：

$$\begin{bmatrix} g(0) \\ g(1) \\ \vdots \\ g(N-1) \end{bmatrix}^{\mathrm{T}}=\begin{bmatrix} f(0) \\ f(1) \\ \vdots \\ f(N-1) \end{bmatrix}^{\mathrm{T}}\begin{bmatrix} h(0,0) & h(0,1) & \cdots & h(0,N-1) \\ h(1,0) & h(1,1) & \cdots & h(1,N-1) \\ \vdots & \vdots & \ddots & \vdots \\ h(N-1,0) & h(N-1,1) & \cdots & h(N-1,N-1) \end{bmatrix} \tag{6-8}$$

(3) 上述矩阵可表示为

$$\boldsymbol{G}_u=\boldsymbol{F}_x\boldsymbol{H}_{x,u} \tag{6-9}$$

式中，$\boldsymbol{G}_u=\begin{bmatrix} g(0) \\ g(1) \\ \vdots \\ g(N-1) \end{bmatrix}^{\mathrm{T}}$；原始图像 $f(x)$用于构造矩阵 $\boldsymbol{F}_x=\begin{bmatrix} f(0) \\ f(1) \\ \vdots \\ f(N-1) \end{bmatrix}^{\mathrm{T}}$；正向变换核 $h(x,u)$用于构造矩阵 $\boldsymbol{H}_{x,u}=\begin{bmatrix} h(0,0) & h(0,1) & \cdots & h(0,N-1) \\ h(1,0) & h(1,1) & \cdots & h(1,N-1) \\ \vdots & \vdots & \vdots & \vdots \\ h(N-1,0) & h(N-1,1) & \cdots & h(N-1,N-1) \end{bmatrix}$。

一维离散变换的反变换性质做如下讨论。

(1) 反变换可展开为如下式所示的方程组形式：

$$\begin{cases} f(0)=\sum_{u=0}^{N-1}g(u)k(u,0)=g(0)k(0,0)+\cdots+g(N-1)k(N-1,0) \\ f(1)=\sum_{u=0}^{N-1}g(u)k(u,1)=g(0)k(0,1)+\cdots+g(N-1)k(N-1,1) \\ \vdots \\ f(N-1)=\sum_{u=0}^{N-1}g(u)k(u,N-1)=g(0)k(0,N-1)+\cdots+g(N-1)k(N-1,N-1) \end{cases} \tag{6-10}$$

（2）上述方程组可进一步表示为如下式所示的矩阵形式：

$$\begin{bmatrix} f(0) \\ f(1) \\ \vdots \\ f(N-1) \end{bmatrix}^{\mathrm{T}} = \begin{bmatrix} g(0) \\ g(1) \\ \vdots \\ g(N-1) \end{bmatrix}^{\mathrm{T}} \begin{bmatrix} k(0,0) & k(0,1) & \cdots & k(0,N-1) \\ k(1,0) & k(1,1) & \cdots & k(1,N-1) \\ \vdots & \vdots & \ddots & \vdots \\ k(N-1,0) & k(N-1,1) & \cdots & k(N-1,N-1) \end{bmatrix} \tag{6-11}$$

（3）上述矩阵可表示为

$$\boldsymbol{F}_x = \boldsymbol{G}_u \boldsymbol{K}_{u,x} \tag{6-12}$$

式中，$\boldsymbol{F}_x = \begin{bmatrix} f(0) \\ f(1) \\ \vdots \\ f(N-1) \end{bmatrix}^{\mathrm{T}}$；变换图像 $g(u)$ 用于构造矩阵 $\boldsymbol{G}_u = \begin{bmatrix} g(0) \\ g(1) \\ \vdots \\ g(N-1) \end{bmatrix}^{\mathrm{T}}$；反向变换核 $k(u,x)$ 用于构造矩阵 $\boldsymbol{K}_{u,x} = \begin{bmatrix} k(0,0) & k(0,1) & \cdots & k(0,N-1) \\ k(1,0) & k(1,1) & \cdots & k(1,N-1) \\ \vdots & \vdots & \ddots & \vdots \\ k(N-1,0) & k(N-1,1) & \cdots & k(N-1,N-1) \end{bmatrix}$。

6.2 二维离散变换

二维离散变换的正变换和反变换分别如式(6-13)和式(6-14)所示。

$$g(u,v) = T(f(x,y)) = \sum_{x=0}^{N-1}\sum_{y=0}^{N-1} f(x,y)h(x,y,u,v) \tag{6-13}$$

式中，$f(x,y)$ 为原始图像；$T()$ 为正向变换函数；$g(u,v)$ 为变换图像；$h(x,y,u,v)$ 为正向变换核，$x\in[0,N-1]$，$y\in[0,N-1]$，$u\in[0,N-1]$，$v\in[0,N-1]$。

$$f(x,y) = T^{-1}(g(u,v)) = \sum_{u=0}^{N-1}\sum_{v=0}^{N-1} g(u,v)k(u,v,x,y) \tag{6-14}$$

式中，$f(x,y)$ 为原始图像；$T^{-1}()$ 为反向变换函数；$g(u,v)$ 为变换图像；$k(u,v,x,y)$ 为反向变换核，$x\in[0,N-1]$，$y\in[0,N-1]$，$u\in[0,N-1]$，$v\in[0,N-1]$。

函数是可分离的当且仅当下式成立，即四元函数可分解成两个二元函数的乘积：

$$h(x,y,u,v) = h_1(x,u)h_2(y,v) \tag{6-15}$$

若函数 $h_1(x,u)$ 与 $h_2(y,v)$ 具有相同的函数形式，则称函数是对称的，如下式所示：

$$h(x,y,u,v) = h_1(x,u)h_1(y,v) = h_2(x,u)h_2(y,v) \tag{6-16}$$

以二维离散变换的正变换为例，讨论正变换和反变换的性质。二维离散变换的正变换步骤如图 6-1 所示，该变换由两个一维离散变换构成，分别在列和行两个方向上进行分解。

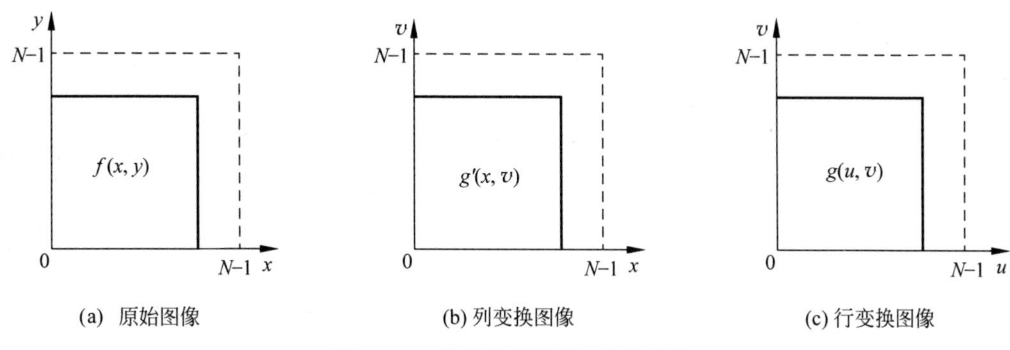

(a) 原始图像　　(b) 列变换图像　　(c) 行变换图像

图 6-1　二维离散变换的正变换步骤

```
% F6_1a.m

% -- 设置图片和坐标轴的属性 ------------------------------------------
fs = 9.0;                          % FontSize : 五号:10.5 磅,小五号:9 磅,六号:7.5 磅
ms = 5;                            % MarkerSize: 五号:10.5 磅,小五号:9 磅,六号:7.5 磅
set(gcf,'Units','centimeters','Position',[25 11 4.5 4.5]);
                    % 设置图片的位置和大小[left bottom width height],width:height = 4:3
set(gca,'FontName','Times New Roman','FontSize',fs);
                    % 设置坐标轴(刻度、标签和图例)的字体和字号
set(gca,'Position',[.14 .14 .82 .82]);
                    % 设置坐标轴所在的矩形区域在图片中的位置[left bottom width height]

plot([0,255,255],[255,255,0],'k:'),axis([0 290 0 290]);              % 刻度 N-1 处的虚线
text(-41,255,'{\itN}-1','FontName','Times New Roman','FontSize',9.0);  % y 轴刻度 N-1
text(237,-24,'{\itN}-1','FontName','Times New Roman','FontSize',9.0);  % x 轴刻度 N-1
text(-15,-15,'0','FontName','Times New Roman','FontSize',9.0);        % 原点
annotation('arrow',[0.142 0.142],[0.98 0.99],'HeadLength',5,'HeadWidth',6);    % y 轴箭头
text(-24,291,'\ity','FontName','Times New Roman','FontSize',9.0);     % y 轴标签
annotation('arrow',[0.98 0.99],[0.14 0.14],'HeadLength',5,'HeadWidth',6);  % x 轴箭头
text(287,-24,'\itx','FontName','Times New Roman','FontSize',9.0);     % x 轴标签
set(gca,'xtick',[],'ytick',[]);                                      % 不显示坐标轴刻度
box off                                                              % 不显示边框

hold on
f0 = 0; g0 = 200;       % 分段曲线的第 1 个点
f1 = 200; g1 = 200;     % 分段曲线的第 2 个点
f2 = 200; g2 = 0;       % 分段曲线的第 3 个点
plot([f0,f1,f2],[g0,g1,g2],'k-','LineWidth',2);
text(76,100,'{\itf}({\itx},{\ity})','Fontname','Times New Roman','FontSize',9.0);
% F6_1b.m

% -- 设置图片和坐标轴的属性 ------------------------------------------
fs = 9.0;           % FontSize : 五号:10.5 磅,小五号:9 磅,六号:7.5 磅
ms = 5;             % MarkerSize: 五号:10.5 磅,小五号:9 磅,六号:7.5 磅
set(gcf,'Units','centimeters','Position',[25 11 4.5 4.5]);
                    % 设置图片的位置和大小[left bottom width height],width:height = 4:3
```

```
set(gca,'FontName','Times New Roman','FontSize',fs);
                    % 设置坐标轴(刻度、标签和图例)的字体和字号
set(gca,'Position',[.14 .14 .82 .82]);
                    % 设置坐标轴所在的矩形区域在图片中的位置[left bottom width height]
plot([0,255,255],[255,255,0],'k:'),axis([0 290 0 290]);           % 刻度 N-1 处的虚线
text(-41,255,'{\itN}-1','FontName','Times New Roman','FontSize',9.0);   % y 轴刻度 N-1
text(237,-24,'{\itN}-1','FontName','Times New Roman','FontSize',9.0);   % x 轴刻度 N-1
text(-15,-15,'0','FontName','Times New Roman','FontSize',9.0);          % 原点
annotation('arrow',[0.142 0.142],[0.98 0.99],'HeadLength',5,'HeadWidth',6);    % y 轴箭头
text(-24,291,'\itv','FontName','Times New Roman','FontSize',9.0);       % y 轴标签
annotation('arrow',[0.98 0.99],[0.14 0.14],'HeadLength',5,'HeadWidth',6);      % x 轴箭头
text(287,-24,'\itx','FontName','Times New Roman','FontSize',9.0);       % x 轴标签
set(gca,'xtick',[],'ytick',[]);                                         % 不显示坐标轴刻度
box off                                                                  % 不显示边框

hold on
f0 = 0; g0 = 200;                   % 分段曲线的第 1 个点
f1 = 200; g1 = 200;                 % 分段曲线的第 2 个点
f2 = 200; g2 = 0;                   % 分段曲线的第 3 个点
plot([f0,f1,f2],[g0,g1,g2],'k-','LineWidth',2);
text(70,100,'{\itg''}({\itx},{\itv})','Fontname','Times New Roman','FontSize',9.0);
% F6_1c.m

% -- 设置图片和坐标轴的属性 ----------------------------------------------
fs = 9.0;                           % FontSize : 五号:10.5 磅,小五号:9 磅,六号:7.5 磅
ms = 5;                             % MarkerSize: 五号:10.5 磅,小五号:9 磅,六号:7.5 磅
set(gcf,'Units','centimeters','Position',[25 11 4.5 4.5]);
                        % 设置图片的位置和大小[left bottom width height],width:height = 4:3
set(gca,'FontName','Times New Roman','FontSize',fs);
                        % 设置坐标轴(刻度、标签和图例)的字体和字号
set(gca,'Position',[.14 .14 .82 .82]);
                        % 设置坐标轴所在的矩形区域在图片中的位置[left bottom width height]

plot([0,255,255],[255,255,0],'k:'),axis([0 290 0 290]);         % 刻度 N-1 处的虚线
text(-41,255,'{\itN}-1','FontName','Times New Roman','FontSize',9.0); % y 轴刻度 N-1
text(237,-24,'{\itN}-1','FontName','Times New Roman','FontSize',9.0); % x 轴刻度 N-1
text(-15,-15,'0','FontName','Times New Roman','FontSize',9.0);        % 原点
annotation('arrow',[0.142 0.142],[0.98 0.99],'HeadLength',5,'HeadWidth',6);   % y 轴箭头
text(-24,291,'\itv','FontName','Times New Roman','FontSize',9.0);     % y 轴标签
annotation('arrow',[0.98 0.99],[0.14 0.14],'HeadLength',5,'HeadWidth',6);     % x 轴箭头
text(287,-24,'\itu','FontName','Times New Roman','FontSize',9.0);     % x 轴标签
set(gca,'xtick',[],'ytick',[]);                                       % 不显示坐标轴刻度
box off                                                                % 不显示边框

hold on
f0 = 0; g0 = 200;                                                      % 分段曲线的第 1 个点
f1 = 200; g1 = 200;                                                    % 分段曲线的第 2 个点
f2 = 200; g2 = 0;                                                      % 分段曲线的第 3 个点
plot([f0,f1,f2],[g0,g1,g2],'k-','LineWidth',2);
text(76,100,'{\itg}({\itu},{\itv})','Fontname','Times New Roman','FontSize',9.0);
```

(1) 若正向变换核是可分离的，则二维离散变换可分解为两个一维离散变换，分解过程如下式所示：

$$
\begin{aligned}
g(u,v) &= T(f(x,y)) = \sum_{x=0}^{N-1}\sum_{y=0}^{N-1} f(x,y)h(x,y,u,v) = \sum_{x=0}^{N-1}\sum_{y=0}^{N-1} f(x,y)h_1(x,u)h_2(y,v) \\
&= \sum_{x=0}^{N-1} h_1(x,u)\sum_{y=0}^{N-1} f(x,y)h_2(y,v) = \sum_{x=0}^{N-1} h_1(u,x)g'(x,v)
\end{aligned} \tag{6-17}
$$

(2) 分解成的两个一维离散变换构成二维离散变换的两个步骤，分别如式(6-18)和式(6-19)所示。

$$
g'(x,v) = \sum_{y=0}^{N-1} f(x,y)h_2(y,v) \tag{6-18}
$$

$$
g(u,v) = \sum_{x=0}^{N-1} h_1(u,x)g'(x,v) \tag{6-19}
$$

(3) 第一个一维离散变换沿 $f(x,y)$ 的每一列进行，基于某个 x 值，针对每个 y 值和每个 v 值，$g'(x,v)$ 可展开为如下式所示的方程组形式：

$$
\begin{cases}
g'(x,0) = \sum_{y=0}^{N-1} f(x,y)h_2(y,0) = f(x,0)h_2(0,0) + \cdots + f(x,N-1)h_2(N-1,0) \\
g'(x,1) = \sum_{y=0}^{N-1} f(x,y)h_2(y,1) = f(x,0)h_2(0,1) + \cdots + f(x,N-1)h_2(N-1,1) \\
\vdots \\
g'(x,N-1) = \sum_{y=0}^{N-1} f(x,y)h_2(y,N-1) = f(x,0)h_2(0,N-1) + \cdots + \\
\qquad f(x,N-1)h_2(N-1,N-1)
\end{cases} \tag{6-20}
$$

(4) 上述方程组可进一步表示为如下式所示的矩阵形式：

$$
\begin{bmatrix} g'(x,0) \\ g'(x,1) \\ \vdots \\ g'(x,N-1) \end{bmatrix}^{\mathrm{T}} = \begin{bmatrix} f(x,0) \\ f(x,1) \\ \vdots \\ f(x,N-1) \end{bmatrix}^{\mathrm{T}} \begin{bmatrix} h_2(0,0) & h_2(0,1) & \cdots & h_2(0,N-1) \\ h_2(1,0) & h_2(1,1) & \cdots & h_2(1,N-1) \\ \vdots & \vdots & \ddots & \vdots \\ h_2(N-1,0) & h_2(N-1,1) & \cdots & h_2(N-1,N-1) \end{bmatrix} \tag{6-21}
$$

(5) 针对每个 x 值和 v 值，上述矩阵可扩展为

$$
\begin{aligned}
&\begin{bmatrix} g'(0,0) & \cdots & g'(0,N-1) \\ g'(1,0) & \cdots & g'(1,N-1) \\ \vdots & \ddots & \vdots \\ g'(N-1,0) & \cdots & g'(N-1,N-1) \end{bmatrix} \\
&= \begin{bmatrix} f(0,0) & \cdots & f(0,N-1) \\ f(1,0) & \cdots & f(1,N-1) \\ \vdots & \ddots & \vdots \\ f(N-1,0) & \cdots & f(N-1,N-1) \end{bmatrix} \begin{bmatrix} h_2(0,0) & \cdots & h_2(0,N-1) \\ h_2(1,0) & \cdots & h_2(1,N-1) \\ \vdots & \ddots & \vdots \\ h_2(N-1,0) & \cdots & h_2(N-1,N-1) \end{bmatrix}
\end{aligned} \tag{6-22}
$$

(6) 上述矩阵可表示为

$$\boldsymbol{G}_{x,v}=\boldsymbol{F}_{x,y}\boldsymbol{H}_{y,v} \tag{6-23}$$

式中，$\boldsymbol{G}_{x,v}=\begin{bmatrix} g'(0,0) & \cdots & g'(0,N-1) \\ g'(1,0) & \cdots & g'(1,N-1) \\ \vdots & \ddots & \vdots \\ g'(N-1,0) & \cdots & g'(N-1,N-1) \end{bmatrix}$；$\boldsymbol{F}_{x,y}=\begin{bmatrix} f(0,0) & \cdots & f(0,N-1) \\ f(1,0) & \cdots & f(1,N-1) \\ \vdots & \ddots & \vdots \\ f(N-1,0) & \cdots & f(N-1,N-1) \end{bmatrix}$

且由原始图像 $f(x,y)$构造；$\boldsymbol{H}_{y,v}=\begin{bmatrix} h_2(0,0) & \cdots & h_2(0,N-1) \\ h_2(1,0) & \cdots & h_2(1,N-1) \\ \vdots & \ddots & \vdots \\ h_2(N-1,0) & \cdots & h_2(N-1,N-1) \end{bmatrix}$且由正向变换核 $h(x,y,u,v)$的可分离函数 $h_2(y,v)$构造。

(7) 第二个一维离散变换沿 $h_1(u,x)$的每一列进行，基于某个 u 值，针对每个 x 值和 v 值，$g(u,v)$可展开为如下式所示的方程组形式：

$$\begin{cases} g(u,0)=\sum_{x=0}^{N-1}h_1(u,x)g'(x,0)=h_1(u,0)g'(0,0)+\cdots+h_1(u,N-1)g'(N-1,0) \\ g(u,1)=\sum_{x=0}^{N-1}h_1(u,x)g'(x,1)=h_1(u,0)g'(0,1)+\cdots+h_1(u,N-1)g'(N-1,1) \\ \vdots \\ g(u,N-1)=\sum_{x=0}^{N-1}h_1(u,x)g'(x,N-1)=h_1(u,0)g'(0,N-1)+\cdots+ \\ \qquad h_1(u,N-1)g'(N-1,N-1) \end{cases} \tag{6-24}$$

(8) 上述方程组可进一步表示为如下式所示的矩阵形式：

$$\begin{bmatrix} g(u,0) \\ g(u,1) \\ \vdots \\ g(u,N-1) \end{bmatrix}^{\mathrm{T}}=\begin{bmatrix} h_1(u,0) \\ h_1(u,1) \\ \vdots \\ h_1(u,N-1) \end{bmatrix}^{\mathrm{T}}\begin{bmatrix} g'(0,0) & g'(0,1) & \cdots & g'(0,N-1) \\ g'(1,0) & g'(1,1) & \cdots & g'(1,N-1) \\ \vdots & \vdots & \ddots & \vdots \\ g'(N-1,0) & g'(N-1,1) & \cdots & g'(N-1,N-1) \end{bmatrix} \tag{6-25}$$

(9) 针对每个 u 值和 v 值，上述矩阵可扩展为

$$\begin{bmatrix} g(0,0) & \cdots & g(0,N-1) \\ g(1,0) & \cdots & g(1,N-1) \\ \vdots & \ddots & \vdots \\ g(N-1,0) & \cdots & g(N-1,N-1) \end{bmatrix} = \begin{bmatrix} h_1(0,0) & \cdots & h_1(0,N-1) \\ h_1(1,0) & \cdots & h_1(1,N-1) \\ \vdots & \ddots & \vdots \\ h_1(N-1,0) & \cdots & h_1(N-1,N-1) \end{bmatrix}\begin{bmatrix} g'(0,0) & \cdots & g'(0,N-1) \\ g'(1,0) & \cdots & g'(1,N-1) \\ \vdots & \ddots & \vdots \\ g'(N-1,0) & \cdots & g'(N-1,N-1) \end{bmatrix} \tag{6-26}$$

(10) 上述矩阵可表示为

$$\boldsymbol{G}_{u,v}=\boldsymbol{H}_{u,x}\boldsymbol{G}_{x,v}=\boldsymbol{H}_{u,x}\boldsymbol{F}_{x,y}\boldsymbol{H}_{y,v} \tag{6-27}$$

式中，$\boldsymbol{G}_{u,v}=\begin{bmatrix} g(0,0) & \cdots & g(0,N-1) \\ g(1,0) & \cdots & g(1,N-1) \\ \vdots & \ddots & \vdots \\ g(N-1,0) & \cdots & g(N-1,N-1)\end{bmatrix}$；$\boldsymbol{H}_{u,x}=\begin{bmatrix} h_1(0,0) & \cdots & h_1(0,N-1) \\ h_1(1,0) & \cdots & h_1(1,N-1) \\ \vdots & \ddots & \vdots \\ h_1(N-1,0) & \cdots & h_1(N-1,N-1)\end{bmatrix}$

且由正向变换核 $h(x,y,u,v)$ 的可分离函数 $h_1(u,x)$ 构造；$\boldsymbol{F}_{x,y}=\begin{bmatrix} f(0,0) & \cdots & f(0,N-1) \\ f(1,0) & \cdots & f(1,N-1) \\ \vdots & \ddots & \vdots \\ f(N-1,0) & \cdots & f(N-1,N-1)\end{bmatrix}$ 且由原始图像 $f(x,y)$ 构造；$H_{y,v}=\begin{bmatrix} h_2(0,0) & \cdots & h_2(0,N-1) \\ h_2(1,0) & \cdots & h_2(1,N-1) \\ \vdots & \ddots & \vdots \\ h_2(N-1,0) & \cdots & h_2(N-1,N-1)\end{bmatrix}$ 且由正向变换核 $h(x,y,u,v)$ 的可分离函数 $h_2(y,v)$ 构造。

(11) 若正向变换核 $h(x,y,u,v)$ 是可分离的，则二维离散变换的正变换可表示为如式(6-28)所示；若正向变换核 $h(x,y,u,v)$ 是可分离的和对称的，则二维离散变换的正变换可表示为如式(6-29)所示。

$$\boldsymbol{G}_{u,v}=\boldsymbol{H}_{u,x}\boldsymbol{F}_{x,y}\boldsymbol{H}_{y,v}=\boldsymbol{H}_{x,u}^{\mathrm{T}}\boldsymbol{F}_{x,y}\boldsymbol{H}_{y,v}=\boldsymbol{H}_{u,x}\boldsymbol{F}_{x,y}\boldsymbol{H}_{v,y}^{\mathrm{T}} \tag{6-28}$$

$$\boldsymbol{G}_{u,v}=\boldsymbol{H}_{x,u}^{\mathrm{T}}\boldsymbol{F}_{x,y}\boldsymbol{H}_{x,u}=\boldsymbol{H}_{y,v}^{\mathrm{T}}\boldsymbol{F}_{x,y}\boldsymbol{H}_{y,v}=\boldsymbol{H}_{u,x}\boldsymbol{F}_{x,y}\boldsymbol{H}_{u,x}^{\mathrm{T}}=\boldsymbol{H}_{v,y}\boldsymbol{F}_{x,y}\boldsymbol{H}_{v,y}^{\mathrm{T}} \tag{6-29}$$

(12) 同理，若反向变换核 $k(u,v,x,y)$ 是可分离的，则二维离散变换的反变换可表示为如式(6-30)所示；若反向变换核 $k(u,v,x,y)$ 是可分离的和对称的，则二维离散变换的反变换可表示为如式(6-31)所示。

$$\boldsymbol{F}_{x,y}=\boldsymbol{K}_{x,u}\boldsymbol{G}_{u,v}\boldsymbol{K}_{v,y}=\boldsymbol{K}_{x,u}\boldsymbol{G}_{u,v}\boldsymbol{K}_{y,v}^{\mathrm{T}}=\boldsymbol{K}_{u,x}^{\mathrm{T}}\boldsymbol{G}_{u,v}\boldsymbol{K}_{v,y} \tag{6-30}$$

$$\boldsymbol{F}_{x,y}=\boldsymbol{K}_{x,u}\boldsymbol{G}_{u,v}\boldsymbol{K}_{x,u}^{\mathrm{T}}=\boldsymbol{K}_{y,v}\boldsymbol{G}_{u,v}\boldsymbol{K}_{y,v}^{\mathrm{T}}=\boldsymbol{K}_{u,x}^{\mathrm{T}}\boldsymbol{G}_{u,v}\boldsymbol{K}_{u,x}=\boldsymbol{K}_{v,y}^{\mathrm{T}}\boldsymbol{G}_{u,v}\boldsymbol{K}_{v,y} \tag{6-31}$$

6.3 傅里叶变换

法国数学家傅里叶(Fourier)出生于1768年，1807年提出傅里叶级数，1822年发表《热分析理论》，提出傅里叶变换。傅里叶级数是指任何周期函数都可以表示为不同频率的正弦和(或)余弦加权和的形式。傅里叶变换是指函数(包括非周期函数)可以用正弦和(或)余弦乘以加权函数的积分来表示。

傅里叶变换的优点是使人们能够从空域和频域两个不同的角度来看待信号，缺点是需要计算复数且收敛速度慢。20世纪60年代，快速傅里叶变换算法的提出，其在信号处理和图像处理中得到了广泛应用。

设：一维连续函数 $f(x)$ 是周期为 $2l$ 的周期函数，且满足Dirichlet(狄利赫特)条件：

(1) 具有有限个间断点；

(2) 具有有限个极值点；

(3) 绝对可积。

则一维连续函数 $f(x)$ 的傅里叶级数的实数形式如下式所示：

$$f(x)=\frac{a(0)}{2}+\sum_{n=1}^{\infty}a_n\cos\frac{u\pi x}{l}+b_n\sin\frac{u\pi x}{l} \tag{6-32}$$

式中，系数 a_n 和 b_n 分别如式(6-33)和式(6-34)所示。

$$a_n=\frac{1}{l}\int_{-l}^{l}f(x)\cos\frac{n\pi x}{l}\mathrm{d}x,\quad n=0,1,2,\cdots \tag{6-33}$$

$$b_n=\frac{1}{l}\int_{-l}^{l}f(x)\sin\frac{n\pi x}{l}\mathrm{d}x,\quad n=1,2,3,\cdots \tag{6-34}$$

则一维连续函数 $f(x)$ 的傅里叶级数的复数形式如下式所示：

$$f(x)=\sum_{n=-\infty}^{\infty}a_n\mathrm{e}^{\mathrm{j}\frac{n\pi}{l}x} \tag{6-35}$$

式中，系数 a_n 如式(6-36)所示。

$$a_n=\frac{1}{2l}\int_{-l}^{l}f(x)\mathrm{e}^{-\mathrm{j}\frac{n\pi}{l}x}\mathrm{d}x,\quad n=0,\pm1,\pm2,\cdots \tag{6-36}$$

例 6.1 傅里叶级数示例。若一维连续函数 $f(x)$ 如下式所示，试求函数的傅里叶级数。

$$f(x)=\begin{cases}A, & 0\leqslant x<2, A\neq 0\\ 0, & -2\leqslant x<0\end{cases} \tag{6-37}$$

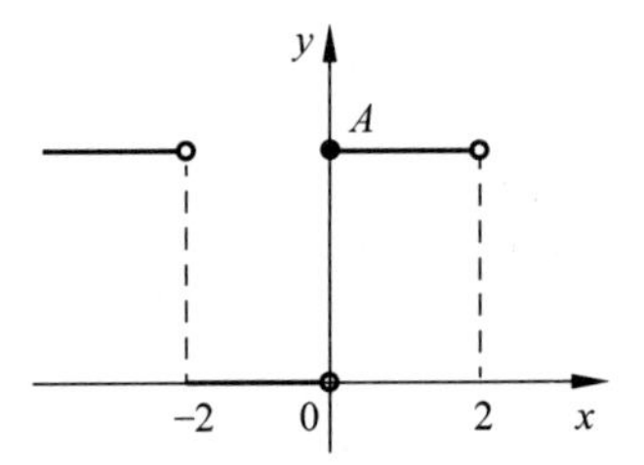

图 6-2 函数 $f(x)$ 的图像

解：函数 $f(x)$ 的图像如图 6-2 所示。此时，$l=2$，傅里叶级数的系数如式(6-38)～式(6-40)所示。

$$a_0=\frac{1}{l}\int_{-l}^{l}f(x)\cos\frac{n\pi x}{l}\mathrm{d}x=\frac{1}{2}\int_{-2}^{0}0\mathrm{d}x+\frac{1}{2}\int_{0}^{2}A\mathrm{d}x=\frac{A}{2}[x]_0^2=A \tag{6-38}$$

$$a_n=\frac{1}{l}\int_{-l}^{l}f(x)\cos\frac{n\pi x}{l}\mathrm{d}x=\frac{1}{2}\int_{0}^{2}A\cos\frac{n\pi x}{2}\mathrm{d}x=\left[\frac{A}{n\pi}\sin\frac{n\pi x}{2}\right]_0^2=0 \tag{6-39}$$

$$\begin{aligned}b_n&=\frac{1}{l}\int_{-l}^{l}f(x)\sin\frac{n\pi x}{l}\mathrm{d}x=\frac{1}{2}\int_{0}^{2}A\sin\frac{n\pi x}{2}\mathrm{d}x=\left[-\frac{A}{n\pi}\cos\frac{n\pi x}{2}\right]_0^2\\&=\frac{A}{n\pi}(1-\cos n\pi)=\frac{A}{n\pi}(1-(-1)^n)\end{aligned} \tag{6-40}$$

因此，函数的傅里叶级数为

$$\begin{aligned}f(x)&=\frac{a(0)}{2}+\sum_{n=1}^{\infty}a_n\cos\frac{u\pi x}{l}+b_n\sin\frac{u\pi x}{l}\\&=\frac{A}{2}+\frac{2A}{\pi}\left(\frac{1}{1}\sin\frac{1\pi x}{2}+\frac{1}{3}\sin\frac{3\pi x}{2}+\frac{1}{5}\sin\frac{5\pi x}{2}+\cdots\right)\\&=\frac{A}{2}+\frac{2A}{\pi}\sum_{n=0}^{+\infty}\frac{1}{(2n+1)}\sin\frac{(2n+1)\pi x}{2},\quad n=0,1,2,\cdots,x\neq0,\pm2,\pm4,\cdots\end{aligned} \tag{6-41}$$

若令 $A=2$，则函数 $f(x)$ 的傅里叶级数示例如图 6-3 所示。其中，图 6-3(a)～图 6-3(f)

分别为前 1 次、前 2 次、前 3 次、前 4 次、前 5 次和前 40 次谐波迭代，分别如式(6-42)～式(6-47)所示。从结果可以看出，函数 $f(x)$ 可以表示为不同频率的正弦加权和的形式。

$$f(x)=1 \tag{6-42}$$

$$f(x)=1+\frac{4}{\pi}\sin\frac{\pi x}{2} \tag{6-43}$$

$$f(x)=1+\frac{4}{\pi}\sin\frac{\pi x}{2}+\frac{4}{3\pi}\sin\frac{3\pi x}{2} \tag{6-44}$$

$$f(x)=1+\frac{4}{\pi}\sin\frac{\pi x}{2}+\frac{4}{3\pi}\sin\frac{3\pi x}{2}+\frac{4}{5\pi}\sin\frac{5\pi x}{2} \tag{6-45}$$

$$f(x)=1+\frac{4}{\pi}\sin\frac{\pi x}{2}+\frac{4}{3\pi}\sin\frac{3\pi x}{2}+\frac{4}{5\pi}\sin\frac{5\pi x}{2}+\frac{4}{7\pi}\sin\frac{7\pi x}{2} \tag{6-46}$$

$$f(x)=1+\frac{4}{\pi}\sin\frac{\pi x}{2}+\frac{4}{3\pi}\sin\frac{3\pi x}{2}+\frac{4}{5\pi}\sin\frac{5\pi x}{2}+\cdots+\frac{4}{79\pi}\sin\frac{79\pi x}{2} \tag{6-47}$$

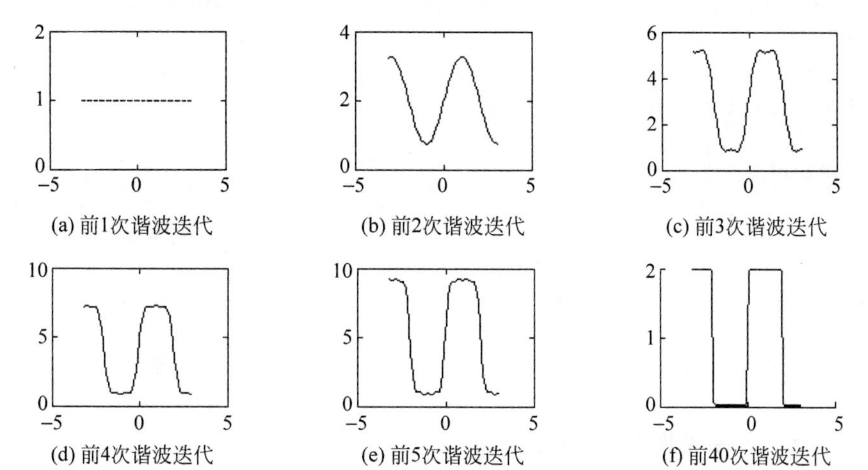

图 6-3　函数 $f(x)$ 的傅里叶级数示例

```
% F6_3.m

A = 2;
x = - pi:0.1:pi;

% *** 实数形式谐波叠代 ***
% 前 1 次谐波(基波)
fx1 = A/2;
fxdd1 = fx1
subplot(2,3,1),plot(x,fxdd1,'k'),xlabel('(a) 前 1 次谐波迭代');

% 前 2 次谐波叠代
hold on;
fx2 = A/2 + 2 * A/pi * (sin(1 * pi * x/2)/1);
fxdd2 = fx1 + fx2;
subplot(2,3,2),plot(x,fxdd2,'k'),xlabel('(b) 前 2 次谐波迭代');
```

```
% 前 3 次谐波叠代
hold on;
fx3 = A/2 + 2 * A/pi * (sin(1 * pi * x/2)/1 + sin(3 * pi * x/2)/3);
fxdd3 = fx1 + fx2 + fx3;
subplot(2,3,3),plot(x,fxdd3,'k'),xlabel('(c) 前 3 次谐波迭代');

% 前 4 次谐波叠代
hold on;
fx4 = A/2 + 2 * A/pi * (sin(1 * pi * x/2)/1 + sin(3 * pi * x/2)/3 + sin(5 * pi * x/2)/5);
fxdd4 = fx1 + fx2 + fx3 + fx4;
subplot(2,3,4),plot(x,fxdd4,'k'),xlabel('(d) 前 4 次谐波迭代');

% 前 5 次谐波叠代
hold on;
fx5 = A/2 + 2 * A/pi * (sin(1 * pi * x/2)/1 + sin(3 * pi * x/2)/3 + sin(5 * pi * x/2)/5 + sin(7 *
pi * x/2)/7);
fxdd5 = fx1 + fx2 + fx3 + fx4 + fx5;
subplot(2,3,5),plot(x,fxdd5,'k'),xlabel('(e) 前 5 次谐波迭代');

% 前 40 次谐波叠代
hold on;
syms n;
k = symsum(2 * A/pi * sin((2 * n + 1) * pi * x/2)/(2 * n + 1),0,39);
fxdd80 = A/2 + subs(k);
subplot(2,3,6),plot(x,fxdd80,'k'),xlabel('(f) 前 40 次谐波迭代'),box off;
```

6.3.1 一维连续傅里叶变换

设一维连续函数 $f(x)$ 满足 Dirichlet 条件：

(1) 具有有限个间断点；

(2) 具有有限个极值点；

(3) 绝对可积。

则一维连续函数 $f(x)$ 的傅里叶变换的正变换和反变换分别如式(6-48)和式(6-49)所示。

$$g(u)=\text{FFT}(f(x))=\int_{-\infty}^{+\infty} f(x)\mathrm{e}^{-\mathrm{j}2\pi ux}\mathrm{d}x \tag{6-48}$$

$$f(x)=\text{IFFT}(g(u))=\int_{-\infty}^{+\infty} g(u)\mathrm{e}^{\mathrm{j}2\pi ux}\mathrm{d}x \tag{6-49}$$

式中，$\text{FFT}(x)$ 为一维连续傅里叶变换的正变换函数；$\text{IFFT}(x)$ 为一维连续傅里叶变换的反变换函数。

例 6.2 一维连续傅里叶变换示例。若一维连续函数 $f(x)$ 如下式所示，试求函数傅里叶变换的频谱。

$$f(x)=\begin{cases} A, & -T/2\leqslant x\leqslant T/2 \\ 0, & \text{其他} \end{cases} \tag{6-50}$$

解：函数 $f(x)$ 的图像如图 6-4 所示。令：$\omega=2\pi u$，则傅里叶变换如式(6-51)所示。

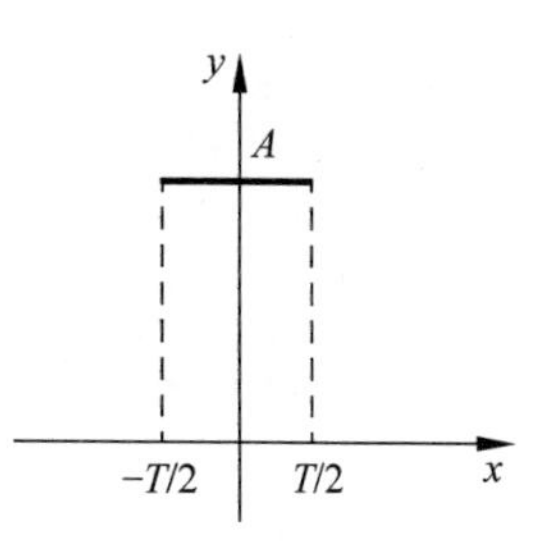

图 6-4 函数 $f(x)$ 的图像

$$\begin{aligned}g(\omega)&=\mathrm{FFT}(f(x))\\&=\int_{-\infty}^{+\infty}f(x)\mathrm{e}^{-\mathrm{j}\omega x}\,\mathrm{d}x=\int_{-\frac{T}{2}}^{\frac{T}{2}}A\,\mathrm{e}^{-\mathrm{j}\omega x}\,\mathrm{d}x=\frac{A}{-\mathrm{j}\omega}\left[\mathrm{e}^{-\mathrm{j}\omega x}\right]_{\frac{-T}{2}}^{\frac{T}{2}}\\&=\frac{A}{-\mathrm{j}\omega}\left[\mathrm{e}^{-\mathrm{j}\frac{\omega T}{2}}-\mathrm{e}^{\mathrm{j}\frac{\omega T}{2}}\right]=\frac{2A}{\omega}\frac{1}{2\mathrm{j}}\left[\mathrm{e}^{\mathrm{j}\frac{\omega T}{2}}-\mathrm{e}^{-\mathrm{j}\frac{\omega T}{2}}\right]=\frac{2A}{\omega}\sin\frac{\omega T}{2}\end{aligned}\tag{6-51}$$

因此，函数的幅度谱为

$$|g(\omega)|=\left|\frac{2A}{\omega}\sin\frac{\omega T}{2}\right|=AT\left|\frac{\sin\frac{\omega T}{2}}{\frac{\omega T}{2}}\right|\tag{6-52}$$

函数的相位谱为

$$\varphi(\omega)=\begin{cases}0, & 2n\pi<\frac{\omega T}{2}<(2n+1)\pi, & n=0,1,2,\cdots\\ \pi, & (2n+1)\pi<\frac{\omega T}{2}<(2n+2)\pi, & n=0,1,2,\cdots\\ 0, & (2n+1)\pi<\frac{\omega T}{2}<(2n+2)\pi, & n=\cdots,-2,-1\\ \pi, & 2n\pi<\frac{\omega T}{2}<(2n+1)\pi, & n=\cdots,-2,-1\end{cases}\tag{6-53}$$

即

$$\varphi(\omega)=\begin{cases}0, & \frac{4n\pi}{T}<\omega<\frac{2(2n+1)\pi}{T}, & n=0,1,2,\cdots\\ \pi, & \frac{2(2n+1)\pi}{T}<\omega<\frac{4(n+1)\pi}{T}, & n=0,1,2,\cdots\\ 0, & \frac{2(2n+1)\pi}{T}<\omega<\frac{4(n+1)\pi}{T}, & n=\cdots,-2,-1\\ \pi, & \frac{4n\pi}{T}<\omega<\frac{2(2n+1)\pi}{T}, & n=\cdots,-2,-1\end{cases}\tag{6-54}$$

若令 $A=1.5$，$T=2$，则函数 $f(x)$ 的频谱如图 6.5 所示。其中，图 6.5(a)为傅里叶变换及其相位谱，图 6.5(b)为傅里叶幅度谱及其相位谱。

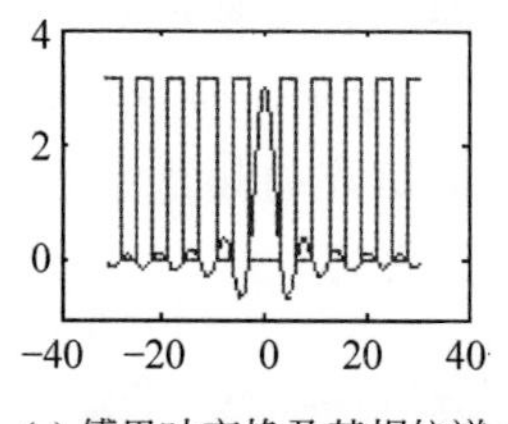

(a) 傅里叶变换及其相位谱

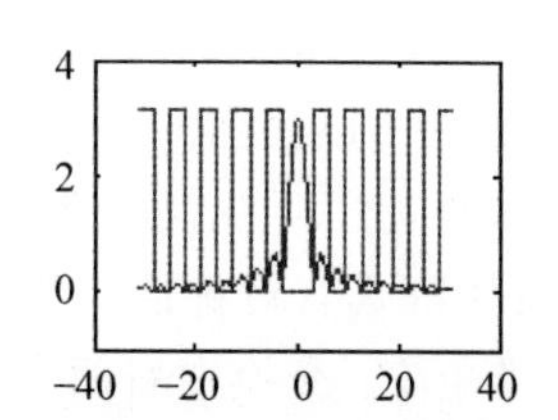

(b) 傅里叶幅度谱及其相位谱

图 6-5 函数 $f(x)$ 的频谱

```
% F6_5.m

A = 1.5;
T = 2;
omg = - 10 * pi:0.1:10 * pi;
Fomg = 2 * A./omg. * sin(omg * T/2);

subplot(2,2,1),plot(omg,Fomg),xlabel('(a)傅里叶变换');
subplot(2,2,2),plot(omg,abs(Fomg)),xlabel('(b)傅里叶幅度谱');

x = [4 * - 5 * pi/T 2 * (2 * - 5 + 1) * pi/T 2 * (2 * - 5 + 1) * pi/T 4 * ( - 5 + 1) * pi/T...
   4 * - 4 * pi/T 2 * (2 * - 4 + 1) * pi/T 2 * (2 * - 4 + 1) * pi/T 4 * ( - 4 + 1) * pi/T...
   4 * - 3 * pi/T 2 * (2 * - 3 + 1) * pi/T 2 * (2 * - 3 + 1) * pi/T 4 * ( - 3 + 1) * pi/T...
   4 * - 2 * pi/T 2 * (2 * - 2 + 1) * pi/T 2 * (2 * - 2 + 1) * pi/T 4 * ( - 2 + 1) * pi/T...
   4 * - 1 * pi/T 2 * (2 * - 1 + 1) * pi/T 2 * (2 * - 1 + 1) * pi/T 4 * ( - 1 + 1) * pi/T...
   4 * 0 * pi/T 2 * (2 * 0 + 1) * pi/T 2 * (2 * 0 + 1) * pi/T 4 * (0 + 1) * pi/T...
   4 * 1 * pi/T 2 * (2 * 1 + 1) * pi/T 2 * (2 * 1 + 1) * pi/T 4 * (1 + 1) * pi/T...
   4 * 2 * pi/T 2 * (2 * 2 + 1) * pi/T 2 * (2 * 2 + 1) * pi/T 4 * (2 + 1) * pi/T...
   4 * 3 * pi/T 2 * (2 * 3 + 1) * pi/T 2 * (2 * 3 + 1) * pi/T 4 * (3 + 1) * pi/T...
   4 * 4 * pi/T 2 * (2 * 4 + 1) * pi/T 2 * (2 * 4 + 1) * pi/T 4 * (4 + 1) * pi/T];
y = [pi pi 0 0 pi pi 0 0 pi pi 0 0 pi pi 0 0 pi pi 0 0 ...
     0 0 pi pi 0 0 pi pi 0 0 pi pi 0 0 pi pi 0 0 pi pi];
subplot(2,2,3),plot(omg,Fomg),hold on,plot(x,y,'r'),axis([ - 40,40, - 1,4]),xlabel('(c)傅里叶变换和傅里叶相位谱');
subplot(2,2,4),plot(omg,abs(Fomg)),hold on,plot(x,y,'r'),axis([ - 40,40, - 1,4]),xlabel('(d)傅里叶幅度谱和傅里叶相位谱');
```

6.3.2 一维离散傅里叶变换

一维离散傅里叶变换的正变换和反变换分别如式(6-55)和式(6-56)所示。

$$g(u)=\mathrm{FFT}(f(x))=\sum_{x=0}^{N-1}f(x)\mathrm{e}^{-\mathrm{j}\frac{2\pi ux}{N}} \tag{6-55}$$

$$f(x)=\mathrm{IFFT}(g(u))=\sum_{u=0}^{N-1}g(u)\mathrm{e}^{\mathrm{j}\frac{2\pi ux}{N}} \tag{6-56}$$

式中,FFT(x)为离散傅里叶变换的正变换函数;IFFT(x)为离散傅里叶变换的反变换函数;$f(x)$为一维原始图像,$x\in[0,N-1]$;$g(u)$为一维变换图像,u 为频率变量,$u\in[0,N-1]$。

通常,一维离散傅里叶变换的正变换过程如下式所示:

$$g'(u)=\mathrm{shift}(\mathrm{abs}(g(u)))=\mathrm{shift}(\mathrm{abs}(\mathrm{FFT}(f(x)))) \tag{6-57}$$

式中,$f(x)$为一维原始图像;FFT(x)为离散傅里叶变换的正变换函数;abs(x)为取模函数,求离散傅里叶变换的幅度谱;shift(x)为离散傅里叶幅度谱移动函数,得到对称的傅里叶幅度谱数据。根据傅里叶变换的性质,将傅里叶幅度谱矩阵的频谱中心从矩阵原点移动到矩阵中心,所得矩阵具有对称性。傅里叶幅度谱移动方法为

(1) 对于一维矩阵:交换左右两半维的值。

(2) 对于二维矩阵:交换一、三象限和二、四象限的值。

(3) 对于高维矩阵:交换各维的两半。

例 6.3 一维离散傅里叶变换原理示例。一维原始图像的数据如图 6-6(a)所示,试对

其进行傅里叶变换。

解：基于图 6-6(a)所示的一维原始图像数据，得到对应的原始图像及其二维示意图如图 6-6(b)、图 6-6(c)所示；对原始图像进行傅里叶变换，得到的傅里叶变换结果如图 6-6(d)所示，计算方法如式(6-58)所示。从结果可以看出，傅里叶变换相当于矩阵相乘且结果为复数；对傅里叶变换结果取模，得到的傅里叶幅度谱的数据、图像和二维示意图分别如图 6-6(e)～图 6-6(g)所示；移动傅里叶幅度谱，得到对称的傅里叶幅度谱的数据、图像和二维示意图分别如图 6-6(h)～图 6-6(j)所示。从结果可以看出，傅里叶幅度谱具有对称性。

$$
\boldsymbol{G}_u=\boldsymbol{F}_x\boldsymbol{H}_{x,u}=\begin{bmatrix}0\\1\\1\\1\\0\end{bmatrix}^{\mathrm{T}}\begin{bmatrix}
\mathrm{e}^{-\mathrm{j}\frac{2\pi\cdot0\cdot0}{5}} & \mathrm{e}^{-\mathrm{j}\frac{2\pi\cdot0\cdot1}{5}} & \mathrm{e}^{-\mathrm{j}\frac{2\pi\cdot0\cdot2}{5}} & \mathrm{e}^{-\mathrm{j}\frac{2\pi\cdot0\cdot3}{5}} & \mathrm{e}^{-\mathrm{j}\frac{2\pi\cdot0\cdot4}{5}}\\
\mathrm{e}^{-\mathrm{j}\frac{2\pi\cdot1\cdot0}{5}} & \mathrm{e}^{-\mathrm{j}\frac{2\pi\cdot1\cdot1}{5}} & \mathrm{e}^{-\mathrm{j}\frac{2\pi\cdot1\cdot2}{5}} & \mathrm{e}^{-\mathrm{j}\frac{2\pi\cdot1\cdot3}{5}} & \mathrm{e}^{-\mathrm{j}\frac{2\pi\cdot1\cdot4}{5}}\\
\mathrm{e}^{-\mathrm{j}\frac{2\pi\cdot2\cdot0}{5}} & \mathrm{e}^{-\mathrm{j}\frac{2\pi\cdot2\cdot1}{5}} & \mathrm{e}^{-\mathrm{j}\frac{2\pi\cdot1\cdot2}{5}} & \mathrm{e}^{-\mathrm{j}\frac{2\pi\cdot1\cdot3}{5}} & \mathrm{e}^{-\mathrm{j}\frac{2\pi\cdot1\cdot4}{5}}\\
\mathrm{e}^{-\mathrm{j}\frac{2\pi\cdot3\cdot0}{5}} & \mathrm{e}^{-\mathrm{j}\frac{2\pi\cdot3\cdot1}{5}} & \mathrm{e}^{-\mathrm{j}\frac{2\pi\cdot1\cdot2}{5}} & \mathrm{e}^{-\mathrm{j}\frac{2\pi\cdot1\cdot3}{5}} & \mathrm{e}^{-\mathrm{j}\frac{2\pi\cdot1\cdot4}{5}}\\
\mathrm{e}^{-\mathrm{j}\frac{2\pi\cdot4\cdot0}{5}} & \mathrm{e}^{-\mathrm{j}\frac{2\pi\cdot4\cdot1}{5}} & \mathrm{e}^{-\mathrm{j}\frac{2\pi\cdot1\cdot2}{5}} & \mathrm{e}^{-\mathrm{j}\frac{2\pi\cdot1\cdot3}{5}} & \mathrm{e}^{-\mathrm{j}\frac{2\pi\cdot1\cdot4}{5}}
\end{bmatrix}=\begin{bmatrix}3.0000\\-1.3090-0.9511\mathrm{j}\\-0.1910-0.5878\mathrm{j}\\-0.1910+0.5878\mathrm{j}\\-1.3090+0.9511\mathrm{j}\end{bmatrix}^{\mathrm{T}}
\tag{6-58}
$$

式中，矩阵 $\boldsymbol{F}_x$ 由原始图像 $f(x)$构造；矩阵 $\boldsymbol{H}_{x,u}$ 由正向变换核 $h(x,u)=\mathrm{e}^{-\mathrm{j}\frac{2\pi ux}{N}}$ 构造。

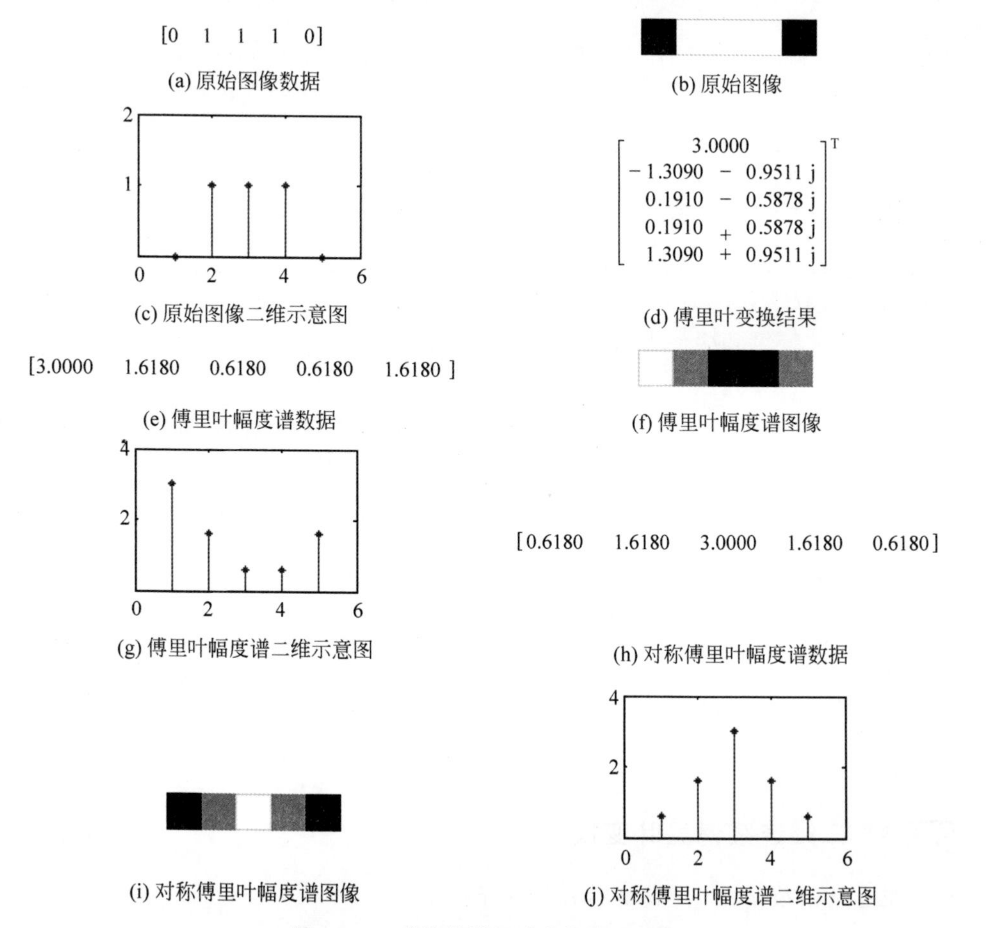

图 6-6　一维离散傅里叶变换原理示例

```
% F6_6.m

fx = [0 1 1 1 0];
subplot(3,2,1),imshow(fx),xlabel('(b) 原始图像');
subplot(3,2,2),stem(fx,'.'),axis([0 6 0 2]),xlabel('(c) 原始图像二维示意图');

Fu = fft2(fx)                          %一维傅里叶变换
ABSFu = abs(Fu)                        %傅里叶幅度谱
% LogABSFu = log(ABSFu)                %傅里叶幅度谱的可视化
% subplot(3,2,3),imshow(LogABSFu,[]),xlabel('(c)傅里叶幅度谱的对数图像显示');
subplot(3,2,3),imshow(ABSFu,[]),xlabel('(f) 傅里叶幅度谱图像');
subplot(3,2,4),stem(ABSFu,'.'),axis([0 6 0 4]),xlabel('(g) 傅里叶幅度谱二维示意图');

%将傅里叶变换后的图像频谱中心从矩阵的原点移动到矩阵的中心
%(1)对一维矩阵:交换左右两半维的值
%(2)对二维矩阵:交换一、三象限和二、四象限的值
%(3)对高维矩阵:交换各维的两半
ShiftABSFu = fftshift(ABSFu)
% LogShiftABSFu = log(ShiftABSFu)
% subplot(3,2,5),imshow(LogShiftABSFu,[]),xlabel('(e)移动后傅里叶幅度谱的对数图像显示');
subplot(3,2,5),imshow(ShiftABSFu,[]),xlabel('(i) 对称傅里叶幅度谱图像');
subplot(3,2,6),stem(ShiftABSFu,'.'),axis([0 6 0 4]),xlabel('(j) 对称傅里叶幅度谱二维示意图');

%验证1: 一维傅里叶变换的计算过程:T(u) = f(x) * h(x,u) = f(x) * exp( - j * 2 * pi * x * u/N)
Fu1(1) = fx(1) * exp( - j * 2 * pi * 0 * 0/5)  +  fx(2) * exp( - j * 2 * pi * 1 * 0/5)  +  fx(3) * exp( - j
* 2 * pi * 2 * 0/5)  +  fx(4) * exp( - j * 2 * pi * 3 * 0/5)  +  fx(5) * exp( - j * 2 * pi * 4 * 0/5);
Fu1(2) = fx(1) * exp( - j * 2 * pi * 0 * 1/5)  +  fx(2) * exp( - j * 2 * pi * 1 * 1/5)  +  fx(3) * exp( - j
* 2 * pi * 2 * 1/5)  +  fx(4) * exp( - j * 2 * pi * 3 * 1/5)  +  fx(5) * exp( - j * 2 * pi * 4 * 1/5);
Fu1(3) = fx(1) * exp( - j * 2 * pi * 0 * 2/5)  +  fx(2) * exp( - j * 2 * pi * 1 * 2/5)  +  fx(3) * exp( - j
* 2 * pi * 2 * 2/5)  +  fx(4) * exp( - j * 2 * pi * 3 * 2/5)  +  fx(5) * exp( - j * 2 * pi * 4 * 2/5);
Fu1(4) = fx(1) * exp( - j * 2 * pi * 0 * 3/5)  +  fx(2) * exp( - j * 2 * pi * 1 * 3/5)  +  fx(3) * exp( - j
* 2 * pi * 2 * 3/5)  +  fx(4) * exp( - j * 2 * pi * 3 * 3/5)  +  fx(5) * exp( - j * 2 * pi * 4 * 3/5);
Fu1(5) = fx(1) * exp( - j * 2 * pi * 0 * 4/5)  +  fx(2) * exp( - j * 2 * pi * 1 * 4/5)  +  fx(3) * exp( - j
* 2 * pi * 2 * 4/5)  +  fx(4) * exp( - j * 2 * pi * 3 * 4/5)  +  fx(5) * exp( - j * 2 * pi * 4 * 4/5)

%验证2: 一维傅里叶变换的计算过程:T(u) = f(x) * h(x,u) = f(x) * exp( - j * 2 * pi * x * u/N)
Fu2 = fx * [exp( - j * 2 * pi * 0 * 0/5) exp( - j * 2 * pi * 0 * 1/5) exp( - j * 2 * pi * 0 * 2/5) exp
( - j * 2 * pi * 0 * 3/5) exp( - j * 2 * pi * 0 * 4/5)
        exp( - j * 2 * pi * 1 * 0/5) exp( - j * 2 * pi * 1 * 1/5) exp( - j * 2 * pi * 1 * 2/5) exp( - j
* 2 * pi * 1 * 3/5) exp( - j * 2 * pi * 1 * 4/5)
        exp( - j * 2 * pi * 2 * 0/5) exp( - j * 2 * pi * 2 * 1/5) exp( - j * 2 * pi * 2 * 2/5) exp( - j
* 2 * pi * 2 * 3/5) exp( - j * 2 * pi * 2 * 4/5)
        exp( - j * 2 * pi * 3 * 0/5) exp( - j * 2 * pi * 3 * 1/5) exp( - j * 2 * pi * 3 * 2/5) exp( - j
* 2 * pi * 3 * 3/5) exp( - j * 2 * pi * 3 * 4/5)
        exp( - j * 2 * pi * 4 * 0/5) exp( - j * 2 * pi * 4 * 1/5) exp( - j * 2 * pi * 4 * 2/5) exp( - j
* 2 * pi * 4 * 3/5) exp( - j * 2 * pi * 4 * 4/5)]
```

6.3.3 二维连续傅里叶变换

设二维连续函数 $f(x,y)$满足 Dirichlet 条件：

(1) 具有有限个间断点；

(2) 具有有限个极值点；

(3) 绝对可积。

则二维连续函数 $f(x,y)$ 的傅里叶变换的正变换和反变换分别如式(6-59)和式(6-60)所示。

$$g(u,v)=\text{FFT}(f(x,y))=\int_{-\infty}^{+\infty}\int_{-\infty}^{+\infty}f(x,y)\mathrm{e}^{-\mathrm{j}2\pi(ux+vy)}\mathrm{d}x\mathrm{d}y \tag{6-59}$$

$$f(x,y)=\text{IFFT}(g(u,v))=\int_{-\infty}^{+\infty}\int_{-\infty}^{+\infty}g(u,v)\mathrm{e}^{\mathrm{j}2\pi(ux+vy)}\mathrm{d}u\mathrm{d}v \tag{6-60}$$

式中，$\text{FFT}(x,y)$ 为二维连续傅里叶变换的正变换函数；$\text{IFFT}(x,y)$ 为二维连续傅里叶变换的反变换函数。

例 6.4　二维连续傅里叶变换示例。若二维连续函数 $f(x,y)$ 如下式所示，试求函数傅里叶变换的频谱。

$$f(x,y)=\begin{cases}A, & 0\leqslant x\leqslant X, 0\leqslant y\leqslant Y\\ 0, & \text{其他}\end{cases} \tag{6-61}$$

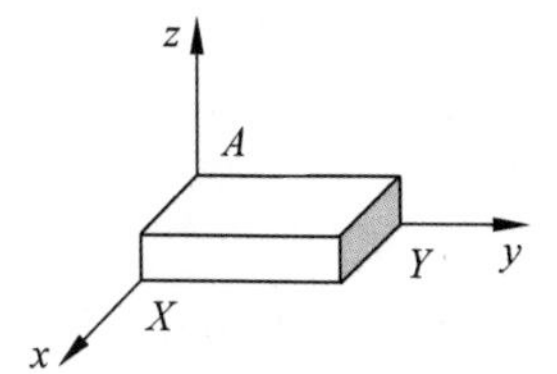

图 6-7　函数 $f(x,y)$ 的图像

解：函数 $f(x,y)$ 的图像如图 6-7 所示，傅里叶变换如式(6-62)所示：

$$\begin{aligned}g(u,v)&=\text{FFT}(f(x,y))=\int_{-\infty}^{+\infty}\int_{-\infty}^{+\infty}f(x,y)\mathrm{e}^{-\mathrm{j}2\pi(ux+vy)}\mathrm{d}x\mathrm{d}y=\int_{0}^{X}\int_{0}^{Y}A\mathrm{e}^{-\mathrm{j}2\pi(ux+vy)}\mathrm{d}x\mathrm{d}y\\&=A\int_{0}^{X}\mathrm{e}^{-\mathrm{j}2\pi ux}\mathrm{d}x\int_{0}^{Y}\mathrm{e}^{-\mathrm{j}2\pi vy}\mathrm{d}y=A\left[\frac{\mathrm{e}^{-\mathrm{j}2\pi ux}}{-\mathrm{j}2\pi u}\right]_{0}^{X}\left[\frac{\mathrm{e}^{-\mathrm{j}2\pi vy}}{-\mathrm{j}2\pi v}\right]_{0}^{Y}=\frac{A}{\pi u}\frac{\mathrm{e}^{-\mathrm{j}2\pi uX}-1}{-2\mathrm{j}}\frac{1}{\pi v}\frac{\mathrm{e}^{-\mathrm{j}2\pi vY}-1}{-2\mathrm{j}}\\&=\frac{A}{\pi u}\frac{\mathrm{e}^{\mathrm{j}\pi uX}-\mathrm{e}^{-\mathrm{j}\pi uX}}{2\mathrm{j}}\mathrm{e}^{-\mathrm{j}\pi uX}\frac{1}{\pi v}\frac{\mathrm{e}^{\mathrm{j}\pi vY}-\mathrm{e}^{-\mathrm{j}\pi vY}}{2\mathrm{j}}\mathrm{e}^{-\mathrm{j}\pi vY}=\frac{A}{\pi u}\sin(\pi uX)\mathrm{e}^{-\mathrm{j}\pi uX}\frac{1}{\pi v}\sin(\pi vY)\mathrm{e}^{-\mathrm{j}\pi vY}\\&=AXY\frac{\sin(\pi uX)\mathrm{e}^{-\mathrm{j}\pi uX}}{\pi uX}\frac{\sin(\pi vY)\mathrm{e}^{-\mathrm{j}\pi vY}}{\pi vY}\end{aligned} \tag{6-62}$$

因此，函数的幅度谱为

$$|g(u,v)|=AXY\left|\frac{\sin(\pi uX)\mathrm{e}^{-\mathrm{j}\pi uX}}{\pi uX}\right|\left|\frac{\sin(\pi vY)\mathrm{e}^{-\mathrm{j}\pi vY}}{\pi vY}\right| \tag{6-63}$$

若令 $A=1, X=1, Y=1$，则函数 $f(x,y)$ 的频谱如图 6-8 所示。其中，图 6-8(a)为傅里叶变换，图 6-8(b)为傅里叶幅度谱，图 6-8(c)为傅里叶变换在 u 轴上的投影，图 6-8(d)为傅里叶变换在 v 轴上的投影。

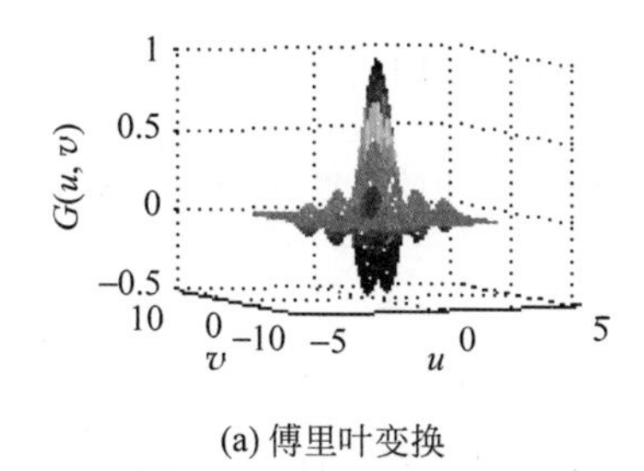

(a) 傅里叶变换

(b) 傅里叶幅度谱

图 6-8　函数 $f(x,y)$ 的频谱

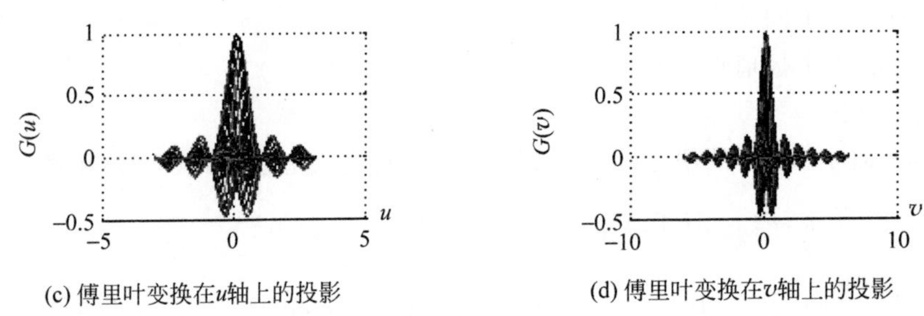

(c) 傅里叶变换在u轴上的投影　　(d) 傅里叶变换在v轴上的投影

图 6-8 （续）

```
% F6_8.m

A = 1;
X = 1;
Y = 1;
uu = - 1 * pi:0.1:1 * pi;
vv = - 2 * pi:0.1:2 * pi;
[u,v] = meshgrid(uu,vv);
Fuv = A * X * Y * (sin(pi * u * X). * exp( - j * pi * u * X)./(pi * u * X)). * (sin(pi * v * Y). * exp
( - j * pi * v * Y)./(pi * v * Y));

subplot(2,2,1),mesh(u,v,real(Fuv)),xlabel('\itu'),ylabel('\itv'),zlabel('{\itG}({\itu},{\
itv})'),title('(a) 傅里叶变换');
subplot(2,2,2),mesh(u,v,abs(Fuv)),xlabel('\itu'),ylabel('\itv'),zlabel('{\itG}({\itu},{\
itv})'),title('(b) 傅里叶幅度谱');
subplot(2,2,3),plot(uu,Fuv),xlabel('\itu'),ylabel('{\itG}({\itu})'),title('(c) 傅里叶变换
在 u 轴上的投影'),grid on;
subplot(2,2,4),plot(vv,Fuv),xlabel('\itv'),ylabel('{\itG}({\itv})'),title('(d) 傅里叶变换
在 v 轴上的投影'),grid on;

% -- 设置图片和坐标轴的属性 -------------------------------------------------
fs = 9;                 % FontSize : 五号:10.5 磅,小五号:9 磅,六号:7.5 磅
% ms = 5;               % MarkerSize: 五号:10.5 磅,小五号:9 磅,六号:7.5 磅
% set(gcf,'Units','centimeters','Position',[25 11 6 4.5]);
                        % 设置图片的位置和大小[left bottom width height],width:height = 4:3
set(gca,'FontName','Iimes New Roman','FontSize',fs);
                        % 设置坐标轴(刻度、标签和图例)的字体和字号
% set(gca,'Position',[.12 .11 .83 .77]);
                        % 设置坐标轴所在的矩形区域在图片中的位置[left bottom width height]
```

6.3.4 二维离散傅里叶变换

二维离散傅里叶变换的正变换和反变换分别如式(6-64)和式(6-65)所示。

$$g(u,v)=\mathrm{FFT}(f(x,y))=\sum_{x=0}^{M-1}\sum_{y=0}^{N-1}f(x,y)\mathrm{e}^{-\mathrm{j}2\pi\left(\frac{ux}{M}+\frac{vy}{N}\right)} \tag{6-64}$$

$$f(x,y)=\mathrm{iFFT}(g(u,v))=\frac{1}{MN}\sum_{u=0}^{M-1}\sum_{v=0}^{N-1}g(u,v)\mathrm{e}^{\mathrm{j}2\pi\left(\frac{ux}{M}+\frac{vy}{N}\right)} \tag{6-65}$$

式中，FFT(x)为离散傅里叶变换的正变换函数；IFFT(x)为离散傅里叶变换的反变换函数；$f(x,y)$为二维原始图像，$x\in[0,M-1]$，$y\in[0,N-1]$；$g(u,v)$为二维变换图像，u、v为频率变量，$u\in[0,M-1]$，$v\in[0,N-1]$。

一般来说，总是选择方形矩阵数据，即$M=N$，此时，二维离散傅里叶变换的正变换和反变换分别如式(6-66)和式(6-67)所示。

$$g(u,v)=\mathrm{FFT}(f(x,y))=\sum_{x=0}^{N-1}\sum_{y=0}^{N-1}f(x,y)\mathrm{e}^{-\mathrm{j}2\pi\left(\frac{ux+vy}{N}\right)} \tag{6-66}$$

$$f(x,y)=\mathrm{IFFT}(g(u,v))=\frac{1}{N^2}\sum_{u=0}^{N-1}\sum_{v=0}^{N-1}g(u,v)\mathrm{e}^{\mathrm{j}2\pi\left(\frac{ux+vy}{N}\right)} \tag{6-67}$$

通常，二维离散傅里叶变换的正变换过程如下式所示：

$$g'(u,v)=\mathrm{shift}(\mathrm{abs}(g(u,v)))=\mathrm{shift}(\mathrm{abs}(\mathrm{FFT}(f(x,y)))) \tag{6-68}$$

式中，$f(x,y)$为二维原始图像；FFT(x)为离散傅里叶变换的正变换函数；abs(x)为取模函数，求离散傅里叶变换的幅度谱；shift(x)为离散傅里叶幅度谱移动函数，得到对称的傅里叶幅度谱数据。傅里叶幅度谱移动方法如式(6-57)所示。

例 6.5 二维离散傅里叶变换原理示例。原始图像数据如图 6-9(a)所示，试对其进行傅里叶变换。

解：基于图 6-9(a)所示的原始图像数据，得到对应的原始图像及其三维示意图如图 6-9(b)～图 6-9(c)所示；对原始图像进行傅里叶变换，得到的傅里叶变换结果如图 6-9(d)所示，计算方法如式(6-69)所示。从结果可以看出，傅里叶变换相当于矩阵相乘且结果为复数；对傅里叶变换结果取模，得到的傅里叶幅度谱的数据、图像和三维示意图分别如图 6-9(e)～图 6-9(g)所示；移动傅里叶幅度谱，得到对称的傅里叶幅度谱的数据、图像和三维示意图分别如图 6-9(h)～图 6-9(j)所示。从结果可以看出，傅里叶幅度谱具有对称性。

$$\boldsymbol{G}_{u,v}=\boldsymbol{H}_{u,x}\boldsymbol{F}_{x,y}\boldsymbol{H}_{y,v}=\boldsymbol{H}_{x,u}^{\mathrm{T}}\boldsymbol{F}_{x,y}\boldsymbol{H}_{y,v}=\boldsymbol{H}_{x,u}^{\mathrm{T}}\boldsymbol{F}_{x,y}\boldsymbol{H}_{x,u}=\boldsymbol{H}_{x,u}\boldsymbol{F}_{x,y}\boldsymbol{H}_{x,u}=$$

$$\begin{bmatrix} 9.0000 & -3.9271-2.8532\mathrm{j} & -0.5729-1.7634\mathrm{j} & -0.5729+1.7634\mathrm{j} & -3.9271+2.8532\mathrm{j} \\ -3.9271-2.8532\mathrm{j} & 0.8090+2.4899\mathrm{j} & -0.3090+0.9511\mathrm{j} & 0.8090-0.5878\mathrm{j} & 2.6180 \\ -0.5729-1.7634\mathrm{j} & -0.3090+0.9511\mathrm{j} & -0.3090+0.2245\mathrm{j} & 0.3820 & 0.8090+0.5878\mathrm{j} \\ -0.5729+1.7634\mathrm{j} & 0.8090-0.5878\mathrm{j} & 0.3820 & -0.3090-0.2245\mathrm{j} & -0.3090-0.9511\mathrm{j} \\ -3.9271+2.8532\mathrm{j} & 2.6180 & 0.8090+0.5878\mathrm{j} & -0.3090-0.9511\mathrm{j} & 0.8090-2.4899\mathrm{j} \end{bmatrix} \tag{6-69}$$

式中，矩阵$\boldsymbol{F}_{x,y}$由原始图像$f(x,y)$构造且$\boldsymbol{F}_{x,y}=\begin{bmatrix} 0 & 0 & 0 & 0 & 0 \\ 0 & 1 & 1 & 1 & 0 \\ 0 & 1 & 1 & 1 & 0 \\ 0 & 1 & 1 & 1 & 0 \\ 0 & 0 & 0 & 0 & 0 \end{bmatrix}$；矩阵$\boldsymbol{H}_{x,u}$由正向

变换核 $h(x,y,u,v)$ 的可分离函数 $h(x,u)=\mathrm{e}^{-\mathrm{j}\frac{2\pi ux}{N}}$ 构造且 $\boldsymbol{H}_{x,u}=$

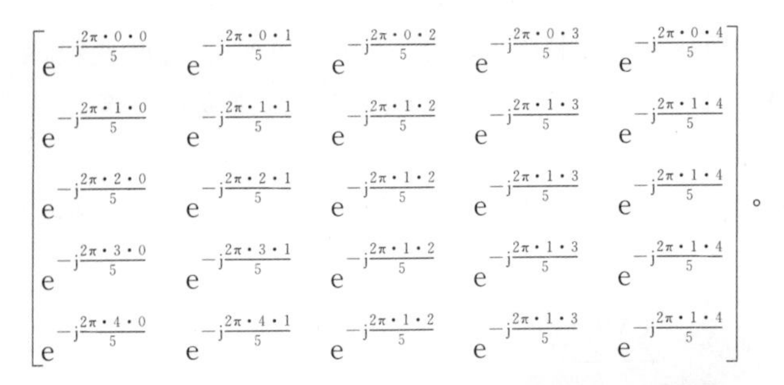

$$\begin{bmatrix} \mathrm{e}^{-\mathrm{j}\frac{2\pi\cdot 0\cdot 0}{5}} & \mathrm{e}^{-\mathrm{j}\frac{2\pi\cdot 0\cdot 1}{5}} & \mathrm{e}^{-\mathrm{j}\frac{2\pi\cdot 0\cdot 2}{5}} & \mathrm{e}^{-\mathrm{j}\frac{2\pi\cdot 0\cdot 3}{5}} & \mathrm{e}^{-\mathrm{j}\frac{2\pi\cdot 0\cdot 4}{5}} \\ \mathrm{e}^{-\mathrm{j}\frac{2\pi\cdot 1\cdot 0}{5}} & \mathrm{e}^{-\mathrm{j}\frac{2\pi\cdot 1\cdot 1}{5}} & \mathrm{e}^{-\mathrm{j}\frac{2\pi\cdot 1\cdot 2}{5}} & \mathrm{e}^{-\mathrm{j}\frac{2\pi\cdot 1\cdot 3}{5}} & \mathrm{e}^{-\mathrm{j}\frac{2\pi\cdot 1\cdot 4}{5}} \\ \mathrm{e}^{-\mathrm{j}\frac{2\pi\cdot 2\cdot 0}{5}} & \mathrm{e}^{-\mathrm{j}\frac{2\pi\cdot 2\cdot 1}{5}} & \mathrm{e}^{-\mathrm{j}\frac{2\pi\cdot 1\cdot 2}{5}} & \mathrm{e}^{-\mathrm{j}\frac{2\pi\cdot 1\cdot 3}{5}} & \mathrm{e}^{-\mathrm{j}\frac{2\pi\cdot 1\cdot 4}{5}} \\ \mathrm{e}^{-\mathrm{j}\frac{2\pi\cdot 3\cdot 0}{5}} & \mathrm{e}^{-\mathrm{j}\frac{2\pi\cdot 3\cdot 1}{5}} & \mathrm{e}^{-\mathrm{j}\frac{2\pi\cdot 1\cdot 2}{5}} & \mathrm{e}^{-\mathrm{j}\frac{2\pi\cdot 1\cdot 3}{5}} & \mathrm{e}^{-\mathrm{j}\frac{2\pi\cdot 1\cdot 4}{5}} \\ \mathrm{e}^{-\mathrm{j}\frac{2\pi\cdot 4\cdot 0}{5}} & \mathrm{e}^{-\mathrm{j}\frac{2\pi\cdot 4\cdot 1}{5}} & \mathrm{e}^{-\mathrm{j}\frac{2\pi\cdot 1\cdot 2}{5}} & \mathrm{e}^{-\mathrm{j}\frac{2\pi\cdot 1\cdot 3}{5}} & \mathrm{e}^{-\mathrm{j}\frac{2\pi\cdot 1\cdot 4}{5}} \end{bmatrix}$$。

$$\begin{bmatrix} 0 & 0 & 0 & 0 & 0 \\ 0 & 1 & 1 & 1 & 0 \\ 0 & 1 & 1 & 1 & 0 \\ 0 & 1 & 1 & 1 & 0 \\ 0 & 0 & 0 & 0 & 0 \end{bmatrix}$$

(a) 原始图像数据

(b) 原始图像

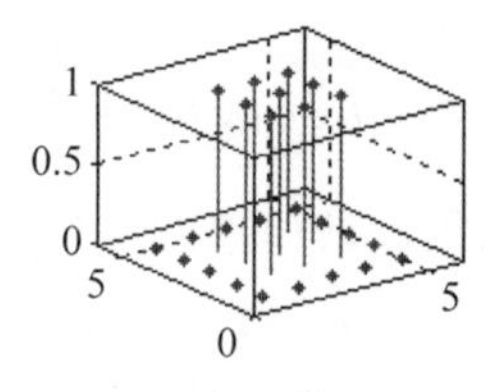

(c) 原始图像三维示意图

$$\begin{bmatrix} 9.0000 & -3.9271-2.8532\mathrm{j} & -0.5729-1.7634\mathrm{j} & -0.5729+1.7634\mathrm{j} & -3.9271+2.8532\mathrm{j} \\ -3.9271-2.8532\mathrm{j} & 0.8090+2.4899\mathrm{j} & -0.3090+0.9511\mathrm{j} & 0.8090-0.5878\mathrm{j} & 2.6180 \\ -0.5729-1.7634\mathrm{j} & 0.3090+0.9511\mathrm{j} & -0.3090+0.2245\mathrm{j} & 0.3820 & 0.8090+0.5878\mathrm{j} \\ -0.5729+1.7634\mathrm{j} & -0.8090-0.5878\mathrm{j} & 0.3820 & -0.3090-0.2245\mathrm{j} & -0.3090-0.9511\mathrm{j} \\ -3.9271+2.8532\mathrm{j} & 2.6180 & 0.8090+0.5878\mathrm{j} & -0.3090-0.9511\mathrm{j} & 0.8090-2.4899\mathrm{j} \end{bmatrix}$$

(d) 傅里叶变换结果

$$\begin{bmatrix} 9.0000 & 4.8541 & 1.8541 & 1.8541 & 4.8541 \\ 4.8541 & 2.6180 & 1.0000 & 1.0000 & 2.6180 \\ 1.8541 & 1.0000 & 0.3820 & 0.3820 & 1.0000 \\ 1.8541 & 1.0000 & 0.3820 & 0.3820 & 1.0000 \\ 4.8541 & 2.6180 & 1.0000 & 1.0000 & 2.6180 \end{bmatrix}$$

(e) 傅里叶幅度谱数据

(f) 傅里叶幅度谱图像

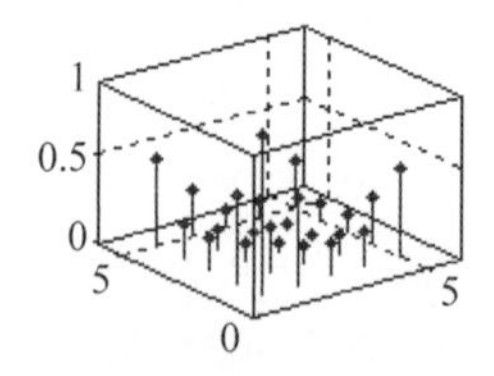

(g) 傅里叶幅度谱三维示意图

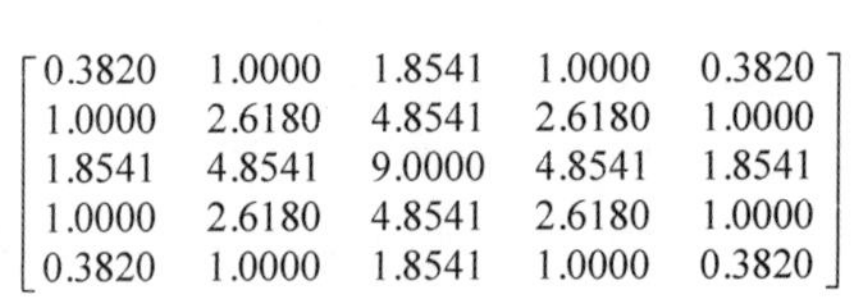

$$\begin{bmatrix} 0.3820 & 1.0000 & 1.8541 & 1.0000 & 0.3820 \\ 1.0000 & 2.6180 & 4.8541 & 2.6180 & 1.0000 \\ 1.8541 & 4.8541 & 9.0000 & 4.8541 & 1.8541 \\ 1.0000 & 2.6180 & 4.8541 & 2.6180 & 1.0000 \\ 0.3820 & 1.0000 & 1.8541 & 1.0000 & 0.3820 \end{bmatrix}$$

(h) 对称傅里叶幅度谱数据

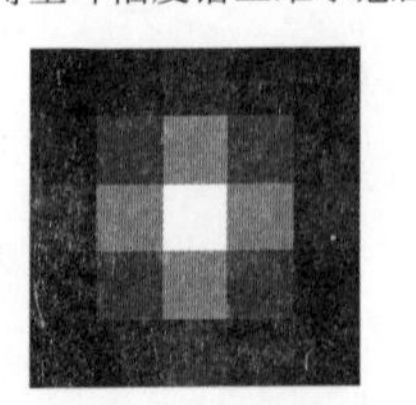

(i) 对称傅里叶幅度谱图像

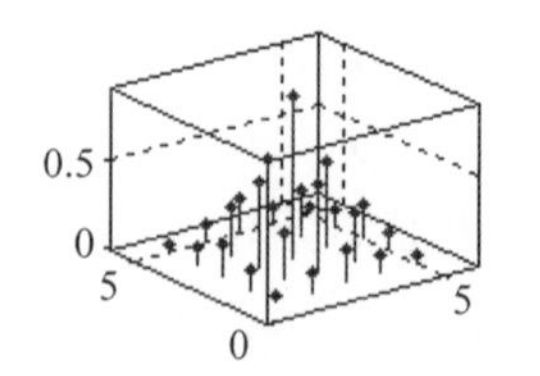

(j) 对称傅里叶幅度谱三维示意图

图 6-9　二维离散傅里叶变换原理示例

```
% F6_9.m

fxy = zeros(5,5);
fxy(2:4,2:4) = 1
subplot(3,2,1),imshow(fxy),xlabel('(b) 原始图像');
subplot(3,2,2),stem3([1:5],[1:5],fxy,'.'),axis([0 6 0 6 0 1]),xlabel('(c) 原始图像三维示意图');

Fuv = fft2(fxy)                              % 二维傅里叶变换
ABSFuv = abs(Fuv)                            % 傅里叶幅度谱
% LogABSFuv = log(ABSFuv)                    % 傅里叶幅度谱的可视化
% subplot(3,2,3),imshow(LogABSFuv,[]),xlabel('(c)傅里叶幅度谱的对数图像显示');
subplot(3,2,3),imshow(ABSFuv,[]),xlabel('(f) 傅里叶幅度谱图像');
subplot(3,2,4),stem3([1:5],[1:5],ABSFuv,'.'),axis([0 6 0 6 0 9]),xlabel('(g) 傅里叶幅度谱
三维示意图');

%将傅里叶变换后的图像频谱中心从矩阵的原点移动到矩阵的中心
%(1)对一维矩阵:交换左右两半维的值
%(2)对二维矩阵:交换一、三象限和二、四象限的值
%(3)对高维矩阵:交换各维的两半
ShiftABSFuv = fftshift(ABSFuv)
% LogShiftABSFuv = log(ShiftABSFuv)
% subplot(3,2,5),imshow(LogShiftABSFuv,[]),xlabel('(e)移动后傅里叶幅度谱的对数图像显示');
subplot(3,2,5),imshow(ShiftABSFuv,[]),xlabel('(i) 对称傅里叶幅度谱图像');
subplot(3,2,6),stem3([1:5],[1:5],ShiftABSFuv,'.'),axis([0 6 0 6 0 9]),xlabel('(j) 对称傅里
叶幅度谱三维示意图');

%验证: 二维傅里叶变换的计算过程
A = [exp( - j * 2 * pi * 0 * 0/5) exp( - j * 2 * pi * 0 * 1/5) exp( - j * 2 * pi * 0 * 2/5) exp( - j *
2 * pi * 0 * 3/5) exp( - j * 2 * pi * 0 * 4/5)
   exp( - j * 2 * pi * 1 * 0/5) exp( - j * 2 * pi * 1 * 1/5) exp( - j * 2 * pi * 1 * 2/5) exp( - j * 2 *
pi * 1 * 3/5) exp( - j * 2 * pi * 1 * 4/5)
   exp( - j * 2 * pi * 2 * 0/5) exp( - j * 2 * pi * 2 * 1/5) exp( - j * 2 * pi * 2 * 2/5) exp( - j * 2 *
pi * 2 * 3/5) exp( - j * 2 * pi * 2 * 4/5)
   exp( - j * 2 * pi * 3 * 0/5) exp( - j * 2 * pi * 3 * 1/5) exp( - j * 2 * pi * 3 * 2/5) exp( - j * 2 *
pi * 3 * 3/5) exp( - j * 2 * pi * 3 * 4/5)
   exp( - j * 2 * pi * 4 * 0/5) exp( - j * 2 * pi * 4 * 1/5) exp( - j * 2 * pi * 4 * 2/5) exp( - j * 2 *
pi * 4 * 3/5) exp( - j * 2 * pi * 4 * 4/5)];
Fuv1 = A * fxy * A
```

6.3.5 频域特征与空域特征的关系

由傅里叶变换的公式可知,频域的每个 $F(u,v)$项都包含了空域中被指数修正的所有 $f(x,y)$项,因此,除特殊情况外,一般不可能建立图像的频域特征与空域特征之间的直接联系。但由于频率与变化率直接相关,因此,图像的频域特征与空域特征之间也有一定的关联,包括:

(1) 变化最慢的频率成分($u=v=0$)对应图像的平均灰度级。

(2) 低频对应图像的慢变化成分。例如,对于一张房间图像,墙和地板对应平滑的慢变化成分。

(3) 高频对应图像的快变化成分。例如,对于一张房间图像,物体的边缘和噪声对应突

变的快变化成分。

通常,为了突出傅里叶幅度谱在接近0处的细节,需要将傅里叶幅度谱进行对数变换,变换过程如下式所示:

$$g''(u,v)=\log(g'(u,v))=\log(\text{shift}(\text{abs}(\text{FFT}(f(x,y)))))\tag{6-70}$$

式中,$\log(x)$为取对数函数。

基于垂直长方形的频域特征与空域特征关系如图6-10所示,其中,图6-10(a)为内含30×10白色垂直长方形的50×50黑色方形图像,图6-10(b)为对称傅里叶幅度谱图像,图6-10(c)为对称傅里叶幅度谱对数图像,图6-10(d)为对称傅里叶幅度谱三维图像。从结果可以看出:①垂直长方形较长的垂直边对应较宽的垂直幅度谱,较短的水平边对应较窄的水平幅度谱;②图6-10(b)所示的对称傅里叶幅度谱图像经对数变换后具有更好的可视性;③图6-10(d)所示的对称傅里叶幅度谱的三维图像是图6-10(b)所示的对称傅里叶幅度谱图像的三维显示。

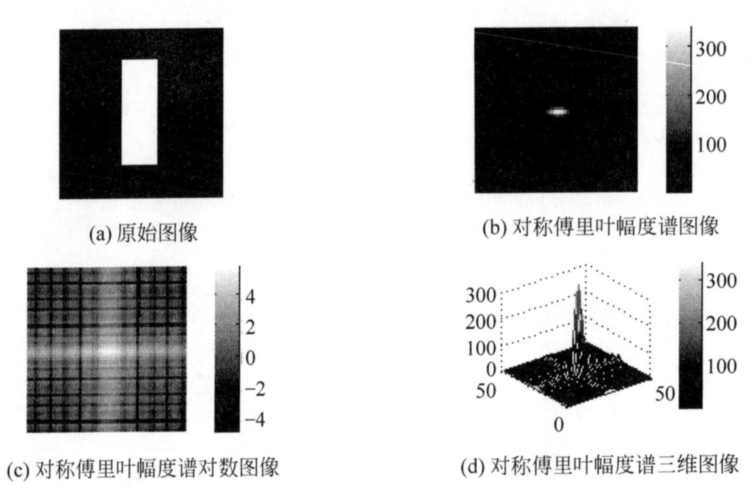

图 6-10 频域特征与空域特征关系(垂直长方形)

```
% F6_10.m

fxy = zeros(50,50);
fxy(10:40,20:30) = 1;
subplot(2,2,1),imshow(fxy),xlabel('(a) 原始图像');

Fuv = fft2(fxy);
FftShiftAbs = fftshift(abs(Fuv));
subplot(2,2,2),imshow(FftShiftAbs,[]),xlabel('(b) 对称傅里叶幅度谱图像'),colormap(gray),
colorbar;

LogFftShiftAbs = log(FftShiftAbs);
subplot(2,2,3),imshow(LogFftShiftAbs,[]),xlabel('(c) 对称傅里叶幅度谱对数图像'),colormap
(gray),colorbar;
subplot(2,2,4),mesh(FftShiftAbs),axis([0 50 0 50 0 300]),xlabel('(d) 对称傅里叶幅度谱三维
图像'),colormap(gray),colorbar;
```

基于倾斜长方形的频域特征与空域特征关系如图 6-11 所示，其中，图 6-11(a)为内含 30×10 白色倾斜长方形的 50×50 黑色方形图像，图 6-11(b)为对称傅里叶幅度谱图像，图 6-11(c)为对称傅里叶幅度谱对数图像，图 6-11(d)为对称傅里叶幅度谱三维图像。从结果可以看出：①倾斜长方形较长的左上右下倾斜边对应较宽的左上右下倾斜幅度谱，较短的左下右上倾斜边对应较窄的左下右上倾斜幅度谱；②图 6-11(b)所示的对称傅里叶幅度谱图像经对数变换后具有更好的可视性；③图 6-11(d)所示的对称傅里叶幅度谱的三维图像是图 6-11(b)所示的对称傅里叶幅度谱图像的三维显示。

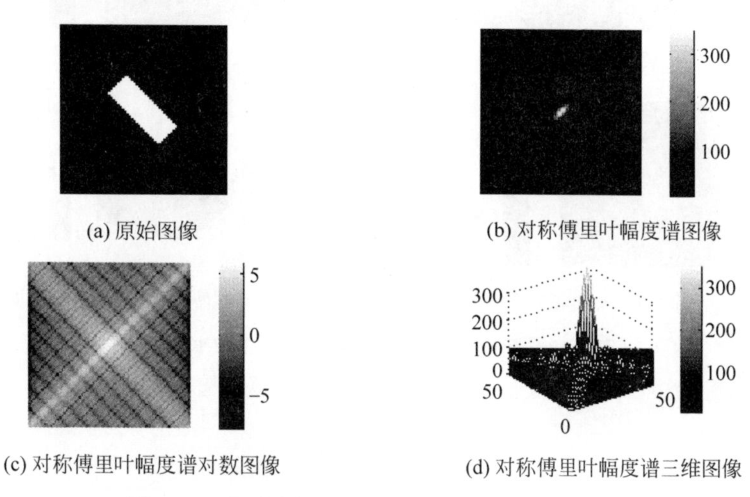

(a) 原始图像　(b) 对称傅里叶幅度谱图像　(c) 对称傅里叶幅度谱对数图像　(d) 对称傅里叶幅度谱三维图像

图 6-11　频域特征与空域特征关系(倾斜长方形)

```
% F6_11.m

fxy = zeros(50,50);
fxy(10:40,20:30) = 1;
fxy = imrotate(fxy,45);
subplot(2,2,1),imshow(fxy),xlabel('(a) 原始图像');

Fuv = fft2(fxy);
FftShiftAbs = fftshift(abs(Fuv));
subplot(2,2,2),imshow(FftShiftAbs,[]),xlabel('(b) 对称傅里叶幅度谱图像'),colormap(gray),
colorbar;

LogFftShiftAbs = log(FftShiftAbs);
subplot(2,2,3),imshow(LogFftShiftAbs,[]),xlabel('(c) 对称傅里叶幅度谱对数图像'),colormap
(gray),colorbar;
subplot(2,2,4),mesh(FftShiftAbs),axis([0 50 0 50 0 300]),xlabel('(d) 对称傅里叶幅度谱三维
图像'),colormap(gray),colorbar;
```

基于交叉长方形的频域特征与空域特征关系如图 6-12 所示，其中，图 6-12(a)为内含两个 30×10 白色倾斜交叉长方形的 50×50 黑色方形图像，图 6-12(b)为对称傅里叶幅度谱图像，图 6-12(c)为对称傅里叶幅度谱对数图像，图 6-12(d)为对称傅里叶幅度谱三维图像。从结果可以看出：①交叉长方形具有等长的左上右下和左下右上倾斜边，分别对应等宽的左

上右下和左下右上倾斜幅度谱；②图 6-12(b)所示的对称傅里叶幅度谱图像经对数变换后具有更好的可视性；③图 6-12(d)所示的对称傅里叶幅度谱的三维图像是图 6-12(b)所示的对称傅里叶幅度谱图像的三维显示。

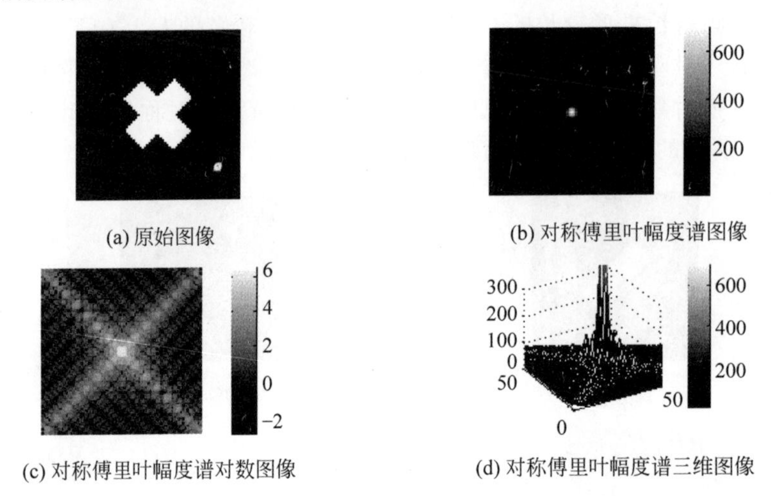

(a) 原始图像

(b) 对称傅里叶幅度谱图像

(c) 对称傅里叶幅度谱对数图像

(d) 对称傅里叶幅度谱三维图像

图 6-12 频域特征与空域特征关系(交叉长方形)

```
% F6_12.m

fxy = zeros(50,50);
fxy(10:40,20:30) = 1;
f1xyZ45 = imrotate(fxy,45);
f1xyF45 = imrotate(fxy, - 45);
fxy = f1xyZ45 + f1xyF45;
subplot(2,2,1),imshow(fxy),xlabel('(a) 原始图像');

Fuv = fft2(fxy);
FftShiftAbs = fftshift(abs(Fuv));
subplot(2,2,2),imshow(FftShiftAbs,[]),xlabel('(b) 对称傅里叶幅度谱图像'),colormap(gray),
colorbar;

LogFftShiftAbs = log(FftShiftAbs);
subplot(2,2,3),imshow(LogFftShiftAbs,[]),xlabel('(c) 对称傅里叶幅度谱对数图像'),colormap
(gray),colorbar;
subplot(2,2,4),mesh(FftShiftAbs),axis([0 50 0 50 0 300]),xlabel('(d) 对称傅里叶幅度谱三维
图像'),colormap(gray),colorbar;
```

基于圆形的频域特征与空域特征关系如图 6-13 所示，其中，图 6-13(a)为内含 13×13 白色圆形的 64×64 黑色方形图像，图 6-13(b)为对称傅里叶幅度谱图像，图 6-13(c)为对称傅里叶幅度谱对数图像，图 6-13(d)为对称傅里叶幅度谱三维图像。从结果可以看出：①圆形的图像对应圆形的幅度谱；②图 6-13(b)所示的对称傅里叶幅度谱图像经对数变换后具有更好的可视性；③图 6-13(d)所示的对称傅里叶幅度谱的三维图像是图 6-13(b)所示的对称傅里叶幅度谱图像的三维显示。

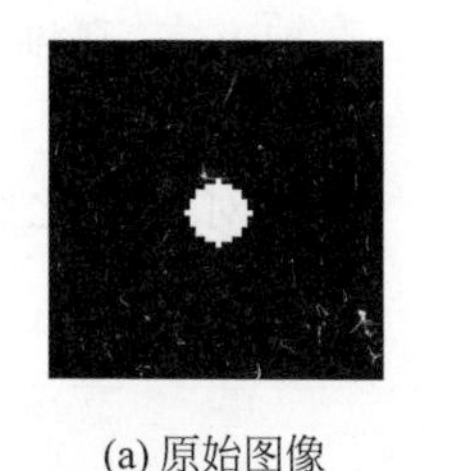

(a) 原始图像

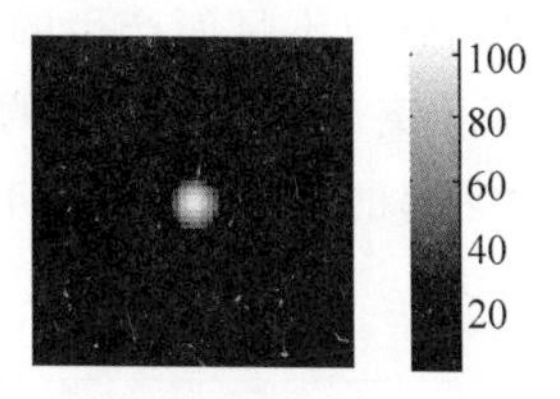

(b) 对称傅里叶幅度谱图像

(c) 对称傅里叶幅度谱对数图像

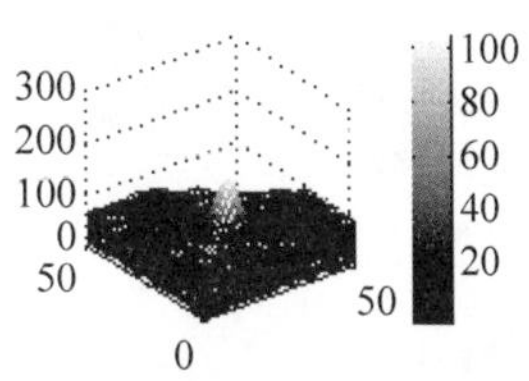

(d) 对称傅里叶幅度谱三维图像

图 6-13 频域特征与空域特征关系(圆形)

```
% F6_13.m

fxy = imread('F6_13.bmp');
subplot(2,2,1),imshow(fxy),xlabel('(a) 原始图像');

Fuv = fft2(fxy);
FftShiftAbs = fftshift(abs(Fuv));
subplot(2,2,2),imshow(FftShiftAbs,[]),xlabel('(b) 对称傅里叶幅度谱图像'),colormap(gray),
colorbar;

LogFftShiftAbs = log(FftShiftAbs);
subplot(2,2,3),imshow(LogFftShiftAbs,[]),xlabel('(c) 对称傅里叶幅度谱对数图像'),colormap
(gray),colorbar;
subplot(2,2,4),mesh(FftShiftAbs),axis([0 50 0 50 0 300]),xlabel('(d) 对称傅里叶幅度谱三维
图像'),colormap(gray),colorbar;
```

例 6.6 离散傅里叶变换示例。

解：图 6-14(a)为一张放大近 2500 倍的集成电路扫描电子显微镜图像，由加拿大安大略省哈密尔顿市 McMaster 大学材料研究所的 J. M. Hudak 博士提供，图 6-14(b)为其对称傅里叶幅度谱对数图像。从结果可以看出，傅里叶幅度谱显示了原始图像中沿$\pm 45°$方向的

(a) 原始图像

(b) 对称傅里叶幅度谱对数图像

图 6-14 离散傅里叶变换示例

强边缘和两个因热感应不足而产生的白色氧化突起；沿垂直轴方向，在轴偏左的部分有垂直成分，这是由氧化突起的边缘形成的。观察时应注意：在偏离轴的角度，频率成分如何对应长的白色氧化突起的水平位移，垂直频率成分中的零点如何对应氧化突起的狭窄垂直区域。

```
% F6_14.m

fxy = imread('F6_14_1.jpg');
fxy = rgb2gray(fxy);
subplot(2,2,1),imshow(fxy),xlabel('(a) 原始图像');

Fuv = fft2(fxy);
FftShiftAbs = fftshift(abs(Fuv));
subplot(2,2,2),imshow(FftShiftAbs,[ ]),xlabel('(b) 傅里叶幅度谱图像'),colormap(gray),
colorbar;

LogFftShiftAbs = log(FftShiftAbs);
subplot(2,2,3),imshow(LogFftShiftAbs,[]),xlabel('(c) 对称傅里叶幅度谱对数图像'),colormap
(gray),colorbar;
subplot(2,2,4),mesh(FftShiftAbs),axis([0 50 0 50 0 300]),xlabel('(d) 傅里叶幅度谱三维图像'),
colormap(gray),colorbar;
```

6.3.6 傅里叶变换的应用

傅里叶变换是线性系统分析的有力工具，在快速卷积、模式识别、图像处理、信号处理等领域都有着广泛的应用。

6.3.6.1 快速卷积

傅里叶变换的卷积定理是指两个函数在空域的卷积与它们的傅里叶变换在频域的乘积构成一对变换，如式(6-71)所示；反之，两个函数在空域的乘积与它们的傅里叶变换在频域的卷积构成一对变换，如式(6-72)所示。

$$f(x,y)\otimes g(x,y)\Leftrightarrow F(u,v)G(u,v) \tag{6-71}$$

$$f(x,y)g(x,y)\Leftrightarrow F(u,v)\otimes G(u,v) \tag{6-72}$$

式(6-71)可表示为式(6-73)和式(6-74)。式(6-73)说明两个函数在空域的卷积的傅里叶变换等于它们的傅里叶变换在频域的乘积。式(6-74)说明两个函数在空域的卷积等于它们的傅里叶变换在频域的乘积的傅里叶反变换。

$$\mathrm{FFT}(f(x,y)\otimes g(x,y))=F(u,v)G(u,v) \tag{6-73}$$

$$f(x,y)\otimes g(x,y)=\mathrm{IFFT}(F(u,v)G(u,v)) \tag{6-74}$$

式中，$\mathrm{FFT}(x)$为离散傅里叶变换的正变换函数；$\mathrm{IFFT}(x)$为离散傅里叶变换的反变换函数；二维原始图像$f(x,y)$的傅里叶正变换的结果是$F(u,v)$；二维原始图像$g(x,y)$的傅里叶正变换的结果是$G(u,v)$。

式(6-72)可表示为式(6-75)和式(6-76)。式(6-75)说明两个函数在空域的乘积的傅里叶变换等于它们的傅里叶变换在频域的卷积。式(6-76)说明两个函数在空域的乘积等于它们的傅里叶变换在频域的卷积的傅里叶反变换。

$$\mathrm{FFT}(f(x,y)g(x,y)) = F(u,v) \otimes G(u,v) \tag{6-75}$$

$$f(x,y)g(x,y) = \mathrm{IFFT}(F(u,v) \otimes G(u,v)) \tag{6-76}$$

式中,$\mathrm{FFT}(x)$为离散傅里叶变换的正变换函数;$\mathrm{IFFT}(x)$为离散傅里叶变换的反变换函数;二维原始图像 $f(x,y)$的傅里叶正变换的结果是 $F(u,v)$;二维原始图像 $g(x,y)$的傅里叶正变换的结果是$G(u,v)$。

原始矩阵与模板矩阵相卷积,基于傅里叶变换的快速卷积的步骤为:

(1) 设原始矩阵 $\boldsymbol{A}$ 的大小为$m\times n$,模板矩阵 $\boldsymbol{B}$ 的大小为 $p\times q$;

(2) 对原始矩阵 $\boldsymbol{A}$ 进行补零扩展得到矩阵$\boldsymbol{A}_0$,大小为$(m+p-1)\times(n+q-1)$,对模板矩阵 $\boldsymbol{B}$ 进行补零扩展得到矩阵 $\boldsymbol{B}_0$,大小为$(m+p-1)\times(n+q-1)$;

(3) 对矩阵 $\boldsymbol{A}_0$ 进行傅里叶变换得到矩阵 $\boldsymbol{F}_{A0}$,即 $\boldsymbol{F}_{A0}=\mathrm{FFT}(\boldsymbol{A}_0)$,对矩阵 $\boldsymbol{B}_0$ 进行傅里叶变换得到矩阵 $\boldsymbol{F}_{B0}$,即 $\boldsymbol{F}_{B0}=\mathrm{FFT}(B_0)$;

(4) 对矩阵 $\boldsymbol{F}_{A0}$ 和矩阵 $\boldsymbol{F}_{B0}$ 进行点乘得到矩阵 $\boldsymbol{C}$,即 $\boldsymbol{C}=\boldsymbol{F}_{A0}.*\boldsymbol{F}_{B0}=\mathrm{FFT}(\boldsymbol{A}_0).*\mathrm{FFT}(\boldsymbol{B}_0)$;

(5) 对矩阵 $\boldsymbol{C}$ 进行傅里叶反变换得到卷积结果,即 $\boldsymbol{A}\otimes\boldsymbol{B}=\mathrm{IFFT}(\boldsymbol{C})=\mathrm{IFFT}(\boldsymbol{F}_{A0}.*\boldsymbol{F}_{B0})=\mathrm{IFFT}(\mathrm{FFT}(\boldsymbol{A}_0).*\mathrm{FFT}(\boldsymbol{B}_0))$。

例 6.7 傅里叶变换快速卷积示例。

解:图 6-15(a)和图 6-15(b)分别为原始矩阵 $\boldsymbol{A}$ 和模板矩阵 $\boldsymbol{B}$;图 6-15(c)和图 6-15(d)分别为补零扩展矩阵 $\boldsymbol{A}_0$ 和 $\boldsymbol{B}_0$;图 6-15(e)和图 6-15(f)分别为傅里叶变换矩阵 $\boldsymbol{F}_{A0}$ 和 $\boldsymbol{F}_{B0}$;图 6-15(g)为点乘矩阵 $\boldsymbol{C}$;图 6-15(h)为卷积结果。从结果可以看出,卷积结果与图 5-6 的卷积结果相同,即两个函数在空域的卷积与它们的傅里叶变换在频域的乘积构成一对变换,也就是说,两个函数的傅里叶变换在频域的乘积的傅里叶反变换等于它们在空域的卷积。

$$\begin{bmatrix} 4 & 5 & 6 \\ 7 & 8 & 9 \end{bmatrix}$$

(a) 原始矩阵$\boldsymbol{A}$

$$\begin{bmatrix} 3 & 2 \\ 1 & 0 \end{bmatrix}$$

(b) 模板矩阵$\boldsymbol{B}$

$$\begin{bmatrix} 4 & 5 & 6 & 0 \\ 7 & 8 & 9 & 0 \\ 0 & 0 & 0 & 0 \end{bmatrix}$$

(c) 补0扩展矩阵$\boldsymbol{A}_0$

$$\begin{bmatrix} 3 & 2 & 0 & 0 \\ 1 & 0 & 0 & 0 \\ 0 & 0 & 0 & 0 \end{bmatrix}$$

(d) 补0扩展矩阵$\boldsymbol{B}_0$

$$\begin{bmatrix} 39 & -4-13\mathrm{j} & & -4+13\mathrm{j} \\ 3-20.7846\mathrm{j} & -7.9282+0.7321\mathrm{j} & 1-6.9282\mathrm{j} & 5.9282+2.7321\mathrm{j} \\ 3+20.7846\mathrm{j} & 5.9282-2.7321\mathrm{j} & 1+6.9282\mathrm{j} & -7.9282-0.7321\mathrm{j} \end{bmatrix}$$

(e)傅里叶变换矩阵$\boldsymbol{F}_{A0}$

$$\begin{bmatrix} 6 & 4-2\mathrm{j} & & 4+2\mathrm{j} \\ 4.5-0.866\mathrm{j} & 2.5-2.866\mathrm{j} & 0.5-0.866\mathrm{j} & 2.5+1.134\mathrm{j} \\ 4.5+0.866\mathrm{j} & 2.5-1.134\mathrm{j} & 0.5+0.866\mathrm{j} & 2.5+2.866\mathrm{j} \end{bmatrix}$$

(f) 傅里叶变换矩阵$\boldsymbol{F}_{B0}$

$$\begin{bmatrix} 234 & -42-44\mathrm{j} & & -42+44\mathrm{j} \\ -4.5-96.13\mathrm{j} & -17.72+24.55\mathrm{j} & -5.5-4.33\mathrm{j} & 11.72+13.55\mathrm{j} \\ -4.5+96.13\mathrm{j} & 11.72-13.55\mathrm{j} & -5.5+4.33\mathrm{j} & -17.72-24.55\mathrm{j} \end{bmatrix}$$

(g) 点乘矩阵$\boldsymbol{C}$

$$\begin{bmatrix} 12 & 23 & 28 & 12 \\ 25 & 43 & 49 & 18 \\ 7 & 8 & 9 & 0 \end{bmatrix}$$

(h) 卷积结果

图 6-15 傅里叶变换快速卷积示例

```
% F6_15.m

disp('步骤 1: 生成 3×3 的矩阵 A 和 B');
A = [4  5  6
     7  8  9]
B = [3  2
     1  0]

disp('步骤 2: 验证利用卷积函数直接进行卷积');
AconvB = conv2(A,B)

disp('步骤 3: 对 A 和 B 补零,使其大小均为(2 + 2 - 1)×(3 + 2 - 1),即 3×4');
A(3,4) = 0;                    % 对矩阵 A 补零
A0 = A
B(3,4) = 0;                    % 对矩阵 A 补零
B0 = B

disp('步骤 4: 对 A 和 B 分别进行傅里叶变换,并将变换结果相乘');
fftA0 = fft2(A0)
fftB0 = fft2(B0)
A0dcB0 = fftA0. * fftB0

disp('步骤 5: 对结果进行傅里叶反变换');
ifftA0dcB0 = ifft2(A0dcB0)       % 正变换与反变换结合
```

6.3.6.2 模式识别

模式识别是傅里叶变换的典型应用之一。模板匹配是模式识别的常用方法,其基本思想利用了傅里叶变换的卷积定理,指把不同传感器或同一传感器在不同时间、不同成像条件下对同一景象获取的两幅或多幅图像在空间上对准,或根据已知模式到另一张图像中寻找相应模式的处理方法。简单而言,模板就是一张已知的小图像,模板匹配就是在一张大图像中检索小图像并确定其坐标位置,已知大图像中存在要寻找的目标,且目标与模板有相同的尺寸和方向。

相关运算类似于卷积运算,是时域中描述信号特征的一种重要方法,是信号波形之间相似性或相关性的一种测度。函数 $f(x)$ 与 $g(x)$ 的互相关(cross correlation)函数定义如下式所示:

$$r_{f,g}(x)=f(x)*g(x)=\int_{-\infty}^{\infty} f^*(\xi)g(x+\xi)\mathrm{d}\xi \tag{6-77}$$

式中,$f^*(x)$ 为取复共轭。

若函数 $f(x)$ 与 $g(x)$ 为同一个函数,则称为自相关(auto correlation)函数,定义如下式所示:

$$r(x)=f(x)*f(x)=\int_{-\infty}^{\infty} f^*(\xi)f(x+\xi)\mathrm{d}\xi \tag{6-78}$$

两个函数的卷积与互相关运算过程类似,区别在于卷积需旋转一个函数,然后滑动求积分;互相关不需旋转函数,直接滑动求积分。如果两个函数中有一个是偶函数,则卷积和互

相关效果相同。

基于傅里叶变换的模板匹配过程包括以下 7 个步骤，如图 6-16 所示。

(1) 把原始图像 $f(x,y)$ 转换为二值图像 $f_b(x,y)$；

(2) 对 $f_b(x,y)$ 进行傅里叶变换得到 $F(u,v)$；

(3) 把模板图像 $t(x,y)$ 转换为二值图像 $t_b(x,y)$；

(4) 把 $t_b(x,y)$ 旋转 180°得到 $t_{b,r}(x,y)$，这样，卷积计算与相关计算等价；

(5) 对 $t_{b,r}(x,y)$ 进行傅里叶变换得到 $T(u,v)$；

(6) 计算模板图像与匹配图像的相关性：对 $F(u,v)$ 和 $T(u,v)$ 做点乘，再将结果进行傅里叶反变换并求模，得到相关性矩阵的模矩阵 $\boldsymbol{f}_{\text{result}}(x,y)$；

(7) 在 $\boldsymbol{f}_{\text{result}}(x,y)$ 中，找出最高峰值的位置，即为检索到的模板图像在原始图像中的位置。

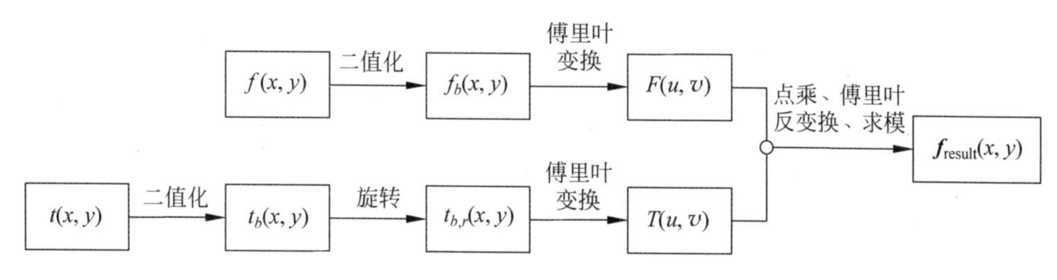

图 6-16 模板匹配步骤

例 6.8 模板匹配示例。

解：图 6-17(a)为原始图像的二值图像；图 6-17(b)为图 6-17(a)经傅里叶变换后得到的对称傅里叶幅度谱；图 6-17(c)为模板图像的二值图像；图 6-17(d)为图 6-17(c)旋转 180°后的结果；图 6-17(e)为图 6-17(d)经傅里叶变换后得到的对称傅里叶幅度谱；图 6-17(f)为模板图像与匹配图像的相关性矩阵的模矩阵的三维图；图 6-17(g)为模板匹配的结果。从结果可以看出，黑色背景的模板匹配结果图像中 4 个白点的位置，就是检索到的模板图像在原始图像中的位置。

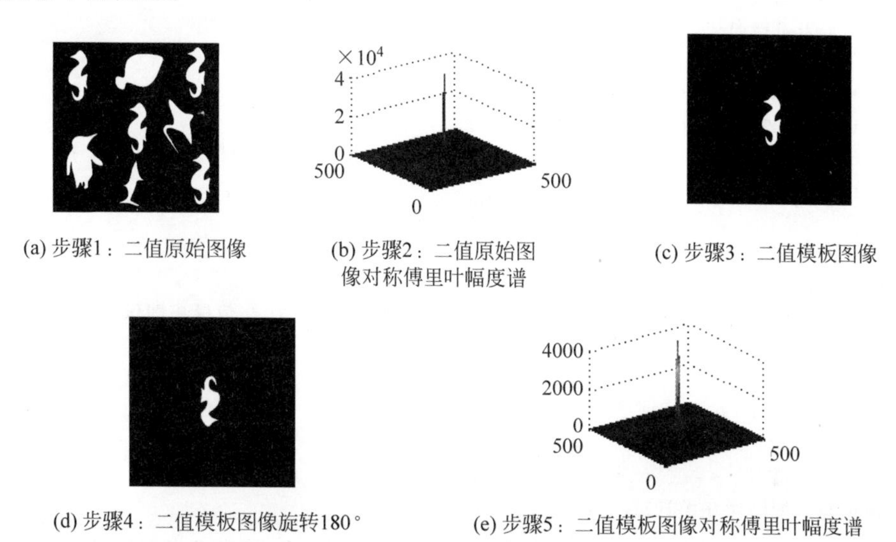

(a) 步骤1：二值原始图像 (b) 步骤2：二值原始图像对称傅里叶幅度谱 (c) 步骤3：二值模板图像

(d) 步骤4：二值模板图像旋转180° (e) 步骤5：二值模板图像对称傅里叶幅度谱

图 6-17 模板匹配示例

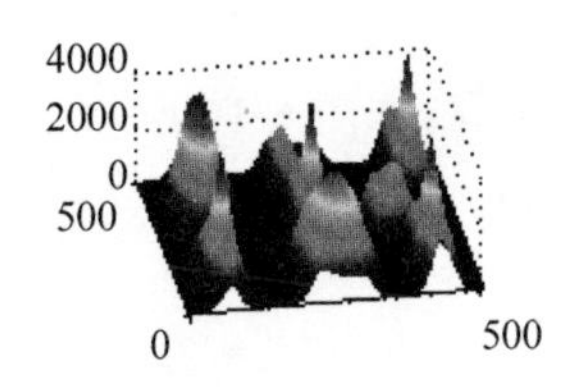

(f) 步骤6：相关性矩阵的模矩阵三维图

(g) 步骤7：模板匹配结果

图 6-17 （续）

```
% F6_17.m

% ---- 步骤 1 ----
% 读入匹配图像
fxy = imread('F6_17a.bmp');
subplot(3,3,1),imshow(fxy),xlabel('(a) 步骤 1：二值原始图像');
axis image off
% 把匹配图像转为二值图像
Bwfxy = im2bw(fxy);

% ---- 步骤 2 ----
Fuv = fft2(Bwfxy);
subplot(3,3,2),mesh(abs(fftshift(Fuv))),xlabel('(b) 步骤 2：二值原始图像对称傅里叶幅度谱'
);
grid on;
axis([0 500 0 500 0 40000]);

% ---- 步骤 3 ----
% 读入模板图像
txy = imread('F6_17c.bmp');
subplot(3,3,3),imshow(txy),xlabel('(c) 步骤 3：二值模板图像');
axis image off;
% 把模板图像转为二值图像
Bwtxy = im2bw(txy);

% ---- 步骤 4 ----
RotBwtxy = rot90(Bwtxy,2);
subplot(3,3,4),imshow(RotBwtxy),xlabel('(d) 步骤 4：二值模板图像旋转 180 度');
axis image off;

% ---- 步骤 5 ----
Tuv = fft2(RotBwtxy);
subplot(3,3,6),mesh(abs(fftshift(Tuv))),xlabel('(e) 步骤 5：二值模板图像对称傅里叶幅度谱'
);
grid on;
axis([0 500 0 500 0 4000]);

% ---- 步骤 6 ----
% 模板与匹配图像相关计算
```

```
f = ifft2(Fuv. * Tuv);
fxy_result = abs(fftshift(f));
subplot(3,3,7),mesh(fxy_result,[ - 10 50]),xlabel('(f) 步骤 6: 相关性矩阵的模矩阵三维图');
grid on;
axis([0 500 0 500 0 4000]);

% ---- 步骤 7 ----
thresh = max(fxy_result(:)) % 设置阈值为图像数据中的最大值
subplot(3,3,9),imshow(fxy_result > = thresh - 250),xlabel('(g) 步骤 7: 模板匹配结果');
```

6.4 离散余弦变换

根据离散傅里叶变换的性质,实偶函数的离散傅里叶变换只含有实的余弦项,因此,构造基于实数域的离散傅里叶变换,即形成离散余弦变换(Discrete Cosine Transform,DCT)。离散余弦变换是一种可分离的、正交的、对称的变换,相当于一个长度大概是它2倍的离散傅里叶变换。

离散余弦变换的显著特点是将信号能量的绝大部分集中于频率域的较小区域,便于对频率数据进行精细量化、粗糙量化等操作,在保证图像质量的同时实现了图像数据的有效压缩和存储。

6.4.1 一维离散余弦变换

一维离散余弦变换的正变换和反变换分别如式(6-79)和式(6-80)所示。

$$g(u)=\mathrm{DCT}(f(x))=a(u)\sum_{x=0}^{N-1}f(x)\cos\frac{(2x+1)u\pi}{2N} \tag{6-79}$$

$$f(x)=\mathrm{IDCT}(g(u))=\sum_{u=0}^{N-1}a(u)g(u)\cos\frac{(2x+1)u\pi}{2N} \tag{6-80}$$

式中,$\mathrm{DCT}(x)$为离散余弦变换的正变换函数;$\mathrm{IDCT}(x)$为离散余弦变换的反变换函数;$f(x)$为一维原始图像,$x\in[0,N-1]$;$g(u)$为一维变换图像,u为广义频率变量,$u\in[0,N-1]$;$a(u)$为归一化加权系数,定义如下式所示:

$$a(u)=\begin{cases}\sqrt{\dfrac{1}{N}}, & u=0\\ \sqrt{\dfrac{2}{N}}, & u=1,2,\cdots,N-1\end{cases} \tag{6-81}$$

通常,一维离散余弦变换的正变换过程如下式所示:

$$g'(u)=\log(\mathrm{abs}(g(u)))=\log(\mathrm{abs}(\mathrm{dct}(f(x)))) \tag{6-82}$$

式中,$f(x)$为一维原始图像;$\mathrm{dct}(x)$为离散余弦变换的正变换函数;$\mathrm{abs}(x)$为取模函数,求离散余弦变换的幅度谱;$\log(x)$为取对数函数,目的在于突出离散余弦变换在接近0处的细节。

例 6.9 一维离散余弦变换原理示例。一维原始图像的数据如图6-18(a)所示,试对其进行离散余弦变换。

解：基于图 6-18(a)所示的一维原始图像数据，得到对应的原始图像及其二维示意图如图 6-18(b)、图 6-18(c)所示；对原始图像进行离散余弦变换，得到的离散余弦变换结果如图 6-18(d)所示，计算方法如式(6-83)所示。从结果可以看出，离散余弦变换相当于矩阵相乘；对离散余弦变换结果取模，得到的离散余弦变换幅度谱的数据、图像和二维示意图分别如图 6-18(e)～图 6-18(g)所示。从结果可以看出，幅度谱能量的绝大部分集中于图像左端的较小区域，幅度谱能量的极小部分集中于图像右端的较大区域，导致幅度谱图像可视性较差；对离散余弦变换幅度谱取对数，得到的幅度谱对数结果的数据、图像及其二维示意图分别如图 6-18(h)～图 6-18(j)所示。从结果可以看出，幅度谱对数结果数据分布相对均匀，对数结果图像可视性较好。

$$
\begin{aligned}
\boldsymbol{G}_u = \boldsymbol{F}_x\boldsymbol{H}_{x,u} &= \begin{bmatrix}10\\50\\100\\150\\200\end{bmatrix}^{\mathrm{T}}
\begin{bmatrix}
\sqrt{\frac{1}{5}} & \sqrt{\frac{2}{5}}\cos\frac{1*1*\pi}{2*5} & \sqrt{\frac{2}{5}}\cos\frac{1*2*\pi}{2*5} & \sqrt{\frac{2}{5}}\cos\frac{1*3*\pi}{2*5} & \sqrt{\frac{2}{5}}\cos\frac{1*4*\pi}{2*5}\\
\sqrt{\frac{1}{5}} & \sqrt{\frac{2}{5}}\cos\frac{3*1*\pi}{2*5} & \sqrt{\frac{2}{5}}\cos\frac{3*2*\pi}{2*5} & \sqrt{\frac{2}{5}}\cos\frac{3*3*\pi}{2*5} & \sqrt{\frac{2}{5}}\cos\frac{3*4*\pi}{2*5}\\
\sqrt{\frac{1}{5}} & \sqrt{\frac{2}{5}}\cos\frac{5*1*\pi}{2*5} & \sqrt{\frac{2}{5}}\cos\frac{5*2*\pi}{2*5} & \sqrt{\frac{2}{5}}\cos\frac{5*3*\pi}{2*5} & \sqrt{\frac{2}{5}}\cos\frac{5*4*\pi}{2*5}\\
\sqrt{\frac{1}{5}} & \sqrt{\frac{2}{5}}\cos\frac{7*1*\pi}{2*5} & \sqrt{\frac{2}{5}}\cos\frac{7*2*\pi}{2*5} & \sqrt{\frac{2}{5}}\cos\frac{7*3*\pi}{2*5} & \sqrt{\frac{2}{5}}\cos\frac{7*4*\pi}{2*5}\\
\sqrt{\frac{1}{5}} & \sqrt{\frac{2}{5}}\cos\frac{9*1*\pi}{2*5} & \sqrt{\frac{2}{5}}\cos\frac{9*2*\pi}{2*5} & \sqrt{\frac{2}{5}}\cos\frac{9*3*\pi}{2*5} & \sqrt{\frac{2}{5}}\cos\frac{9*4*\pi}{2*5}
\end{bmatrix}\\
&= [228.0789 \quad -151.46 \quad 5.1167 \quad -10.482 \quad 1.9544]
\end{aligned}
\tag{6-83}
$$

式中，矩阵 $\boldsymbol{F}_x$ 由原始图像 $f(x)$ 构造；矩阵 $\boldsymbol{H}_{x,u}$ 由正向变换核 $h(x,u)=a(u)\cos\dfrac{(2x+1)u\pi}{2N}$ 构造。

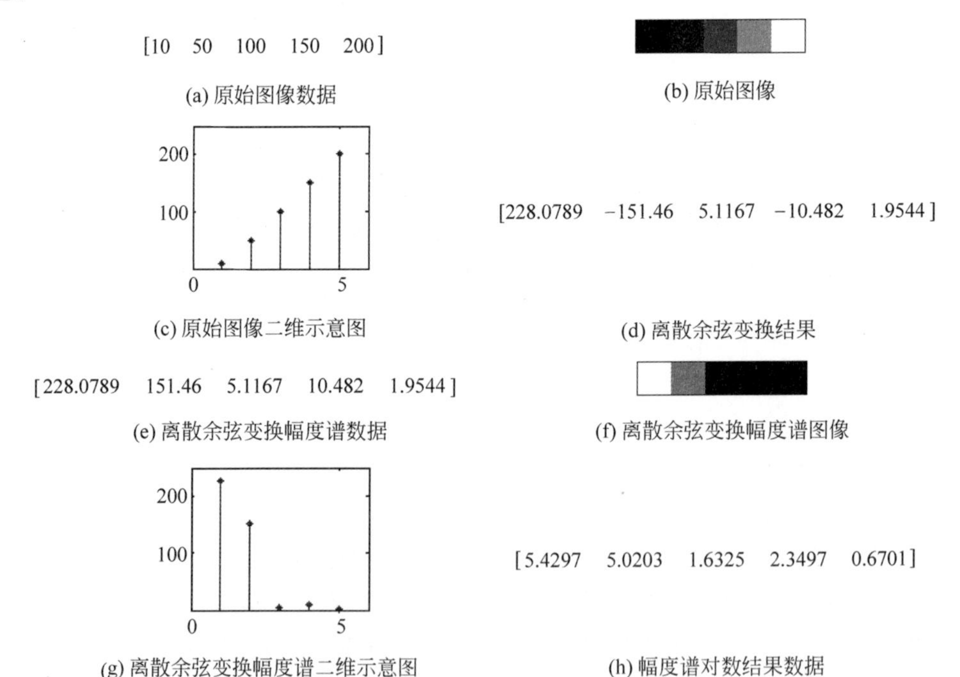

(a) 原始图像数据　(b) 原始图像

(c) 原始图像二维示意图　(d) 离散余弦变换结果

(e) 离散余弦变换幅度谱数据　(f) 离散余弦变换幅度谱图像

(g) 离散余弦变换幅度谱二维示意图　(h) 幅度谱对数结果数据

图 6-18　一维离散余弦变换原理示例

(i) 幅度谱对数结果图像

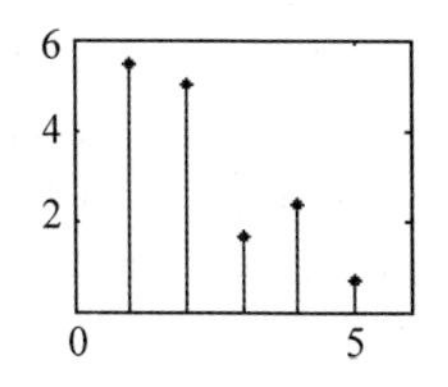

(j) 幅度谱对数结果图像二维示意图

图 6-18　（续）

```
% F6_18.m

fx = [10 50 100 150 200];
subplot(2,3,1),imshow(fx,[]),xlabel('(b) 原始图像');
subplot(2,3,2),stem(fx,'.'),axis([0 6 0 250]),xlabel('(c) 原始图像二维示意图');

Fu = dct2(fx)                          % 离散余弦变换结果
ABSFu = abs(Fu)                        % 离散余弦变换结果的绝对值
subplot(2,3,3),imshow(ABSFu,[]),xlabel('(f) 离散余弦变换幅');                  %度谱图像
subplot(2,3,4),stem(ABSFu,'.'),axis([0 6 0 250]),xlabel('(g) 离散余弦变换幅度谱二维示意图');

LogABSFu = log(ABSFu)                  % 离散余弦变换结果的绝对值对数
subplot(2,3,5),imshow(LogABSFu,[]),xlabel('(i) 幅度谱对数结果图像');
subplot(2,3,6),stem(LogABSFu,'.'),axis([0 6 0 6]),xlabel('(j) 幅度谱对数结果图像二维示意图');

%验证 1: 一维离散余弦变换的公式计算过程:Fu = sqrt(2/N) * SEGM(f(x) * cos((2 * x + 1) * u *
pi/(2 * N)))
Fu1(1) = 1/sqrt(5) * (fx(1) + fx(2) + fx(3) + fx(4) + fx(5));
Fu1(2) = sqrt(2/5) * (fx(1) * cos((2 * 0 + 1) * 1 * pi/(2 * 5)) + fx(2) * cos((2 * 1 + 1) * 1 * pi/
(2 * 5)) + fx(3) * cos((2 * 2 + 1) * 1 * pi/(2 * 5)) + fx(4) * cos((2 * 3 + 1) * 1 * pi/(2 * 5)) + fx
(5) * cos((2 * 4 + 1) * 1 * pi/(2 * 5)));
Fu1(3) = sqrt(2/5) * (fx(1) * cos((2 * 0 + 1) * 2 * pi/(2 * 5)) + fx(2) * cos((2 * 1 + 1) * 2 * pi/
(2 * 5)) + fx(3) * cos((2 * 2 + 1) * 2 * pi/(2 * 5)) + fx(4) * cos((2 * 3 + 1) * 2 * pi/(2 * 5)) + fx
(5) * cos((2 * 4 + 1) * 2 * pi/(2 * 5)));
Fu1(4) = sqrt(2/5) * (fx(1) * cos((2 * 0 + 1) * 3 * pi/(2 * 5)) + fx(2) * cos((2 * 1 + 1) * 3 * pi/
(2 * 5)) + fx(3) * cos((2 * 2 + 1) * 3 * pi/(2 * 5)) + fx(4) * cos((2 * 3 + 1) * 3 * pi/(2 * 5)) + fx
(5) * cos((2 * 4 + 1) * 3 * pi/(2 * 5)));
Fu1(5) = sqrt(2/5) * (fx(1) * cos((2 * 0 + 1) * 4 * pi/(2 * 5)) + fx(2) * cos((2 * 1 + 1) * 4 * pi/
(2 * 5)) + fx(3) * cos((2 * 2 + 1) * 4 * pi/(2 * 5)) + fx(4) * cos((2 * 3 + 1) * 4 * pi/(2 * 5)) + fx
(5) * cos((2 * 4 + 1) * 4 * pi/(2 * 5)))

%验证 2: 一维离散余弦变换的矩阵计算过程:F(u) = H(u,x)f(x)
%H(x,u) = a(u)cos((2 * x + 1) * u * pi/(2 * N))
% a(u) = sqrt(1/N),u = 0
% a(u) = sqrt(2/N) * cos((2 * x + 1) * u * pi/(2 * N)),u = 1,2,...,N - 1
Fu2 = fx * [sqrt(1/5) * cos((2 * 0 + 1) * 0 * pi/(2 * 5)) sqrt(2/5) * cos((2 * 0 + 1) * 1 * pi/(2 *
```

```
5)) sqrt(2/5) * cos((2 * 0 + 1) * 2 * pi/(2 * 5)) sqrt(2/5) * cos((2 * 0 + 1) * 3 * pi/(2 * 5))
sqrt(2/5) * cos((2 * 0 + 1) * 4 * pi/(2 * 5))
        sqrt(1/5) * cos((2 * 1 + 1) * 0 * pi/(2 * 5)) sqrt(2/5) * cos((2 * 1 + 1) * 1 * pi/(2 *
5)) sqrt(2/5) * cos((2 * 1 + 1) * 2 * pi/(2 * 5)) sqrt(2/5) * cos((2 * 1 + 1) * 3 * pi/(2 * 5))
sqrt(2/5) * cos((2 * 1 + 1) * 4 * pi/(2 * 5))
        sqrt(1/5) * cos((2 * 2 + 1) * 0 * pi/(2 * 5)) sqrt(2/5) * cos((2 * 2 + 1) * 1 * pi/(2 *
5)) sqrt(2/5) * cos((2 * 2 + 1) * 2 * pi/(2 * 5)) sqrt(2/5) * cos((2 * 2 + 1) * 3 * pi/(2 * 5))
sqrt(2/5) * cos((2 * 2 + 1) * 4 * pi/(2 * 5))
        sqrt(1/5) * cos((2 * 3 + 1) * 0 * pi/(2 * 5)) sqrt(2/5) * cos((2 * 3 + 1) * 1 * pi/(2 *
5)) sqrt(2/5) * cos((2 * 3 + 1) * 2 * pi/(2 * 5)) sqrt(2/5) * cos((2 * 3 + 1) * 3 * pi/(2 * 5))
sqrt(2/5) * cos((2 * 3 + 1) * 4 * pi/(2 * 5))
        sqrt(1/5) * cos((2 * 4 + 1) * 0 * pi/(2 * 5)) sqrt(2/5) * cos((2 * 4 + 1) * 1 * pi/(2 *
5)) sqrt(2/5) * cos((2 * 4 + 1) * 2 * pi/(2 * 5)) sqrt(2/5) * cos((2 * 4 + 1) * 3 * pi/(2 * 5))
sqrt(2/5) * cos((2 * 4 + 1) * 4 * pi/(2 * 5))]
```

6.4.2 二维离散余弦变换

二维离散余弦变换的正变换和反变换分别如式(6-84)和式(6-85)所示。

$$g(u,v)=\mathrm{dct}(f(x,y))=a(u)a(v)\sum_{x=0}^{N-1}\sum_{y=0}^{N-1}f(x,y)\cos\frac{(2x+1)u\pi}{2N}\cos\frac{(2y+1)v\pi}{2N} \tag{6-84}$$

$$f(x,y)=\mathrm{idct}(g(u,v))=\sum_{u=0}^{N-1}\sum_{v=0}^{N-1}a(u)a(v)g(u,v)\cos\frac{(2x+1)u\pi}{2N}\cos\frac{(2y+1)v\pi}{2N} \tag{6-85}$$

式中，dct(x)为离散余弦变换的正变换函数；idct(x)为离散余弦变换的反变换函数；$f(x,y)$为二维原始图像，$x\in[0,N-1]$，$y\in[0,N-1]$；$g(u,v)$为二维变换图像，u、v 为广义频率变量，$u\in[0,N-1]$，$v\in[0,N-1]$；$a(u)$、$a(v)$为归一化加权系数，定义如下式所示：

$$a(u)=\begin{cases}\sqrt{\dfrac{1}{N}}, & u=0\\ \sqrt{\dfrac{2}{N}}, & u=1,2,\cdots,N-1\end{cases} \tag{6-86}$$

由正变换和反变换的定义可知，正向变换核和反向变换核相同，如下式所示：

$$h(x,y,u,v)=k(x,y,u,v)=a(u)a(v)\cos\frac{(2x+1)u\pi}{2N}\cos\frac{(2y+1)v\pi}{2N} \tag{6-87}$$

当 $N=4$ 时，二维离散余弦变换的变换核频率特征如图 6-19 所示。从结果可以看出，水平方向频率由左向右增加，垂直方向频率由上到下增加，即左上角对应低频分量，右下角对应高频分量。

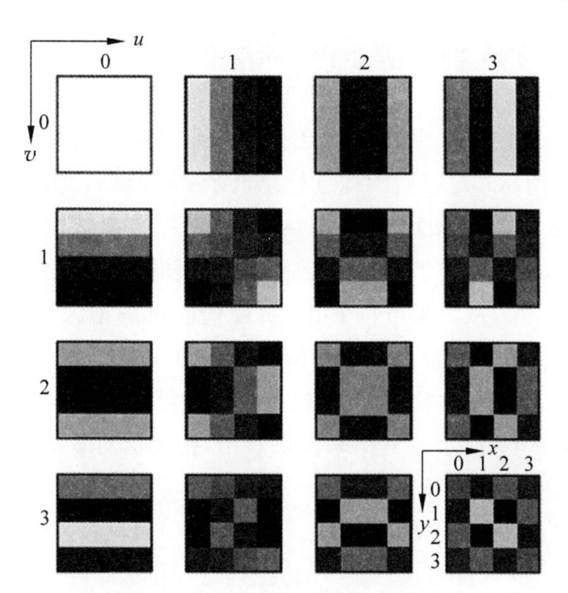

图 6-19 N=4 时的变换核频率特征

```
% F6_19.m

N = 4;                          % N = 8;

for u = 0:N - 1
    for v = 0:N - 1
        subplot(N,N,u * N + (v + 1)),imshow(F6_19_HDCT(u,v,N),[]);
    end
end
% F6_19_HDCT.m

function H = HDCT(u,v,N)
% 离散傅里叶变换的核函数:h(x,y,u,v) = a(u) * a(v) * cos((2 * x + 1) * u * pi/(2 * N)) * cos((2
* y + 1) * v * pi/(2 * N))

if u == 0
    au = sqrt(1/N);
else
    au = sqrt(2/N);
end

if v == 0
    av = sqrt(1/N);
else
    av = sqrt(2/N);
end

H = zeros(N);
for x = 0:N - 1
    for y = 0:N - 1
        H(x + 1,y + 1) = au * av * cos((2 * x + 1) * u * pi/(2 * N)) * cos((2 * y + 1) * v * pi/(2 * N));
    end
end
```

例 6.10 二维离散余弦变换原理示例。原始图像的数据如图 6-20(a)所示，试对其进行离散余弦变换。

解：基于图 6-20(a)所示的原始图像数据，得到对应的原始图像及其三维示意图如图 6-20(b)、图 6-20(c)所示；对原始图像进行离散余弦变换，得到的离散余弦变换结果如图 6-20(d)所示，计算方法如式(6-88)所示。从结果可以看出，离散余弦变换相当于矩阵相乘；对离散余弦变换结果取模，得到的离散余弦变换幅度谱的数据、图像和三维示意图分别如图 6-20(e)～图 6-20(g)所示。从结果可以看出，幅度谱能量的绝大部分集中于图像左上角的较小区域，幅度谱能量的极小部分集中于图像右下角的较大区域，导致幅度谱图像可视性较差；对离散余弦变换幅度谱取对数，得到的幅度谱对数结果的数据、图像及其三维示意图分别如图 6-20(h)～图 6-20(j)所示。从结果可以看出，幅度谱对数结果数据分布相对均匀，对数结果图像可视性较好。

$$
\begin{aligned}
\boldsymbol{G}_{u,v} &= \boldsymbol{H}_{u,x}\boldsymbol{F}_{x,y}\boldsymbol{H}_{y,v} = \boldsymbol{H}_{x,u}^{\mathrm{T}}\boldsymbol{F}_{x,y}\boldsymbol{H}_{y,v} = \boldsymbol{H}_{x,u}^{\mathrm{T}}\boldsymbol{F}_{x,y}\boldsymbol{H}_{x,u} \\
&= \begin{bmatrix} 532.5 & -81.3319 & -2.5 & -6.9009 \\ -302.4627 & -10.3033 & 3.2664 & 0.7322 \\ -7.5 & 7.8858 & -2.5 & -0.5604 \\ -18.1328 & -4.2678 & 1.353 & 0.3033 \end{bmatrix}
\end{aligned}
\tag{6-88}
$$

式中，矩阵 $\boldsymbol{H}_{x,u}$ 由正向变换核 $h(x,y,u,v)$ 的可分离函数 $h(x,u)=a(u)\cos\dfrac{(2x+1)u\pi}{2N}$ 构造且

$$
\boldsymbol{H}_{x,u} = \begin{bmatrix}
\sqrt{\frac{1}{5}} & \sqrt{\frac{2}{5}}\cos\frac{1*1*\pi}{2*5} & \sqrt{\frac{2}{5}}\cos\frac{1*2*\pi}{2*5} & \sqrt{\frac{2}{5}}\cos\frac{1*3*\pi}{2*5} \\
\sqrt{\frac{1}{5}} & \sqrt{\frac{2}{5}}\cos\frac{3*1*\pi}{2*5} & \sqrt{\frac{2}{5}}\cos\frac{3*2*\pi}{2*5} & \sqrt{\frac{2}{5}}\cos\frac{3*3*\pi}{2*5} \\
\sqrt{\frac{1}{5}} & \sqrt{\frac{2}{5}}\cos\frac{5*1*\pi}{2*5} & \sqrt{\frac{2}{5}}\cos\frac{5*2*\pi}{2*5} & \sqrt{\frac{2}{5}}\cos\frac{5*3*\pi}{2*5} \\
\sqrt{\frac{1}{5}} & \sqrt{\frac{2}{5}}\cos\frac{9*1*\pi}{2*5} & \sqrt{\frac{2}{5}}\cos\frac{7*2*\pi}{2*5} & \sqrt{\frac{2}{5}}\cos\frac{7*3*\pi}{2*5}
\end{bmatrix}
$$

，矩阵 $\boldsymbol{F}_{x,y}$ 由原始图像 $f(x,y)$ 构造且 $\boldsymbol{F}_{x,y} = \begin{bmatrix} 0 & 20 & 40 & 60 \\ 70 & 90 & 110 & 130 \\ 140 & 160 & 180 & 200 \\ 210 & 230 & 240 & 250 \end{bmatrix}$。

$$
\begin{bmatrix} 0 & 20 & 40 & 60 \\ 70 & 90 & 110 & 130 \\ 140 & 160 & 180 & 200 \\ 210 & 230 & 240 & 250 \end{bmatrix}
$$

(a) 原始图像数据

(b) 原始图像

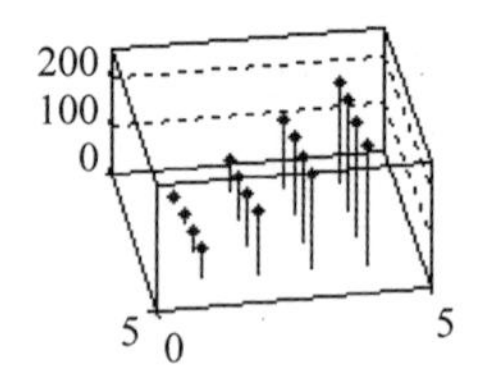

(c) 原始图像三维示意图

图 6-20 二维离散余弦变换原理示例

$$\begin{bmatrix} 532.5 & -81.3319 & -2.5 & -6.9009 \\ -302.4627 & -10.3033 & 3.2664 & 0.7322 \\ -7.5 & 7.8858 & -2.5 & -0.5604 \\ -18.1328 & -4.2678 & 1.353 & 0.3033 \end{bmatrix}$$

(d) 离散余弦变换结果

$$\begin{bmatrix} 532.5 & 81.3319 & 2.5 & 6.9009 \\ 302.4627 & 10.3033 & 3.2664 & 0.7322 \\ 7.5 & 7.8858 & 2.5 & 0.5604 \\ 18.1328 & 4.2678 & 1.353 & 0.3033 \end{bmatrix}$$

(e) 离散余弦变换幅度谱数据

(f) 离散余弦变换幅度谱图像

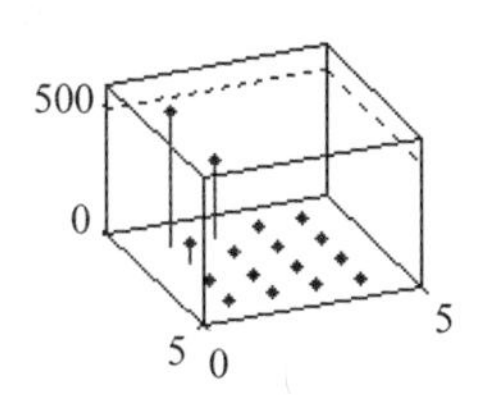

(g) 离散余弦变换幅度谱三维示意图

$$\begin{bmatrix} 6.2776 & 4.3985 & 0.9163 & 1.9317 \\ 5.712 & 2.3325 & 1.1837 & -0.3117 \\ 2.0149 & 2.0651 & 0.9163 & -0.5791 \\ 2.8977 & 1.4511 & 0.3023 & -1.193 \end{bmatrix}$$

(h) 幅度谱对数结果数据

(i) 幅度谱对数结果图像

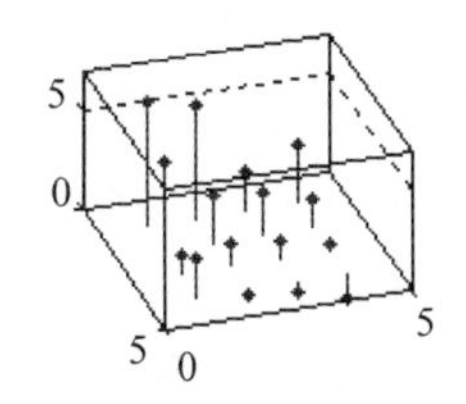

(j) 幅度谱对数结果三维示意图

图 6-20 （续）

```
% F6_20.m

fxy = [ 0    20    40    60
       70    90   110   130
      140   160   180   200
      210   230   240   250];
subplot(2,3,1),imshow(fxy,[]),xlabel('(b) 原始图像');
subplot(2,3,2),stem3([1:4],[1:4],fxy,'.'),axis([0 5 0 5 0 260]),xlabel('(c) 原始图像三维示
意图');

Fuv = dct2(fxy)                         % 离散余弦变换结果
ABSFuv = abs(Fuv)                       % 离散余弦变换结果的绝对值
subplot(2,3,3),imshow(ABSFuv,[]),xlabel('(f) 离散余弦变换幅度谱图像');
subplot(2,3,4),stem3([1:4],[1:4],ABSFuv,'.'),axis([0 5 0 5 0 600]),xlabel('(g) 离散余弦变
换幅度谱三维示意图');

LogABSFuv = log(ABSFuv)                 % 离散余弦变换结果的绝对值对数
subplot(2,3,5),imshow(LogABSFuv,[]),xlabel('(i) 幅度谱对数结果图像');
subplot(2,3,6),stem3([1:4],[1:4],LogABSFuv,'.'),axis([0 5 0 5 0 7]),xlabel('(j) 幅度谱对数
结果三维示意图');

%验证：二维离散余弦变换的计算过程：
% F(u,v) = H(u,x) * f(x,y) * H(y,v) = H'(x,u) * f(x,y) * H(y,v) = H'(x,u) * f(x,y) * H(x,u)
% H(x,u) = a(u)cos((2 * x + 1) * u * pi/(2 * N))
% a(u) = sqrt(1/N),u = 0
```

```
% a(u) = sqrt(2/N) * cos((2 * x + 1) * u * pi/(2 * N)),u = 1,2,...,N - 1
Hxu = [sqrt(1/4) * cos((2 * 0 + 1) * 0 * pi/(2 * 4)) sqrt(2/4) * cos((2 * 0 + 1) * 1 * pi/(2 * 4))
sqrt(2/4) * cos((2 * 0 + 1) * 2 * pi/(2 * 4)) sqrt(2/4) * cos((2 * 0 + 1) * 3 * pi/(2 * 4))
    sqrt(1/4) * cos((2 * 1 + 1) * 0 * pi/(2 * 4)) sqrt(2/4) * cos((2 * 1 + 1) * 1 * pi/(2 * 4)) sqrt
(2/4) * cos((2 * 1 + 1) * 2 * pi/(2 * 4)) sqrt(2/4) * cos((2 * 1 + 1) * 3 * pi/(2 * 4))
    sqrt(1/4) * cos((2 * 2 + 1) * 0 * pi/(2 * 4)) sqrt(2/4) * cos((2 * 2 + 1) * 1 * pi/(2 * 4)) sqrt
(2/4) * cos((2 * 2 + 1) * 2 * pi/(2 * 4)) sqrt(2/4) * cos((2 * 2 + 1) * 3 * pi/(2 * 4))
    sqrt(1/4) * cos((2 * 3 + 1) * 0 * pi/(2 * 4)) sqrt(2/4) * cos((2 * 3 + 1) * 1 * pi/(2 * 4)) sqrt
(2/4) * cos((2 * 3 + 1) * 2 * pi/(2 * 4)) sqrt(2/4) * cos((2 * 3 + 1) * 3 * pi/(2 * 4))];
Fuv = Hxu' * fxy * Hxu
```

6.4.3 离散余弦变换的应用

离散余弦变换在诸多领域有着广泛的应用，特别是在图像压缩领域。

利用绝大部分信号能量被归集集中的特点，离散余弦变换能够实现图像的压缩重构而不明显影响图像的质量。图像压缩重构的算法步骤包括：

(1) 对空域中的原始图像进行离散余弦变换，得到频域中的离散余弦变换结果；

(2) 在频域中，对离散余弦变换结果进行量化处理，实现图像压缩；

(3) 对频域中的量化处理结果进行离散余弦变换的反变换，得到空域中的重构图像。

例 6.11 图像压缩重构示例。原始图像如图 6-21(a)所示，试对其进行压缩重构。

解：对图 6-21(a)所示的原始图像进行离散余弦变换，得到的离散余弦变换的幅度谱图像如图 6-21(b)所示。从结果可以看出，幅度谱能量的绝大部分集中于图像左上角的较小区域，幅度谱能量的极小部分集中于图像右下角的较大区域，导致幅度谱图像可视性较差；对离散余弦变换幅度谱取对数，得到的幅度谱对数结果图像如图 6-21(c)所示。从结果可以看出，幅度谱对数结果数据分布相对均匀，对数结果图像可视性较好；对小于 20 的离散余弦变换幅度谱数据置 0，得到的幅度谱对数结果图像和重构图像分别如图 6-21(d)和图 6-21(e)所示。从结果可以看出，小于 20 的幅度谱数据集中于图像右下角的较大区域，实现了图像压缩，重构图像质量稍差，但仍然保留了大部分图像细节；对小于 40 的离散余弦变换幅度谱数据置 0，得到的幅度谱对数结果图像和重构图像分别如图 6-21(f)和图 6-21(g)所示。从结果可以看出，小于 40 的幅度谱数据集中于图像右下角的更大区域，图像压缩率增大，但重构图像质量较差，丢失许多图像细节。由此可知，图像压缩率越小，重构图像质量越好；图像压缩率越大，重构图像质量越差。因此，离散余弦变换实现图像压缩重构需要在图像压缩率和图像质量之间进行权衡。

(a) 原始图像

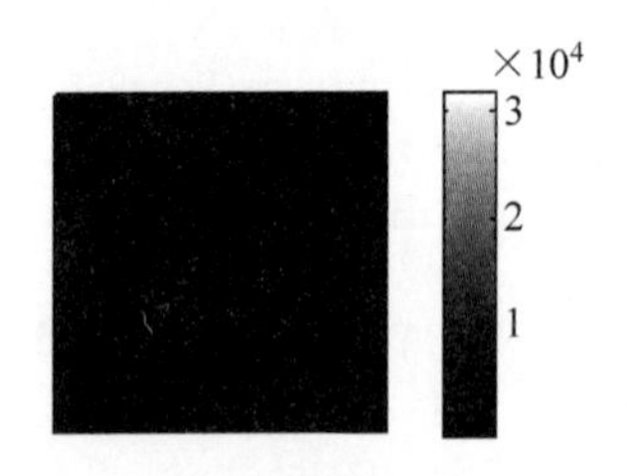

(b) 离散余弦变换幅度谱图像

图 6-21 图像压缩重构示例

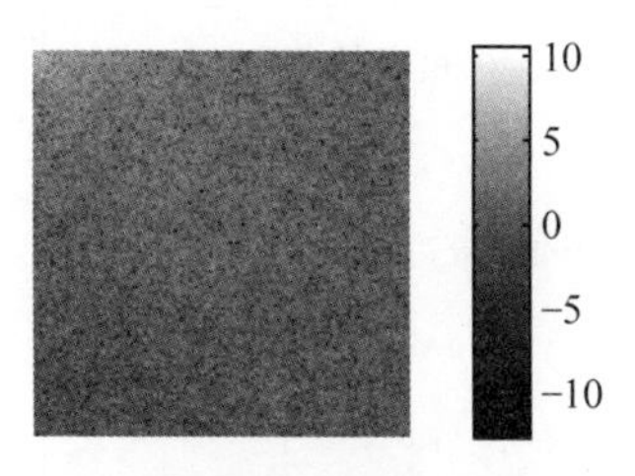

(c) 幅度谱对数结果图像

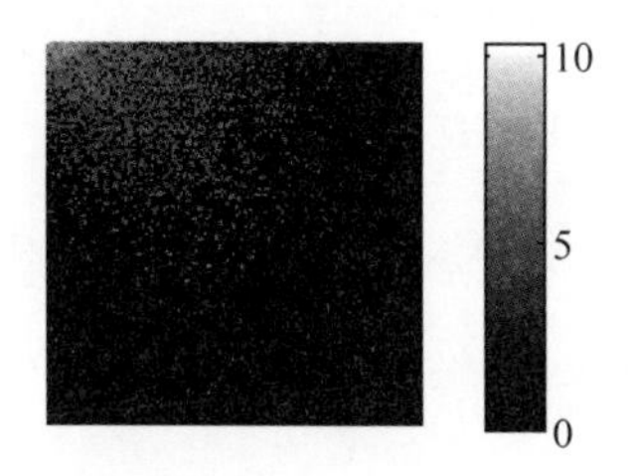

(d) 幅度谱对数结果图像
(幅度谱数据小于20置0)

(e) 重构图像(幅度谱数据小于20置0)

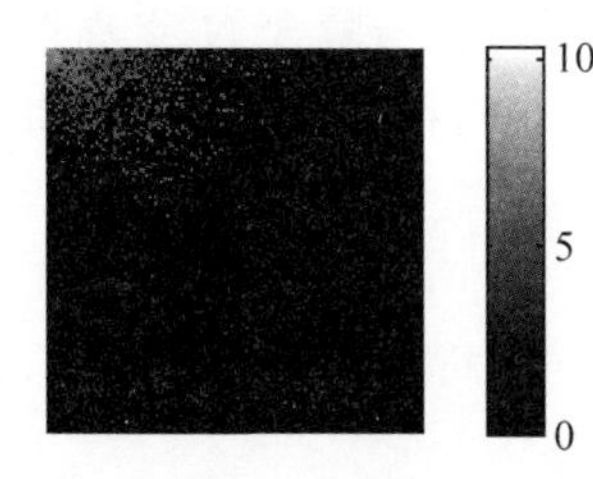

(f)幅度谱对数结果图像(幅度谱数据小于40置0)

(g) 重构图像(幅度谱数据小于40置0)

图 6-21　(续)

```
% F6_21.m

fxy = imread('lena.bmp');
subplot(3,3,1),imshow(fxy),xlabel('(a) 原始图像');

Fuv = dct2(fxy);                                  % 二维离散余弦变换
ABSFuv = abs(Fuv);                                % 二维离散余弦变换的幅度谱
LogABSFuv = log(ABSFuv);                          % 二维离散余弦变换幅度谱的可视化
subplot(3,3,3),imshow(ABSFuv,[ ]),xlabel('(b) 离散余弦变换幅度谱图像'),colormap(gray),
colorbar;
subplot(3,3,4),imshow(LogABSFuv,[ ]),xlabel('(c) 幅度谱对数结果图像'),colormap(gray),
colorbar;

Fuv1 = Fuv;
Fuv1(abs(Fuv1)< 20) = 0;
ABSFuv1 = abs(Fuv1);
PosOfFei0 = (ABSFuv1~= 0);                        % PosOfFei0: 求矩阵非 0 元素的位置
ABSFuv1(PosOfFei0) = log(ABSFuv1(PosOfFei0));     % 求矩阵非 0 元素的对数
LogABSFuv1 = ABSFuv1;
subplot(3,3,5),imshow(LogABSFuv1,[ ]),xlabel('(d) 幅度谱对数结果图像(幅度谱数据小于 20 置
0)'),colormap(gray),colorbar;

fxy1 = idct2(Fuv1);
subplot(3,3,6),imshow(fxy1,[ ]),xlabel('(e) 重构图像(幅度谱数据小于 20 置 0)');

Fuv2 = Fuv;
Fuv2(abs(Fuv2)< 40) = 0;
ABSFuv2 = abs(Fuv2);
```

```
PosOfFei0 = (ABSFuv2~ = 0);                          % PosOfFei0: 求矩阵非 0 元素的位置
ABSFuv2(PosOfFei0) = log(ABSFuv2(PosOfFei0));   % 求矩阵非 0 元素的对数
LogABSFuv2 = ABSFuv2;
subplot(3,3,7),imshow(LogABSFuv2,[]),xlabel('(f) 幅度谱对数结果图像(幅度谱数据小于 40 置
0)'),colormap(gray),colorbar;

fxy2 = idct2(Fuv2);
subplot(3,3,9),imshow(fxy2,[]),xlabel('(g) 重构图像(幅度谱数据小于 40 置 0)');
```

余弦变换是偶函数,因此,离散余弦变换隐含 $2N$ 点的周期性,与隐含 N 点周期性的傅里叶变换不同,离散余弦变换可以减少在图像分块边界处的间断,在 JPEG 标准中得到有效应用。JPEG 标准中的图像压缩的典型算法步骤包括:

(1) 将原始图像划分成 8×8 或 16×16 大小的图像块。

(2) 对每个图像块分别进行离散余弦变换,并对变换结果进行量化处理。例如,仅保留变换结果图像块左上角的部分数据。

(3) 对量化处理后的每个图像块分别进行离散余弦变换的反变换,并将反变换结果图像块进行拼接得到重构图像。

例 6.12 JPEG 图像压缩典型算法示例。原始图像如图 6-22(a)所示,试对其进行图像压缩。

解:将图 6-22(a)所示的原始图像划分成 8×8 大小的图像块,对每个图像块进行离散余弦变换,并仅保留变换结果图像块左上角的 3 个数据,然后对每个图像块分别进行离散余弦变换的反变换,并将反变换结果图像块进行拼接得到的重构图像如图 6-22(b)所示;采用相同方法仅保留图像块左上角的 6 个数据和 10 个数据得到的重构图像分别如图 6-22(c)和图 6-22(d)所示。从结果可以看出,保留的图像块数据越少,图像压缩率越大,重构图像质量越差;保留的图像块数据越多,图像压缩率越小,重构图像质量越好。因此,图像压缩算法需要在图像压缩率和图像质量之间进行权衡。

(a) 原始图像

(b) 重构图像(保留左上角的3个幅度谱)

(c) 重构图像(保留左上角的6个幅度谱)

(d) 重构图像(保留左上角的10个幅度谱)

图 6-22 JPEG 图像压缩典型算法示例

```
% F6_22.m

fxy = imread('lena.bmp');
subplot(2,2,1),imshow(fxy),xlabel('(a) 原始图像');

fxy = im2double(fxy);
```

```
H = dctmtx(8);                                  % 产生 8 * 8 的 DCT 变换矩阵

Fuv1 = blkproc(fxy,[8 8],'P1 * x * P2',H,H');   % 分块进行 DCT 变换
mask1 = [1 1 0 0 0 0 0 0
         1 0 0 0 0 0 0 0
         0 0 0 0 0 0 0 0
         0 0 0 0 0 0 0 0
         0 0 0 0 0 0 0 0
         0 0 0 0 0 0 0 0
         0 0 0 0 0 0 0 0
         0 0 0 0 0 0 0 0];                      % 二值掩模,用于压缩 DCT 系数
Fuv1 = blkproc(Fuv1,[8 8],'P1. * x',mask1);     % 仅保留 DCT 系数左上角的 3 个系数
fxy1 = blkproc(Fuv1,[8 8],'P1 * x * P2',H',H);  % 分块进行逆 DCT 变换
subplot(2,2,2),imshow(fxy1,[]),xlabel('(b) 重构图像(保留左上角的 3 个幅度谱)');

Fuv2 = blkproc(fxy,[8 8],'P1 * x * P2',H,H');   % 分块进行 DCT 变换
mask2 = [1 1 1 0 0 0 0 0
         1 1 0 0 0 0 0 0
         1 0 0 0 0 0 0 0
         0 0 0 0 0 0 0 0
         0 0 0 0 0 0 0 0
         0 0 0 0 0 0 0 0
         0 0 0 0 0 0 0 0
         0 0 0 0 0 0 0 0];                      % 二值掩模,用于压缩 DCT 系数
Fuv2 = blkproc(Fuv2,[8 8],'P1. * x',mask2);     % 仅保留 DCT 系数左上角的 6 个系数
fxy2 = blkproc(Fuv2,[8 8],'P1 * x * P2',H',H);  % 分块进行逆 DCT 变换
subplot(2,2,3),imshow(fxy2,[]),xlabel('(c) 重构图像(保留左上角的 6 个幅度谱)');

Fuv3 = blkproc(fxy,[8 8],'P1 * x * P2',H,H');   % 分块进行 DCT 变换
mask3 = [1 1 1 1 0 0 0 0
         1 1 1 0 0 0 0 0
         1 1 0 0 0 0 0 0
         1 0 0 0 0 0 0 0
         0 0 0 0 0 0 0 0
         0 0 0 0 0 0 0 0
         0 0 0 0 0 0 0 0
         0 0 0 0 0 0 0 0];                      % 二值掩模,用于压缩 DCT 系数
Fuv3 = blkproc(Fuv3,[8 8],'P1. * x',mask3);     % 仅保留 DCT 系数左上角的 10 个系数
fxy3 = blkproc(Fuv3,[8 8],'P1 * x * P2',H',H);  % 分块进行逆 DCT 变换
subplot(2,2,4),imshow(fxy3,[]),xlabel('(d) 重构图像(保留左上角的 10 个幅度谱)');
```

习题

6-1 试简述频域图像增强的基本原理、关键技术和步骤。

6-2 试证明一维离散傅里叶变换的正变换和反变换都是周期函数。

6-3 试证明二维离散傅里叶变换的正向变换核和反向变换核是可分离的和对称的。

6-4 试简述傅里叶变换的频域特征与空域特征的关系。

6-5 试简述基于傅里叶变换的卷积过程的步骤。

6-6 试简述基于傅里叶变换的模板匹配过程。

6-7 试证明一维离散余弦变换的正变换和反变换都是周期函数。

6-8 试简述基于离散余弦变换的图像压缩重构的算法。

6-9 试简述 JPEG 标准中的图像压缩的典型算法。

6-10 设函数 $f(x)$为：$f(0)=0, f(1)=1, f(2)=1, f(3)=2$，试计算函数 $f(x)$的离散余弦变换的结果 $g(u)$。

第7章

频域图像增强

频域图像增强的基本原理是利用图像变换的正变换方法将原始图像由空域变换到频域，然后利用频域的特有性质对图像进行处理，最后再利用图像变换的反变换方法将处理后的图像变换回空域。图像变换方法和频域增强方法是频域图像增强的两个关键技术。

卷积理论是频域增强方法的基础。频域增强的基本原理是频域原始图像与频域传递函数的乘积，可以表示为

$$g'(u,v)=E(g(u,v))=g(u,v)h(u,v) \tag{7-1}$$

式中，$g(u,v)$为频域原始图像；$g'(u,v)$为频域增强图像；$E()$为增强函数；$h(u,v)$为增强操作，在线性系统理论中称为传递函数(transfer function)。

增强操作即传递函数的设计，是频域增强方法的关键，其基本思路是允许某些频率通过，实现某些频率抑制，即保留一部分频率分量，削减另一部分频率分量。

根据滤波特点的不同，特别是保留或削减频率分量的特点不同，频域增强方法可以分为低通滤波、高通滤波、带通滤波、带阻滤波、同态滤波等。

7.1 低通滤波

低通滤波的基本原理是保留图像中的低频分量，削减图像中的高频分量。由于图像的边缘和噪声对应图像频谱中的高频分量，因此，低通滤波将模糊图像的边缘和轮廓，并消除或减弱噪声影响，属于图像平滑处理技术。

7.1.1 理想低通滤波器

理想低通滤波器(Ideal LowPass Filter，ILPF)是一个在傅里叶平面上半径为 D_0 的圆形滤波器，其传递函数如下式所示：

$$h(u,v)=\begin{cases}1, & D(u,v)\leqslant D_0\\ 0, & D(u,v)>D_0\end{cases} \tag{7-2}$$

式中，D_0 是一个非负整数，称为截止频率，指小于 D_0 的频率可以完全不受影响地通过滤波

器，而大于 D_0 的频率则完全通不过滤波器；$D(u,v)=(u^2+v^2)^{1/2}$，为点(u,v)到傅里叶频率平面原点的距离。

理想低通滤波器的传递函数如图 7-1 所示，其中，图 7-1(a)为剖面图，图 7-1(b)为三维图。

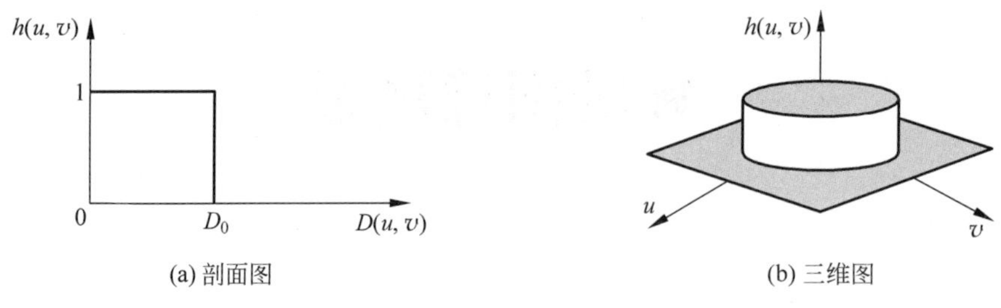

(a) 剖面图　(b) 三维图

图 7-1　理想低通滤波器传递函数

例 7.1　理想低通滤波器示例。原始图像如图 7-2(a)所示，试对其进行理想低通滤波。

解：原始图像如图 7-2(a)所示，原始图像添加噪声密度(即包括噪声值的图像区域的百分比)为 5%的椒盐噪声后得到的噪声图像如图 7-2(b)所示，噪声图像的傅里叶幅度谱对数图像如图 7-2(c)所示，采用截止频率为 50 和 80 对噪声图像进行理想低通滤波后得到的滤波图像分别如图 7-2(d)和图 7-2(e)所示。从结果可以看出，理想低通滤波器能模糊图像的边缘和轮廓，消除或减弱噪声影响，实现图像平滑。截止频率越低，保留的高频分量越少，图像平滑效果越好；截止频率越高，保留的高频分量越多，图像平滑效果越差。

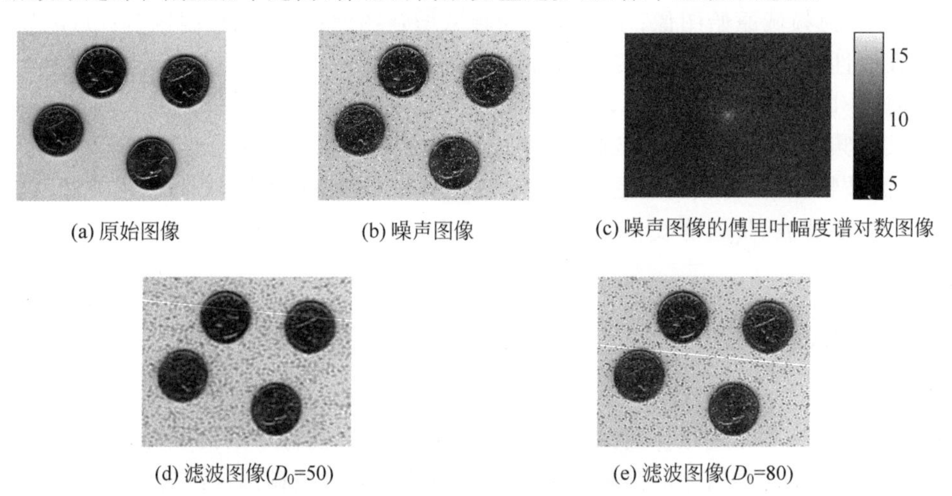

(a) 原始图像　(b) 噪声图像　(c) 噪声图像的傅里叶幅度谱对数图像

(d) 滤波图像(D_0=50)　(e) 滤波图像(D_0=80)

图 7-2　理想低通滤波器示例

```
% F7_2.m

f1xy = imread('eight.tif');
subplot(2,3,1),imshow(f1xy),xlabel('(a) 原始图像');

f2xy = imnoise(f1xy,'salt & pepper',0.05);
subplot(2,3,2),imshow(f2xy),xlabel('(b) 噪声图像');
```

```
fxy = double(f2xy);
Fuv = fft2(fxy);
FftShift = fftshift(Fuv);
AbsFftShift = abs(FftShift);
LogAbsFftShift = log(AbsFftShift);
subplot(2,3,3),imshow(LogAbsFftShift,[]),xlabel('(c) 噪声图像的傅里叶幅度谱对数图像'),
colormap(gray),colorbar;

[N1,N2] = size(FftShift);
% 截止频率 D0 = 50 时的滤波效果
D0 = 50;
n1 = fix(N1/2);
n2 = fix(N2/2);
for i = 1:N1
    for j = 1:N2
        d = sqrt((i - n1)^2 + (j - n2)^2);
        if (d <= D0)
            G(i,j) = FftShift(i,j);
        else
            G(i,j) = 0;
        end
    end
end
G = ifftshift(G);
g = ifft2(G);
g = uint8(real(g));
subplot(2,3,4),imshow(g),xlabel('(d) 滤波图像(\itD0 = 50)');

% 截止频率 D0 = 80 时的滤波效果
D0 = 80;
n1 = fix(N1/2);
n2 = fix(N2/2);
for i = 1:N1
    for j = 1:N2
        d = sqrt((i - n1)^2 + (j - n2)^2);
        if (d <= D0)
            G(i,j) = FftShift(i,j);
        else
            G(i,j) = 0;
        end
    end
end
G = ifftshift(G);
g = ifft2(G);
g = uint8(real(g));
subplot(2,3,6),imshow(g),xlabel('(e) 滤波图像(\itD0 = 80)');
```

理想低通滤波器的最大优点是简单，缺点是：

(1) “非物理”的滤波器。虽然在数学上定义严格，在计算机模拟中也可以实现，但截止频率处直上直下的特点不可能通过实际的电子器件来实现。

(2) 振铃现象。若滤除的高频分量中含有大量边缘信息，则滤波图像会变得模糊且存在振铃现象。

例 7.2 一维理想低通滤波器振铃现象机理。

解：频域中长度为 101 的一维传递函数 $h(u)$ 如图 7-3(a)所示，对其进行傅里叶反变换，得到空域中的一维传递函数 $h(x)$ 如图 7-3(b)所示。从结果可以看出，变换产生如石投水面般的波浪形振铃效果。空域中长度为 101 的一维原始函数 $f(x)$ 如图 7-3(c)所示，图像在位置 10 处存在一个亮像素，可看作一个脉冲的近似。由于两个函数在空域的卷积与它们的傅里叶变换在频域的乘积构成变换对，因此，将空域原始图像与空域传递函数进行卷积，得到的结果如图 7-3(d)所示。从结果可以看出，卷积的结果实际将 $h(x)$ 复制到 $f(x)$ 中亮点的位置，同时将原来清晰的脉冲点变模糊了，产生如石投水面般的波浪形振铃效果。同理，对于更复杂的一维原始图像，每个灰度值不为 0 的点都可以看作是其值正比于该点灰度值的一个亮点，这样，上述结论仍然成立。

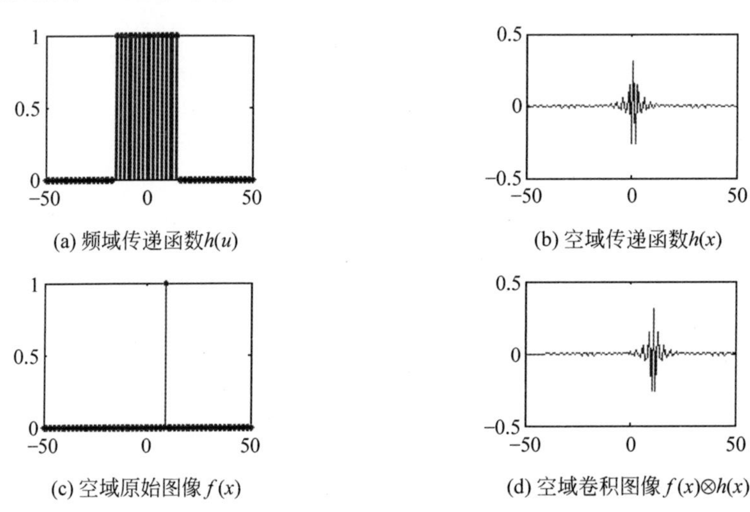

图 7-3 一维理想低通滤波振铃现象机理

```
% F7_3.m

% 频域传递函数:H(u)
Hu = zeros(1,101);
Hu(35:65) = 1;
subplot(2,2,1),stem([ - 50:50],Hu,'.'),xlabel('(a) 频域传递函数\ith(u)');

% 空域传递函数:h(x)
hx = ifft(Hu);
hx = ifftshift(hx);
subplot(2,2,2),plot([ - 50:50],hx),xlabel('(b) 空域传递函数\ith(x)');
```

```
%空域图像函数:f(x)
fx = zeros(1,101);
fx(60) = 1;
subplot(2,2,3),stem([ - 50:50],fx,'.'),axis([ - 50 50 0 1]),xlabel('(c) 空域原始图像\itf(x)');

%空域卷积函数:g(x) = h(x) * f(x)
gx = conv(hx,fx);
gx = gx(50:150); %卷积后的长度为 101 + 101 - 1 = 201,只取中间长度为 101 的部分
subplot(2,2,4),plot([ - 50:50],gx),xlabel('(d) 空域卷积图像\itf(x)\oplush(x)');
```

例 7.3　二维理想低通滤波器振铃现象机理。

解：频域中大小为 100×100 的二维传递函数 $h(u,v)$ 如图 7-4(a)所示，对其进行傅里叶反变换，得到空域中的二维传递函数 $h(x,y)$ 如图 7-4(b)所示，从结果可以看出，变换产生如石投水面般的波浪形振铃效果，同心圆的半径反比于截止频率 D_0，即若 D_0 较小，则同心圆数量较少、半径较大，图像模糊较多；若 D_0 较大，则同心圆数量较多、半径较小，图像模糊较少。空域中大小为 100×100 的二维原始函数 $f(x,y)$ 如图 7-4(c)所示，图像在位置(30×30)处存在一个亮像素，可看作一个脉冲的近似。由于两个函数在空域的卷积与它们的傅里叶变换在频域的乘积构成变换对，因此，将空域原始图像与空域传递函数进行卷积，得到的结果如图 7-4(d)所示。从结果可以看出，卷积的结果实际将 $h(x,y)$ 复制到 $f(x,y)$ 中亮点的位置，同时将原来清晰的脉冲点变模糊了，产生如石投水面般的波浪形振铃效果；若 D_0 超出 $h(u,v)$ 的定义域，则空域中 $h(x,y)$ 的值为 1，卷积结果仍为 $f(x,y)$，相当于没有滤波。同理，对于更复杂的二维原始图像，每个灰度值不为 0 的点都可以看作是其值正比于该点灰度值的一个亮点，这样，上述结论仍然成立。

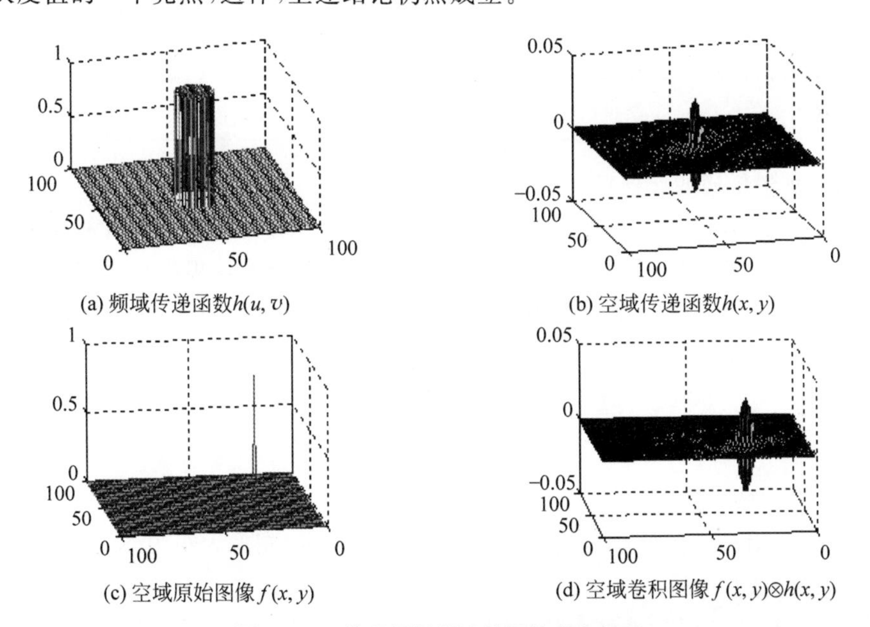

图 7-4　二维理想低通滤波振铃现象机理

```
% F7_4.m

%频域传递函数:H(u,v)
[u,v] = meshgrid(1:100);
Huv = zeros(100,100);
r = 10;
for i = 1:100
    for j = 1:100
        if (i - 100/2)^2 + (j - 100/2)^2 <= r^2                    %生成圆形矩阵
            Huv(i,j) = 1;
        end
    end
end
subplot(2,2,1),plot3(u,v,Huv),title('(a) 频域传递函数\ith(u,v)'),grid on;

%空域传递函数:h(x,y)
hxy = ifft2(Huv);
hxy = ifftshift(hxy);
subplot(2,2,2),surf(u,v,real(hxy)),title('(b) 空域传递函数\ith(x,y)'),grid on;

%空域图像函数:f(x,y)
fxy = zeros(100,100);
fxy(30,30) = 1;
subplot(2,2,3),plot3(u,v,fxy),title('(c) 空域原始图像\itf(x,y)'),grid on;

%空域卷积函数:g(x,y) = h(x,y) * f(x,y)
gxy = conv2(hxy,fxy);
gxy = gxy(51:150,51:150);    %卷积后的大小为(100 + 100 - 1) * (100 + 100 - 1) = 199 * 199,只
取中间大小为 100 * 100 的部分
subplot(2,2,4),surf(u,v,real(gxy)),title('(d) 空域卷积图像\itf(x,y)\oplush(x,y)'),
grid on;
```

例 7.4 理想低通滤波器振铃现象示例。

解：大小为 256×256 的原始图像如图 7-5(a)所示，原始图像的傅里叶幅度谱对数图像如图 7-5(b)所示。从结果可以看出，傅里叶幅度谱的大部分能量集中在以图像中心为圆心的圆所包围的区域中。以图像中心为圆心、D_0 为半径的圆所包围的傅里叶幅度谱能量可以表示为

$$E=\frac{\sum_{u\in D_0}\sum_{v\in D_0}g'(u,v)}{\sum_{u=0}^{N-1}\sum_{v=0}^{N-1}g'(u,v)} \tag{7-3}$$

式中，$g'(u,v)$为对称傅里叶幅度谱图像，如式(6-68)所示，图像大小为 $N\times N$，u、v 为频率变量，$u\in[0,N-1]$，$v\in[0,N-1]$；D_0 为截止频率。

截止频率 D_0 为 5 时的滤波图像如图 7-5(c)所示，圆内包含了原始图像中 10%的能量，90%的能量被滤除，滤波图像绝大部分细节丢失。截止频率 D_0 为 12 的滤波图像如图 7-5(d)所示，圆内包含了原始图像中 20%的能量，80%的能量被滤除，滤波图像比较模糊。截止频

率 D_0 为 44 的滤波图像如图 7-5(e)所示，圆内包含了原始图像中 50%的能量，另外 50%的能量被滤除，滤波图像存在明显的振铃现象。截止频率 D_0 为 72 的滤波图像如图 7-5(f)所示，圆内包含了原始图像中 70%的能量，只有 30%的能量被滤除，滤波图像与原始图像几乎相同。

(a) 原始图像

(b) 傅里叶幅度谱对数图像

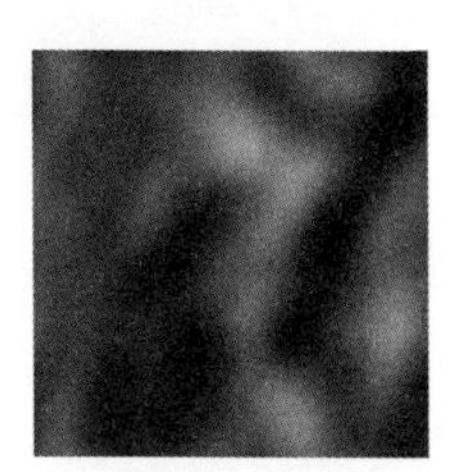
(c) 滤波图像(D_0=5)

(d) 滤波图像(D_0=12)

(e) 滤波图像(D_0=44)

(f) 滤波图像(D_0=72)

图 7-5　理想低通滤波器振铃现象示例

```
% F7_5.m

%原始图像
fxy = imread('lena.bmp');
subplot(2,3,1),imshow(fxy),xlabel('(a) 原始图像');

%傅里叶幅度谱的对数图像显示
fxy = double(fxy);
Fuv = fft2(fxy);                          %二维傅里叶变换
ShiftFuv = fftshift(Fuv);
ABSShiftFuv = abs(ShiftFuv);              %傅里叶幅度谱
LogABSShiftFuv = log(ABSShiftFuv);        %傅里叶幅度谱的可视化
subplot(2,3,2),imshow(LogABSShiftFuv,[]),xlabel('(b) 傅里叶幅度谱对数图像');

%截止频率 D0 = 5 时的滤波效果
[N1,N2] = size(ShiftFuv);
D0 = 5;
energy = 0;
n1 = fix(N1/2);
n2 = fix(N2/2);
for i = 1:N1
    for j = 1:N2
        d = sqrt((i - n1)^2 + (j - n2)^2);
        if (d <= D0)
```

```
                G(i,j) = ShiftFuv(i,j);
                energy = energy + ABSShiftFuv(i,j);
            else
                G(i,j) = 0;
            end
        end
    end
    G = ifftshift(G);
    g = ifft2(G);
    g = uint8(real(g));
    subplot(2,3,3),imshow(g),xlabel('(c) 滤波图像(\itD0 = 5)');
    energy/sum(ABSShiftFuv(:))

    % 截止频率 D0 = 11 时的滤波效果
    [N1,N2] = size(ShiftFuv);
    D0 = 12;
    energy = 0;
    n1 = fix(N1/2);
    n2 = fix(N2/2);
    for i = 1:N1
        for j = 1:N2
            d = sqrt((i - n1)^2 + (j - n2)^2);
            if (d <= D0)
                G(i,j) = ShiftFuv(i,j);
                energy = energy + ABSShiftFuv(i,j);
            else
                G(i,j) = 0;
            end
        end
    end
    G = ifftshift(G);
    g = ifft2(G);
    g = uint8(real(g));
    subplot(2,3,4),imshow(g),xlabel('(d) 滤波图像(\itD0 = 12)');
    energy/sum(ABSShiftFuv(:))

    % 截止频率 D0 = 45 时的滤波效果
    [N1,N2] = size(ShiftFuv);
    D0 = 44;
    energy = 0;
    n1 = fix(N1/2);
    n2 = fix(N2/2);
    for i = 1:N1
        for j = 1:N2
            d = sqrt((i - n1)^2 + (j - n2)^2);
            if (d <= D0)
                G(i,j) = ShiftFuv(i,j);
                energy = energy + ABSShiftFuv(i,j);
            else
                G(i,j) = 0;
```

```
            end
        end
    end
    G = ifftshift(G);
    g = ifft2(G);
    g = uint8(real(g));
    subplot(2,3,5),imshow(g),xlabel('(e) 滤波图像(\itD0 = 44)');
    energy/sum(ABSShiftFuv(:))

    % 截止频率 D0 = 68 时的滤波效果
    [N1,N2] = size(ShiftFuv);
    D0 = 72;
    energy = 0;
    n1 = fix(N1/2);
    n2 = fix(N2/2);
    for i = 1:N1
        for j = 1:N2
            d = sqrt((i - n1)^2 + (j - n2)^2);
            if (d < = D0)
                G(i,j) = ShiftFuv(i,j);
                energy = energy + ABSShiftFuv(i,j);
            else
                G(i,j) = 0;
            end
        end
    end
    G = ifftshift(G);
    g = ifft2(G);
    g = uint8(real(g));
    subplot(2,3,6),imshow(g),xlabel('(f) 滤波图像(\itD0 = 72)');
    energy/sum(ABSShiftFuv(:))
```

7.1.2 巴特沃斯低通滤波器

巴特沃斯低通滤波器(Butterworth LowPass Filter,BLPF)也称最大平坦滤波器,其传递函数如下式所示:

$$h(u,v)=\frac{1}{1+(D(u,v)/D_0)^{2n}} \tag{7-4}$$

式中,D_0 是一个非负整数,称为截止频率;$D(u,v)=(u^2+v^2)^{1/2}$,为点(u,v)到傅里叶频率平面原点的距离;n 为阶数。

式(7-4)把 $h(u,v)$下降到原来值的 1/2 时的 $D(u,v)$值定义为截止频率点 D_0。通常,也可以把 $h(u,v)$下降到原来值的$(1/2)^{1/2}$ 时的 $D(u,v)$值定义为截止频率点 D_0,此时该点称为半功率点,如下式所示:

$$h(u,v)=\frac{1}{1+(\sqrt{2}-1)(D(u,v)/D_0)^{2n}} \tag{7-5}$$

巴特沃斯低通滤波器的传递函数如图 7-6 所示,其中,图 7-6(a)为剖面图,图 7-6(b)为三维图。

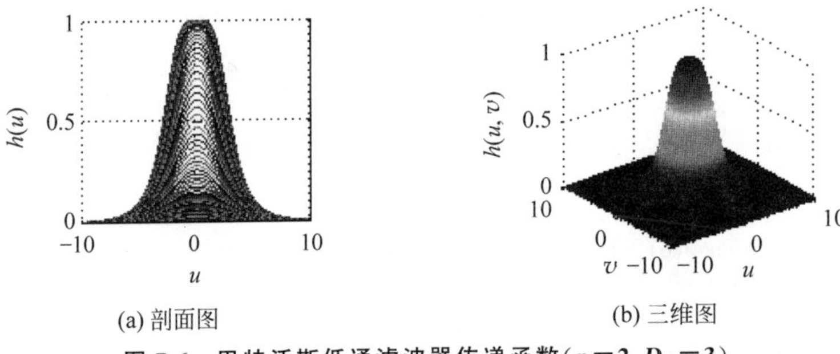

(a) 剖面图　　(b) 三维图

图 7-6　巴特沃斯低通滤波器传递函数($n=2, D_0=3$)

```
% F7_6.m

uu = - 10:0.1:10;
[u,v] = meshgrid(uu);
n = 2;
D0 = 3;
H = 1./(1 + ((u.^2 + v.^2).^(1/2)/D0).^(2 * n));

subplot(1,2,1),plot(uu,H),xlabel('\itu'),ylabel('{\ith}({\itu})'),title('(a) 剖面图'),grid on;
subplot(1,2,2),mesh(u,v,H),xlabel('\itu'),ylabel('\itv'),zlabel('{\ith}({\itu},{\itv})'),
title('(b) 三维图');
```

例 7.5　巴特沃斯低通滤波器示例。原始图像如图 7-7(a)所示,试对其进行巴特沃斯低通滤波。

解:原始图像如图 7-7(a)所示,原始图像添加噪声密度(即包括噪声值的图像区域的百分比)为 5%的椒盐噪声后得到的噪声图像如图 7-7(b)所示,噪声图像的傅里叶幅度谱对数图像如图 7-7(c)所示,采用阶数为 2、截止频率为 50 和阶数为 2、截止频率为 80 对噪声图像进行巴特沃斯低通滤波后得到的滤波图像分别如图 7-7(d)和图 7-7(e)所示。从结果可以看出,巴特沃斯低通滤波器能模糊图像的边缘和轮廓,消除或减弱噪声影响,实现图像平滑。截止频率越小,保留的高频分量越少,图像平滑效果越好;截止频率越大,保留的高频分量越多,图像平滑效果越差。

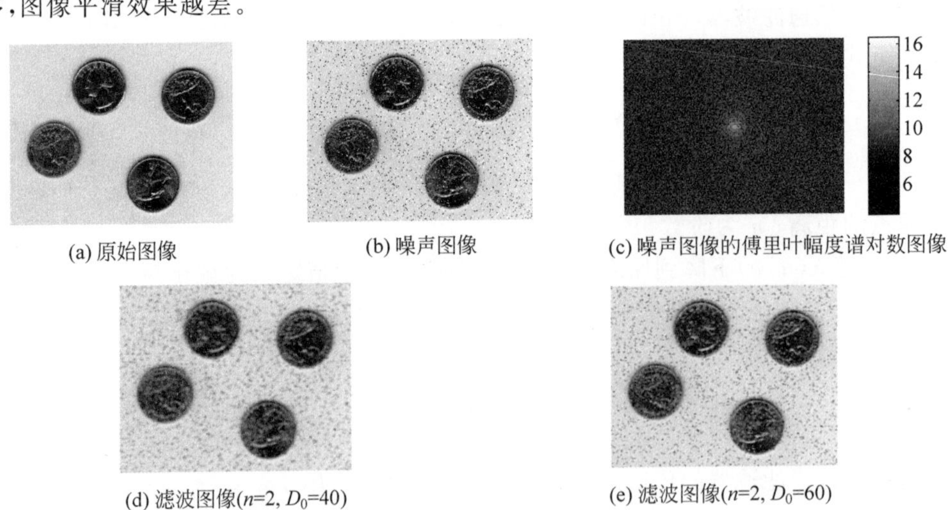

(a) 原始图像　　(b) 噪声图像　　(c) 噪声图像的傅里叶幅度谱对数图像

(d) 滤波图像(n=2, D_0=40)　　(e) 滤波图像(n=2, D_0=60)

图 7-7　巴特沃斯低通滤波器示例

```
% F7_7.m

f1xy = imread('eight.tif');
subplot(2,3,1),imshow(f1xy),xlabel('(a) 原始图像');

f2xy = imnoise(f1xy,'salt & pepper',0.05);
subplot(2,3,2),imshow(f2xy),xlabel('(b) 噪声图像');

fxy = double(f2xy);
Fuv = fft2(fxy);
FftShift = fftshift(Fuv);
AbsFftShift = abs(FftShift);
LogAbsFftShift = log(AbsFftShift);
subplot(2,3,3),imshow(LogAbsFftShift,[]),xlabel('(c) 噪声图像的傅里叶幅度谱对数图像'),
colormap(gray),colorbar;

[N1,N2] = size(FftShift);

% 阶数 n = 2,截止频率 D0 = 40 时的滤波效果
n = 2;
D0 = 40;
n1 = fix(N1/2);
n2 = fix(N2/2);
for i = 1:N1
    for j = 1:N2
        d = sqrt((i - n1)^2 + (j - n2)^2);
        H = 1/(1 + (sqrt(2) - 1) * (d/D0)^(2 * n));
        G(i,j) = H * FftShift(i,j);
    end
end
G = ifftshift(G);
g = ifft2(G);
g = uint8(real(g));
subplot(2,3,4),imshow(g),xlabel('(d) 滤波图像({\itn} = 2,{\itD}0 = 40)');

% 阶数 n = 2,截止频率 D0 = 60 时的滤波效果
n = 2;
D0 = 60;
n1 = fix(N1/2);
n2 = fix(N2/2);
for i = 1:N1
    for j = 1:N2
        d = sqrt((i - n1)^2 + (j - n2)^2);
        H = 1/(1 + (sqrt(2) - 1) * (d/D0)^(2 * n));
        G(i,j) = H * FftShift(i,j);
    end
end
G = ifftshift(G);
g = ifft2(G);
g = uint8(real(g));
subplot(2,3,6),imshow(g),xlabel('(e) 滤波图像(n = 2,D0 = 60)');
```

巴特沃斯低通滤波器的优点包括：

(1) 函数曲线呈连续性衰减，不像理想低通滤波器曲线那样有陡峭的截止区，滤波图像边缘的模糊程度大大降低；

(2) 由于通带和阻带之间的平滑过渡，故不会产生明显的振铃现象。具体来说，一阶BLPF不会产生振铃现象；二阶BLPF存在轻微的振铃现象，但远没有ILPF明显；阶数越高，振铃现象越明显，越接近ILPF的特性。因此，二阶BLPF是在有效的平滑处理和可接受的振铃现象之间的折中。

巴特沃斯低通滤波器的缺点是平滑效果不如理想低通滤波器好。在实际应用中，需要根据平滑效果和振铃现象的要求折中确定BLPF的阶数。

例 7.6 巴特沃斯低通滤波器振铃现象机理。

解：频域中阶数为1、截止频率为5的传递函数 $h_1(u,v)$ 如图7-8(a)所示，对其进行傅里叶反变换，得到空域中的传递函数 $h_1(x,y)$ 如图7-8(b)所示，空域传递函数 $h_1(x,y)$ 在 x 轴上的投影如图7-8(c)所示。从结果可以看出，一阶BLPF没有振铃现象。

频域中阶数为2、截止频率为5的传递函数 $h_2(u,v)$ 如图7-8(d)所示，对其进行傅里叶反变换，得到空域中的传递函数 $h_2(x,y)$ 如图7-8(e)所示，空域传递函数 $h_2(x,y)$ 在 x 轴上的投影如图7-8(f)所示。从结果可以看出，二阶BLPF存在轻微的振铃现象，但远没有ILPF明显。

频域中阶数为20、截止频率为5的传递函数 $h_3(u,v)$ 如图7-8(g)所示，对其进行傅里叶反变换，得到空域中的传递函数 $h_3(x,y)$ 如图7-8(h)所示，空域传递函数 $h_3(x,y)$ 在 x 轴上的投影如图7-8(i)所示。从结果可以看出，阶数越高，振铃现象越明显，越接近ILPF的特性。

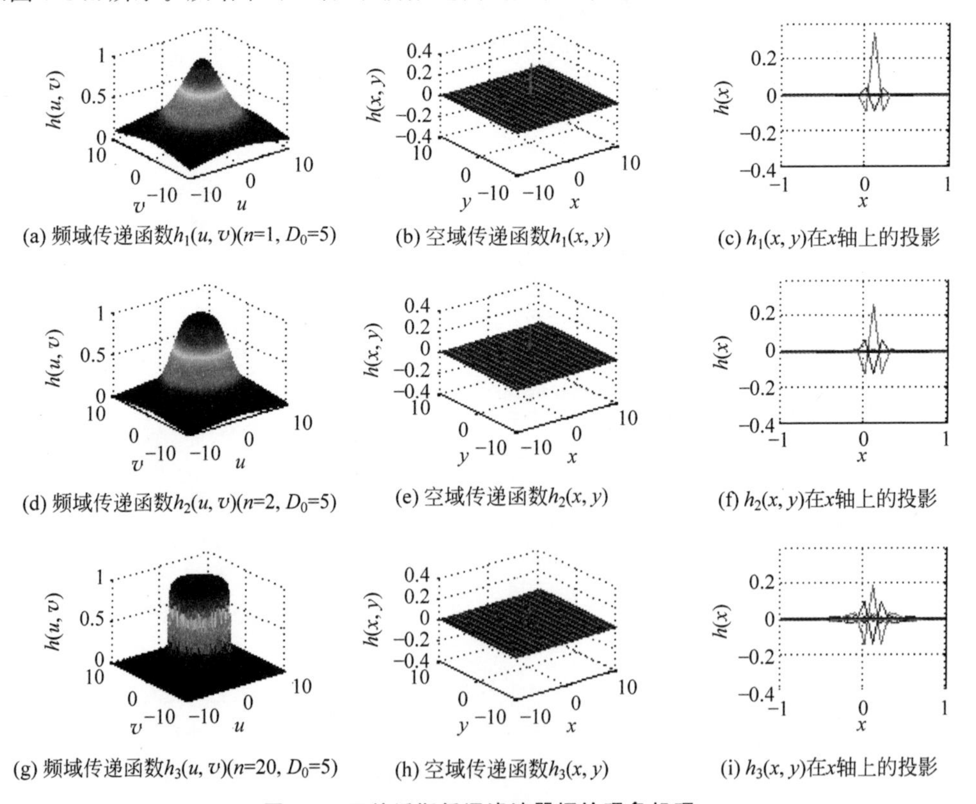

(a) 频域传递函数 $h_1(u,v)(n=1, D_0=5)$　(b) 空域传递函数 $h_1(x,y)$　(c) $h_1(x,y)$在x轴上的投影

(d) 频域传递函数 $h_2(u,v)(n=2, D_0=5)$　(e) 空域传递函数 $h_2(x,y)$　(f) $h_2(x,y)$在x轴上的投影

(g) 频域传递函数 $h_3(u,v)(n=20, D_0=5)$　(h) 空域传递函数 $h_3(x,y)$　(i) $h_3(x,y)$在x轴上的投影

图 7-8　巴特沃斯低通滤波器振铃现象机理

```
% F7_8.m

% ***** n = 1,D0 = 5 时的滤波情况 *****
% 频域传递函数:H(u,v)
uu = -10:0.1:10;
[u,v] = meshgrid(uu);
n = 1;
D0 = 5;
huv = 1./(1 + ((u.^2 + v.^2).^(1/2)/D0).^(2 * n));
subplot(3,3,1),mesh(u,v,huv),xlabel('\itu'),ylabel('\itv'),zlabel('{\ith}({\itu},{\itv})'),
title('(a) 频域传递函数 h1(u,v)(n = 1,D0 = 5)');

% 空域传递函数:h(x,y)
hxy = ifft2(huv);
hxy = ifftshift(hxy);
subplot(3,3,2),plot3(u,v,hxy),xlabel('\itx'),ylabel('\ity'),zlabel('{\ith}({\itx},{\ity})'),
axis([-10 10 -10 10 -0.4 0.401]),title('(b) 空域传递函数 h1(x,y)'),grid on;

% 空域传递函数在 x 轴上的投影
subplot(3,3,3),plot(uu,hxy),xlabel('\itx'),ylabel('{\ith}({\itx})'),axis([-1 1 -0.4
0.4]),title('(c) h1(x,y)在 x 轴上的投影'),grid on;

% ***** n = 2,D0 = 5 时的滤波情况 *****
% 频域传递函数:H(u,v)
uu = -10:0.1:10;
[u,v] = meshgrid(uu);
n = 2;
D0 = 5;
huv = 1./(1 + ((u.^2 + v.^2).^(1/2)/D0).^(2 * n));
subplot(3,3,4),mesh(u,v,huv),xlabel('\itu'),ylabel('\itv'),zlabel('{\ith}({\itu},{\itv})'),
title('(d) 频域传递函数 h2(u,v)(n = 2,D0 = 5)');

% 空域传递函数:h(x,y)
hxy = ifft2(huv);
hxy = ifftshift(hxy);
subplot(3,3,5),plot3(u,v,hxy),xlabel('\itx'),ylabel('\ity'),zlabel('{\ith}({\itx},{\ity})'),
axis([-10 10 -10 10 -0.4 0.401]),title('(e) 空域传递函数 h2(x,y)'),grid on;

% 空域传递函数在 x 轴上的投影
subplot(3,3,6),plot(uu,hxy),xlabel('\itx'),ylabel('{\ith}({\itx})'),axis([-1 1 -0.4
0.4]),title('(f) h2(x,y)在 x 轴上的投影'),grid on;

% ***** n = 20,D0 = 5 时的滤波情况 *****
% 频域传递函数:H(u,v)
uu = -10:0.1:10;
[u,v] = meshgrid(uu);
n = 20;
D0 = 5;
```

```
huv = 1./(1 + ((u.^2 + v.^2).^(1/2)/D0).^(2 * n));
subplot(3,3,7),mesh(u,v,huv),xlabel('\itu'),ylabel('\itv'),zlabel('{\ith}({\itu},{\itv})'),
title('(g) 频域传递函数 h3(u,v)(n = 20,D0 = 5)');
% 空域传递函数:h(x,y)
hxy = ifft2(huv);
hxy = ifftshift(hxy);
subplot(3,3,8),plot3(u,v,hxy),xlabel('\itx'),ylabel('\ity'),zlabel('{\ith}({\itx},{\ity})'),
axis([ - 10 10  - 10 10  - 0.4 0.401]),title('(h) 空域传递函数 h3(x,y)'),grid on;

% 空域传递函数在 x 轴上的投影
subplot(3,3,9),plot(uu,hxy),xlabel('\itx'),ylabel('{\ith}({\itx})'),axis([ - 1 1  - 0.4
0.4]),title('(i) h3(x,y)在 x 轴上的投影'),grid on;
```

例 7.7 巴特沃斯低通滤波器振铃现象示例。

解：大小为 256×256 的原始图像如图 7-9(a)所示，阶数为 1、截止频率为 30 的滤波图像如图 7-9(b)所示，阶数为 10、截止频率为 30 的滤波图像如图 7-9(c)所示，阶数为 20、截止频率为 30 的滤波图像如图 7-9(d)所示。从结果可以看出，一阶 BLPF 没有振铃现象，10 阶 BLPF 存在一定的振铃现象，20 阶 BLPF 存在明显的振铃现象；阶数越高，振铃现象越明显，越接近 ILPF 的特性。

(a) 原始图像

(b) 滤波图像 (n=1, D_0=30)

(c) 滤波图像 (n=10, D_0=30)

(d) 滤波图像 (n=20, D_0=30)

图 7-9 巴特沃斯低通滤波器振铃现象示例

```
% F7_9.m

% 原始图像
fxy = imread('lena.bmp');
subplot(2,2,1),imshow(fxy),xlabel('(a) 原始图像');

% 傅里叶变换
fxy = double(fxy);
Fuv = fft2(fxy);                    % 二维傅里叶变换
ShiftFuv = fftshift(Fuv);
[N1,N2] = size(ShiftFuv);

% 阶数 n = 1,截止频率 D0 = 30 时的巴特沃斯低通滤波器的滤波效果
n = 1;
D0 = 30;
```

```
n1 = fix(N1/2);
n2 = fix(N2/2);
for i = 1:N1
    for j = 1:N2
        d = sqrt((i - n1)^2 + (j - n2)^2);
        H = 1/(1 + (sqrt(2) - 1) * (d/D0)^(2 * n));
        G(i,j) = H * ShiftFuv(i,j);
    end
end

G = ifftshift(G);
g = ifft2(G);
g = uint8(real(g));
subplot(2,2,2),imshow(g),xlabel('(b) 滤波图像(n = 1,D0 = 30)');

% 阶数 n = 10,截止频率 D0 = 30 时巴特沃斯低通滤波器的滤波效果
n = 10;
D0 = 30;
n1 = fix(N1/2);
n2 = fix(N2/2);
for i = 1:N1
    for j = 1:N2
        d = sqrt((i - n1)^2 + (j - n2)^2);
        H = 1/(1 + (sqrt(2) - 1) * (d/D0)^(2 * n));
        G(i,j) = H * ShiftFuv(i,j);
    end
end
G = ifftshift(G);
g = ifft2(G);
g = uint8(real(g));
subplot(2,2,3),imshow(g),xlabel('(c) 滤波图像(n = 10,D0 = 30)');

% 阶数 n = 20,截止频率 D0 = 30 时巴特沃斯低通滤波器的滤波效果
n = 20;
D0 = 30;
n1 = fix(N1/2);
n2 = fix(N2/2);
for i = 1:N1
    for j = 1:N2
        d = sqrt((i - n1)^2 + (j - n2)^2);
        H = 1/(1 + (sqrt(2) - 1) * (d/D0)^(2 * n));
        G(i,j) = H * ShiftFuv(i,j);
    end
```

7.1.3 指数低通滤波器

指数低通滤波器(Exponential LowPass Filter,ELPF)的传递函数如下式所示:

$$h(u,v)=\mathrm{e}^{-\left(\frac{D(u,v)}{D_0}\right)^n} \tag{7-6}$$

式中，D_0 是一个非负整数，称为截止频率；$D(u,v)=(u^2+v^2)^{1/2}$，为点(u,v)到傅里叶频率平面原点的距离；n 称为阶数。

式(7-6)把 $h(u,v)$下降到原来值的 1/e 时的 $D(u,v)$值定义为截止频率点 D_0。通常，也可以把 $h(u,v)$下降到原来值的$(1/2)^{1/2}$ 时的 $D(u,v)$值定义为截止频率点 D_0，此时该点称为半功率点，如下式所示：

$$h(u,v)=\mathrm{e}^{\ln\frac{1}{\sqrt{2}}\cdot\left(\frac{D(u,v)}{D_0}\right)^n}=\mathrm{e}^{-0.347\cdot\left(\frac{D(u,v)}{D_0}\right)^n} \tag{7-7}$$

指数低通滤波器的传递函数如图 7-10 所示，其中，图 7-10(a)为剖面图，图 7-10(b)为三维图。

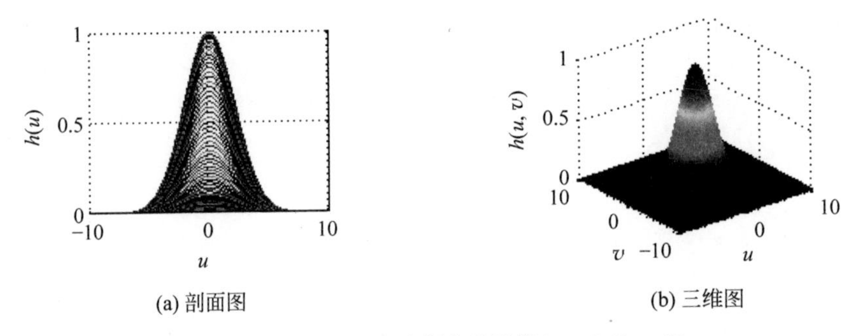

图 7-10　指数低通滤波器传递函数($n=2, D_0=3$)

```
% F7_10.m

uu = -10:0.1:10;
[u,v] = meshgrid(uu);
n = 2;
D0 = 3;

H = exp( - ((u.^2 + v.^2).^(1/2)/D0).^n);
subplot(1,2,1),plot(uu,H),xlabel('\itu'),ylabel('{\ith}({\itu})'),title('(a) 剖面图'),grid on;
subplot(1,2,2),mesh(u,v,H),xlabel('\itu'),ylabel('\itv'),zlabel('{\ith}({\itu},{\itv})'),
title('(b) 三维图');
```

例 7.8　指数低通滤波器示例。原始图像如图 7-11(a)所示，试对其进行指数低通滤波。

解：原始图像如图 7-11(a)所示，原始图像添加噪声密度(即包括噪声值的图像区域的百分比)为 5%的椒盐噪声后得到的噪声图像如图 7-11(b)所示，噪声图像的傅里叶幅度谱对数图像如图 7-11(c)所示，采用阶数为 2、截止频率为 30 和阶数为 2、截止频率为 60 对噪声图像进行指数低通滤波后得到的滤波图像分别如图 7-11(d)和图 7-11(e)所示。从结果可以看出，指数低通滤波器能模糊图像的边缘和轮廓，消除或减弱噪声影响，实现图像平滑。截止频率越小，保留的高频分量越少，图像平滑效果越好；截止频率越大，保留的高频分量越多，图像平滑效果越差。

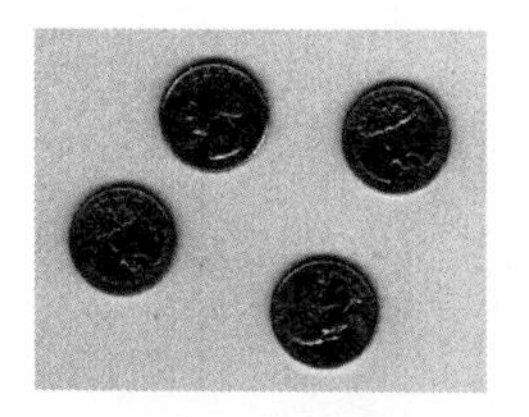

(a) 原始图像

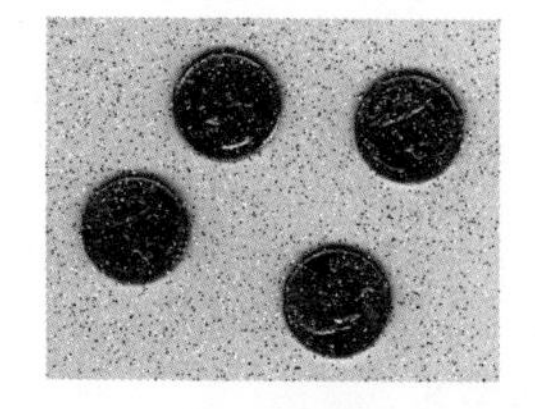

(b) 噪声图像

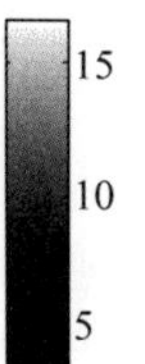

(c) 噪声图像的傅里叶幅度谱对数图像

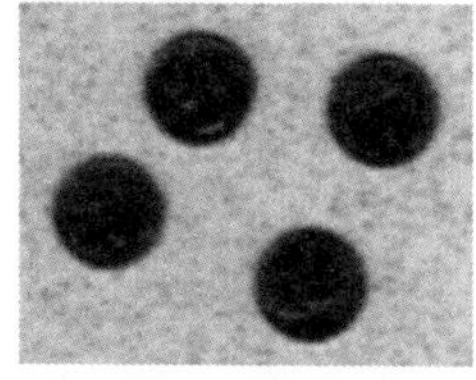

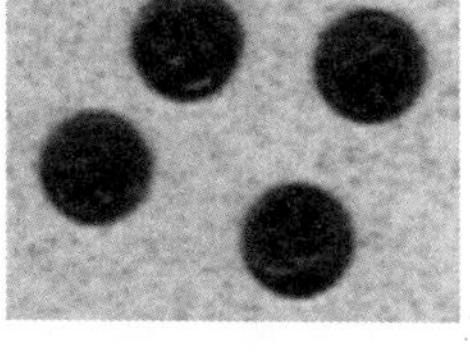

(d) 滤波图像(n=2，D_0=30)

(e) 滤波图像(n=2，D_0=60)

图 7-11 指数低通滤波器示例

```
% F7_11.m

f1xy = imread('eight.tif');
subplot(2,3,1),imshow(f1xy),xlabel('(a) 原始图像');

f2xy = imnoise(f1xy,'salt & pepper',0.05);
subplot(2,3,2),imshow(f2xy),xlabel('(b) 噪声图像');

fxy = double(f2xy);
Fuv = fft2(fxy);
FftShift = fftshift(Fuv);
AbsFftShift = abs(FftShift);
LogAbsFftShift = log(AbsFftShift);
subplot(2,3,3),imshow(LogAbsFftShift,[]),xlabel('(c) 噪声图像的傅里叶幅度谱对数图像'),
colormap(gray),colorbar;

[N1,N2] = size(FftShift);

% 阶数 n = 2,截止频率 D0 = 30 时的滤波效果
n = 2;
D0 = 30;
n1 = fix(N1/2);
n2 = fix(N2/2);
for i = 1:N1
    for j = 1:N2
        d = sqrt((i - n1)^2 + (j - n2)^2);
        H = exp( - (d/D0).^n);
        G(i,j) = H * FftShift(i,j);
    end
end
```

```
G = ifftshift(G);
g = ifft2(G);
g = uint8(real(g));
subplot(2,3,4),imshow(g),xlabel('(d) 滤波图像(n = 2,D0 = 30)');

% 阶数 n = 2,截止频率 D0 = 60 时的滤波效果
n = 2;
D0 = 60;
n1 = fix(N1/2);
n2 = fix(N2/2);
for i = 1:N1
    for j = 1:N2
        d = sqrt((i - n1)^2 + (j - n2)^2);
        H = exp( - (d/D0).^n);
        G(i,j) = H * FftShift(i,j);
    end
end
G = ifftshift(G);
g = ifft2(G);
g = uint8(real(g));
subplot(2,3,6),imshow(g),xlabel('(e) 滤波图像(n = 2,D0 = 60)');
```

指数低通滤波器的滤波效果分析：

(1) 与理想低通滤波器相比，指数低通滤波器在高低频之间有比较光滑的过渡，因此，振铃现象比较弱。

(2) 与巴特沃斯低通滤波器相比，指数低通滤波器随频率增加在开始阶段一般衰减得比较快，对高频分量的滤除能力比较强，对图像造成的模糊比较大；指数低通滤波器的尾部拖得比较长，对噪声的衰减能力比较强；指数低通滤波器产生的振铃现象一般比较弱，平滑效果一般比较弱。

7.1.4 梯形低通滤波器

梯形低通滤波器(Trapezoidal LowPass Filter，TLPF)的传递函数如下式所示：

$$h(u,v)=\begin{cases}1, & D(u,v)<D_0\\ \dfrac{D(u,v)-D_1}{D_0-D_1}, & D_0\leqslant D(u,v)\leqslant D_1\\ 0, & D(u,v)>D_1\end{cases} \tag{7-8}$$

式中，D_0 是一个非负整数，称为截止频率，指小于 D_0 的频率可以完全不受影响地通过滤波器；D_1 是一个非负整数且 $D_1>D_0$，指大于 D_1 的频率完全通不过滤波器；$D(u,v)=(u^2+v^2)^{1/2}$，为点(u,v)到傅里叶频率平面原点的距离。

梯形低通滤波器的传递函数的形状介于理想低通滤波器和具有平滑过渡带的低通滤波器之间，如图 7-12 所示，其中，图 7-12(a)为剖面图，图 7-12(b)为三维图。

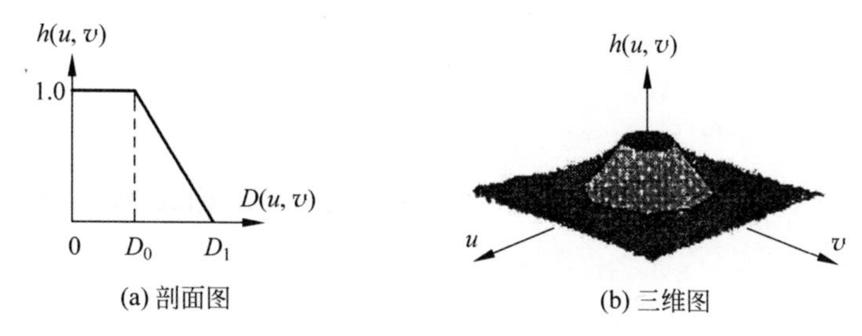

(a) 剖面图　　(b) 三维图

图 7-12　梯形低通滤波器传递函数

例 7.9　梯形低通滤波器示例。原始图像如图 7-13(a)所示，试对其进行梯形低通滤波。

解：原始图像如图 7-13(a)所示，原始图像添加噪声密度（即包括噪声值的图像区域的百分比）为 5%的椒盐噪声后得到的噪声图像如图 7-13(b)所示，噪声图像的傅里叶幅度谱对数图像如图 7-13(c)所示，采用 D_0 为 20、D_1 为 40 和 D_0 为 40、D_1 为 80 对噪声图像进行梯形低通滤波后得到的滤波图像分别如图 7-13(d)和图 7-13(e)所示。从结果可以看出，梯形低通滤波器能模糊图像的边缘和轮廓，消除或减弱噪声影响，实现图像平滑。截止频率越小，保留的高频分量越少，图像平滑效果越好；截止频率越大，保留的高频分量越多，图像平滑效果越差。

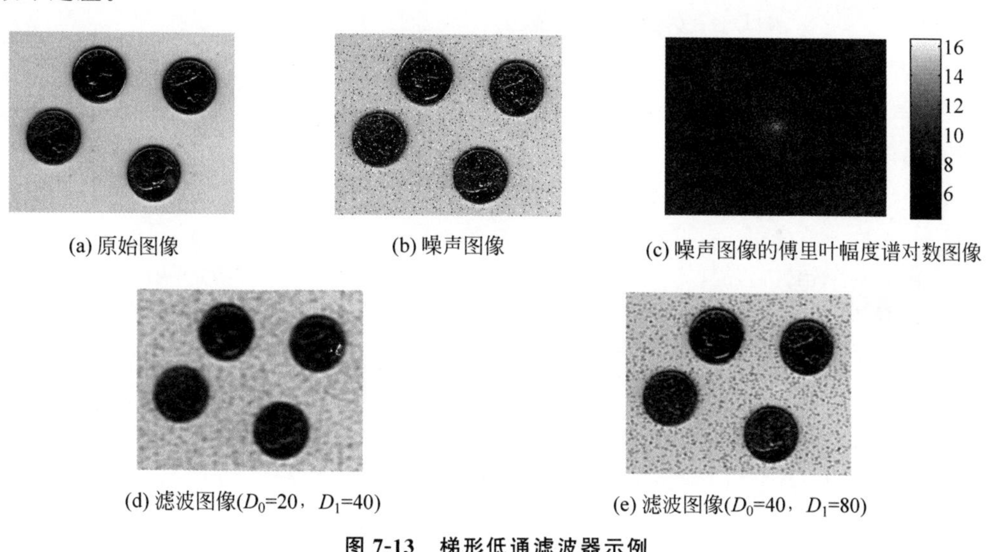

(a) 原始图像　　(b) 噪声图像　　(c) 噪声图像的傅里叶幅度谱对数图像

(d) 滤波图像(D_0=20，D_1=40)　　(e) 滤波图像(D_0=40，D_1=80)

图 7-13　梯形低通滤波器示例

```
% F7_13.m

f1xy = imread('eight.tif');
subplot(2,3,1),imshow(f1xy),xlabel('(a) 原始图像');

f2xy = imnoise(f1xy,'salt & pepper');
subplot(2,3,2),imshow(f2xy),xlabel('(b) 噪声图像');

fxy = double(f2xy);
```

```
Fuv = fft2(fxy);
FftShift = fftshift(Fuv);
AbsFftShift = abs(FftShift);
LogAbsFftShift = log(AbsFftShift);
subplot(2,3,3),imshow(LogAbsFftShift,[]),xlabel('(c) 噪声图像的傅里叶幅度谱对数图像'),
colormap(gray),colorbar;

[N1,N2] = size(FftShift);

% 截止频率 D0 = 20,D1 = 40 时的滤波效果
D0 = 20;
D1 = 40;
n1 = fix(N1/2);
n2 = fix(N2/2);
for i = 1:N1
    for j = 1:N2
        d = sqrt((i - n1)^2 + (j - n2)^2);
        if d < D0
            G(i,j) = FftShift(i,j);
        else
            if d > D1
                G(i,j) = 0;
            else
                H = (d - D1)/(D0 - D1);
                G(i,j) = H * FftShift(i,j);
            end
        end
    end
end
G = ifftshift(G);
g = ifft2(G);
g = uint8(real(g));
subplot(2,3,4),imshow(g),xlabel('(d) 滤波图像(D0 = 20,D1 = 40)');

% 截止频率 D0 = 40,D1 = 80 时的滤波效果
D0 = 40;
D1 = 80;
n1 = fix(N1/2);
n2 = fix(N2/2);
for i = 1:N1
    for j = 1:N2
        d = sqrt((i - n1)^2 + (j - n2)^2);
        if d < D0
            G(i,j) = FftShift(i,j);
        else
            if d > D1
                G(i,j) = 0;
            else
                H = (d - D1)/(D0 - D1);
```

```
                G(i,j) = H * FftShift(i,j);
            end
        end
    end
end
G = ifftshift(G);
g = ifft2(G);
g = uint8(real(g));
subplot(2,3,6),imshow(g),xlabel('(e) 滤波图像(D0 = 40,D1 = 80)');
```

梯形低通滤波器的滤波效果分析：

(1) 与理想低通滤波器相比，梯形低通滤波器在高低频之间有一个过渡，因此，振铃现象比较弱。

(2) 与巴特沃斯低通滤波器相比，梯形低通滤波器在高低频之间的过渡不够光滑，因此，振铃现象比较强。

(3) 梯形低通滤波器传递函数的形状介于理想低通滤波器和具有平滑过渡带的低通滤波器之间，因此，滤波效果也介于两者之间。

7.1.5　高斯低通滤波器

高斯低通滤波器(Gauss LowPass Filter，GLPF)的传递函数如下式所示：

$$h(u,v)=\mathrm{e}^{-\frac{1}{2}\left(\frac{D(u,v)}{D_0}\right)^2} \tag{7-9}$$

式中，D_0 是一个非负整数，称为截止频率；$D(u,v)=(u^2+v^2)^{1/2}$，为点(u,v)到傅里叶频率平面原点的距离。

式(7-9)把 $h(u,v)$下降到原来值的 $\mathrm{e}^{\frac{-1}{2}}$ 时的 $D(u,v)$值定义为截止频率点 D_0。通常，也可以把 $h(u,v)$下降到原来值的$(1/2)^{1/2}$ 时的 $D(u,v)$值定义为截止频率点 D_0，此时该点称为半功率点，如下式所示：

$$h(u,v)=\mathrm{e}^{\ln\frac{1}{\sqrt{2}}\cdot\left(\frac{D(u,v)}{D_0}\right)^2}=\mathrm{e}^{-0.347\cdot\left(\frac{D(u,v)}{D_0}\right)^2} \tag{7-10}$$

高斯低通滤波器的传递函数如图 7-14 所示，其中，图 7-14(a)为剖面图，图 7-14(b)为三维图。

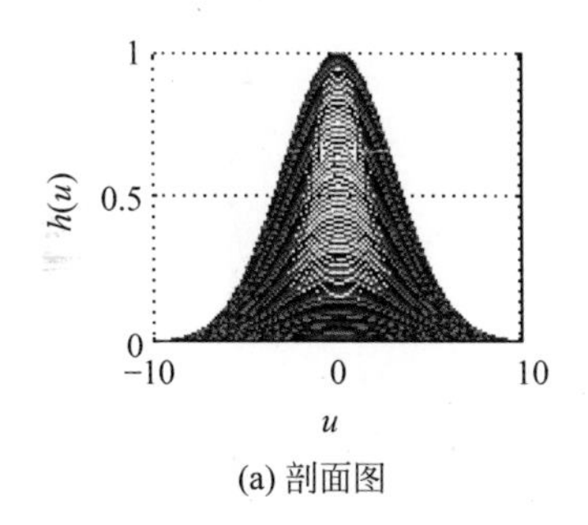

(a) 剖面图

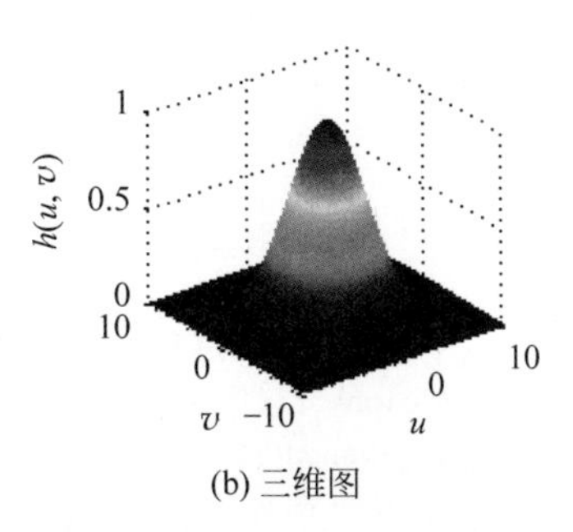

(b) 三维图

图 7-14　高斯低通滤波器传递函数

```
% F7_14.m

uu = - 10:0.1:10;
[u,v] = meshgrid(uu);
n = 2;
D0 = 3;

H3 = exp( - (u.^2 + v.^2)/(2 * D0^2));

subplot(1,2,1),plot(uu,H3),xlabel('\itu'),ylabel('{\ith}({\itu})'),title('(a) 剖面图'),
grid on;
subplot(1,2,2),mesh(u,v,H3),xlabel('\itu'),ylabel('\itv'),zlabel('{\ith}({\itu},{\itv})'),
title('(b) 三维图');
```

例 7.10 高斯低通滤波器示例。原始图像如图 7-15(a)所示，试对其进行高斯低通滤波。

解：原始图像如图 7-15(a)所示，原始图像添加噪声密度(即包括噪声值的图像区域的百分比)为 5%的椒盐噪声后得到的噪声图像如图 7-15(b)所示，噪声图像的傅里叶幅度谱对数图像如图 7-15(c)所示，采用截止频率为 20 和 60 对噪声图像进行高斯低通滤波后得到的滤波图像分别如图 7-15(d)和图 7-15(e)所示。从结果可以看出，高斯低通滤波器能模糊图像的边缘和轮廓，消除或减弱噪声影响，实现图像平滑。截止频率越小，保留的高频分量越少，图像平滑效果越好；截止频率越大，保留的高频分量越多，图像平滑效果越差。

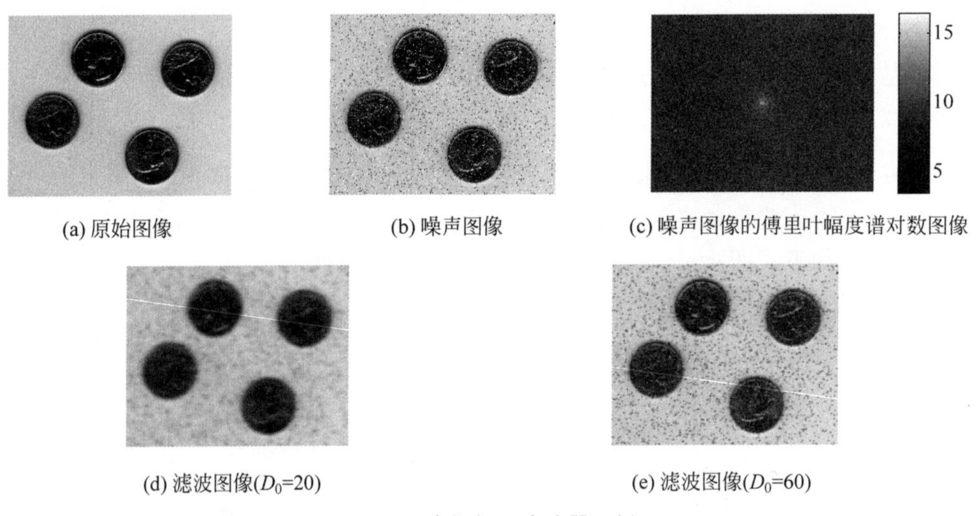

图 7-15 高斯低通滤波器示例

```
% F7_15.m

f1xy = imread('eight.tif');
subplot(2,3,1),imshow(f1xy),xlabel('(a) 原始图像');

f2xy = imnoise(f1xy,'salt & pepper');
subplot(2,3,2),imshow(f2xy),xlabel('(b) 噪声图像');
```

```
fxy = double(f2xy);
Fuv = fft2(fxy);
FftShift = fftshift(Fuv);
AbsFftShift = abs(FftShift);
LogAbsFftShift = log(AbsFftShift);
subplot(2,3,3),imshow(LogAbsFftShift,[]),xlabel('(c) 噪声图像的傅里叶幅度谱对数图像'),
colormap(gray),colorbar;

[N1,N2] = size(FftShift);

% 截止频率 D0 = 20 时的滤波效果
D0 = 20;
n1 = fix(N1/2);
n2 = fix(N2/2);
for i = 1:N1
    for j = 1:N2
        d = sqrt((i - n1)^2 + (j - n2)^2);
        H = exp( - d^2/(2 * D0^2));
        G(i,j) = H * FftShift(i,j);
    end
end
G = ifftshift(G);
g = ifft2(G);
g = uint8(real(g));
subplot(2,3,4),imshow(g),xlabel('(d) 滤波图像(D0 = 20)');

% 截止频率 D0 = 60 时的滤波效果
D0 = 60;
n1 = fix(N1/2);
n2 = fix(N2/2);
for i = 1:N1
    for j = 1:N2
        d = sqrt((i - n1)^2 + (j - n2)^2);
        H = exp( - d^2/(2 * D0^2));
        G(i,j) = H * FftShift(i,j);
    end
end
G = ifftshift(G);
g = ifft2(G);
g = uint8(real(g));
subplot(2,3,6),imshow(g),xlabel('(e) 滤波图像(D0 = 60)');
```

由于高斯低通滤波器传递函数的傅里叶反变换也是高斯的，因此，高斯低通滤波器没有振铃现象。

7.2　高通滤波

高通滤波的基本原理是保留图像中的高频分量，削减图像中的低频分量。由于图像的边缘和噪声对应图像频谱中的高频分量，因此，高通滤波将突出图像的边缘和轮廓，使光滑区域灰度减弱、变暗甚至接近黑色，属于图像锐化处理技术。

高通滤波器的传递函数可由式(7-11)得到，这样的高通滤波器是对应低通滤波器的精确反操作，即对应低通滤波器衰减的频率都能通过该高通滤波器。

$$h_{hp}(u,v)=1-h_{lp}(u,v) \tag{7-11}$$

式中，$h_{hp}(u,v)$为高通滤波器的传递函数；$h_{lp}(u,v)$为低通滤波器的传递函数。

7.2.1 理想高通滤波器

理想高通滤波器(Ideal HighPass Filter,IHPF)是一个在傅里叶平面上半径为 D_0 的圆形滤波器，其传递函数如下式所示：

$$h(u,v)=1-h_{lp}(u,v)=\begin{cases}0, & D(u,v)\leqslant D_0\\ 1, & D(u,v)>D_0\end{cases} \tag{7-12}$$

式中，D_0 为一个非负整数，称为截止频率，指大于 D_0 的频率可以完全不受影响地通过滤波器，而小于 D_0 的频率则完全通不过滤波器；$D(u,v)=(u^2+v^2)^{1/2}$，为点(u,v)到傅里叶频率平面原点的距离。

理想高通滤波器的传递函数如图 7-16 所示，其中，图 7-16(a)为剖面图，图 7-16(b)为三维图。

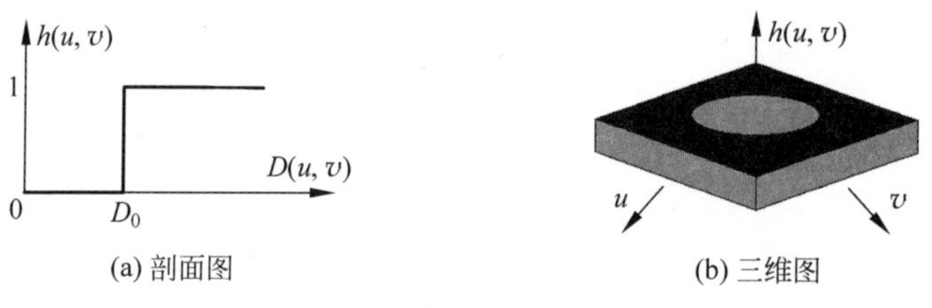

(a) 剖面图　　(b) 三维图

图 7-16 理想高通滤波器传递函数

例 7.11 理想高通滤波器示例。原始图像如图 7-17(a)所示，试对其进行理想高通滤波。

解：原始图像如图 7-17(a)所示，原始图像的傅里叶幅度谱对数图像如图 7-17(b)所示，采用截止频率为 10 和 20 对原始图像进行理想高通滤波后得到的滤波图像分别如图 7-17(c)和图 7-17(d)所示。从结果可以看出，理想高通滤波器能突出图像的边缘和轮廓，使光滑区域灰度减弱、变暗甚至接近黑色，实现图像锐化；截止频率越小，滤除的高频分量越少，图像锐化效果越差；截止频率越大，滤除的高频分量越多，图像锐化效果越好。

(a) 原始图像　　(b) 傅里叶幅度谱对数图像　　(c) 滤波图像(D_0=10)　　(d) 滤波图像(D_0=20)

图 7-17 理想高通滤波器示例

```
% F7_17.m

%原始图像
fxy = imread('lena.bmp');
subplot(2,2,1),imshow(fxy),xlabel('(a) 原始图像');

%傅里叶幅度谱的对数图像显示
fxy = double(fxy);
Fuv = fft2(fxy);                              %二维傅里叶变换
FftShift = fftshift(Fuv);
AbsFftShift = abs(FftShift);                  %傅里叶幅度谱
LogAbsFftShift = log(AbsFftShift);            %傅里叶幅度谱的可视化
subplot(2,2,2),imshow(LogAbsFftShift,[ ]),xlabel('(b) 傅里叶幅度谱对数图像'),colormap
(gray),colorbar;

[N1,N2] = size(FftShift);
%截止频率 D0 = 10 时的滤波效果
D0 = 10;
n1 = fix(N1/2);
n2 = fix(N2/2);
for i = 1:N1
    for j = 1:N2
        d = sqrt((i - n1)^2 + (j - n2)^2);
        if (d > D0)
            G(i,j) = FftShift(i,j);
        else
            G(i,j) = 0;
        end
    end
end
G = ifftshift(G);
g = ifft2(G);
g = uint8(real(g));
subplot(2,2,3),imshow(g),xlabel('(c) 滤波图像(D0 = 10)');

%截止频率 D0 = 20 时的滤波效果
D0 = 20;
n1 = fix(N1/2);
n2 = fix(N2/2);
for i = 1:N1
    for j = 1:N2
        d = sqrt((i - n1)^2 + (j - n2)^2);
        if (d > D0)
            G(i,j) = FftShift(i,j);
        else
            G(i,j) = 0;
        end
    end
end
```

```
G = ifftshift(G);
g = ifft2(G);
g = uint8(real(g));
subplot(2,2,4),imshow(g),xlabel('(d) 滤波图像(D0 = 20)');
```

7.2.2 巴特沃斯高通滤波器

巴特沃斯高通滤波器(Butterworth HighPass Filter,BHPF)的传递函数如下式所示：

$$h(u,v)=1-h_{lp}(u,v)=\frac{1}{1+(D_0/D(u,v))^{2n}} \tag{7-13}$$

式中，D_0 为一个非负整数，称为截止频率；$D(u,v)=(u^2+v^2)^{1/2}$，为点(u,v)到傅里叶频率平面原点的距离；n 为阶数。

式(7-13)把 $h(u,v)$下降到原来值的 1/2 时的 $D(u,v)$值定义为截止频率点 D_0。通常，也可以把 $h(u,v)$下降到原来值的$(1/2)^{1/2}$ 时的 $D(u,v)$值定义为截止频率点 D_0，此时该点称为半功率点，如下式所示：

$$h(u,v)=\frac{1}{1+(\sqrt{2}-1)(D_0/D(u,v))^{2n}} \tag{7-14}$$

巴特沃斯高通滤波器的传递函数如图 7-18 所示，其中，图 7-18(a)为剖面图，图 7-18(b)为三维图。

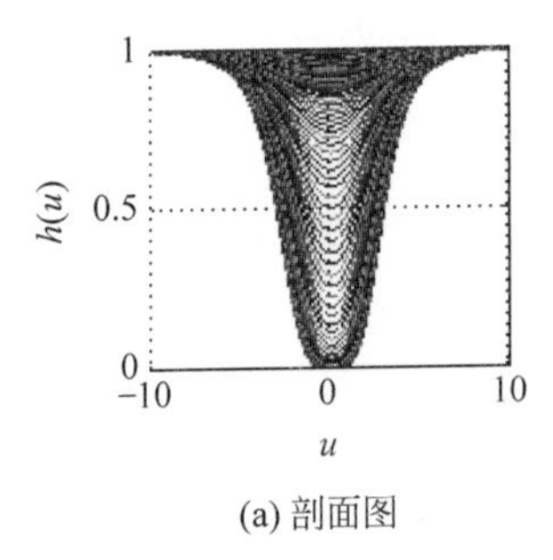

(a) 剖面图

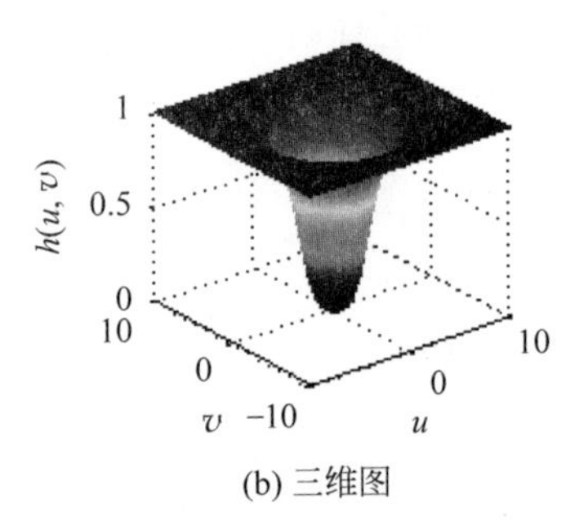

(b) 三维图

图 7-18 巴特沃斯高通滤波器传递函数($n=2,D_0=3$)

```
% F7_18.m

uu = - 10:0.1:10;
[u,v] = meshgrid(uu);
n = 2;
D0 = 3;
H = 1./(1 + (D0./((u.^2 + v.^2).^(1/2))).^(2 * n));

subplot(1,2,1),plot(uu,H),xlabel('\itu'),ylabel('{\ith}({\itu})'),title('(a) 剖面图'),grid on;
subplot(1,2,2),mesh(u,v,H),xlabel('\itu'),ylabel('\itv'),zlabel('{\ith}({\itu},{\itv})'),
title('(b) 三维图');
```

例 7.12 巴特沃斯高通滤波器示例。原始图像如图 7-19(a)所示,试对其进行巴特沃斯高通滤波。

解:原始图像如图 7-19(a)所示,原始图像的傅里叶幅度谱对数图像如图 7-19(b)所示,采用阶数为 1、截止频率为 10 和阶数为 1、截止频率为 20 对原始图像进行巴特沃斯高通滤波后得到的滤波图像分别如图 7-19(c)和图 7-19(d)所示。从结果可以看出,巴特沃斯高通滤波器能突出图像的边缘和轮廓,使光滑区域灰度减弱、变暗甚至接近黑色,实现图像锐化;截止频率越小,滤除的高频分量越少,图像锐化效果越差;截止频率越大,滤除的高频分量越多,图像锐化效果越好。

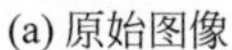

(a) 原始图像

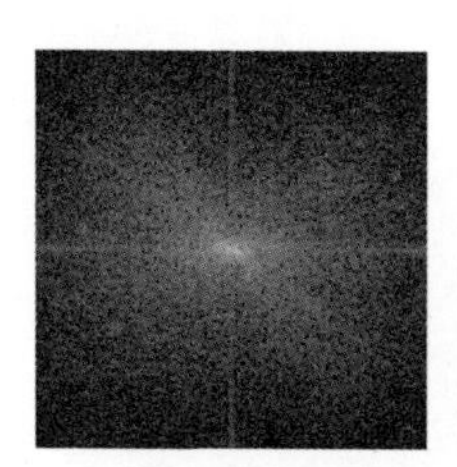

(b) 傅里叶幅度谱对数图像

(c) 滤波图像(n=1, D_0=10)

(d) 滤波图像(n=1, D_0=20)

图 7-19 巴特沃斯高通滤波器示例

```
% F7_19.m

% 原始图像
fxy = imread('lena.bmp');
subplot(2,2,1),imshow(fxy),xlabel('(a) 原始图像');

% 傅里叶幅度谱的对数图像显示
fxy = double(fxy);
Fuv = fft2(fxy);                        % 二维傅里叶变换
FftShift = fftshift(Fuv);
AbsFftShift = abs(FftShift);            % 傅里叶幅度谱
LogAbsFftShift = log(AbsFftShift);      % 傅里叶幅度谱的可视化
subplot(2,2,2),imshow(LogAbsFftShift,[ ]),xlabel('(b) 傅里叶幅度谱对数图像'),colormap
(gray),colorbar;
[N1,N2] = size(FftShift);

% 滤波效果 1
D0 = 10;
n = 1;
n1 = fix(N1/2);
n2 = fix(N2/2);
for i = 1:N1
    for j = 1:N2
        d = sqrt((i - n1)^2 + (j - n2)^2);
        Huv = 1./(1 + (D0./d).^(2 * n));
        G(i,j) = FftShift(i,j) * Huv;
    end
```

```
end
G = ifftshift(G);
g = ifft2(G);
g = uint8(real(g));
subplot(2,2,3),imshow(g),xlabel('(c) 滤波图像(n = 1,D0 = 10)');

% 滤波效果 2
D0 = 20;
n = 1;
n1 = fix(N1/2);
n2 = fix(N2/2);
for i = 1:N1
    for j = 1:N2
        d = sqrt((i - n1)^2 + (j - n2)^2);
        Huv = 1./(1 + (D0./d).^(2 * n));
        G(i,j) = FftShift(i,j) * Huv;
    end
end
G = ifftshift(G);
g = ifft2(G);
g = uint8(real(g));
subplot(2,2,4),imshow(g),xlabel('(d) 滤波图像(n = 1,D0 = 20)');
```

7.2.3 指数高通滤波器

指数高通滤波器(Exponential HighPass Filter,EHPF)的传递函数如式(7-15)或式(7-16)所示。式(7-16)是对应指数低通滤波器的精确反操作。

$$h(u,v)=\mathrm{e}^{-\left(\frac{D_0}{D(u,v)}\right)^n} \tag{7-15}$$

$$h(u,v)=1-h_{lp}(u,v)=1-\mathrm{e}^{-\left(\frac{D(u,v)}{D_0}\right)^n} \tag{7-16}$$

式中,D_0 为一个非负整数,称为截止频率;$D(u,v)=(u^2+v^2)^{1/2}$,为点(u,v)到傅里叶频率平面原点的距离;n 为阶数。

式(7-15)把 $h(u,v)$下降到原来值的 1/e 时的 $D(u,v)$值定义为截止频率点 D_0。通常,也可以把 $h(u,v)$下降到原来值的$(1/2)^{1/2}$ 时的 $D(u,v)$值定义为截止频率点 D_0,此时该点称为半功率点,如下式所示:

$$h(u,v)=\mathrm{e}^{\ln\frac{1}{\sqrt{2}}\cdot\left(\frac{D_0}{D(u,v)}\right)^n}=\mathrm{e}^{-0.347\cdot\left(\frac{D_0}{D(u,v)}\right)^n} \tag{7-17}$$

式(7-15)对应的指数高通滤波器的传递函数如图 7-20 所示,其中,图 7-20(a)为剖面图,图 7-20(b)为三维图。

式(7-16)对应的指数高通滤波器的传递函数如图 7-21 所示,其中,图 7-21(a)为剖面图,图 7-21(b)为三维图。

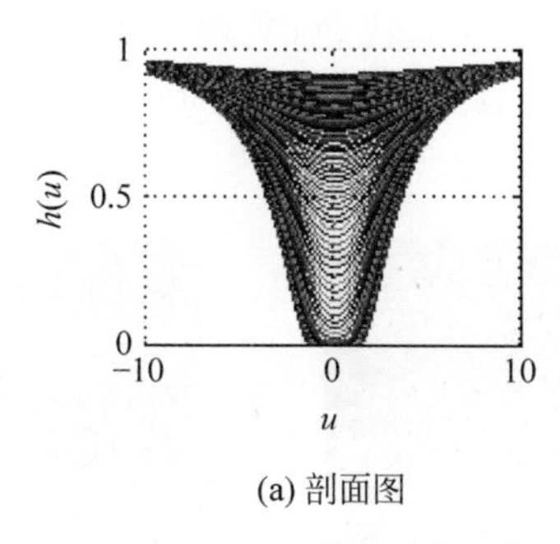

(a) 剖面图

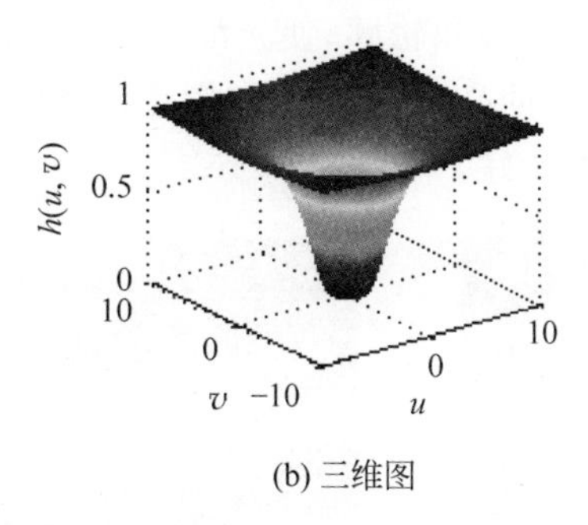

(b) 三维图

图 7-20　式(7-15)对应的指数高通滤波器的传递函数($n=2, D_0=3$)

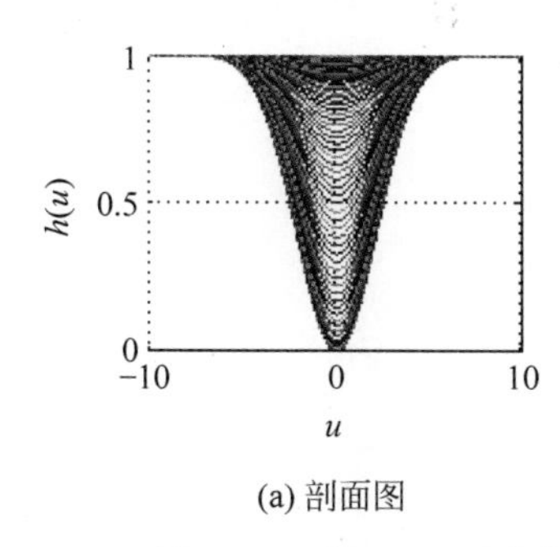

(a) 剖面图

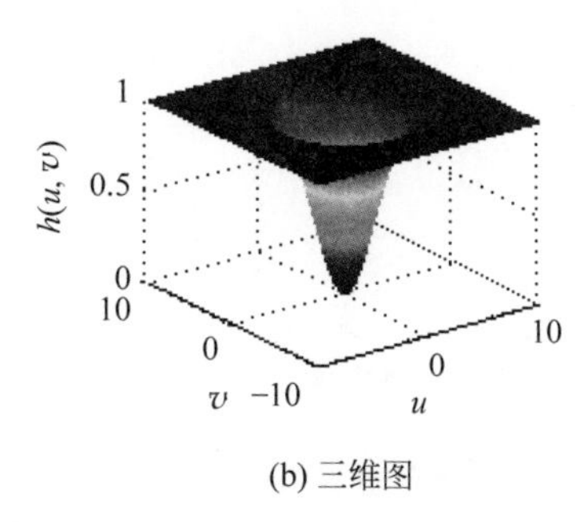

(b) 三维图

图 7-21　式(7-16)对应的指数高通滤波器的传递函数($n=2, D_0=3$)

```
% F7_21.m

uu = - 10:0.1:10;
[u,v] = meshgrid(uu);
n = 2;
D0 = 3;

H1 = exp( - (D0./((u.^2 + v.^2).^(1/2))).^n);
subplot(2,2,1),plot(uu,H1),xlabel('\itu'),ylabel('{\ith}({\itu})'),title('(a) 剖面图'),
grid on;
subplot(2,2,2),mesh(u,v,H1),xlabel('\itu'),ylabel('\itv'),zlabel('{\ith}({\itu},{\itv})'),
title('(b) 三维图');

H2 = 1 - exp( - (((u.^2 + v.^2).^(1/2))./D0).^n);
subplot(2,2,3),plot(uu,H2),xlabel('\itu'),ylabel('{\ith}({\itu})'),title('(c) 剖面图'),
grid on;
subplot(2,2,4),mesh(u,v,H2),xlabel('\itu'),ylabel('\itv'),zlabel('{\ith}({\itu},{\itv})'),
title('(d) 三维图');
```

例 7.13　指数高通滤波器示例。原始图像如图 7-22(a)所示,试对其进行指数高通滤波。

解:原始图像如图 7-22(a)所示,原始图像的傅里叶幅度谱对数图像如图 7-22(b)所示,采用阶数为 1、截止频率为 10 和阶数为 1、截止频率为 20 对原始图像进行指数高通滤波后得到的滤波图像分别如图 7-22(c)和图 7-22(d)所示。从结果可以看出,指数高通滤波器能突出图像的边缘和轮廓，使光滑区域灰度减弱、变暗甚至接近黑色，实现图像锐化；截止频率越小，滤除的高频分量越少，图像锐化效果越差；截止频率越大，滤除的高频分量越多，图像锐化效果越好。

(a) 原始图像

(b) 傅里叶幅度谱对数图像

(c) 滤波图像(n=1，D_0=10)

(d) 滤波图像(n=1，D_0=20)

图 7-22 指数高通滤波器示例

```
% F7_22.m

%原始图像
fxy = imread('lena.bmp');
subplot(2,2,1),imshow(fxy),xlabel('(a) 原始图像');

%傅里叶幅度谱的对数图像显示
fxy = double(fxy);
Fuv = fft2(fxy);                        %二维傅里叶变换
FftShift = fftshift(Fuv);
AbsFftShift = abs(FftShift);            %傅里叶幅度谱
LogAbsFftShift = log(AbsFftShift);      %傅里叶幅度谱的可视化
subplot(2,2,2),imshow(LogAbsFftShift,[ ]),xlabel('(b) 傅里叶幅度谱对数图像'),colormap
(gray),colorbar;

[N1,N2] = size(FftShift);
% 滤波效果 1
D0 = 10;
n = 1;
n1 = fix(N1/2);
n2 = fix(N2/2);
for i = 1:N1
    for j = 1:N2
        d = sqrt((i - n1)^2 + (j - n2)^2);
        Huv = exp( - (D0./d).^n);
        G(i,j) = FftShift(i,j) * Huv;
    end
end
G = ifftshift(G);
g = ifft2(G);
g = uint8(real(g));
subplot(2,2,3),imshow(g),xlabel('(c) 滤波图像(n = 1,D0 = 10)');

% 滤波效果 2
```

```
D0 = 20;
n = 1;
n1 = fix(N1/2);
n2 = fix(N2/2);
for i = 1:N1
    for j = 1:N2
        d = sqrt((i - n1)^2 + (j - n2)^2);
        Huv = exp( - (D0./d).^n);
        G(i,j) = FftShift(i,j) * Huv;
    end
end
G = ifftshift(G);
g = ifft2(G);
g = uint8(real(g));
subplot(2,2,4),imshow(g),xlabel('(d) 滤波图像(n = 1,D0 = 20)');
```

7.2.4 梯形高通滤波器

梯形高通滤波器(Trapezoidal HighPass Filter,THPF)的传递函数如下式所示:

$$h(u,v)=1-h_{lp}(u,v)=\begin{cases}0, & D(u,v)<D_1\\ \dfrac{D(u,v)-D_1}{D_0-D_1}, & D_1\leqslant D(u,v)\leqslant D_0\\ 1, & D(u,v)>D_0\end{cases} \tag{7-18}$$

式中,D_0 为一个非负整数,称为截止频率,指大于 D_0 的频率可以完全不受影响地通过滤波器;D_1 为一个非负整数且 $D_1<D_0$,指小于 D_1 的频率完全通不过滤波器;$D(u,v)=(u^2+v^2)^{1/2}$,为点(u,v)到傅里叶频率平面原点的距离。

梯形高通滤波器的传递函数的形状介于理想低通滤波器和具有平滑过渡带的低通滤波器之间,如图 7-23 所示,其中,图 7-23(a)为剖面图,图 7-23(b)为三维图。

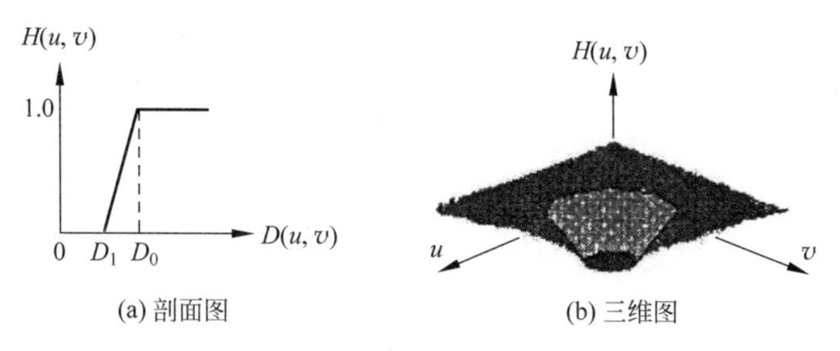

(a) 剖面图 (b) 三维图

图 7-23 梯形高通滤波器传递函数

例 7.14 梯形高通滤波器示例。原始图像如图 7-24(*a*)所示,试对其进行梯形高通滤波。

解:原始图像如图 7-24(a)所示,原始图像的傅里叶幅度谱对数图像如图 7-24(b)所示,采用 D_0 为 10、D_1 为 1 和 D_0 为 20、D_1 为 10 对原始图像进行梯形高通滤波后得到的滤波图像分别如图 7-24(d)和图 7-24(e)所示。从结果可以看出,梯形高通滤波器能突出图像的边缘和轮廓,使光滑区域灰度减弱、变暗甚至接近黑色,实现图像锐化;截止频率越小,滤除的高频分量越少，图像锐化效果越差；截止频率越大，滤除的高频分量越多，图像锐化效果越好。

(a) 原始图像

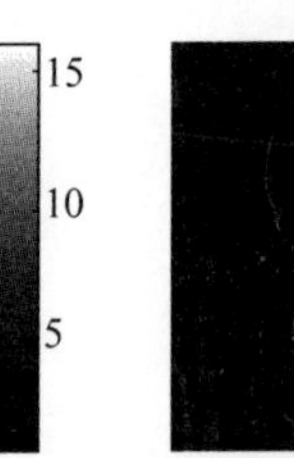

(b) 傅里叶幅度谱对数图像

(c) 滤波图像(D_0=10，D_1=1)

(d) 滤波图像(D_0=20，D_1=10)

图 7-24 梯形高通滤波器示例

```
% F7_24.m

%原始图像
fxy = imread('lena.bmp');
subplot(2,2,1),imshow(fxy),xlabel('(a) 原始图像');

%傅里叶幅度谱的对数图像显示
fxy = double(fxy);
Fuv = fft2(fxy);                          %二维傅里叶变换
ShiftFuv = fftshift(Fuv);
ABSShiftFuv = abs(ShiftFuv);              %傅里叶幅度谱
LogABSShiftFuv = log(ABSShiftFuv);        %傅里叶幅度谱的可视化
subplot(2,2,2),imshow(LogABSShiftFuv,[ ]),xlabel('(b) 傅里叶幅度谱对数图像'),colormap
(gray),colorbar;

%截止频率 D1 = 1,D0 = 10 时的滤波效果
[N1,N2] = size(ShiftFuv);
D1 = 1;
D0 = 10;
n1 = fix(N1/2);
n2 = fix(N2/2);
for i = 1:N1
    for j = 1:N2
        d = sqrt((i - n1)^2 + (j - n2)^2);
        if d > D0
            G(i,j) = ShiftFuv(i,j);
        else
            if d < D1
                G(i,j) = 0;
            else
                Huv = (d - D1)/(D0 - D1);
                G(i,j) = Huv * ShiftFuv(i,j);
            end
        end
    end
```

```
end
G = ifftshift(G);
g = ifft2(G);
g = uint8(real(g));
subplot(2,2,3),imshow(g),xlabel('(c) 滤波图像(D0 = 10,D1 = 1)');
% 截止频率 D1 = 10,D0 = 20 时的滤波效果
[N1,N2] = size(ShiftFuv);
D1 = 10;
D0 = 20;
n1 = fix(N1/2);
n2 = fix(N2/2);
for i = 1:N1
    for j = 1:N2
        d = sqrt((i - n1)^2 + (j - n2)^2);
        if d > D0
            G(i,j) = ShiftFuv(i,j);
        else
            if d < D1
                G(i,j) = 0;
            else
                Huv = (d - D1)/(D0 - D1);
                G(i,j) = Huv * ShiftFuv(i,j);
            end
        end
    end
end
G = ifftshift(G);
g = ifft2(G);
g = uint8(real(g));
subplot(2,2,4),imshow(g),xlabel('(d) 滤波图像(D0 = 20,D1 = 10)');
```

7.2.5 高斯高通滤波器

高斯高通滤波器(Gauss HighPass Filter,GHPF)的传递函数如下式所示：

$$h(u,v)=1-h_{lp}(u,v)=1-\mathrm{e}^{-\frac{1}{2}\left(\frac{D(u,v)}{D_0}\right)^2} \tag{7-19}$$

式中，D_0 为一个非负整数，称为截止频率；$D(u,v)=(u^2+v^2)^{1/2}$，为点(u,v)到傅里叶频率平面原点的距离。

式(7-9)把 $h(u,v)$下降到原来值的 $\mathrm{e}^{\frac{-1}{2}}$ 时的 $D(u,v)$值定义为截止频率点 D_0。通常，也可以把 $h(u,v)$下降到原来值的$(1/2)^{1/2}$ 时的 $D(u,v)$值定义为截止频率点 D_0，此时该点称为半功率点，如下式所示：

$$h(u,v)=1-h_{lp}(u,v)=1-\mathrm{e}^{\ln\frac{1}{\sqrt{2}}\cdot\left(\frac{D(u,v)}{D_0}\right)^2}=1-\mathrm{e}^{-0.347\cdot\left(\frac{D(u,v)}{D_0}\right)^2} \tag{7-20}$$

高斯高通滤波器的传递函数如图 7-25 所示，其中，图 7-25(a)为剖面图，图 7-25(b)为三维图。

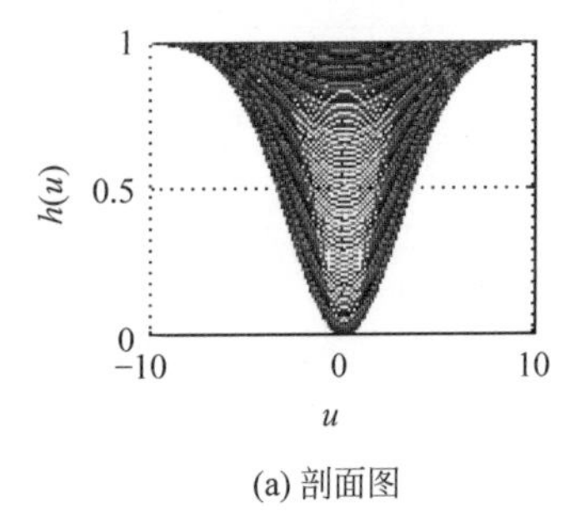

(a) 剖面图

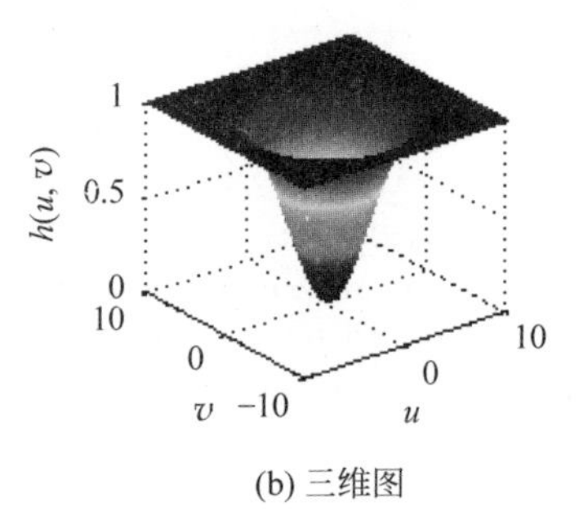

(b) 三维图

图 7-25 高斯高通滤波器传递函数

```
% F7_25.m

uu = - 10:0.1:10;
[u,v] = meshgrid(uu);
n = 2;
D0 = 3;

H3 = 1 - exp( - (u.^2 + v.^2)/(2 * D0^2));
subplot(1,2,1),plot(uu,H3),xlabel('\itu'),ylabel('{\ith}({\itu})'),title('(a) 剖面图'),
grid on;
subplot(1,2,2),mesh(u,v,H3),xlabel('\itu'),ylabel('\itv'),zlabel('{\ith}({\itu},{\itv})'),
title('(b) 三维图');
```

例 7.15 高斯高通滤波器示例。原始图像如图 7-26(*a*)所示,试对其进行高斯高通滤波。

解:原始图像如图 7-26(a)所示,原始图像的傅里叶幅度谱对数图像如图 7-26(b)所示,采用截止频率为 10 和 20 对原始图像进行高斯高通滤波后得到的滤波图像分别如图 7-26(d)和图 7-26(e)所示。从结果可以看出,高斯高通滤波器能突出图像的边缘和轮廓,使光滑区域灰度减弱、变暗甚至接近黑色,实现图像锐化;截止频率越小,滤除的高频分量越少,图像锐化效果越差;截止频率越大,滤除的高频分量越多,图像锐化效果越好。

(a) 原始图像

(b) 傅里叶幅度谱对数图像

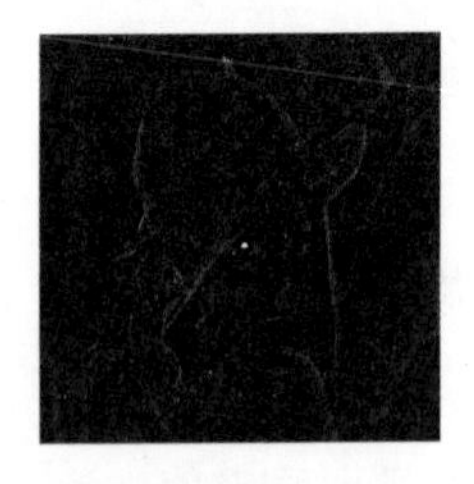

(c) 滤波图像(D_0=10)

(d) 滤波图像(D_0=20)

图 7-26 高斯高通滤波器示例

```
% F7_26.m

%原始图像
fxy = imread('lena.bmp');
```

```
subplot(2,2,1),imshow(fxy),xlabel('(a) 原始图像');

%傅里叶幅度谱的对数图像显示
fxy = double(fxy);
Fuv = fft2(fxy);                              %二维傅里叶变换
ShiftFuv = fftshift(Fuv);
ABSShiftFuv = abs(ShiftFuv);                  %傅里叶幅度谱
LogABSShiftFuv = log(ABSShiftFuv);            %傅里叶幅度谱的可视化
subplot(2,2,2),imshow(LogABSShiftFuv,[]),xlabel('(b) 傅里叶幅度谱对数图像');

%截止频率 D0 = 10 时的滤波效果
[N1,N2] = size(ShiftFuv);
D0 = 10;
n1 = fix(N1/2);
n2 = fix(N2/2);
for i = 1:N1
    for j = 1:N2
        d = sqrt((i - n1)^2 + (j - n2)^2);
        Huv = 1 - exp( - d^2/(2 * D0^2));
        G(i,j) = Huv * ShiftFuv(i,j);
    end
end
G = ifftshift(G);
g = ifft2(G);
g = uint8(real(g));
subplot(2,2,3),imshow(g),xlabel('(c) 滤波图像(D0 = 10)');

%截止频率 D0 = 20 时的滤波效果
[N1,N2] = size(ShiftFuv);
D0 = 20;
n1 = fix(N1/2);
n2 = fix(N2/2);
for i = 1:N1
    for j = 1:N2
        d = sqrt((i - n1)^2 + (j - n2)^2);
        Huv = 1 - exp( - d^2/(2 * D0^2));
        G(i,j) = Huv * ShiftFuv(i,j);
    end
end
G = ifftshift(G);
g = ifft2(G);
g = uint8(real(g));
subplot(2,2,4),imshow(g),xlabel('(d) 滤波图像(D0 = 20)');
```

由于高斯高通滤波器传递函数的傅里叶反变换也是高斯的，因此，高斯高通滤波器没有振铃现象。

7.2.6 高频增强滤波器

高通滤波器在锐化物体边缘的同时，也使光滑区域灰度减弱、变暗甚至接近黑色。为了克服这一问题，将高通滤波器的转移函数加一个常数以加回一些低频分量，从而获得既保持光滑区域灰度，又改善边缘区域对比度的效果，这就是高频增强滤波器，如下式所示：

$$h_e(u,v)=h(u,v)+c \tag{7-21}$$

式中，$h_e(u,v)$为高频增强滤波器的传递函数；$h(u,v)$为高通滤波器的传递函数；c 为常量且 $c\in[0,1]$。

实际使用中，通常将高通滤波器的传递函数乘以一个常数以进一步加强高频成分，如下式所示：

$$h_e(u,v)=kh(u,v)+c \tag{7-22}$$

式中，$h_e(u,v)$为高频增强滤波器的传递函数；$h(u,v)$为高通滤波器的传递函数，c 为常量且 $c\in[0,1]$；k 为常量且 $k\geqslant 1$。

因此，高频增强滤波器的原理可以表示为

$$\begin{aligned}g'(u,v)&=E(g(u,v))=g(u,v)h_e(u,v)=g(u,v)(kh(u,v)+c)\\&=kg(u,v)h(u,v)+cg(u,v)\end{aligned} \tag{7-23}$$

进而，将图像进行反变换，从频域变换回空域为

$$\begin{aligned}T^{-1}(g'(u,v))&=T^{-1}(kg(u,v)h(u,v)+cg(u,v))\\&=T^{-1}(kg(u,v)h(u,v))+T^{-1}(cg(u,v))=kf'(x,y)+cf(x,y)\end{aligned} \tag{7-24}$$

式中，$T^{-1}()$为反向变换函数；$f(x,y)$为空域中的原始图像；$f'(x,y)$为经频域增强后的空域图像。

由此可知，增强图像既包含了高通滤波的结果，又包含了一部分原始图像，即在原始图像的基础上叠加了一些高频成分，导致原始图像中高频分量更多，物体边缘的锐化效果更显著。

例 7.16 高频增强滤波器示例。原始图像如图 7-27(a)所示，试基于高斯高通滤波器对其进行高频增强滤波。

解：原始图像如图 7-27(a)所示，采用截止频率为 10 对原始图像进行高斯高通滤波后得到的滤波图像如图 7-27(b)所示，采用截止频率为 10、参数 k 为 1、c 为 0.6 和截止频率为 10、参数 k 为 3、c 为 0.6 对原始图像进行高频增强滤波后得到的滤波图像分别如图 7-27(c)和图 7-27(d)所示。从结果可以看出，高频增强滤波器能突出图像的边缘和轮廓，同时保持光滑区域的灰度；通过调节参数可以控制低频分量的加入量，从而控制图像的效果。

(a) 原始图像

(b) GHPF滤波(D_0=10)

(c) GHPF增强滤波 (D_0=10，k=1，c=0.6)

(d) GHPF增强滤波 (D_0=10，k=3，c=0.6)

图 7-27 高频增强滤波器示例

```
% F7_27.m

% 原始图像
fxy = imread('lena.bmp');
subplot(2,2,1),imshow(fxy),xlabel('(a) 原始图像');

% 傅里叶幅度谱的对数图像显示
fxy = double(fxy);
Fuv = fft2(fxy);                          % 二维傅里叶变换
ShiftFuv = fftshift(Fuv);
ABSShiftFuv = abs(ShiftFuv);              % 傅里叶幅度谱
LogABSShiftFuv = log(ABSShiftFuv);        % 傅里叶幅度谱的可视化
% subplot(2,4,2),imshow(LogABSShiftFuv,[]),xlabel('(a-2)傅里叶幅度谱的对数图像显示');

% 截止频率 D0 = 10 时的滤波效果
[N1,N2] = size(ShiftFuv);
D0 = 10;
n1 = fix(N1/2);
n2 = fix(N2/2);
for i = 1:N1
    for j = 1:N2
        d = sqrt((i-n1)^2 + (j-n2)^2);
        Huv = 1 - exp(-d^2/(2 * D0^2));
        G(i,j) = ShiftFuv(i,j) * Huv;
    end
end
G = ifftshift(G);
g = ifft2(G);
g = uint8(real(g));
subplot(2,2,2),imshow(g),xlabel('(b) GHPF 滤波(D0 = 10)');

% 截止频率 D0 = 10,k = 1,c = 0.6 时的 GHPF 滤波效果
[N1,N2] = size(ShiftFuv);
D0 = 10;
k = 1;
c = 0.6;
n1 = fix(N1/2);
n2 = fix(N2/2);
for i = 1:N1
    for j = 1:N2
        d = sqrt((i-n1)^2 + (j-n2)^2);
        Huv = 1 - exp(-d^2/(2 * D0^2));
        Huv = k * Huv + c;
        G(i,j) = ShiftFuv(i,j) * Huv;
    end
end
G = ifftshift(G);
g = ifft2(G);
g = uint8(real(g));
```

```
subplot(2,2,3),imshow(g),xlabel('(c) GHPF 增强滤波(D0 = 10,k = 1,c = 0.6)');

 % 截止频率 D0 = 10,k = 3,c = 0.6 时的 GHPF 滤波效果
[N1,N2] = size(ShiftFuv);
D0 = 10;
k = 3;
c = 0.6;
n1 = fix(N1/2);
n2 = fix(N2/2);
for i = 1:N1
    for j = 1:N2
        d = sqrt((i - n1)^2 + (j - n2)^2);
        Huv = 1 - exp( - d^2/(2 * D0^2));
        Huv = k * Huv + c;
        G(i,j) = ShiftFuv(i,j) * Huv;
    end
end
G = ifftshift(G);
g = ifft2(G);
g = uint8(real(g));
subplot(2,2,4),imshow(g),xlabel('(d) GHPF 增强滤波(D0 = 10,k = 3,c = 0.6)');
```

7.3 频域增强与空域增强的关系

空域滤波增强分为平滑滤波和锐化滤波。从空域的角度看,平滑滤波能够减少局部灰度起伏和噪声干扰;从频域的角度看,灰度起伏和噪声干扰具有较高的频率,滤除它们可以采用具有低通能力的频域滤波器。因此,空域的平滑滤波对应频域的低通滤波。从空域的角度看,锐化滤波能够增强图像的边缘和轮廓;从频域的角度看,边缘和轮廓具有较高的频率,增强它可以采用具有高通能力的频域滤波器。因此,空域的锐化滤波对应频域的高通滤波。

空域滤波增强的基本原理是利用图像与模板的卷积来进行。根据卷积定理,空域中图像与模板的卷积等于图像的傅里叶变换和模板的傅里叶变换在频域的乘积。根据图像频域增强的基本原理,频域图像增强是频域原始图像与频域传递函数的乘积,即图像的傅里叶变换与频域传递函数的乘积。因此,空域中模板的傅里叶变换对应于频域中的传递函数。具体来说,空域中平滑滤波器的模板函数的傅里叶变换对应于频域中低通滤波器的传递函数,或者频域中低通滤波器的传递函数的傅里叶反变换对应于空域中平滑滤波器的模板函数。空域中锐化滤波器的模板函数的傅里叶变换对应于频域中高通滤波器的传递函数,或者频域中高通滤波器的传递函数的傅里叶反变换对应于空域中锐化滤波器的模板函数。

例 7.17 平滑滤波器和低通滤波器的关系。

解:以指数低通滤波器为例,考虑传递函数的剖面图,如下式所示:

$$h(u) = e^{-\left(\frac{u}{D_0}\right)^n} \tag{7-25}$$

式中，D_0 为一个非负整数，称为截止频率；n 为阶数。

若截止频率 D_0 取 10，阶数 n 取 5，则平滑滤波器和低通滤波器的关系如图 7-28 所示，其中，图 7-28(a)为频域中传递函数的剖面图，图 7-28(b)为空域中模板函数的剖面图，图 7-28(b)为图 7-28(a)经过傅里叶反变换得到。从结果可以看出，空域中模板系数的取值均应为正，且中间较大两边较小。例如，对于图 5-8(a)所示的邻域平均法的 3×3 模板来说，其所有系数都取 1/9，相当于在图(b)对应的三维图中取了 9 个同等高度的采样点来近似模板函数；对于图 5-12 所示的高斯加权平均法的 3×3 模板来说，其中心系数取 4/16、上下左右 4 个系数取 2/16、对角 4 个系数取 1/16，相当于在图(b)对应的三维图中取了 1 个中间最高、4 个四周等高偏低、4 个对角等高最低的 9 个采样点来近似模板函数。

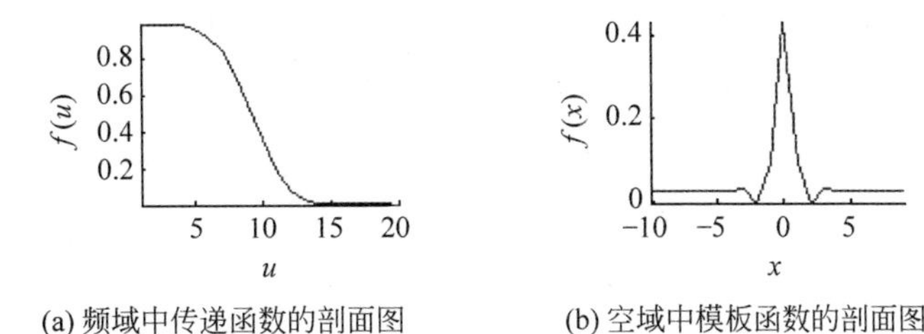

(a) 频域中传递函数的剖面图　(b) 空域中模板函数的剖面图

图 7-28　平滑滤波器和低通滤波器的关系

```
% F7_28.m

D0 = 10;
u = 1:20;
n = 5;

gu = exp( - (u./D0).^n);
subplot(1,2,1),plot([u],gu),xlabel('\itu','FontName','Times New Roman'),ylabel('\itf(\itu)',
'FontName','Times New Roman'),title('(a) 频域中传递函数的剖面图'),axis tight,box off;

fx = ifft(gu);
fx = ifftshift(fx);
subplot(1,2,2),plot([ - 10:9],fx),xlabel('\itx','FontName','Times New Roman'),ylabel('\itf(\
itx)','FontName','Times New Roman'),title('(b) 空域中模板函数的剖面图'),axis tight,box off;
```

例 7.18　锐化滤波器和高通滤波器的关系。

解：以指数高通滤波器为例，考虑传递函数的剖面图，如下式所示：

$$h(u) = \mathrm{e}^{-\left(\frac{D_0}{u}\right)^n} \tag{7-26}$$

式中，D_0 为一个非负整数，称为截止频率；n 为阶数。

若截止频率 D_0 取 10，阶数 n 取 5，则锐化滤波器和高通滤波器的关系如图 7-29 所示，其中，图 7-29(a)为频域中传递函数的剖面图，图 7-29(b)为空域中模板函数的剖面图，图 7-29(b)为图 7-29(a)经过傅里叶反变换得到。从结果可以看出，空域中模板系数在接近原点处为正，在远离原点处为负。例如，对于图 5-25(b)所示的正中心系数的水平垂直模板拉普拉斯算子的 3×3 模板来说，其中心系数取 4、上下左右 4 个系数取−1，相当于在图(b)对应的三维图中取了 1 个中间较高、4 个四周等高较低的 5 个采样点来近似模板函数；对于图 5-25(d)所示的正中心系数的水平垂直对角模板拉普拉斯算子的 3×3 模板来说，其中心系数取 4、上下左右对角 8 个系数取－1，相当于在图(b)对应的三维图中取了 1 个中间较高、8 个四周对角等高较低的 9 个采样点来近似模板函数。

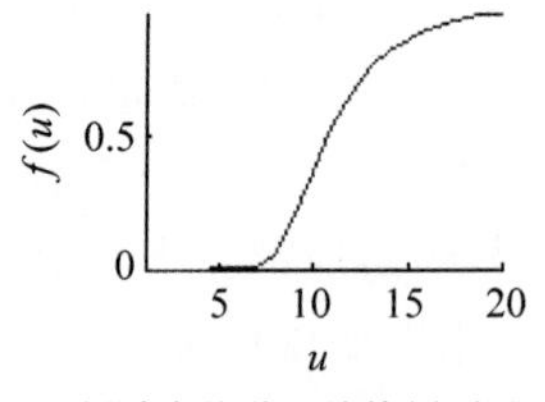

(a) 频域中传递函数的剖面图

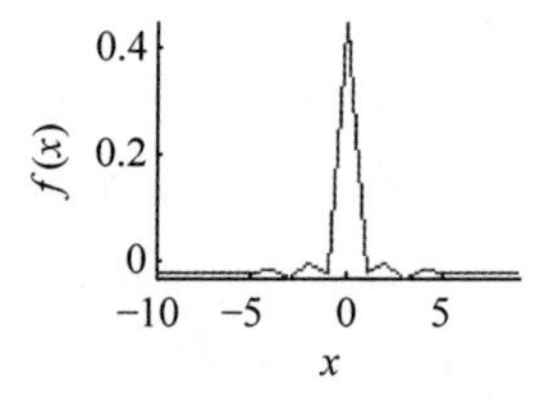

(b) 空域中模板函数的剖面图

图 7-29 锐化滤波器和高通滤波器的关系

```
% F7_29.m

D0 = 10;
u = 1:20;
n = 5;

gu = exp( - (D0./u).^n);
subplot(1,2,1),plot([u],gu),xlabel('\itu','FontName','Times New Roman'),ylabel('\itf(\itu)',
'FontName','Times New Roman'),title('(a) 频域中传递函数的剖面图'),axis tight,box off;

fx = ifft(gu);
fx = ifftshift(fx);
subplot(1,2,2),plot([ - 10:9],fx),xlabel('\itx','FontName','Times New Roman'),ylabel('\itf(\
itx)','FontName','Times New Roman'),title('(b) 空域中模板函数的剖面图'),axis tight,box off;
```

习题

7-1 在什么条件下巴特沃斯低通滤波器会转变成理想低通滤波器？

7-2 试从巴特沃斯低通滤波器出发推导出其对应的高通滤波器。

7-3 试讨论用于频域滤波的平滑滤波器和锐化滤波器的相同点、不同点及其联系。

参考文献

[1] 赵凯华，钟锡华. 光学（上册）[M]. 北京：北京大学出版社，1983.

[2] 章毓晋. 中国图像工程[J]. 中国图像图形学报，1995，1(1)：78～83.

[3] Aumont J. The Image [M]. Claire Pajackowska. London：British Film Institute Publishing，1997.

[4] 孙家广. 计算机图形学[M]. 3 版. 北京：清华大学出版社，1998.

[5] Bow S T. Pattern Recognition and Image Preprocessing，2nd Revised Edition [M]. Marcel Dekker Inc，2002.

[6] Rafael C. Gonzalez. 数字图像处理[M]. 阮秋琦，等译. 2 版. 北京：电子工业出版社，2003.

[7] 贾永红. 数字图像处理 [M]. 武汉：武汉大学出版社，2003.

[8] 苏彦华，等. Visual C++数字图像识别技术典型案例 [M]. 北京：人民邮电出版社，2004.

[9] 胡小锋，等. Visual C++/Matlab 图像处理与识别实用案例精选 [M]. 北京：人民邮电出版社，2004.

[10] William K. Pratt. 数字图像处理[M]. 邓鲁华，等译. 3 版. 北京：机械工业出版社，2005.

[11] 杨淑莹. 图像模式识别——VC++技术实现 [M]. 北京：清华大学出版社，2005.

[12] 章霄，等. 数字图像处理技术 [M]. 北京：冶金工业出版社，2005.

[13] 章毓晋. 图像工程(上册)——图像处理[M]. 2 版. 北京：清华大学出版社，2006.

[14] 刘瑞祯，于仕琪. OpenCV 教程——基础篇 [M]. 北京：北京航空航天大学出版社，2007.

[15] 阮秋琦. 数字图像处理学[M]. 2 版. 北京：电子工业出版社，2007.

[16] 求是科技. Visual C++数字图像处理典型算法及实现 [M]. 北京：人民邮电出版社，2007.

[17] 李俊山，李旭辉. 数字图像处理 [M]. 北京：清华大学出版社，2007.

[18] 张弘. 数字图像处理与分析 [M]. 北京：机械工业出版社，2007.

[19] 曹茂永. 数字图像处理 [M]. 北京：北京大学出版社，2007.

[20] 高成，等. Matlab 图像处理与应用[M]. 2 版. 北京：国防工业出版社，2007.

[21] 孙即祥. 现代模式识别[M]. 2 版. 北京：高等教育出版社，2008.

[22] 张宏林. 精通 Visual C++数字图像模式识别技术及工程实践[M]. 2 版. 北京：人民邮电出版社，2008.

[23] 杨淑莹. 模式识别与智能计算——Matlab 技术实现 [M]. 北京：电子工业出版社，2008.

[24] 高守传，等. Visual C++实践与提高——数字图像处理与工程应用篇 [M]. 北京：中国铁道出版社，2008.

[25] 王爱玲，等. MATLAB R2007 图像处理技术与应用 [M]. 北京：电子工业出版社，2008.

[26] Gary Bradski，Adrian Kaehler. 学习 OpenCV(中文版) [M]. 于仕琪，刘瑞祯，译. 北京：清华大学出版社，2009.

[27] 陈炳权，刘宏立，孟凡斌. 数字图像处理技术的现状及其发展方向 [J]. 吉首大学学报(自然科学版)，2009，(01)：63-70.

[28] 左飞，等. 数字图像处理原理与实践：基于 Visual C++开发 [M]. 北京：电子工业出版社，2011.

[29] 章毓晋. 图像工程(上册)——图像处理[M]. 3 版. 北京：清华大学出版社，2012.

[30] RichardSzeliski. 计算机视觉——算法与应用[M]. 艾海舟，等译. 北京：清华大学出版社，2012.

[31] 孔大力，崔洋. 数字图像处理技术的研究现状与发展方向[J]. 山东水利职业学院院刊，2012，(04)：11-14.

[32] Robert Laganiere. OpenCV2 计算机视觉编程手册[M]. 张静，译. 北京：科学出版社，2013.

[33] 阮秋琦. 数字图像处理学[M]. 3 版. 北京：电子工业出版社，2013.

[34] 丁可. 数字图像处理技术研究与发展方向 [J]. 经济研究导刊,2013,(18): 246-270.

[35] Ibireme. 颜色模型. http://blog.ibireme.com/2013/08/12/color-model/. 2013.

[36] 王向东. 数字图像处理 [M]. 北京: 高等教育出版社,2013.

[37] Rafael C. Gonzalez. 数字图像处理(MATLAB 版)[M]. 阮秋琦,译. 2 版. 北京: 电子工业出版社,2014.

[38] Daniel Lelis Baggio,等. 深入理解 OpenCV 实用计算机视觉项目解析[M]. 刘波,译. 北京: 机械工业出版社,2014.

[39] 张铮,等. 数字图像处理与机器视觉——Visual C++与 Matlab 实现[M]. 2 版. 北京: 人民邮电出版社,2014.

[40] 胡学龙. 数字图像处理[M]. 3 版. 北京: 电子工业出版社,2014.

[41] 韦玉春,等. 遥感数字图像处理教程[M]. 2 版. 北京: 科学出版社,2015.

[42] 毛星云. OpenCV3 编程入门 [M]. 北京: 电子工业出版社,2015.

[43] 朱文泉,等. 遥感数字图像处理——实践与操作 [M]. 北京: 高等教育出版社,2016.

[44] Rafael C. Gonzalez. 数字图像处理[M]. 阮秋琦,等译. 3 版. 北京: 电子工业出版社,2017.

[45] 姚敏等. 数字图像处理[M]. 3 版. 北京: 机械工业出版社,2017.

[46] 叶韵. 深度学习与计算机视觉 [M]. 北京: 机械工业出版社,2018.

[47] 章毓晋. 图像工程(上册)——图像处理[M]. 4 版. 北京: 清华大学出版社,2018.

[48] 陈天华. 数字图像处理及应用——使用 MATLAB 分析与实现 [M]. 北京: 清华大学出版社,2018.

[49] 杨树文,等. 遥感数字图像处理与分析——ENVI 5.x 实验教程[M]. 2 版. 北京: 电子工业出版社,2019.

图书资源支持

感谢您一直以来对清华大学出版社图书的支持和爱护。为了配合本书的使用，本书提供配套的资源，有需求的读者请扫描下方的“书圈”微信公众号二维码，在图书专区下载，也可以拨打电话或发送电子邮件咨询。

如果您在使用本书的过程中遇到了什么问题，或者有相关图书出版计划，也请您发邮件告诉我们，以便我们更好地为您服务。

我们的联系方式：

地　　址：北京市海淀区双清路学研大厦 A 座 701

邮　　编：100084

电　　话：010-83470236　010-83470237

资源下载：http://www.tup.com.cn

客服邮箱：tupjsj@vip.163.com

QQ：2301891038（请写明您的单位和姓名）

科技传播・新书资讯

电子电气科技荟

资料下载・样书申请

书圈

用微信扫一扫右边的二维码，即可关注清华大学出版社公众号。